数学奥林匹克中的欧几里得几何

Euclidean Geometry in Mathematical Olympiads

[美] 陈谊廷(Evan Chen) 著

罗 炜 译

哈尔滨工业大学出版社
HARBIN INSTITUTE OF TECHNOLOGY PRESS

黑版贸审字 08-2020-054 号

内 容 简 介

本书较系统地介绍了当今数学奥林匹克竞赛中几何试题所涉及的一些热点知识,如有向角、等角共轭点与等距共轭点、根轴与根心、完全四边形、调和点列等,还给出了这些几何试题的各种构型及一些重要方法,如三角法、面积法、解析法、复数法、射影几何方法等,还搭配敢精选的例题,以及超过300道选自各地数学竞赛的练习题.本书还对欧拉、帕斯卡以及其他数学家的经典结果进行了介绍.

本书是一本富有挑战性的解题指导书,既适合准备参加全国或者国际数学竞赛的学生和想要讲授荣誉课程的教师阅读参考,又适合高等院校相关专业研究人员及数学爱好者参考使用.

本书译自 American Mathematical Society 的英文版 Euclidean Geometry in Mathematical Olympiads, © 2016.保留所有权利.本译著授权给哈尔滨工业大学出版社出版.

图书在版编目(CIP)数据

数学奥林匹克中的欧几里得几何/(美)陈谊廷(Evan Chen)著;罗炜译. —哈尔滨:哈尔滨工业大学出版社,2021.10(2024.7 重印)

书名原文:Euclidean Geometry in Mathematical Olympiads

ISBN 978-7-5603-9588-3

Ⅰ.①数⋯ Ⅱ.①陈⋯ ②罗⋯ Ⅲ.①欧氏几何-教材 Ⅳ.①O181

中国版本图书馆 CIP 数据核字(2021)第 139395 号

策划编辑 刘培杰 张永芹
责任编辑 张永芹 宋 淼
封面设计 孙茵艾
出版发行 哈尔滨工业大学出版社
社 址 哈尔滨市南岗区复华四道街 10 号 邮编 150006
传 真 0451-86414749
网 址 http://hitpress.hit.edu.cn
印 刷 哈尔滨市石桥印务有限公司
开 本 787 mm×1 092 mm 1/16 印张 30.25 字数 550 千字
版 次 2021 年 10 月第 1 版 2024 年 7 月第 3 次印刷
书 号 ISBN 978-7-5603-9588-3
定 价 68.00 元

作者简介

　　陈谊廷 (**Evan Chen**) 是一位来自加州佛里蒙特的数学竞赛选手,他在 2014 年入选国际数学奥林匹克竞赛 (IMO) 美国国家队,并在当年的 IMO 比赛中获得金牌. 他现在在马萨诸塞州剑桥市学习,是一名大学生. 他还是哈佛—麻省理工学院数学邀请赛的出题专家.

序

这本《数学奥林匹克中的欧几里得几何》是一本新颖且求解有一定难度的平面几何竞赛题的指导性书籍.

欧几里得几何,即我们常说的平面几何,在数学里具有举足轻重的地位与作用. 在历史上,《几何原本》的问世奠定了数学科学的基础. 平面几何既有各种优美的图形令人赏心悦目,又有众多有趣的命题与问题让人思考探索. 这些命题的结论美丽、精致、不难理解却都魅力无限,论证过程严谨优雅,令人确信无疑. 这些问题诱发出了一个又一个重要的数学概念和有力的方法,供人们创建各种理论,开创天地. 在现代,随着计算机科学的迅猛发展,几何定理及其证明的突破性进展,以及现代脑心理学的重大研究成果——"人脑左右半球功能上的区别"获诺贝尔奖,使得几何学的研究又趋于复兴与活跃. 几何学的方法与代数的、分析的、组合的方法相辅相成,扩展着人类对数与形的新认识. 特别地,在当代高新技术发展的推动下,几何学原理得到了空前的应用,例如,在 CT 扫描、核磁共振等医疗成像技术上,在机器人、光盘、无线通信、遥控等新电子产品中,都广泛地采用了传统的和现代的几何学理论.

平面几何内容在中学数学教育中,有着不可替代的地位和作用. 我国的一些院士们也有过许多精确的论述:丘成桐院士曾说过:"我本人对数学的兴趣是从平面几何开始的. 念平面几何,由公理导出很多有趣的定理,我觉得很有意义. 现在的学生不见得愿意去推理. 怎么引导他们做这个事情,我想是很重要的事情." 吴文俊院士曾指出:"几何在中学数学教育有着重要位置. 几何直觉与逻辑推理的联系是基本的训练,不容忽视." 王元院士也指出:"几何学学习不是说学习这些知识有什么用,而是针对它的逻辑推导能力和严密的证明,而这一点对一个人成为科学家,甚至成为社会上素质很好的一个公民都是非常重要的. 而这个能力若能在中学里得到训练,会终身受益无穷." 李大潜院士也指出:"培养逻辑推理能力这一重要的数学素养最有效的手段是学习平面几何. 学习平面几何自然要学一些定理,但主要是训练思维,为此必须学习严格的证明和推理." 张景中院士也指出:"我认为几何是培养人的逻辑思维能力、陶冶人的情操、培养人良好性格特征的一门很好的课程. 几何虽然是一门古老的科学,但至今仍有旺盛的生命力. 中学阶段的几何教育对学生形成科学的思训方法与世界观具有不可替代的作用. 为什么当前西方国家普遍感到计算机人才缺乏,尤其是编程员缺乏,其中一个原因是他们把中学课程里的几何内容砍得太多,造成学生的逻辑思维能力以及对数学的兴趣大大降低."

在数学奥林匹克竞赛和数学智力竞赛活动中,平面几何的内容占据着十分显著的位置.平面几何试题以优美和精巧的构思吸引着广大的数学爱好者;以极强的检测作用与开发价值呈现出竞赛活动的深刻内涵;以丰富的知识、技巧、思想给竞赛活动研究工作者留下思考和开拓的广阔余地.

学数学离不开解题.数学解题对建立和发展学习者的数学认识结构、形成和增进数学思维能力、培养和造就创新精神等方面起着非常重要的作用.解数学题是学习数学的主要形式,是学习数学课程的一个"实践性"环节.通过解题可以使学习者独立地、积极地进行认知活动,深入地理解数学概念,全面系统地掌握基础知识,切实地学习数学的本质、精神、思想,有效地掌握解数学题的基本技能和技巧,从而有力地培养学习者的"观察—想象、联想—直觉、运演—推理、抽象—转换、预测—构造"等数学基本能力.

世界著名数学家、教育家 G. 波利亚指出:"掌握数学意味着什么?这就是说善于解题,不仅善于解一些标准的题,而且善于解一些要求独立思考、思路合理、见解独到和有发现创造的题".在日常解题和攻克难题而获得数学上的重大发现之间,并没有不可逾越的鸿沟,"一个重大发现可以解决一些重大的问题,但在求解任何问题的过程中,也都会有点滴的发现.一个有意义的题目的求解,为解此题所花的努力和由此得到的见解,可以打开通向一门新的科学,甚至通向一个科学新纪元的门户."著名数学家 G. H. 狄隆涅也曾说过:"重大科学发现,同解答一道好的奥林匹克试题的区别,仅仅在于解一道奥林克试题需要花费 5 小时,而得到一项重大科技成果需要花费 5 000 小时."因此,可以说,在求解高水平的数学奥林匹克问题与数学研究工作之间,这是程度深浅和水平高低的差异.求解平面几何问题,特别是求解数学奥林匹克竞赛中的几何问题是数学解题中极为重要的方面.因而,我国著名数学教授袁震东指出:"平面几何中的难题证明,可能不是普遍需要,然而对于未来各行各业的领袖人物而言,平面几何的训练,包括若干难题的证明,却是非常重要的."

读这本书,也是与行家交流,向行家学习求解平面几何难题的实践经验.

王梓坤院士在为哈尔滨工业大学出版社出版的《现代数学中的著名定理纵横谈丛书》的序言中指出:"读好书是一种乐趣,一种情操;一种向全世界古往今来的伟人和名人求教的方法,一种和他们展开讨论的方式;一封出席各种社会、体验各种生活、结识各种人物的邀请信;一张迈进科学宫殿和未知世界的入场券;一股改造自己、丰富自己的强大力量."

本书的作者和译者,都是数学奥林匹克中的佼佼者.作者陈谊廷(Evan Chen)是一位来自美国加州佛里蒙特(Fremont)的数学竞赛选手,他在 2014 年入选国际数学奥林匹克(IMO)美国国家队,并在当年的 IMO 中获得金牌.他还是哈佛—麻省理工学院数学邀请赛的出题专家.他把自己参与数学竞赛活动五年的经验及成果编成了这本书.译者是两届 IMO 满分获得者,也是当今活跃在我国数学奥林匹克培训领域的拔尖指导者.

该书较系统地介绍了当今数学奥林匹克竞赛中几何试题所涉及的一些热点知识(如有向角、有向长度、相似三角形的定向、三角形的各种心、垂足三角形、等角共轭点与等距共轭点、根轴与根心、共轭圆、完全四边形、交比、调和点列、极点与极线等)以及各种构型与一些重要方法(如三角法、面积法、解析法、重心坐标法、复数法、反演方法、射影几何方法等).

该书重点介绍了作者如何运用基本的平凡的数学模型,如何恰当地选择时机运用有关的数学方法,去探索有关数学奥林匹克竞赛几何试题的妙解,可使我们在阅读时,会有似曾相识的感觉,且启迪我们:会发现这种妙解吗? 面对一个又一个思路别致、风格迥异的求解思路,还能找出另一种新的思路吗? 几何学研究的问题无穷无尽,其中的奥妙在于善读乐思. 善读者、乐思者必有所发现,而本书正好为我们提供了向经验丰富者学习的机会,提供了善读乐思的众多良机. 学习求解平面几何问题与锻炼身体一样,绝不是旁观者的活动. 不动脑、不动手,就不能深刻体会其中的奥妙所在,唯有对"善"与"乐"的执着追求,才会使自己进行奇异的旅游,欣赏到有益心智的山水风景,享受到爬山登顶的别样乐趣!

沈文选

2020 年 12 月

于长沙振业城

英文版序

既然他想在学习中获利,那就给他一小点儿吧!

——亚历山大·欧几里得

这本书是作者参与数学竞赛五年的成果,在此期间几何领域蓬勃发展. 本书的思想、技巧和证明来自各种不同的资源,包括在 MOP[1] 中教学的讲义、互联网上的各种资源、在 AOPS[2] 网站上讨论的内容以及和朋友们的深夜探讨. 题目选自各种数学竞赛,其中很多题是我在竞赛中做过的,还有一些是我自己创造的题目.

我在这些竞赛中体会到,数学不能被动学习——只有亲自做题才能学数学. 因此这本书围绕解题而设计,非常适合准备参加全国或者国际数学竞赛的学生. 每一章包括了例题和习题,习题难度从简单到高难不等.

我之所以写这本书,是因为当我还是数学竞赛选手的时候,没有发现任何特别喜欢的几何教材. 有些书偏重理论,有趣的习题不多;还有些书有大量的题目,只是简单地按主题分类,例如"共线和共点",没有给读者演示如何从看到题目的时候开始慢慢想出解题方法. 于是带着这样的想法,我写了这本书,希望书中的结构能体现出这样的目的.

这本书最终能够写成,我需要感谢很多人对我的帮助. 首先,我要感谢 Paul Zeitz 给了我很多细心的建议,使我最终出版了此书. 其次,我要感谢 Chris Jeuell 和 Sam Korsky 仔细阅读了本书的原稿,给出了很多修改建议. 谢谢你们!

我还要感谢对初稿给出建议和评论的人们,特别感谢 Ray Li,Qing Huang 和 Girish Venkat 做出了重要贡献;感谢 Jingyi Zhao,Cindy Zhang 和 Tyler Zhu 以及其他人. 当然,书中仍存在的疏漏都是我造成的,我会独自承担责任. 另外特别感谢 AOPS 论坛,本书中的许多问题曾经在论坛里讨论和分享过. 另外,本书的早期草稿是我和 Aaron Lin 合作书写的.

---

[1] 数学竞赛夏令营 (Mathematical Olympiad Summer Program) 是为参加国际数学竞赛的美国国家队举办的训练营.

[2] 一个著名的数学竞赛英文论坛,artofproblemsolving.com.

最后,我要感谢对数学竞赛做出贡献的所有学生、老师、命题人、教练和家长. 数学竞赛不但让我接触到世界上最好的一批同行,也促使我突破从没想到过的极限. 没有他们,这本书不会完成.

陈谊廷

于加州佛里蒙特

目录

预备知识

0.1　本书结构

简单地说,每一节会分成下面几个部分:

- 理论部分描述了一些相关的定理和工具.

- 例题部分用几个例子演示了工具的使用方法.

- 习题部分提供了一些题目供读者自己练习使用工具.

理论部分包括了定理和解题技巧以及特别的几何构型. 这些几何构型一般在后面会重复出现,有时出现在证明另一个结论的过程中,有时是用来解决一道习题. 因此,识别出几何构型经常是解决问题的关键. 我们会在不同的问题中用同样的方式来展现一个几何构型.

我们用例题来演示理论部分中的技巧如何解决问题. 书中除了提供解答,还解释了解答是如何来的以及读者怎样才会想到这个解答. 于是在正式解答前,经常会给出一个较长的题目分析,有时比解答本身还长. 希望通过这样的分析可以帮助读者形成直观感受和积累经验,这些在解题中非常重要.

最后,作者在每章的末尾都提供了十余道习题. 习题的提示被打乱顺序后,编号放在了附录 B 中,部分习题的答案放在附录 C 中. 作者尽量将题目来源的竞赛 (或缩写) 写出,感兴趣的读者可以据此在网络上找到解答 (例如 www.aops.com). 在附录 D 中,作者给出了竞赛名称缩写的列表.

本书的章节安排使得阅读前面的章节不需要了解后面章节的内容. 然而,很多后面的章节也是可以不按部就班地阅读的. 例如,第 3 部分完全不依赖于第 2 部分. 第 6 章和第 7 章可以在任何时候阅读. 我们鼓励读者根据自己的感觉,适当地跳跃阅读,例如跳过复杂的内容,等到对知识有了大概了解以后再看这些或者快速略过已经熟悉的内容.

0.2　三角形的心

书中我们会经常用到三角形中的一些心,为了引用方便,在这里定义. 这些心的存在性只从定义看并不显然成立,我们会在第 3 章给出证明.

- △ABC 的**垂心**,经常记为 H,是三条高:A 到 $\overline{BC}$ 的高;B 到 $\overline{CA}$ 的高和 C 到 $\overline{AB}$ 的高的交点. 三个垂足形成的三角形称为**垂足三角形**.
- 三角形的**重心**,记为 G,是三条**中线**(顶点和对边中点的连线) 的交点. 三条边的中点构成的三角形称为**中点三角形**.
- 三角形的**内心**,通常记为 I,是三条**内角平分线**的交点. 它也是与三角形的三边相切的圆 (**内切圆**) 的圆心. 内切圆的半径称为**内径**.
- 三角形的**外心**,通常记为 O,是经过三角形三个顶点的唯一圆 (**外接圆**) 的圆心. 外接圆的半径可以称为**外径**.

这四个心在图0.2A 中显示,在这本书中会经常使用它们.

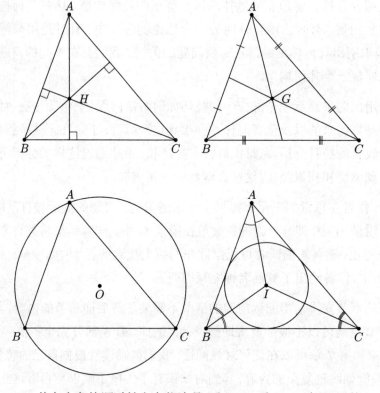

图 0.2A: 从左上角按顺时针方向依次是:垂心 H,重心 G,内心 I,外心 O

0.3 其他记号和约定

考虑一个 $\triangle ABC$. 在本书中, 总是记 $a = BC, b = CA, c = AB$ 为三边的长度, 简记 $A = \angle BAC, B = \angle CBA, C = \angle ACB$ 为三个内角 (例如, 我们会将 $\sin \frac{1}{2}\angle BAC$ 写为 $\sin \frac{1}{2}A$). 我们记

$$s = \frac{1}{2}(a + b + c)$$

为 $\triangle ABC$ 的**半周长**.

接下来, 定义 $[P_1P_2 \cdots P_n]$ 为多边形 $P_1P_2 \cdots P_n$ 的面积. 特别地, $\triangle ABC$ 的面积是 $[ABC]$. 如果一组点 $P_1, P_2, \cdots, P_n$ 在同一个圆上, 那么用 $(P_1P_2 \cdots P_n)$ 表示这个圆.

用 "$\angle$" 表示有向角, 和标准角 "$\angle$" 区分 (有向角将在第 1 章给出定义). 角度度量单位是度数.

我们常常用 $\overline{AB}$ 来表示线段 AB 或者直线 AB, 其具体含义可联系上下文给出. 在极少数情况下, 我们会明确写出 "直线 AB" 或者 "线段 AB" 来区分. 从第 9 章开始, 我们用 $\overline{AB} \cap \overline{CD}$ 表示直线 $\overline{AB}$ 和直线 $\overline{CD}$ 的交点.

在较长的代数计算中, 如果求和式有对称性, 那么我们可以用**轮换求和**来将其表示如下: 记号

$$\sum_{\text{cyc}} f(a, b, c)$$

表示轮换求和

$$f(a, b, c) + f(b, c, a) + f(c, a, b).$$

例如

$$\sum_{\text{cyc}} a^2b = a^2b + b^2c + c^2a.$$

3

第 1 部分
基 础 知 识

第 1 章　导角法

对你来说，这是最后的机会．然后，你将没有反悔的余地．你要么服下蓝色药丸，故事就到此为止，你将从床上醒来，然后相信你愿意相信的东西；或者你吞下红色药丸，你仍将待在这个奇特的世界，但是我要带你看看洞穴深处的秘密．

——墨菲斯《黑客帝国》

导角法是几何竞赛题中最基本的方法之一，因此这一章我们全部用来发掘导角法的技巧．

1.1　圆和三角形

考虑下面的例题，如图1.1A．

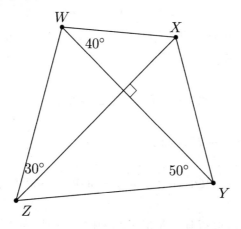

图 1.1A: 给了这些角，还有哪些角能计算？

例 1.1. 在四边形 $WXYZ$ 中，对角线相互垂直，已知 $\angle WZX = 30°$，$\angle XWY = 40°$，$\angle WYZ = 50°$．

(a) 求 $\angle WZY$；(b) 求 $\angle WXY$．

你应该知道下面的结论:

命题 1.2. (内角和) 三角形的内角和是 $180°$.

这个命题只能解决题目的前一半,后面一节会展示解决后面一半问题的必需工具. 尽管如此,只用命题1.2 还是可以得到一些有趣的结论,例如下面的定理.

定理 1.3. (圆心角定理)若 $\angle ACB$ 是圆周角,则它所对弧的圆心角是 $2\angle ACB$.

证明 如图1.1B,连接 $\overline{OC}$,设 $\alpha = \angle ACO, \beta = \angle BCO$,以及 $\theta = \alpha + \beta$.

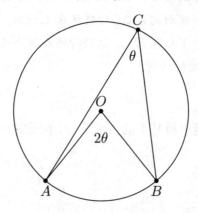

图 1.1B: 圆心角定理

我们需要想办法利用条件 $AO = BO = CO$. 该怎么做呢? 我们可以利用等腰三角形的特点,这是我们唯一所知将长度性质转化成角度性质的方法. 因为 $AO = CO$,所以有 $\angle OAC = \angle OCA = \alpha$. 这有什么用? 利用命题1.2,可得

$$\angle AOC = 180° - (\angle OAC + \angle OCA) = 180° - 2\alpha.$$

同理得到 $\angle BOC = 180° - 2\beta$,因此

$$\angle AOB = 360° - (\angle AOC + \angle BOC) = 360° - (360° - 2\alpha - 2\beta) = 2\theta. \qquad \square$$

通过导角,我们还可以得到三角形五心的信息. 回忆内心是三角形角平分线的交点.

例 1.4. 如图1.1C,若 $\triangle ABC$ 的内心是 I,则

$$\angle BIC = 90° + \frac{1}{2}\angle A.$$

证明 我们有

$$\angle BIC = 180° - (\angle IBC + \angle ICB)$$
$$= 180° - \frac{1}{2}(\angle B + \angle C)$$
$$= 180° - \frac{1}{2}(180° - \angle A)$$
$$= 90° + \frac{1}{2}\angle A.$$

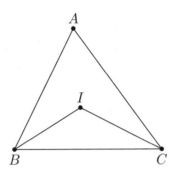

图 1.1C: 三角形的内心

本节习题

习题 1.5. 完成例1.1 的第 1 部分. 提示:185.

习题 1.6. 设 $\triangle ABC$ 内接于圆 ω,证明:$\overline{AC} \perp \overline{CB}$ 当且仅当 $\overline{AB}$ 是圆 ω 的直径.

习题 1.7. 如图1.1D, 设 O 和 H 分别是锐角 $\triangle ABC$ 的外心和垂心,证明: $\angle BAH = \angle CAO$. 提示:540,373.

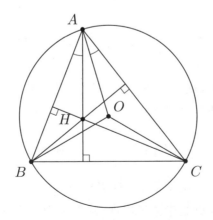

图 1.1D: 外心和垂心,不熟悉的读者请参考第0.2 节

1.2 圆内接四边形

本节的核心是下面的命题,可从圆心角定理直接得到.

命题 1.8. 设 $ABCD$ 是圆内接凸四边形,则 $\angle ABC + \angle CDA = 180°$,而且 $\angle ABD = \angle ACD$.

这里**圆内接四边形**表示四个顶点都在一个圆上的四边形,如图1.2A.更一般地,都在同一个圆上的多个点 (至少四个) 称为**共圆**.

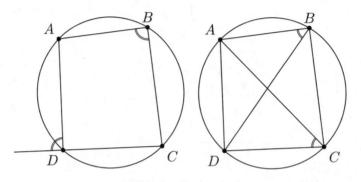

图 1.2A: 圆内接四边形

和圆心角定理比较,这个结果似乎并不出彩,但是它的逆命题也成立:

定理 1.9. (圆内接四边形) 设 $ABCD$ 是凸四边形,则下面的陈述等价:
  (i) A, B, C, D 四点共圆;
  (ii) $\angle ABC + \angle CDA = 180°$;
  (iii) $\angle ABD = \angle ACD$.

这个定理非常有用,在后面的章节中会有它的几个典型的应用.这里我们先解决最开始提出的问题.

例1.1(b) 的解 设 P 是对角线的交点,则有 $\angle PZY = 90° - \angle PYZ = 40°$.将这个信息标记在图上得到图1.2B.

现在考虑度数为 $40°$ 的两个角,它们满足定理1.9 中的条件 (iii).因此四边形 $WXYZ$ 内接于圆.再根据条件 (ii),有

$$\angle WXY = 180° - \angle WZY,$$

而 $\angle WZY = 30° + 40° = 70°$,因此 $\angle WXY = 110°$. □

这个解法出乎意料,题目中并未出现圆;解答中也未提及此圆心.四点共圆的应用把题目变成简单的计算,这在之前是无法完成的,这显示了定理1.9 的威力.

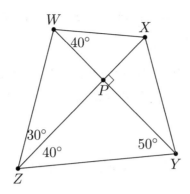

图 1.2B: 例1.1 (b)，我们发现 W, X, Y, Z 四点共圆

我们强调定理1.9 的重要性，不夸张地说，竞赛的几何题中超过一半会使用四点共圆作为一个中间步骤．我们后面还会碰到许许多多的四点共圆的应用．

本节习题

习题 1.10. 证明：梯形是圆内接四边形当且仅当它是等腰梯形．

习题 1.11. 四边形 $ABCD$ 满足 $\angle ABC = \angle ADC = 90°$，证明：$ABCD$ 是圆内接四边形，并且此圆以 $\overline{AC}$ 为直径．

1.3　垂足三角形

在 $\triangle ABC$ 中，设 D, E, F 分别是由 A, B, C 引出的高的垂足，则 $\triangle DEF$ 称为 $\triangle ABC$ 的**垂足三角形**，如图1.3A．直线 AD, BE, CF 三线共点，交于 H，H 称为 $\triangle ABC$ 的**垂心**．我们将在第 3 章证明垂心的存在性．尽管图中没有画出任何圆，但是其中包含了六个圆内接四边形．

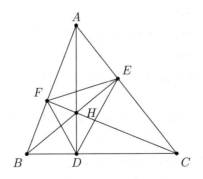

图 1.3A: 垂足三角形

习题 1.12. 在图1.3A 中，有六个圆内接四边形，其顶点属于集合 $\{A, B, C, D, E, F, H\}$，找到它们. **提示**:91.

先给个提示，其中一个圆内接四边形是 $AFHE$，这是因为 $\angle AFH = \angle AEH = 90°$，所以根据定理1.9 的 (ii)，这是圆内接四边形. 请找到其他的五个圆内接四边形！

找到这些四边形以后，我们就可以应用定理1.9的内容到这些四边形.(实际上，我们还能得到更多结论——直角会告诉我们这些圆的直径是什么，参考习题1.6.) 进一步探究，可以发现下面的结果.

例 1.13. 证明: H 是 $\triangle DEF$ 的内心.

从图1.3A 中可以看出这个结论很合理，我们鼓励读者在继续阅读之前尝试一下解决这道题目.

证明 如图1.3A，我们证明 $\overline{DH}$ 是 $\angle EDF$ 的角平分线，其他的情况完全一样，留作练习.

因为 $\angle BFH = \angle BDH = 90°$，我们根据定理1.9 可得 B, F, H, D 四点共圆. 应用定理1.9 的第三个结论，可得

$$\angle FDH = \angle FBH$$

类似地，$\angle HEC = \angle HDC = 90°$，于是 C, E, H, D 四点共圆，然后有

$$\angle HDE = \angle HCE$$

因为我们要证明 $\angle FDH = \angle HDE$，所以只需证明 $\angle FBH = \angle HCE$；或者说，$\angle FBE = \angle FCE$. 这相当于要证明 F, B, C, E 四点共圆，从 $\angle BFC = \angle BEC = 90°$ 可以得到. (考虑到 $\triangle BEA$ 和 $\triangle CFA$ 都是直角三角形，还可以说明两个角度都是 $90° - \angle A$.)

因此，$\overline{DH}$ 确实是 $\angle EDF$ 的角平分线，结合其他两个角平分线的类似结论，可以得到 H 是 $\triangle DEF$ 的内心. □

整合上面的结论，我们得到第一个构型.

引理 1.14. (垂足三角形) 设 $\triangle DEF$ 是锐角 $\triangle ABC$ 的垂足三角形，H 是垂心，则:

(a) 点 A, E, F, H 在以 $\overline{AH}$ 为直径的圆上；

(b) 点 B, E, F, C 在以 $\overline{BC}$ 为直径的圆上；

(c) H 是 $\triangle DEF$ 的内心.

本节习题

习题 1.15. 将例1.13 的证明中"类似"的细节补充完整,也就是说,验证 $\overline{EH}$ 和 $\overline{FH}$ 确实都是角平分线.

习题 1.16. 在图1.3A 中,证明:$\triangle AEF,\triangle BFD,\triangle CDE$ 都相似于 $\triangle ABC$. **提示:** 181.

引理 1.17. (垂心的对称点) 设 H 是 $\triangle ABC$ 的垂心,如图1.3B. 设 X 是 H 关于 $\overline{BC}$ 的对称点,Y 是 H 关于 $\overline{BC}$ 的中点的对称点.

(a) 证明:X 在圆 (ABC) 上;

(b) 证明:$\overline{AY}$ 是圆 (ABC) 的直径. **提示:** 674.

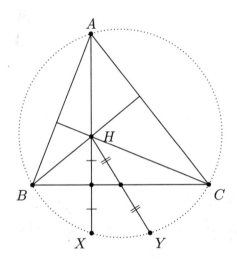

图 1.3B: 垂心的对称点,见引理1.17

1.4 鸡爪定理

我们现在把注意力从垂心转向内心. 和之前不同,四点共圆的条件本质上可以直接得到,我们进而得到一些有趣的结果.

引理 1.18. (鸡爪定理)[1]如图1.4A,设 $\triangle ABC$ 的内心是 I,射线 AI 与圆 (ABC) 交于另一点 L. 设 I_A 是 I 关于 L 的对称点,则:

(a) 点 I,B,C,I_A 在以 $\overline{II_A}$ 为直径的圆上. 特别地,有 $LI = LB = LC = LI_A$;

(b) 射线 BI_A 和 CI_A 分别平分 $\triangle ABC$ 在顶点 B,C 处的外角.

---

[1]英文版直译为内心 (旁心) 引理,译者改成中文俗称,见《鸡爪定理》(金磊著,哈尔滨工业大学出版社)——译者注.

这里的"外角",我们指射线 BI_A 平分线段 BC 和直线 AB 延长超过 B 的部分形成的角. 点 I_A 称作 $\triangle ABC$ 的 A-旁心[1],我们会在第2.6节再次碰到它.

接下来,我们看看怎样导出 $ABLC$ 是圆内接四边形.

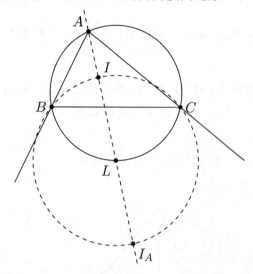

图 1.4A: 引理1.18,鸡爪定理

证明 设 $\angle A = 2\alpha$,$\angle B = 2\beta$,$\angle C = 2\Gamma$,注意到 $\angle A + \angle B + \angle C = 180°$,所以 $\alpha + \beta + \Gamma = 90°$.

我们的第一个目标是证明 $LI = LB$,我们将通过证明 $\angle IBL = \angle LIB$ 来完成这个目标 (这样就把过程变成了角度计算). 我们利用四点共圆的性质 (iii) 得到 $\angle CBL = \angle LAC = \angle IAC = \alpha$. 因此,

$$\angle IBL = \angle IBC + \angle CBL = \beta + \alpha.$$

然后要计算 $\angle BIL$,有

$$\angle BIL = 180° - \angle AIB = \angle IBA + \angle BAI = \alpha + \beta.$$

因此 $\triangle LBI$ 是等腰三角形,$LI = LB$,这正是我们需要的.

类似地计算可以得到 $LI = LC$.

因为 $LB = LI = LC$,所以 L 是圆 (IBC) 的圆心. 因为 L 又是 $\overline{II_A}$ 的中点,所以 $\overline{II_A}$ 是圆 (IBC) 的直径.

---

[1]通常情况下 A-旁心会被定义为 $\angle B$ 和 $\angle C$ 外角平分线的交点,而不是定义为内心 I 关于 L 的对称点. 当然,引理1.18 表明两个定义是等价的.

现在处理问题的第二个部分. 我们要证 $\angle I_A BC = \frac{1}{2}(180° - 2\beta) = 90° - \beta$. 回忆 $\overline{II_A}$ 是圆的直径,因此得到

$$\angle IBI_A = \angle ICI_A = 90°.$$

于是 $\angle I_A BC = \angle I_A BI - \angle IBC = 90° - \beta$.

类似地计算得出 $\angle BCI_A = 90° - \Gamma$,证毕. □

这个构型在几何竞赛题中经常出现,所以当它出现时请将它立刻认出来!

本节习题

习题 1.19. 将引理1.18 证明中的两个省略的"类似"情形补充完整.

1.5 有向角

我们先给出一些引入有向角的动机. 在图1.3A 中,我们假定了 $\triangle ABC$ 是锐角三角形,如果它不是锐角三角形,那么会发生什么事情? 例如,若 $\angle A > 90°$,如图1.5A 所示会怎样?

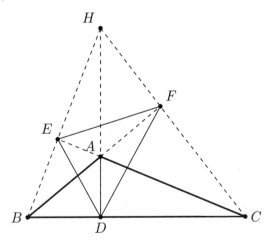

图 1.5A: 没有人喜欢不同构型带来的问题

图1.5A 中有一些令人担忧的现象,之前我们证明了 B, E, A, D 四点共圆,用了四点共圆的性质 (iii). 现在的情形不同了,哪些性质改变了?

习题 1.20. 回忆习题1.12 中的六个圆内接四边形,验证它们在图1.5A 中还是圆内接四边形.

习题 1.21. 证明:A 是 $\triangle HBC$ 的垂心.

在现在的情形,我们仍然得到相同的结论,然而逻辑错误的危险显然存在. 例如,当 $\triangle ABC$ 是锐角三角形时,我们证明 B, H, F, D 四点共圆,用的是对角互补 $\angle BDH + \angle HFB = 180°$. 现在,我们需要用 $\angle BDH = \angle BFH$;也就是说,我们用四点共圆性质的不同部分来证明同一个问题的不同构型. 对于这道题来说,我们确实有方法可以将两个证明综合为一个!

这是如何做的呢?答案是使用**有向角**并且模 $180°$. 对于这样的角,我们用符号 "$\measuredangle$" 来表示,而不用通常的 "$\angle$". (这个记号不是标准记号;因此在考试中使用的时候,需要在解答开始说明它的含义.)

使用有向角的推理是这样的. 首先,如果三个点 A, B, C 按顺时针顺序出现,我们就说 $\measuredangle ABC$ 是正的,否则就是负的. 特别地,$\measuredangle ABC \neq \measuredangle CBA$;它们的角度值是相反数,如图1.5B.

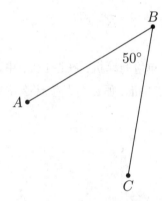

图 1.5B: $\measuredangle ABC = 50°$, $\measuredangle CBA = -50°$

接下来,我们考虑角度模 $180°$ 的值,例如

$$-150° = 30° = 210°.$$

我们为什么采用这样奇怪的规定?关键是定理1.9 现在可以重新叙述为下面的定理.

定理 1.22. (四点共圆的有向角描述) 四点 A, B, X, Y 共圆当且仅当

$$\measuredangle AXB = \measuredangle AYB.$$

这个定理看起来非常好,由于去掉了凸凹性的要求,现在就只有一种情形. 也就是说,只要我们使用有向角来描述问题,应用四点共圆的性质时,就不需要担心各种不同的构型所造成的麻烦.

习题 1.23. 验证定理1.9 的 (ii), (iii) 部分符合定理1.22 的描述.

接下来的命题给出了关于有向角的更多性质.

命题 1.24. (有向角) 对平面上的四个不同点 A, B, C, P, 有如下的法则

湮没性: $\angle APA = 0$.

反对称: $\angle ABC = -\angle CBA$.

替换: $\angle PBA = \angle PBC$ 当且仅当 A, B, C 三点共线.($P = A$ 时会怎样?) 等价地说, 当 C 在直线 BA 上时, $\angle PBA$ 中的点 A 可以替换为 C.

直角: 若 $\overline{AP} \perp \overline{BP}$, 则 $\angle APB = \angle BPA = 90°$.

加法: $\angle APB + \angle BPC = \angle APC$.

三角形内角和: $\angle ABC + \angle BCA + \angle CAB = 0$.

等腰三角形: $AB = AC \Leftrightarrow \angle ACB = \angle CBA$.

圆心角定理: 若 P 是圆 (ABC) 的圆心, 则 $\angle APB = 2\angle ACB$.

平行线: 若 $\overline{AB} /\!/ \overline{CD}$, 则 $\angle ABC + \angle BCD = 0$.

有一点我们需要注意的是, $2\angle ABC = 2\angle XYZ$ 不能得出 $\angle ABC = \angle XYZ$, 这是因为有向角的等式包含了对 $180°$ 取模的含义, 于是两个角度可能相差 $90°$. 这样, 计算有向角的一半不能合理定义[1].

习题 1.25. 自行验证命题1.24 中的叙述都是正确的.

尽管有向角初看起来比较反直观, 但是多练习几次就会发现这个概念很自然. 使用有向角处理问题的方法是首先对一个特定的构型解决问题, 接着将所有的论述用有向角的语言写下来, 然后对特殊构型的解答就自动变成对所有构型的解答.

在处理下一个例子之前, 我们先把垂足三角形的问题解决.

例 1.26. 设 H 是 $\triangle ABC$ (不要求是锐角三角形) 的垂心. 利用有向角, 证明: $AEHF, BFHD, CDHE, BEFC, CFDA$ 和 $ADEB$ 都是圆内接四边形.

证明 由垂直关系, 有

$$90° = \angle ADB = \angle ADC,$$
$$90° = \angle BEC = \angle BEA,$$
$$90° = \angle CFA = \angle CFB.$$

---

[1]可以取圆弧的度数为模 $360°$ 来计算, 然后将圆心角定理叙述为 $\angle ABC = \frac{1}{2}\overset{\frown}{AC}$. 因为有向角是模 $180°$, 而圆弧的度数是模 $360°$, 所以二者正好匹配.

于是有

$$\angle AEH = \angle AEB = -\angle BEA = -90° = 90°,$$

$$\angle AFH = \angle AFC = -\angle CFA = -90° = 90°,$$

因此 A, E, F, H 四点共圆. 而且

$$\angle BFC = -\angle CFB = -90° = 90° = \angle BEC,$$

因此 B, E, F, C 四点共圆. 对于其他的四边形可以类似证明. □

我们最后给出一个例子.

引理 1.27. (密克点)设点 D, E, F 分别在 $\triangle ABC$ 三边所在的直线 BC, CA, AB 上, 则三个圆 $(AEF), (BFD), (CDE)$ 共点.

此点通常称为三角形的一个**密克点**. 从图1.5C 中可以看出, 不同的构型有很多种. 用标准的角度语言, 然后分别处理每种情况会比较烦琐. 幸好, 我们可以用有向角一以贯之地处理所有情况.

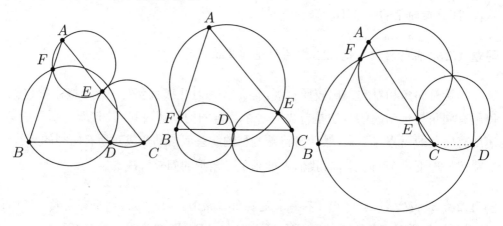

图 1.5C: 密克点, 引理1.27

设 K 是圆 (BFD) 和 (CDE) 的不同于 D 的交点. 我们的目标是证明 A, F, E, K 四点共圆. 若 K 在 $\triangle ABC$ 的内部, 则只需简单地导角就能证明 (实际上, 每种构型都可以通过简单地导角解决, 问题是情形比较多). 我们要用有向角来叙述每个步骤.

我们强烈建议读者在继续阅读之前尝试自己做一下.

首先, 对于图1.5C 的第一个构型, 解答是这样的: 如上定义点 K, 注意到 $\angle FKD = 180° - \angle B$ 以及 $\angle EKD = 180° - \angle C$. 因此, $\angle FKE = 360° - (180° -$

$\angle C) - (180° - \angle B) = \angle B + \angle C = 180° - \angle A$ 于是 A, F, E, K 四点共圆. 现在我们要把这些叙述用有向角语言写出.

证明 最开始的两个断言可写成

$$\angle FKD = \angle FBD = \angle ABC, \angle DKE = \angle DCE = \angle BCA.$$

我们也可知

$$\angle FKD + \angle DKE + \angle EKF = 0, \angle ABC + \angle BCA + \angle CAB = 0,$$

其中第一个方程是因为在点 K 的三个角度之和为 $360°$；第二个方程是因为三角形内角和是 $180°$. 然后我们可以得到 $\angle CAB = \angle EKF$. 但是根据替换性质 $\angle CAB = \angle EAF$，因此 $\angle EAF = \angle EKF$，从而得到 E, A, K, F 四点共圆. □

希望我们已经使读者相信，有向角是很自然、很有用的概念. 我们这里指出，在哪些情况下不要用有向角来做题目. 特别重要的是，如果题目只对一种构型成立，那么就不要用有向角！举个例子，在习题1.38 中，当四个点在圆周上的顺序是 A, B, D, C 时 (这时按 $ABCD$ 的顺序读出的四边形是凹的)，此题的结论不成立，那么这道题就不能用有向角来证明. 在需要用到三角函数的时候，或者当你需要计算一个角度的一半时 (例如习题1.38)，也要避免用有向角. 这些操作在模 $180°$ 意义下是不成立的.

本节习题

习题 1.28. 我们在上面的证明中指出了 $\angle FKD + \angle DKE + \angle EKF = 0$, 请用命题1.24 验证这一点.

习题 1.29. 证明：对任何互异的点 A, B, C, D, 有 $\angle ABC + \angle BCD + \angle CDA + \angle DAB = 0$. 提示：$114, 645$.

引理 1.30. 设点 A, B, C 在以 O 为圆心的圆上，证明：$\angle OAC = 90° - \angle CBA$. (这不是完全平凡的结论.) 提示：$8, 530, 109$.

1.6 圆的切线和同一法

最后我们引入一个构型和一个一般的技巧.

首先，我们讨论圆的**切线**. 在很多情形下，下面的命题都可以看成是定理1.22 应用于"四边形"$AABC$. 事实上，考虑圆上的一个点 X 以及割线 XA. 当把 X 移动到离 A 越来越近时，直线 XA 接近于在点 A 的圆的切线，于是得到定理1.22 的极限情形.

命题 1.31. (切线准则)如图1.6A,假设 $\triangle ABC$ 的外接圆圆心为 O,P 是平面上一点,则下面的条件等价:

(i) $\overline{PA}$ 与圆 (ABC) 相切.

(ii) $\overline{OA} \perp \overline{AP}$.

(iii) $\angle PAB = \angle ACB$.

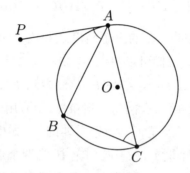

图 1.6A: PA 与圆 (ABC) 相切,见命题1.31

在下面的例子中,我们引入**同一法**的技巧.

例 1.32. 设 $\triangle ABC$ 是一个锐角三角形,外心为 O,点 K 满足 $\overline{KA}$ 与外接圆 (ABC) 相切,并且 $\angle KCB = 90°$. 点 D 在 $\overline{BC}$ 上,满足 $\overline{KD} \parallel \overline{AB}$. 证明:直线 $\overline{DO}$ 经过点 A.

这道题目可能不容易直接证明,因为我们尚未发现任何证明三点共线的方法(后面会有这样的方法). 这里会用一个不同的想法,我们首先定义一个点 D' 为射线 AO 和直线 $\overline{BC}$ 的交点. 如果我们能证明 $\overline{KD'} \parallel \overline{AB}$,那么必然有 $D' = D$,因为在 $\overline{BC}$ 上只会有一个点满足 $\overline{KD} \parallel \overline{AB}$,如图1.6B.

幸运的是,这个思路只需用导角就可以完成,我们将其留作习题1.33. 作为提示,你需要用到命题1.31 的两个部分.

我们实际上在前面证明引理1.27 时就用到了类似的想法. 当时是设圆 (BDF) 和 (CDE) 相交于某个点 K,然后证明 K 也在第三个圆上. 这个套路在几何题中很常见. 使用同一法的第二个例子是引理1.45.

值得指出,使用同一法的解答常常 (不是一定) 也可以重述为不用同一法的解答,尽管后者会非常不自然. 例如,例1.32 的另一种方法是证明 $\angle KAO = \angle KAD$. 而习题1.34 是一个常见的例子,不容易用非同一法来写出解答.

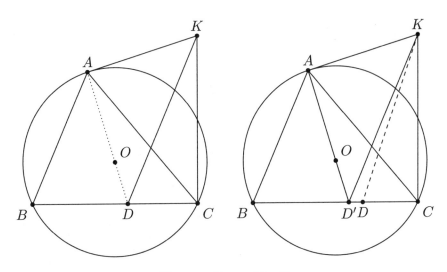

图 1.6B: 例1.32,同一法

本节习题

习题 1.33. 在 $\triangle ABC$ 中,射线 AO 交 $\overline{BC}$ 于 D'. 点 K 满足 $\overline{KA}$ 与圆 (ABC) 相切,而且 $\angle KCB = 90°$. 证明:$\overline{KD'} /\!\!/ \overline{AB}$.

习题 1.34. 不等边 $\triangle ABC$ 中,设 K 是 $\angle A$ 的平分线与 $\overline{BC}$ 的垂直平分线的交点. 证明:A, B, C, K 四点共圆. **提示**:356,101.

1.7 一道 IMO 预选题的解答

我们最后给出一道例题来结束这一章,希望读者可以从中有所体会.

例 1.35. (IMO 预选题 2010/G1) 设 $\triangle ABC$ 是锐角三角形,D, E, F 分别是三边 $\overline{BC}, \overline{CA}, \overline{AB}$ 上的高的垂足. 直线 EF 和外接圆的一个交点是 P. 直线 BP 和 DF 相交于 Q. 证明:$AP = AQ$.

如图1.7A,在这道题目中,有两个可能的构型. 有向角可以让我们同时处理两种情况,我们先只关注其中一个,比如说 P_2 和 Q_2.

首先注意到有垂足三角形,我们可以用引理1.14 的结果. 再者,我们有 $A, C,$ B, P_2 四点共圆. 现在看看我们能做什么. 结论 $AP_2 = AQ_2$ 用角度描述时,需要证明 $\angle AQ_2 P_2 = \angle Q_2 P_2 A$. 现在已知

$$\angle Q_2 P_2 A = \angle B P_2 A = \angle BCA,$$

因此只需计算 $\angle AQ_2 P_2$.

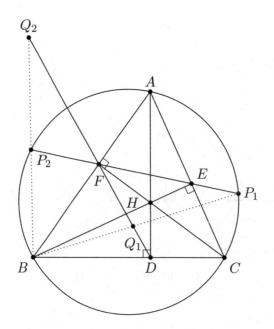

图 1.7A: IMO 预选题 2010/G1, 例1.35

有两个可能的做法会让你找到下一步. 第一个方法是往好处想——猜测有一个绝妙的四点共圆条件, 从而得到 $\angle AQ_2P_2$. 第二个方法是用一个精确的比例图, 然后观察一下. 不管哪个方法, 我们都会碰到这样的猜测: A, Q_2, P_2, F 是否共圆? 从图上看这是非常有可能的.

怎么证明 A, Q_2, P_2, F 四点共圆呢? 计算补角看起来不像, 因为这是我们得到四点共圆后需要使用的结论, 圆周角定理看起来很有希望. 已经知道 $\angle AP_2Q_2 = \angle ACB$, 我们能不能找出 $\angle AFQ_2$? 确实可以, $\angle AFQ_2 = \angle AFD$.

现在我们知道这个方法能成功, 因为 $\angle AFD$ 完全落在 $\triangle ABC$ 和垂足三角形里. 也就是说, 我们把问题转化, 消去了 P 和 Q 这两个点. 事实上, 根据 A, F, D, C 四点共圆, 有 $\angle AFD = \angle ACD = \angle ACB$, 这样就解决了 P_2 和 Q_2 的问题. 我们已经仔细地到处使用了有向角, 也就自动解决了 P_1 和 Q_1 的问题——这正是有向角的有用之处.

请注意, 上面并不是一个书写规范的证明, 而是关于怎样得到解答的描述. 下面是在比赛中书写解答的范例——只向正方向推导 (不是像上面那样, 经常做反向思考), 而且不用写出思路来源. 另外, 建议读者使用 P_1 和 Q_1 重复一遍证明过程, 验证用有向角确实没有漏洞.

证明 因为 A, P, B, C 和 A, F, D, C 分别共圆, 所以有

$$\angle QPA = \angle BPA = \angle BCA = \angle DCA = \angle DFA = \angle QFA.$$

于是 A, F, P, Q 四点共圆,然后

$$\angle AQP = \angle AFP = \angle BFE = \angle BCE = \angle BCA.$$

以上两个式子结合, 得 $\angle AQP = \angle BCA = \angle QPA$, 即 $\triangle APQ$ 是等腰三角形, $AP = AQ$. □

　　如果一直记着引理1.14, 那么这道题就会感觉很简单. 这时, 关键是要注意到 A, F, P, Q 四点共圆. 我们从上面的解题过程可以看出, 注意到新结论的一个方法是仔细观察图形, 如上面寻找看起来内接于圆的四边形. 因此做竞赛题的时候, 最好用尺规作一个好的比例图. 如果可以, 多作几个图更好, 就更容易发现共性. 好的图形常常会透露出题目的中间步骤, 会防止你漏掉一些显然的事实, 或者会给你一些结论尝试去证明. 当然, 也能防止你浪费时间去证明错误的结论.

1.8　习题

习题 1.36. 设 $ABCDE$ 是一个凸五边形, 其中 $BCDE$ 是正方形, 中心为 O, $\angle A = 90°$. 证明: $\overline{AO}$ 平分 $\angle BAE$. **提示:** 18, 115. **答案:** 第245 页.

习题 1.37. (BAMO 1999/2) 设 $O = (0, 0)$, $A = (0, a)$, $B = (0, b)$, 其中实数 $0 < a < b$. 设 Γ 是直径为 $\overline{AB}$ 的圆, P 是 Γ 上另一点. 直线 PA 与 x 轴交于点 Q. 证明: $\angle BQP = \angle BOP$. **提示:** 635, 100.

习题 1.38. 在圆内接四边形 $ABCD$ 中, 设 I_1, I_2 分别是 $\triangle ABC, \triangle DBC$ 的内心. 证明: I_1, I_2, B, C 四点共圆. **提示:** 684, 569.

习题 1.39. (CGMO 2012/5) 设 $\triangle ABC$ 的内切圆分别与边 $\overline{AB}, \overline{AC}$ 相切于点 D, E, O 是 $\triangle BCI$ 的外心. 证明: $\angle ODB = \angle OEC$. **提示:** 643, 89. **答案:** 第245 页.

习题 1.40. (加拿大 1991/3) 设 P 是圆 ω 内一点, 考虑 ω 的所有经过 P 的弦. 证明: 这些弦的中点都在一个圆上. **提示:** 455, 186, 169.

习题 1.41. (俄罗斯 1996) 点 E 和 F 在凸四边形 $ABCD$ 的边 $\overline{BC}$ 上 (E 在 B 和 F 之间). 已知 $\angle BAE = \angle CDF$, 且 $\angle EAF = \angle FDE$. 证明: $\angle FAC = \angle EDB$. **提示:** 245, 614.

引理 1.42. 如图1.8A, 设锐角 $\triangle ABC$ 的外接圆为 Ω, X 是劣弧 $\overset{\frown}{BC}$ 的中点, 类似地定义 Y, Z. 证明: $\triangle XYZ$ 的垂心是 $\triangle ABC$ 的内心. **提示:** 432, 21, 326, 195.

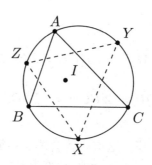

图 1.8A: 引理1.42, I 是 $\triangle XYZ$ 的垂心

习题 1.43. (JMO 2011/5) 点 A, B, C, D, E 在圆 ω 上, 而点 P 在圆 ω 外. 这些点满足: (i) 直线 PB, PD 与圆 ω 相切; (ii) P, A, C 共线; (iii) $\overline{DE} \parallel \overline{AC}$. 证明: $\overline{BE}$ 平分 $\overline{AC}$. **提示:** 401, 575. **答案:** 第246页.

引理 1.44. 如图1.8B, 设锐角 $\triangle ABC$ 中, $\overline{BE}, \overline{CF}$ 是高, M 是 $\overline{BC}$ 的中点. 证明: $\overline{ME}, \overline{MF}$ 和过 A 与 $\overline{BC}$ 平行的直线均与圆 (AEF) 相切. **提示:** 24, 335.

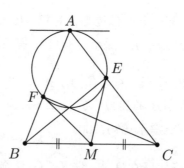

图 1.8B: 引理1.44, 关于 (AEF) 的切线

引理 1.45. (内切圆弦上的直角) 如图1.8C, 设 $\triangle ABC$ 的内切圆在边 $\overline{BC}, \overline{CA}, \overline{AB}$ 上的切点分别是 D, E, F, 内切圆圆心为 I. 设 M, N 分别是 $\overline{BC}, \overline{AC}$ 的中点. 射线 BI 与直线 EF 相交于 K. 证明: $\overline{BK} \perp \overline{CK}$, 并且 K 在直线 MN 上. **提示:** 84, 460.

习题 1.46. (加拿大 1997/4) 点 O 在平行四边形 $ABCD$ 的内部, 使得 $\angle AOB + \angle COD = 180°$. 证明: $\angle OBC = \angle ODC$. **提示:** 386, 110, 214. **答案:** 第246页.

习题 1.47. (IMO 2006/1) 设 $\triangle ABC$ 的内心为 I, P 在三角形内部, 满足

$$\angle PBA + \angle PCA = \angle PBC + \angle PCB.$$

证明: $AP \geqslant AI$, 等号成立当且仅当 $P = I$. **提示:** 212, 453, 670.

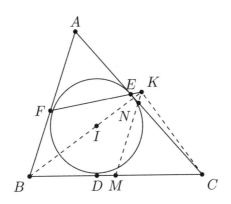

图 1.8C: 引理1.45 的图

引理 1.48. (西姆松线) 如图1.8D，设 P 是 $\triangle ABC$ 外接圆上任一点，X,Y,Z 分别是从 P 到直线 BC,CA,AB 的投影。证明：X,Y,Z 共线。提示：278,502。答案：第247 页。

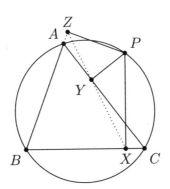

图 1.8D: 引理1.48,西姆松线

习题 1.49. (USAMO 2010/1) 设凸五边形 $AXYZB$ 内接于以 AB 为直径的半圆。记 P,Q,R,S 分别是 Y 到直线 AX,BX,AZ,BZ 上的投影。证明：直线 PQ 和 RS 形成的锐角是 $\angle XOZ$ 的一半，其中 O 是线段 AB 的中点。提示：661。

习题 1.50. (IMO 2013/4) 设锐角 $\triangle ABC$ 的垂心为 H，W 是边 $\overline{BC}$ 上一点，位于 B,C 中间。点 M,N 分别是从 B,C 引出的三角形的高的垂足。ω_1 是 $\triangle BWN$ 的外接圆，点 X 满足 $\overline{WX}$ 是 ω_1 的直径。类似地，点 Y 满足 $\overline{WY}$ 是 $\triangle CWM$ 外接圆 ω_2 的直径。证明：点 X,Y,H 共线。提示：106,157,15。**答案：第247 页。**

习题 1.51. (IMO 1985/1) 某个圆的圆心在圆内接四边形 $ABCD$ 的边 $\overline{AB}$ 上，并且与另外三边相切。证明：$AD + BC = AB$。提示：36,201。

第 2 章　圆

作一个半径为 0 的圆……

导角法作为中间步骤很常用, 但是只用导角法常常不能完整解出题目. 这一章, 我们开发一些和圆有关的基本工具.

2.1　相似三角形的定向

你可能已经知道三角形相似的一些判定准则, 相似三角形可以将角度的信息转化成长度的信息, 因此比较有用. 在讨论圆幂有关的构型中, 也能得到相似三角形, 这可能是最常见的相似三角形组.

我们先给出一个概念, 将相似分成同向相似和反向相似. 考虑 $\triangle ABC$ 和 $\triangle XYZ$, 如果

$$\angle ABC = \angle XYZ, \angle BCA = \angle YZX, \angle CAB = \angle ZXY,$$

则称它们是**同向相似**. 如果

$$\angle ABC = -\angle XYZ, \angle BCA = -\angle YZX, \angle CAB = -\angle ZXY,$$

则称它们是**反向相似**. 二者都是**相似**, 统一记作 $\triangle ABC \backsim \triangle XYZ$, 如图2.1A.

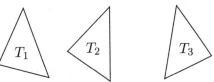

图 2.1A: T_1 和 T_2 同向相似, 和 T_3 反向相似

角度关系中的任何两个会蕴含第三个, 所以这个判定可以简记为有向"角角"关系, 使用时还需要注意点的顺序.

现在我们可以继续使用有向角的概念来证明三角形相似, 只需注意点的对应. 另外还有, 相似的三角形对应边长度成比例.

命题 2.1. (相似三角形) 下面关于 $\triangle ABC$ 和 $\triangle XYZ$ 的条件等价：

(i) $\triangle ABC \backsim \triangle XYZ$.

(ii) (角角)$\angle A = \angle X, \angle B = \angle Y$.

(iii) (边角边)$\angle B = \angle Y, AB : XY = BC : YZ$.

(iv) (边边边)$AB : XY = BC : YZ = CA : ZX$.

因此,长度 (特别是长度的比例) 的关系会得到相似三角形,反过来也一样. 注意到"边角边"的相似条件没有相应的有向角形式,参考习题2.2. 在使用导角法的时候,我们比较喜欢用有向的"角角"关系来证明相似性,然后使用相应的边长成比例条件来完成问题. 下一节的圆幂定理可能是对这个想法的最好的展示. 同时,我们也提醒读者,导角法只占了几何竞赛题的一小部分,不要过度使用它.

本节习题

习题 2.2. 找到 $\triangle ABC, \triangle XYZ$ 的例子,满足 $AB : XY = BC : YZ, \angle BCA = \angle YZX$,但是两个三角形不相似.

2.2 点到圆的幂

圆内接四边形中会出现很多相同的角,可以预见其中会产生很多的相似三角形. 我们看看会得到哪些长度关系.

考虑圆 ω 上的四个点 A, B, X, Y. 设直线 AB 和 XY 相交于 P,如图2.2A.

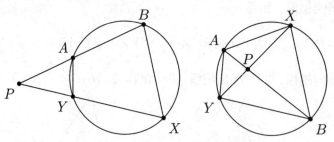

图 2.2A: 点到圆的幂的构型

简单的有向角导角给出

$$\angle PAY = \angle BAY = \angle BXY = \angle BXP = -\angle PXB,$$

然后有

$$\angle AYP = \angle AYX = \angle ABX = \angle PBX = -\angle XBP.$$

因此,我们得到 $\triangle PAY$ 和 $\triangle PXB$ 反向相似. 然后有 $\frac{PA}{PY} = \frac{PX}{PB}$,或者 $PA \cdot PB = PX \cdot PY$,这是定理的核心部分. 从另一个角度来看,乘积 $PA \cdot PB$ 不依赖于直线 AB 的选取,只依赖于点 P. 特别地,若取 AB 经过圆心,则得到

$$PA \cdot PB = |PO - r| \cdot |PO + r|,$$

其中 O 和 r 分别是圆 ω 的圆心和半径. 根据这一点,我们定义点 P **到圆** ω 的 **幂**为

$$\mathrm{Pow}_\omega(P) = OP^2 - r^2.$$

这个量可能是负的. 实际上,这个量的符号可以用来判定 P 与圆的位置关系. 这个定义有如下的性质.

定理 2.3. (圆幂定理)考虑一个圆 ω 和任意一点 P.

(a) 幂 $\mathrm{Pow}_\omega(P)$ 根据 P 在圆外、圆上或圆内分别取正值、零、负值.

(b) 若直线 l 经过 P,且与 ω 交于 X, Y,则

$$PX \cdot PY = |\mathrm{Pow}_\omega(P)|.$$

(c) 若 P 在 ω 外,$\overline{PA}$ 与 ω 相切于 A,则

$$PA^2 = \mathrm{Pow}_\omega(P).$$

圆幂定理的逆定理可能反而更重要,它可以让我们通过长度关系找到共圆关系,定理内容如下.

定理 2.4. (圆幂定理的逆定理) 设 A, B, X, Y 是平面上四个不同的点,直线 AB 和 XY 相交于 P. 假设 P 或者同时在两条线段 $\overline{AB}$ 和 $\overline{XY}$ 内,或者同时在两条线段外. 若 $PA \cdot PB = PX \cdot PY$,则 A, B, X, Y 四点共圆.

证明 我们用同一法证明 (关于同一法,可参考例1.32). 设 XP 与圆 (ABX) 的另一个交点是 Y'. 则 A, B, X, Y' 四点共圆. 因此,根据圆幂定理,$PA \cdot PB = PX \cdot PY'$. 但是我们已经有 $PA \cdot PB = PX \cdot PY$,因此 $PY = PY'$.

我们还没完全证明,因为 $PY = PY'$ 不足以得到 $Y = Y'$,如图2.2B. 有可能 Y, Y' 关于 P 对称.

幸好,剩下的条件可以用得上. 若 $Y \neq Y'$,则它们在 P 的两边. 条件 A, B, X, Y' 四点共圆说明 P 同时在或同时不在线段 $\overline{AB}$ 和 $\overline{XY'}$ 的内部. 而题目条件说 P 同时在或者同时不在 $\overline{AB}$ 和 $\overline{XY}$ 的内部. 这样,P 同时在或同时不在 $\overline{XY}$ 和 $\overline{XY'}$ 的内部,与 Y 和 Y' 在 P 的两侧矛盾. □

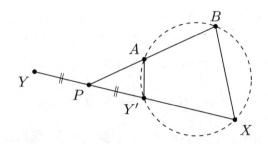

图 2.2B: 陷阱! $PA \cdot PB = PX \cdot PY$ 差一点就得出了四点共圆

你可能会猜到,上面的定理经常会被用来建立导角法和长度关系的联系. 实际上不止如此,在下一节会给出这个定理的更加意想不到的应用.

本节习题

习题 2.5. 证明定理2.3.

习题 2.6. 设 $\triangle ABC$ 是一个直角三角形,$\angle ACB = 90°$. 利用图2.2C 给出勾股定理的一个证明. (注意不要循环论证.)

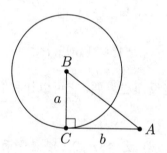

图 2.2C: 勾股定理的一个证明

2.3 根轴与根心

我们从一个小题目开始这一节.

例 2.7. 如图2.3A,三个圆相交,证明它们的三条公共弦交于一点.

此题似乎完全无法用导角法来做,事实上也是这样. 此题解法的关键是用根轴的概念. 给定两个圆心不同的圆 ω_1, ω_2. 它们的**根轴**是满足

$$\mathrm{Pow}_{\omega_1}(P) = \mathrm{Pow}_{\omega_2}(P)$$

的点 P 的轨迹. 初看上去, 这个轨迹没什么特殊之处. 到两个圆的幂相同的点的轨迹会有什么有趣的地方呢? 但实际情况正好相反.

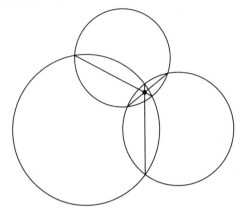

图 2.3A: 三个圆的公共弦共点

定理 2.8. 设 ω_1, ω_2 是两个不同心的圆, 圆心分别是 O_1, O_2. 则 ω_1, ω_2 的根轴是与 $\overline{O_1 O_2}$ 垂直的直线.

特别地, 若 ω_1, ω_2 相交于两点 A, B, 则根轴是直线 AB.

定理的几种情况如图2.3B.

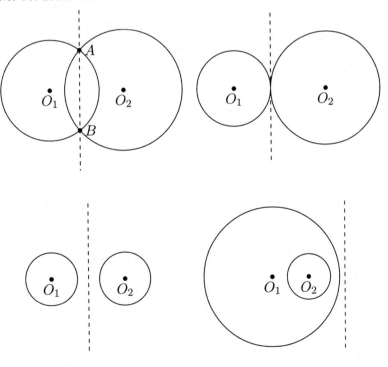

图 2.3B: 根轴示意图

证明 这道题是坐标系的一个较好的应用——我们看到了长度的平方以及线的垂直关系,这提醒我们可以使用坐标法. 假设 $O_1 = (a, 0), O_2 = (b, 0)$ 是两个圆心的坐标,圆的半径分别是 r_1, r_2. 则对于任意的点 $P = (x, y)$,有

$$\text{Pow}_{\omega_1}(P) = O_1 P^2 - r_1^2 = (x - a)^2 + y^2 - r_1^2,$$

以及类似地

$$\text{Pow}_{\omega_2}(P) = O_2 P^2 - r_2^2 = (x - b)^2 + y^2 - r_2^2.$$

令二者相等,发现 ω_1 和 ω_2 的根轴上的点 $P = (x, y)$ 满足

$$
\begin{aligned}
0 &= \text{Pow}_{\omega_1}(P) - \text{Pow}_{\omega_2}(P) \\
&= \left[(x - a)^2 + y^2 - r_1^2 \right] - \left[(x - b)^2 + y^2 - r_2^2 \right] \\
&= (-2a + 2b)x + (a^2 - b^2 + r_2^2 - r_1^2),
\end{aligned}
$$

这是一条垂直于 x 轴的直线 (用到 $-2a + 2b \neq 0$),证明了结果.

第二部分是直接的推论. 点 A, B 都在两个圆上,因此相对于两个圆的幂都是 0,根据定义,A, B 位于根轴之上. 所以根轴就是直线 AB. □

下面的话可以当作一个旁白:证明中的圆的标准方程 $(x - m)^2 + (y - n)^2 - r^2 = 0$ 实际上正是 $\text{Pow}_\omega((x, y)) = 0$ 的展开. 也就是说 $(x - m)^2 + (y - n)^2 = r^2$ 实际上给出了坐标平面上的点 (x, y) 关于以 (m, n) 为中心,r 为半径的圆的幂.

定理2.8 的好用之处还在于这实际上是一个"当且仅当"的陈述. 也就是说,一个点关于两个圆的幂相同当且仅当它在根轴上,而我们现在已经知道了这个根轴的很多性质.

现在回到本节开始的题目,你们应该已经能猜到结果了.

例2.7 的证明 由于公共弦所在直线是根轴,设 l_{12} 是 ω_1 和 ω_2 的根轴,l_{23} 是 ω_2 和 ω_3 的根轴,l_{13} 是 ω_1 和 ω_3 的根轴. 设 P 是两条线 l_{12} 和 l_{23} 的交点,则有

$$P \in l_{12} \implies \text{Pow}_{\omega_1}(P) = \text{Pow}_{\omega_2}(P)$$

和

$$P \in l_{23} \implies \text{Pow}_{\omega_2}(P) = \text{Pow}_{\omega_3}(P).$$

这说明 $\text{Pow}_{\omega_1}(P) = \text{Pow}_{\omega_3}(P)$,因此 $P \in l_{31}$,于是三线交于点 P. □

一般地,考虑三个不同心的圆 O_1, O_2, O_3,从上面的讨论看出,有两个可能.

1. 通常,三个根轴交于一点 K,这时,我们称 K 是三个圆的**根心**.

2. 有时候,三个根轴两两平行 (甚至重合). 因为根轴垂直于圆心连线,这种情况下三个圆心共线.

可以看出只有这两种情况：若某两个根轴相交，则第三个根轴也经过这个交点．我们还能看出，例2.7 的逆命题也成立，下面是所有的情况．

定理 2.9. (相交圆的根心) 如图2.3C，设 ω_1 和 ω_2 是两个圆，圆心分别为 O_1, O_2．在 ω_1 上选择点 A, B，在 ω_2 上选择点 C, D．则下面的命题等价：

(a) A, B, C, D 在某圆上，此圆圆心 O_3 不在直线 $O_1 O_2$ 上．

(b) 直线 AB 与 CD 的交点在 ω_1 和 ω_2 的根轴上．

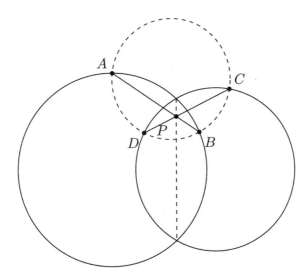

图 2.3C: 定理2.9 的逆命题也成立

证明 我们已经证明了一个方向，即 (a) $\Longrightarrow$ (b)．现在假设直线 AB 和 CD 相交于 P，且 P 在根轴上．则：

$$\pm PA \cdot PB = \mathrm{Pow}_{\omega_1}(P) = \mathrm{Pow}_{\omega_2}(P) = \pm PC \cdot PD.$$

我们还需要一个理由：我们看到 $\mathrm{Pow}_{\omega_1}(P) > 0$ 当且仅当 P 严格在 A 和 B 之间．类似地，$\mathrm{Pow}_{\omega_2}(P) > 0$ 当且仅当 P 在 C 和 D 之间．因为 $\mathrm{Pow}_{\omega_1}(P) = \mathrm{Pow}_{\omega_2}(P)$，我们有定理2.4 的情形，所以 $PA \cdot PB = PC \cdot PD$，我们得到结论 A, B, C, D 四点共圆．因为 AB 和 CD 不平行，所以本题是 O_1, O_2, O_3 不共线的情形． $\square$

我们在这个例子中非常仔细地检查了点的幂对应的符号，而且处理了"共点"和"平行"两种情况．在实际解题中，这很少会造成问题．竞赛题目中的构型一般会避免"病态"的情况．但有一个例外是例2.21．

本节最后给出一个根轴的有趣应用．

命题 2.10. 任何 $\triangle ABC$ 存在外接圆，也就是说，存在点 O 满足 $OA = OB = OC$.

证明 以 A, B, C 为圆心,半径为零分别作圆,记为 $\omega_A, \omega_B, \omega_C$. 因为圆心不共线,我们可以找到它们的根心,记为 O.

现在我们知道 O 到三个圆的幂相同,这可以转述为到三个圆的"切线"的长度的平方相同:也就是 $OA^2 = OB^2 = OC^2$(要看出 OA^2 确实是幂,注意到 $\text{Pow}_{\omega_A}(O) = OA^2 - 0^2 = OA^2$). 这样我们就得到了 $OA = OB = OC$. □

这时的根轴正好是三边的垂直平分线. 上面的证明奇妙得不容错过,这可能是你第一次碰到使用半径为零的圆,但不会是最后一次.

本节习题

引理 2.11. 如图2.3D,设 P 在 $\triangle ABC$ 的内部. 假设 $\overline{BC}$ 与 $\triangle ABP$ 和 $\triangle ACP$ 的外接圆均相切. 证明:射线 AP 平分 $\overline{BC}$.

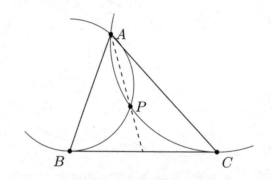

图 2.3D: 引理2.11 的示意图

习题 2.12. 用根轴证明三角形的垂心存在. 也就是说,若 $\overline{AD}, \overline{BE}, \overline{CF}$ 是 $\triangle ABC$ 的三个高,证明它们共点. **提示:**367.

2.4 共轴圆

如果一些圆有同样的根轴,我们就称它们是**共轴**的. 这样的一组圆的全体称为一个共轴**圆束**,如图2.4A. 特别地,若一些圆共轴,则它们的圆心共线 (逆命题不成立).

共轴圆以下面的方式自然出现:

引理 2.13. (寻找共轴圆) 三个不同的圆 $\Omega_1, \Omega_2, \Omega_3$ 经过同一点,则它们的圆心共线当且仅当它们有另一个公共点.

证明 两个条件都等价于共轴. □

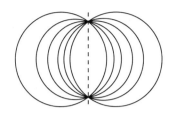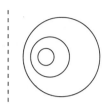

图 2.4A: 两个共轴圆束

2.5 切线再论:内心

我们再研究一下角平分线,如图2.5A.

对角平分线上的任何点 P,从 P 到角的两边的距离相同,因此可以以 P 为圆心作圆与两边相切. 反之,从一点到一个圆的两条切线的长度相等,并且圆心在两条切线的角平分线上.

命题 2.14. $\triangle ABC$ 的三条角平分线共点,是三角形的内切圆的圆心.

证明 我们把图2.5A 补全成图2.5B. 设 $\angle B, \angle C$ 的角平分线相交于 I. 我们证明 I 是所期望的内心.

设 D, E, F 分别是 I 到 $\overline{BC}, \overline{CA}, \overline{AB}$ 的投影. 因为 IB 是 $\angle B$ 的角平分线,所以 $IF = ID$. 同理 IC 是 $\angle C$ 的角平分线,于是 $ID = IE$. (希望在这里读者能回忆起根心存在性的证明.) 于是 $IE = IF$,因此 I 在 $\angle A$ 的角平分线上. 最后,以 I 为圆心,半径为 $ID = IE = IF$ 的圆与三角形的三边相切. $\square$

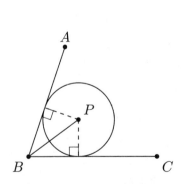

图 2.5A: 圆的两条切线

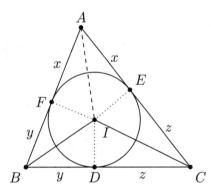

图 2.5B: 三角形的内切圆

$\triangle DEF$ 被称作 $\triangle ABC$ 的**切触三角形**.

我们还可以得到更多相关结论. 在图2.5B 中,切线的长度分别标记为 x, y, z. 在每条边上考虑长度关系,我们得到一个方程组

$$y + z = a, z + x = b, x + y = c.$$

现在我们可以将 x, y, z 解出, 用 a, b, c 表示. 作为一个练习, 可以得到下面的结果 (其中 $s = \frac{1}{2}(a+b+c)$):

引理 2.15. (内切圆的切线长) 若 $\triangle DEF$ 是 $\triangle ABC$ 的切触三角形, 则 $AE = AF = s - a$, 类似地有 $BF = BD = s - b, CD = CE = s - c$.

本节习题

习题 2.16. 证明引理2.15.

2.6 旁切圆

在引理1.18 中我们提到了三角形的旁心, 在这里做进一步研究. $\triangle ABC$ 的 **A-旁切圆** 是与三边所在直线相切, 但是圆心与顶点 A 在直线 $\overline{BC}$ 不同侧的圆. 最终切点分别位于线段 $\overline{BC}$ 内部、边 $\overline{AB}$ 超过 B 的延长部分以及边 $\overline{AC}$ 超过 C 的延长部分, 如图2.6A. 这个 A-旁切圆的圆心称为 **A-旁心**, 记为 I_A. B-旁切圆, C-旁切圆以及 B-旁心, C-旁心可类似定义.

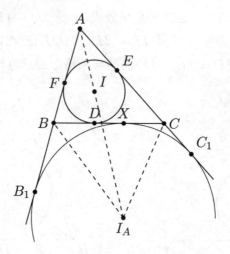

图 2.6A: 内切圆 I 和 A-旁切圆 I_A

我们需要先确认旁切圆的存在性, 从定义看这并不是显然的. 证明和内心的存在性的证明完全相似, 只是所使用的 B, C 处的内角平分线要替换成相应的**外角平分线**. 作为推论, $\triangle ABC$ 的内心和 A-旁心都在 $\angle BAC$ 的内角平分线上, 因此 A, I, I_A 共线.

现在我们看看能否找到和内切圆中类似的长度关系. 设 X 是 A-旁切圆在 $\overline{BC}$

上的切点, B_1, C_1 分别是在射线 AB, AC 上的切点. 我们知道 $AB_1 = AC_1$ 以及

$$
\begin{aligned}
AB_1 + AC_1 &= (AB + BB_1) + (AC + CC_1) \\
&= (AB + BX) + (AC + CX) \\
&= AB + AC + BC = 2s.
\end{aligned}
$$

因此得到下面的引理.

引理 2.17. (旁切圆切线) 若 AB_1, AC_1 是 A-旁切圆的切线, 则 $AB_1 = AC_1 = s$.

我们再做最后一个注解: 在图2.6A 中, $\triangle AIF$ 和 $\triangle AI_A B_1$ 是同向相似的 (为什么?). 因此我们可以把**A-旁切圆半径**和三角形的其他长度联系起来, 这个旁切圆半径通常记为 r_a, 结论见引理2.19.

本节习题

习题 2.18. 设 $\triangle ABC$ 在顶点 B, C 处的外角平分线相交于 I_A. 证明 I_A 是和 $\overline{BC}, \overline{AB}$ 超过 B 的延长部分, $\overline{AC}$ 超过 C 的延长部分都相切的某个圆的圆心. 进一步, 证明 I_A 在射线 AI 上.

引理 2.19. (旁切圆半径) 证明: A-旁切圆的半径为 $r_a = \frac{s}{s-a} r$. **提示**:302.

引理 2.20. 设 $\triangle ABC$ 的内切圆和 A-旁切圆在 $\overline{BC}$ 上的切点分别是 D, X. 证明: $BX = CD, BD = CX$.

2.7 综合例题

我们在这一节给出一些题目, 我们觉得这些题目或者有示范性、或者比较经典、或者非常巧妙, 因此不得不讲.

例 2.21. (USAMO 2009/1) 两圆 ω_1, ω_2 相交于点 X, Y. 直线 l_1 经过 ω_1 的圆心与 ω_2 相交于 P, Q; 直线 l_2 经过 ω_2 的圆心与 ω_1 相交于 R, S. 证明: 若 P, Q, R, S 共圆, 则此圆圆心在直线 XY 上.

这是一个很容易丢分的 USAMO 题目, 接下来会看到丢分的原因.

设 ω_3 和 O_3 分别是四边形 $PQRS$ 的外接圆和外心. 画出图形之后[1], 我们马上想到根轴. 事实上, 根据定理2.9, 我们已经知道 PQ, RS, XY 交于某点, 记此点为 H.

---

[1]你画了一个大的图形, 对吧?

现在,我们还知道什么?从图2.7A 中大概能看出 $\overline{O_1O_3} \perp \overline{RS}$. 我们也能证明它成立,因为 $\overline{RS}$ 是 ω_1 和 ω_2 的根轴. 类似地,我们还知道 $\overline{PQ} \perp O_2O_3$.

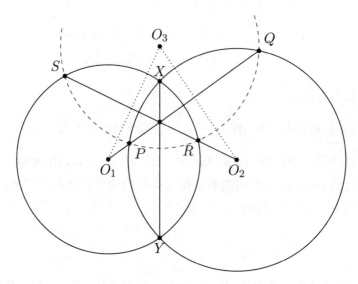

图 2.7A: USAMO 2009/1

只看 $\triangle O_1O_2O_3$,可以看到 H 是垂心,因此从 O_3 出发的高经过 H. 现在直线 XY 就是这个高:它经过 H 并且与 $\overline{O_1O_2}$ 垂直. 因此 O_3 在直线 XY 上,我们完成了证明.

一定是这样吗?再看定理2.9,要应用这个定理,需要知道 O_1, O_2, O_3 不共线. 而这并非总成立,如图2.7B,也是本题的一种构型.

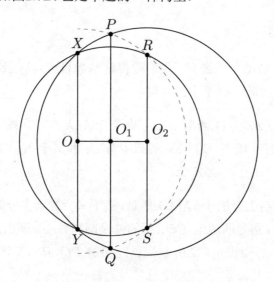

图 2.7B: 没注意到的特殊情形

幸好, 虽然不容易注意到有这种情况, 但证明它还是不难的. 我们利用同一法, 设 O 是 $\overline{XY}$ 的中点 (我们选择这个点是因为我们知道这应该是 O_3 的位置). 现在只需证明 $OP = OQ = OR = OS$, 然后就会得到 $O = O_3$.

这看起来简单多了, 我们可以用勾股定理计算所有的长度 (还会用到圆的定义). 可以得到

$$OP^2 = OO_1^2 + O_1P^2 = OO_1^2 + (O_2P^2 - O_1O_2^2) = OO_1^2 + r_2^2 - O_1O_2^2.$$

现在点 P 从式子中消掉了, 如果我们需要得到一个对称的表达式, 就还要消去 r_2, 利用 $O_2X = r_2 = \sqrt{XO^2 + OO_2^2}$, 得

$$
\begin{aligned}
OP^2 &= OO_1^2 + (O_2O^2 + OX^2) - O_1O_2^2 \\
&= OX^2 + OO_1^2 + OO_2^2 - O_1O_2^2 \\
&= \left(\frac{1}{2}XY\right)^2 + OO_1^2 + OO_2^2 - O_1O_2^2.
\end{aligned}
$$

现在得到了和 P 无关, 并且关于下角标 $1, 2$ 对称的式子; 对 Q, R, S 进行上述的计算会得到同样结果. 因此, 我们就得到

$$OP^2 = OQ^2 = OR^2 = OS^2 = \left(\frac{1}{2}XY\right)^2 + OO_1^2 + OO_2^2 - O_1O_2^2,$$

这正是所需要的.

除了上面的感觉更自然的解答, 下面则是一个分析风格更多的解答, 它仔细地避免了上个解答中的构型问题.

证明 设 r_1, r_2, r_3 分别表示圆 $\omega_1, \omega_2, \omega_3$ 的半径. 我们希望证明 O_3 在 ω_1 和 ω_2 的根轴上. 我们现在把已知信息用圆幂叙述. 因为 O_1 在 ω_2 和 ω_3 的根轴上, 有

$$
\begin{aligned}
&\mathrm{Pow}_{\omega_2}(O_1) = \mathrm{Pow}_{\omega_3}(O_1) \\
&\implies O_1O_2^2 - r_2^2 = O_1O_3^2 - r_3^2 \\
&\implies O_1O_2^2 + r_3^2 = O_1O_3^2 + r_2^2.
\end{aligned}
$$

类似地, 因为 O_2 在 ω_1 和 ω_3 的根轴上, 将上面表达式中下角标 1 和 2 互换, 得到 $O_1O_2^2 + r_3^2 = O_2O_3^2 + r_1^2$. 因此 $O_1O_3^2 + r_2^2 = O_2O_3^2 + r_1^2$, 证明了 O_3 在 ω_1 和 ω_2 的根轴上[1]. $\qquad \square$

这个解答的主要思想是利用根轴, 将所有信息用长度表示, 然后将已知条件转化成方程, 要证的条件也变成方程, 即 $\mathrm{Pow}_{\omega_2}(O_3) = \mathrm{Pow}_{\omega_1}(O_3)$, 于是可以忽略几

---

[1]译者将此证明写成对称式, 稍微缩减了过程.

何,变成一个代数问题. 有点"讽刺"的是,几何竞赛题用解析方法解答时常常无需考虑构型问题,而经典几何方法需要考虑这个问题.

下面的例子是欧拉的经典结果.

引理 2.22. (关于内外径的欧拉定理)设 $\triangle ABC$ 的外接圆半径和内切圆半径分别为 R, r. 若 O, I 分别是二者的圆心,则 $OI^2 = R(R - 2r)$. 特别地,$R \geqslant 2r$.

我们首先注意到,要证的关系等价于 $R^2 - OI^2 = 2Rr$,左端明显是一个点到某个圆的幂. 因此,假设射线 AI 与外接圆交于 L. 我们只需证明 $AI \cdot IL = 2Rr$. 这个看起来更好处理——幂的含义让我们把长度关系式化简,看起来有一个比例关系的结构.

我们反过来想想,最后的式子可能要用相似三角形,我们先写成 $\frac{AI}{r} = \frac{2R}{IL}$. 有很多方式能得到左边的式子,例如,设 I 到 $\overline{AB}$ 的投影是 F,则 $\triangle AIF$ 中有我们需要的比例 (也可以作到 $\overline{AC}$ 的投影,结果一样). 现在只需作出一个相似的三角形,边长为 $2R$ 和 IL,可惜 $\overline{IL}$ 的位置不太好,如图2.7C.

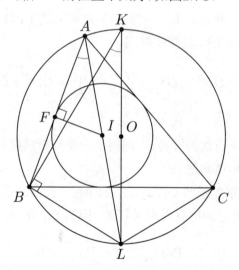

图 2.7C: 证明关于内外径的欧拉定理

我们希望读者能看出可以利用引理1.18,这时有 $BL = IL$. 现在设点 K 满足 $\overline{KL}$ 是外接圆的直径,则 $\triangle KBL$ 中就有我们需要的边长. 这个三角形是不是和前面的相似? 是的:$\angle KBL$ 和 $\angle AFI$ 都是直角;$\angle BAL$ 和 $\angle BKL$ 是圆上同一段弧所对的圆周角. 这样就得到 $AI \cdot IL = 2Rr$,完成了证明.

当然,上面不是考试中的解答应该书写成的样子. 解答应该只正向推理,而且不用解释想法从何而来.

证明 设射线 AI 与外接圆相交于 L, K 是 L 的对径点. 设 F 是 I 到 $\overline{AB}$ 的投

影. 注意到 $\angle FAI = \angle BAL = \angle BKL$ 以及 $\angle AFI = \angle KBL = 90°$,所以

$$\frac{AI}{r} = \frac{AI}{IF} = \frac{KL}{LB} = \frac{2R}{LI}$$

因此 $AI \cdot IL = 2Rr$. 又因为 I 在 $\triangle ABC$ 的内部,因此 I 关于外接圆 (ABC) 的幂是 $R^2 - OI^2 = AI \cdot IL = 2Rr$. 于是 $OI^2 = R(R - 2r)$. $\qquad\square$

我们的最后一个例子是全俄数学奥林匹克的一道题目,解答令人意想不到,阅读解答前请独立思考一下.

例 2.23. (俄罗斯 2010) 如图2.7D,$\triangle ABC$ 的周长是 4,点 X, Y 分别在射线 AB, AC 上,满足 $AX = AY = 1$,线段 BC 和 XY 相交于 M. 证明:$\triangle ABM$ 或 $\triangle ACM$ 的周长是 2.

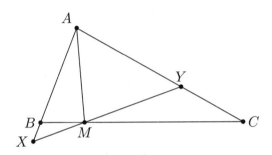

图 2.7D: 全俄数学奥林匹克中的一道题目

我们的已知条件非常奇怪,知道了 $AX = AY = 1$ 以及 $\triangle ABC$ 的周长为 4,其他的都不知道. 题目的结论也很让人迷惑,是一个二选一成立的结论.

我们先把点 A 关于 X 和 Y 反射,分别得到 U, V,于是 $AU = AV = 2$. 看起来好了一点,$AU = AV = 2$,是所给周长的一半 $(s = 2)$. 接下来怎么办?我们看到 U, V 是 $\triangle ABC$ 旁切圆 Γ_a 的两个切点. 设 I_A 是旁心,旁切圆在 $\overline{BC}$ 上的切点为 T,如图2.7E.

回头看看,$AX = AY = 1$ 的条件可以改成:X, Y 是 A-旁切圆的切线的中点. 我们现在需要说明 $\triangle ABM, \triangle ACM$ 之一的周长等于切线的长度.

现在的问题是,怎么利用这个条件?

我们再仔细看一下图2.7E,看起来应该猜想 $\triangle ABM$ 的周长为 2 (而不是 $\triangle ACM$). 如果要有 $AB + BM + MA = AU$,那么需要什么性质?为了把这些长度更好地放入三角形中,我们写成 $AU = AB + BU = AB + BT$. 所以我们需要 $BM + MA = BT$ 或者说 $MA = MT$.

所以看起来 X, M, Y 应该有这样的性质:它们到 A 的距离等于它们到 A-旁切圆的切线长. 这样促使我们在图上添加这样的辅助线:以 A 为圆心,作半径为零

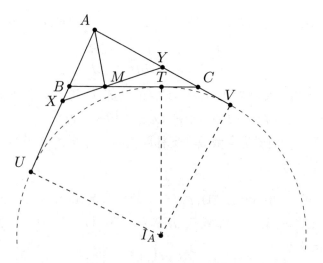

图 2.7E: 增加一个旁切圆

的圆 ω_0. 则 X,Y 在 ω_0 和 Γ_a 的根轴上,因此 M 也在根轴上,这样就有所需的 $MA = MT$.

现在回头想想,"或者"这个条件是如何出现的?上面可以明显看出,这个条件在于 T 位于 $\overline{BM}$ 还是 $\overline{CM}$ 上 (必然在其中之一,因为已知 M 在线段 $\overline{BC}$ 上,而旁切圆切点也在 $\overline{BC}$ 上). 这样就完成了证明,我们将其完整书写如下.

证明 设 I_A 是 A-旁切圆的圆心,旁切圆与 $\overline{BC}$ 切于 T,与 $\overline{AB},\overline{AC}$ 的延长线分别切于 U,V. 则有 $AU = AV = s = 2$. 于是 $\overline{XY}$ 是 A-旁切圆与点 A 处半径为零的圆的根轴,因此 $AM = MT$.

不妨设 T 在 $\overline{MC}$ 上,则 $AB + BM + MA = AB + BM + MT = AB + BT = AB + BU = AU = 2$,得证. $\qquad\square$

尽管我们尽量把解答叙述得很自然,但在任何标准下,这无疑是一个难题. 这样的题目并不多见.

2.8 习题

引理 2.24. 设 $\triangle ABC$ 的内心为 I,旁切圆圆心为 I_A, I_B, I_C. 证明:$\triangle I_A I_B I_C$ 的垂心为 I,而 $\triangle ABC$ 是它的垂足三角形. **提示**:564, 103.

定理 2.25. (Pitot 定理) 如图2.8A,设四边形 $ABCD$ 有一个内切圆[1],证明:$AB + CD = BC + DA$. **提示**:467.

---

[1]此定理的逆定理也成立,若 $AB + CD = BC + DA$,则四边形有内切圆. 因此两个条件可以互相替代.

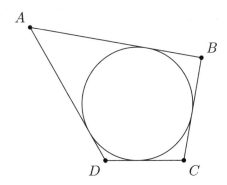

图 2.8A: Pitot 定理: $AB + CD = BC + DA$

习题 2.26. (USAMO 1990/5) 平面上给定锐角 $\triangle ABC$. 以 $\overline{AB}$ 为直径的圆与高 $\overline{CC'}$ 及其延长线分别交于 M, N. 以 $\overline{AC}$ 为直径的圆与高 $\overline{BB'}$ 及其延长线分别交于 P, Q. 证明: M, N, P, Q 四点共圆. **提示:** 260, 73, 409. **答案:** 第248 页.

习题 2.27. (BAMO 2012/4) 给定平面上的线段 $\overline{AB}$, 在线段上选择不同于 A, B 的一点 M. 平面上两个等边 $\triangle AMC$ 和 $\triangle BMD$ 在线段 $\overline{AB}$ 的同一侧. 两个三角形的外接圆交于点 M 和另外一点 N.

    (a) 证明: $\overline{AD}$ 和 $\overline{BC}$ 经过点 N. **提示:** 57, 77.

    (b) 证明: 当 M 在线段 $\overline{AB}$ 上移动时, 所有的直线 MN 经过平面上某固定点 K. **提示:** 230, 654.

习题 2.28. (JMO 2012/1) 给定 $\triangle ABC$, 设 P, Q 分别是线段 $\overline{AB}, \overline{AC}$ 上的点, 满足 $AP = AQ$. 设 S, R 是线段 $\overline{BC}$ 上的不同点, S 在 B, R 之间, $\angle BPS = \angle PRS$, $\angle CQR = \angle QSR$. 证明: P, Q, R, S 四点共圆. **提示:** 435, 601, 537, 122.

习题 2.29. (IMO 2008/1) 设 H 是锐角 $\triangle ABC$ 的垂心. 圆 Γ_A 以 $\overline{BC}$ 的中点为圆心, 过点 H, 交直线 BC 于点 A_1, A_2. 类似地定义点 B_1, B_2, C_1, C_2. 证明: 六个点 $A_1, A_2, B_2, B_2, C_1, C_2$ 共圆. **提示:** 82, 597. **答案:** 第248 页.

习题 2.30. (USAMO 1997/2) 给定 $\triangle ABC$, 点 D, E, F 分别在边 $\overline{BC}, \overline{CA}, \overline{AB}$ 的垂直平分线上. 证明: 过 A, B, C 分别垂直于 $\overline{EF}, \overline{FD}, \overline{DE}$ 的直线共点. **提示:** 596, 2, 611.

习题 2.31. (IMO 1995/1) 设 A, B, C, D 是一条直线上的依次四点. 以 $\overline{AC}$ 和 $\overline{BD}$ 为直径的圆相交于 X, Y, 直线 XY 交 $\overline{BC}$ 于 Z, 点 P 是 XY 上不同于 Z 的一点, 直线 CP 与以 AC 为直径的圆交于 C, M, 直线 BP 与以 BD 为直径的圆交于 B, N. 证明: 直线 AM, DN, XY 三线共点. **提示:** 49, 159, 134.

习题 2.32. (USAMO 1998/2) 已知 C_1 和 C_2 是两个同心圆 (C_2 在 C_1 内). 点 A 为 C_1 上任意一点, 过 A 引 C_2 的切线 $AB(B \in C_2)$, 交 C_1 于另一点 C, 取 AB 的中点 D. 过 A 引一条直线交 C_2 于点 E 和 F, 使得 DE 和 CF 的中垂线交于 AB 上的一点 M. 求 $\frac{AM}{MC}$ 的值, 并予以证明. **提示**: 659, 355, 482.

习题 2.33. (IMO 2000/1) 圆 G_1 和圆 G_2 相交于点 M 和 N. 设直线 AB 与 G_1 和 G_2 分别相切于 A, B, 并且 M 距离 AB 比 N 近. 设直线 CD 经过点 M 且与 AB 平行, C 在 G_1 上, D 在 G_2 上. 直线 CA 和 DB 相交于点 E, 直线 AN 和 CD 相交于点 P, 直线 BN 和 CD 相交于点 Q. 证明: $EP = EQ$. **提示**: 17, 174.

习题 2.34. (加拿大 1990/3) 设圆内接四边形 $ABCD$ 的对角线相交于 P. 设 W, X, Y, Z 分别是 P 到 $\overline{AB}, \overline{BC}, \overline{CD}, \overline{DA}$ 的投影. 证明: $WX + YZ = XY + WZ$. **提示**: 1, 414, 440. **答案**: 第 249 页.

习题 2.35. (IMO 2009/2) 设 $\triangle ABC$ 的外接圆圆心为 O. 点 P, Q 分别是线段 $\overline{CA}, \overline{AB}$ 内的点, 点 K, L, M 分别是线段 BP, CQ, PQ 的中点, 圆 Γ 经过 K, L, M. 假设直线 PQ 与 Γ 相切, 证明: $OP = OQ$. **提示**: 78, 544, 346.

习题 2.36. 设 $\overline{AD}, \overline{BE}, \overline{CF}$ 是不等边 $\triangle ABC$ 的三条高, O 是 $\triangle ABC$ 的外心. 证明: 三个圆 $(AOD), (BOE), (COF)$ 相交于不同于 O 的另外一点 X. **提示**: 553, 79. **答案**: 第 250 页.

习题 2.37. (加拿大 2007/5) 设 $\triangle ABC$ 的内切圆与边 BC, CA, AB 分别相切于 D, E, F. 设 $\omega, \omega_1, \omega_2, \omega_3$ 分别是 $\triangle ABC, \triangle AEF, \triangle BDF, \triangle CDE$ 的外接圆. 设 ω 和 ω_1 交于 A, P; ω 和 ω_2 交于 B, Q; ω 和 ω_3 交于 C, R.

    (a) 证明: $\omega_1, \omega_2, \omega_3$ 交于一点.

    (b) 证明: 直线 PD, QE, RF 三线共点. **提示**: 376, 548, 660.

习题 2.38. (伊朗 TST 2011/1) 在锐角 $\triangle ABC$ 中, $\angle B > \angle C$. 设 M 是 $\overline{BC}$ 的中点, E, F 分别是从 B, C 出发的高的垂足. 设 K, L 分别是 $\overline{ME}, \overline{MF}$ 的中点. 点 T 在直线 KL 上, 满足 $\overline{TA} /\!/ \overline{BC}$. 证明: $TA = TM$. **提示**: 297, 495, 154. **答案**: 第 250 页.

第 3 章　长度和比例

一个精通几何知识的人会迷恋计算圆的周长.

——但丁《神曲》

3.1　正弦定理

除了利用相似三角形, 还有一个联系长度和角度的方法是使用扩展的**正弦定理**. 在第5.3 节我们会更全面地介绍三角函数的功能, 这里只研究它们在长度方面的用处.

定理 3.1. (正弦定理) 设 $\triangle ABC$ 的外接圆半径为 R, 则有

$$\frac{a}{\sin A} = \frac{b}{\sin B} = \frac{c}{\sin C} = 2R.$$

这里所谓的 "扩展形式" 是因为最后有了 $2R$. 这样写更容易看出对称性 (若 $\frac{a}{\sin A} = 2R$ 成立, 则另外两部分由对称性也成立). 这个扩展形式还给了我们一些直接证明的提示:

证明　由上面的讨论, 我们只需证明 $\frac{a}{\sin A} = 2R$. 设 $\overline{BX}$ 是外接圆的直径, 如图3.1A. 显然 $\angle BXC = \angle BAC$. 现在考虑 $\triangle BXC$, 它是一个直角三角形, $BC = a$, $BX = 2R$, 而且 $\angle BXC = \angle A$ 或者 $\angle BXC = 180° - \angle A$ (根据 $\angle A$ 是锐角还是钝角决定). 两种情况都有 $\sin A = \sin \angle BXC = \frac{a}{2R}$.　□

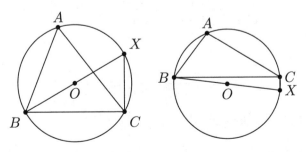

图 3.1A: 证明正弦定理

正弦定理后面会用来给出塞瓦定理的另一种形式,即定理3.4.

本节习题

定理 3.2. (角平分线定理) 设 $\triangle ABC$ 的边 $\overline{BC}$ 上一点 D 满足 $\overline{AD}$ 是 $\angle BAC$ 的内角平分线,证明:

$$\frac{AB}{AC} = \frac{DB}{DC}.$$

提示:417.

3.2 塞瓦定理

三角形中的一条**塞瓦线**指的是连接三角形一个顶点和对边上某一点的线[1]. 一个自然的问题是,三条塞瓦线何时交于一点? 塞瓦定理给出了充要条件.

定理 3.3. (塞瓦定理) 设 $\overline{AX}, \overline{BY}, \overline{CZ}$ 是 $\triangle ABC$ 的三条塞瓦线,则三条塞瓦线共点当且仅当

$$\frac{BX}{XC} \cdot \frac{CY}{YA} \cdot \frac{AZ}{ZB} = 1.$$

证明是用面积方法:若两个三角形的高相同,则面积的比例和底边长度的比例相同. 这个技巧一般很有用.

证明 如图3.2A 的左半边,假设三条塞瓦线经过点 P,现在要证三个比例的乘积为 1. 因为 $\triangle BAX$ 和 $\triangle XAC$ 有相同的高,而 $\triangle BPX$ 和 $\triangle XPC$ 也有相同的高,因此

$$\frac{BX}{XC} = \frac{[BAX]}{[XAC]} = \frac{[BPX]}{[XPC]}.$$

我们将要利用一些代数技巧 (合分比定理):若 $\frac{a}{b} = \frac{x}{y}$,则 $\frac{a}{b} = \frac{a+x}{b+y}$. 例如,由 $\frac{4}{6} = \frac{10}{15}$ 可得 $\frac{4}{6} = \frac{4+10}{6+15} = \frac{14}{21}$. 应用面积的比例关系给出

$$\frac{BX}{XC} = \frac{[BAX] - [BPX]}{[XAC] - [XPC]} = \frac{[BAP]}{[ACP]},$$

类似的还有

$$\frac{CY}{YA} = \frac{[CBP]}{[BAP]}, \frac{AZ}{ZB} = \frac{[ACP]}{[CBP]}.$$

三者相乘立刻就给出要证的等式 $\frac{BX}{XC} \cdot \frac{CY}{YA} \cdot \frac{AZ}{ZB} = 1$.

---

[1]有些作者允许塞瓦线连接了对边延长线上的点. 在这一章,除非明确说明,我们假定塞瓦线连接的是对边内部的点.

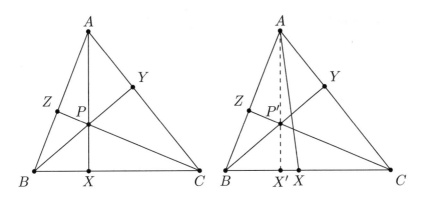

图 3.2A: 塞瓦定理中的三条塞瓦线共点

现在,我们如何处理另一个方向的命题?只要用同一法就很简单.假设 $\overline{AX}$,$\overline{BY}$,$\overline{CZ}$ 是塞瓦线,满足

$$\frac{BX}{XC} \cdot \frac{CY}{YA} \cdot \frac{AZ}{ZB} = 1.$$

设 $\overline{BY}$ 与 $\overline{CZ}$ 交于点 P',射线 AP' 交 $\overline{BC}$ 于 X' (图3.2A 的右半边).根据我们已知的结果,有

$$\frac{BX'}{X'C} \cdot \frac{CY}{YA} \cdot \frac{AZ}{ZB} = 1.$$

因此 $\frac{BX'}{X'C} = \frac{BX}{XC}$,说明 $X = X'$. □

上面的证明展示了两个有用的想法——用面积的比例和用同一法.你可能猜到了,塞瓦定理用于证明三线共点非常有用.它还可以用三角形式写出来.

定理 3.4. (角元塞瓦定理) 设 $\overline{AX}, \overline{BY}, \overline{CZ}$ 是 $\triangle ABC$ 的三条塞瓦线,则三线共点当且仅当

$$\frac{\sin \angle BAX \sin \angle CBY \sin \angle ACZ}{\sin \angle XAC \sin \angle YBA \sin \angle ZCB} = 1.$$

证明留给读者当作一个简单练习——只需用正弦定理即可.

应用这个定理,垂心、内心、重心的存在性都非常明了了.对于垂心[1],应用角元塞瓦定理,然后验证

$$\frac{\sin(90° - \angle B) \sin(90° - \angle C) \sin(90° - \angle A)}{\sin(90° - \angle C) \sin(90° - \angle A) \sin(90° - \angle B)} = 1.$$

对于内心,我们计算

$$\frac{\sin \frac{1}{2}\angle A \sin \frac{1}{2}\angle B \sin \frac{1}{2}\angle C}{\sin \frac{1}{2}\angle A \sin \frac{1}{2}\angle B \sin \frac{1}{2}\angle C} = 1.$$

---

[1]对于垂心,我们需要单独处理钝角三角形的情况,因为这时的高在三角形的外面.我们会在下一节进行必要的推广,将在梅涅劳斯定理中引入有向长度.

我们还可以用角平分线定理,然后使用标准形式的塞瓦定理,此时计算

$$\frac{c}{b} \cdot \frac{a}{c} \cdot \frac{b}{a} = 1.$$

最后,对于重心,我们计算 $\frac{1}{1} \cdot \frac{1}{1} \cdot \frac{1}{1} = 1$. 这样就不需述而不证这些"心"的存在性了!

本节习题

习题 3.5. 证明角元塞瓦定理.

习题 3.6. 设 $\overline{AM}, \overline{BE}, \overline{CF}$ 是 $\triangle ABC$ 的三条共线的塞瓦线,证明:$\overline{EF} /\!/ \overline{BC}$ 当且仅当 $BM = MC$.

3.3 有向长度和梅涅劳斯定理

塞瓦定理的类比形式是梅涅劳斯定理,这个定理用于判定在三角形三边所在直线上各取一点时,三点何时共线.

定理 3.7. (梅涅劳斯定理) 设 X, Y, Z 分别是 $\triangle ABC$ 的三边 BC, CA, AB 所在直线上的点,均不同于三角形的顶点. 则 X, Y, Z 共线当且仅当

$$\frac{BX}{XC} \cdot \frac{CY}{YA} \cdot \frac{AZ}{ZB} = -1,$$

其中长度算作有向长度.

这里,我们使用了**有向长度**的比值. 给定共线的三点 A, Z, B,若 Z 在 A, B 之间,则说比值 $\frac{AZ}{ZB}$ 为正,否则为负 (这和我们在定义点到圆的幂的符号时采用的思想基本一致). 我们在提到有向长度时,总是明确表明这一点.

注意此定理和塞瓦定理的类似之处,这里用的是 -1 而不是 1 ——如果 X, Y, Z 都在边的内部,那么它们不可能共线!

从本质上讲,这里的有向长度处理了梅涅劳斯定理的两种情形:$\{X, Y, Z\}$ 中有一个还是三个点在对应的边外部. 容易检验恰好在这两种情形,有向长度比值的乘积为负,如图3.3A.

梅涅劳斯定理的证明有很多,我们留给读者去寻找相应的文献. 我们这里只给出命题中一个方向的证明:若比值的乘积为 -1,则三个点共线. (另一个方向可以用同一法). 这个证明受到蒙日定理3.22 证明的启发,太巧妙了,我们实在无法抗拒将它放在这里.

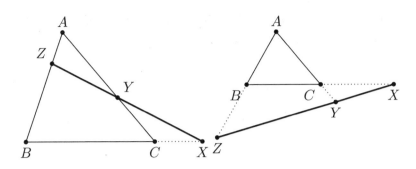

图 3.3A: 梅涅劳斯定理的两种构型

证明 首先,假设三角形三边上的点 X, Y, Z 满足

$$\frac{BX}{XC} \cdot \frac{CY}{YA} \cdot \frac{AZ}{ZB} = -1,$$

其次找到非零实数 p, q, r,满足

$$\frac{q}{r} = -\frac{BX}{XC}, \frac{r}{p} = -\frac{CY}{YA}, \frac{p}{q} = -\frac{AZ}{ZB}.$$

现在我们要进入三维空间做这道题! 设 $\mathcal{P}$ 是包含 $\triangle ABC$ 的平面 (这张纸). 然后作点 A_1 使得 $\overline{A_1 A} \perp \mathcal{P}$ 且 $AA_1 = |p|$;若 $p > 0$,则取 A_1 在平面上方,否则取 A_1 在平面下方. 类似地定义 B_1 和 C_1,$BB_1 = |q|$,$CC_1 = |r|$,如图3.3B.

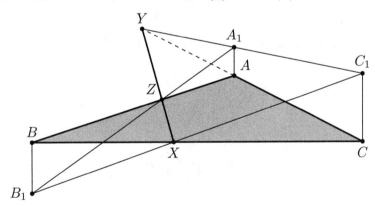

图 3.3B: 梅涅劳斯定理的三维证明

考虑直角 $\triangle C_1 CX$ 和 $\triangle B_1 BX$,利用比例关系,得到 $\triangle BB_1 X \backsim \triangle CC_1 X$. 再根据正负号的规定,很容易验证 B_1, C_1, X 共线. 类似地,$A_1 B_1$ 过 Z,$A_1 C_1$ 过 Y.

现在考虑 A_1, B_1, C_1 所在的平面 $\mathcal{Q}$. 平面 $\mathcal{P}$ 和 $\mathcal{Q}$ 的相交部分是一条直线,包含三个点 X, Y, Z,证毕. □

塞瓦定理 (以及角元塞瓦定理) 可以用有向长度来推广,我们将其写成如下形式,可以认为这是塞瓦定理的最完整形式.

定理 3.8. (有向长度的塞瓦定理) 在 $\triangle ABC$ 中，X, Y, Z 分别是直线 $BC, CA,$ AB 上的点，不同于顶点 A, B, C. 则 AX, BY, CZ 共线当且仅当

$$\frac{AZ}{ZB} \cdot \frac{BX}{XC} \cdot \frac{CY}{YA} = 1,$$

其中的比例理解为有向长度的比值.

条件等价于

$$\frac{\sin\angle BAX \sin\angle CBY \sin\angle ACZ}{\sin\angle XAC \sin\angle YBA \sin\angle ZCB} = 1.$$

其中要求 $\{X, Y, Z\}$ 中有恰好一个或三个点严格在对应边 $\overline{BC}, \overline{CA}, \overline{AB}$ 的内部. 因为对于一个钝角三角形，恰好两个垂足在对应边的外部，所以这个推广形式帮助我们完成了钝角三角形垂心存在性的证明. (直角三角形怎么办？)

3.4 重心和中点三角形

通过考虑面积比值，我们能说出关于重心的更多事情，不仅仅是存在性. 考虑图3.4A，其中我们加入了三角形边的中点 (边的中点形成的三角形称为**中点三角形**). 注意到在之前塞瓦定理的证明中，我们得到过

$$1 = \frac{BM}{MC} = \frac{[GMB]}{[CMG]}.$$

因此 $[GMB] = [CMG]$，我们将这两个面积标记为 x，类似地可以定义 y, z.

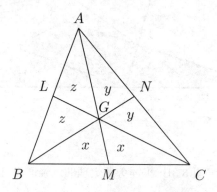

图 3.4A: 三角形的重心和面积比

同样地推导还能得到

$$1 = \frac{BM}{MC} = \frac{[AMB]}{[CMA]} = \frac{x + 2z}{x + 2y}.$$

因此 $y = z$，类似得到 $x = y$ 和 $x = z$. 因此六个小三角形的面积全部相同.

继续可以得到

$$\frac{AG}{GM} = \frac{[GAB]}{[MGB]} = \frac{2z}{x} = 2.$$

这样就证明了关于三角形重心的一个重要性质.

引理 3.9. (重心分割) 三角形的重心将中线分割成 $2:1$ 的比例.

面积的比例能有多强大? 答案是: 你可以从中构建一个完整的坐标体系, 参见第 7 章.

3.5 位似和九点圆

什么是位似? **位似**或者**伸缩**是一种特殊形式的相似. 此时相似的三角形通过关于某点的伸缩变换来对应, 如图3.5A.

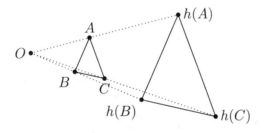

图 3.5A: 以 O 为中心的伸缩变换 h 作用于 $\triangle ABC$

更正式地说, 一个位似 h 是一个变换, 依赖一个中心 O 和一个实数 k. 此变换将一个点 P 映射到点 $h(P)$, 点 P 到 O 的距离被乘以了 k. 数 k 称为这个位似变换的**缩放因子**. 注意 k 可以是负数, 此时会得到一个所谓的**负向位似**[1], 如图3.5B.

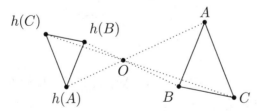

图 3.5B: 关于中心 O 的负向位似

所有这些都得到一类特殊的相似三角形.

位似会保持很多量或关系, 包括但不仅限于相切、角度 (标准角度或有向角度)、圆, 等等. 位似不保持长度, 所有长度都乘以了 k, 所以保持长度的比例.

---

[1]注意相差一个负向位似的两个三角形还是正向相似的, 而不是反向相似的——译者注

进一步, 任给两个平行但不相等的线段 $\overline{AB}$ 和 $\overline{XY}$ (如果 $AB = XY$ 会发生什么事情?), 我们可以考虑直线 AX 和 BY 的交点 O, 以 O 为中心的位似将两条线段之一映射到另一个 (若考虑 AY 和 BX 的交点, 则得到另一个位似, 这两个位似之一是负的). 作为一个经验, 平行线经常是使用位似的一个提示.

利用上面的思想可以得出下面的引理.

引理 3.10. (位似三角形) 设 $\triangle ABC$ 和 $\triangle XYZ$ 不全等, 满足 $\overline{AB} /\!/ \overline{XY}$, $\overline{BC} /\!/ \overline{YZ}$, $\overline{CA} /\!/ \overline{ZX}$. 证明: 直线 AX, BY, CZ 交于一点 O, 并且 $\triangle ABC$ 和 $\triangle XYZ$ 以 O 为中心位似.

这个引理的证明是先找一个位似 h, 将 A 映射成 X, B 映射成 Y, 然后证明 h 将 C 映射成 Z.

位似的一个有名的应用是**九点圆**. 回忆引理1.17, 垂心关于 $\overline{BC}$ 或关于 $\overline{BC}$ 的中点的反射都在外接圆 (ABC) 上. 如图3.5C, 我们还加入了关于其他边的反射.

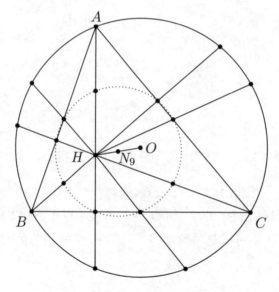

图 3.5C: 九点圆

我们现在在 (ABC) 上有九个点, H 关于边的三个反射点, H 关于边中点的三个反射点, 以及 $\triangle ABC$ 的三个顶点.

现在我们以 H 为中心, 放缩因子 $\frac{1}{2}$ 作位似. 六个反射点回到了三角形的边上, 三个顶点则变到 H 与对应顶点所连的线段的中点. 圆心 O 变到 $\overline{OH}$ 的中点, 记为 N_9.

由于位似保持圆, 所以九个位似后的点还是共圆的, 这个圆的圆心我们也知道, 就在 $h(O) = N_9$, 称为**九点圆圆心**. 我们还知道这个圆的半径, 就是外接圆 (ABC) 半径的一半. 这个圆称为九点圆.

引理 3.11. (九点圆)设 $\triangle ABC$ 的外心为 O,垂心为 H,记 N_9 为 $\overline{OH}$ 的中点. 则 $\overline{AB}, \overline{BC}, \overline{CA}, \overline{AH}, \overline{BH}, \overline{CH}$ 的中点和 $\triangle ABC$ 三条高的垂足在以 N_9 为圆心的圆上. 这个圆的半径是 (ABC) 半径的一半.

我们会在第 4 章再看到几个位似的应用,但是现在这个是最值得记住的. 另一个应用是**欧拉线**——外心、垂心、重心共线! 我们将这个著名结果放在引理3.13,如图3.5D.

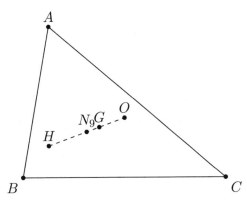

图 3.5D: 三角形的欧拉线

本节习题

习题 3.12. 给出引理3.9 的另一个证明,使用负向位似. 提示:360, 165, 348.

引理 3.13. (欧拉线) 在 $\triangle ABC$ 中, 证明 O, G, H (通常含义) 共线,并且 G 将 $\overline{OH}$ 按 $2:1$ 的比例分开. 提示:426, 47, 314.

3.6 综合例题

第一个例题来自第一届欧洲女子数学奥林匹克. 这是一个很好的例子,展示了识别出一个构型 (这里是垂心反射构型) 可以得到非常巧妙的解答.

例 3.14. (EGMO 2012/7) 如图3.6A, 设锐角 $\triangle ABC$ 的外接圆为 Γ, 垂心为 H. 点 K 在圆 Γ 上,与 A 在 $\overline{BC}$ 的不同侧. 设 L 是 K 关于 $\overline{AB}$ 的反射,M 是 K 关于 $\overline{BC}$ 的反射. 设 Γ 与 (BLM) 的不同于 B 的交点是 E. 证明:直线 KH, EM, BC 三线共点.

第一眼看完题目,我们有两个看法:1. 有很多反射;2. 垂心只在最后一句才出现,作为三条线之一的端点.

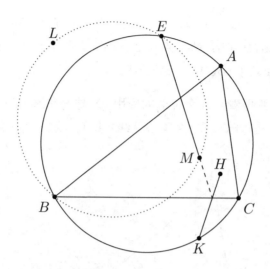

图 3.6A: 来自欧洲女子数学奥林匹克的题目

这看起来像一个有悬念的故事. 垂心怎么和反射以及外接圆有关呢? 我们需要怎么把垂心联系起来, 否则这个条件就会孤零零地. 我们该怎么做呢?

这些想法促使我们将 H 关于 $\overline{BC}$ 和 $\overline{AB}$ 反射得到 H_A, H_C. 这样的操作将上面的看法都包括进来. 现在我们可以发现 $\overline{MH_A}$ 和 $\overline{HK}$ 显然交于 $\overline{BC}$ 上一点. 所以题目实际上要求证明 H_A, M, E 共线, 这是一个进展.

我们打算用同一法, 设 E' 是 $H_A M$ 和 Γ 的交点, 然后证明 $BLE'M$ 四点共圆. 这样做是因为"共圆"一般比"共线"更容易证明一些. 我们只需证明 $\angle LE'M = \angle LBM$.

$\angle LBM$ 比较容易计算

$$\angle LBK + \angle KBM = 2(\angle ABK + \angle KBC) = 2\angle ABC.$$

现在要证明 $\angle LE'M = 2\angle ABC$.

从图3.6B中可以大概看出 L, H_C, E' 可能共线. 是不是呢? 我们检查一下

$$\angle H_C E' H_A = \angle H_C B H_A = 2\angle ABC.$$

所以要证的结论和此三点共线是等价的, 现在我们来证明共线.

应该怎么证明? 导角法看起来最直接. 需要证明 $\angle LH_C B = \angle E' H_C B$, 后者等于 $\angle E' H_A B$, 然后关于 BC 反射, 等于 $\angle BHK$, 最后关于 AC 反射, 等于 $\angle LH_C B$. 下面是书写后的解答.

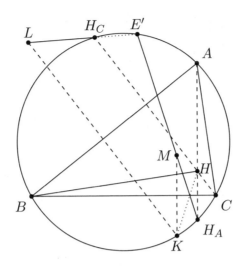

图 3.6B: 加入一些反射

证明 设 H_A, H_C 分别是 H 关于 $\overline{BC}, \overline{BA}$ 的反射点, 位于 Γ 上. 设 E' 是直线 $H_A M$ 与 Γ 的交点. 从对称性, 直线 $E'M$ 和 HK 交于 $\overline{BC}$ 上一点. 我们先证明 L, H_C, E' 共线. 由对称性,

$$\angle LH_C B = -\angle KHB = \angle MH_A B$$

和

$$\angle MH_A B = \angle E'H_A B = \angle E'H_C B$$

得到这条共线性质. 现在

$$\angle LE'M = \angle H_C E'H_A = \angle H_C B H_A = 2\angle ABC$$

和

$$\angle LBM = \angle LBK + \angle KBM = 2\angle ABK + 2\angle KBC = 2\angle ABC$$

说明 B, L, E', M 四点共圆, 因此 $E = E'$, 证毕. $\qquad\square$

第二个例题思路类似.

例 3.15. (预选题 2000/G3) 设 O 和 H 分别是锐角 $\triangle ABC$ 的外心和垂心. 证明: 在边 BC, CA, AB 上分别存在点 D, E, F 满足

$$OD + DH = OE + EH = OF + FH,$$

并且直线 AD, BE, CF 三线共点.

此题奇怪的部分是求和条件. 为什么 $OD + DH = OE + EH = OF + FH$? 好消息是我们可以自由选取点 D, E, F. 所以我们先试图利用这个优势去掉奇怪的条件. 有没有哪些 D, E, F 的选择马上满足上面的求和条件, 然后还符合塞瓦定理的共点条件?

利用尺规作出精确的图在这里就比较重要了. 可以多画几个图, 猜测一下 D, E, F 的位置, 注意要让三条直线共点.

一个猜测是再次利用垂心反射, 得到反射点 H_A, H_B, H_C, 然后 $OD + DH_A = OE + EH_B = OF + FH_C$. 如果取点 D 就是 $\overline{OH_A}$ 和 $\overline{BC}$ 的交点, 然后类似地取 E, F, 那么 $OD + DH_A = OE + EH_B = OF + FH_C = R$, 其中 R 是 $\triangle ABC$ 的外接圆半径.

现在是检验真理的时候——我们是否有幸得到符合塞瓦共线条件的解? 电脑生成的图3.6C 似乎支持这一点, 手工作图可能要多画几个图来检验其是否正确. 在比赛中也可以这样多画几个图来检验是否选择了正确的解题方向.

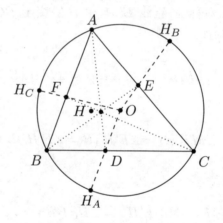

图 3.6C: 例3.15, 再用垂心反射

知道了正要证明一个"正确的"命题, 我们的解题思路还算正确. 我们现在要证明这些塞瓦线共点. 很自然地, 我们想要应用塞瓦定理. 不幸的是, 除了 $OD + DH = R$, 我们没有别的长度信息, 也不知道 $\angle BAD, \angle CAD$ 的角度信息. 那么我们还能怎么计算 $\frac{BD}{CD}$? 我们只需计算它, 因为另外两个可以类似计算, 然后相乘即可. 这个乘积需要是 1, 到时候我们就证明完毕.

接下来的主要想法是用正弦定理, 我们看 $\triangle BDH_A$ 和 $\triangle CDH_A$. 因为 H_A 是垂心反射点, 很多角度是知道的, 特别地

$$\angle H_A BD = \angle H_A BC = -\angle HBC = 90° - \angle C,$$

以及

$$\angle DH_AB = \angle OH_AB = 90° - \angle BAH_A = 90° - \angle BAH = \angle B,$$

其中 $\angle BH_AO = 90° - \angle BAH_A$ 可从引理1.30 得到. (虽然这里我因为习惯使然, 主要还是使用有向角度, 但是本题中 $\triangle ABC$ 是锐角三角形, 可以避免使用有向角度.)

现在可以用正弦定理来计算各种比值. 注意到我们的有向角度都是正的 (即 $\angle H_ABD$ 和 $\angle DH_AB$ 都是逆时针的), 我们可以用正弦定理得到

$$\frac{BD}{DH_A} = \frac{\sin \angle DH_AB}{\sin \angle H_ABD} = \frac{\sin B}{\cos C}.$$

类似地, 对于 $\triangle CDH_A$ 有

$$\frac{CD}{DH_A} = \frac{\sin C}{\cos B}.$$

以上两式相除得到

$$\frac{BD}{CD} = \frac{\sin B \cos B}{\sin C \cos C}.$$

因此

$$\frac{CE}{EA} = \frac{\sin C \cos C}{\sin A \cos A}, \frac{AF}{FB} = \frac{\sin A \cos A}{\sin B \cos B}.$$

应用塞瓦定理就完成了证明.

另一个得到比值 $\frac{BD}{CD}$ 的方法是在 $\triangle BOC$ 中使用正弦定理, 我们在下面给出.

证明 设 H_A, H_B, H_C 分别是 H 关于 $\overline{BC}, \overline{CA}, \overline{AB}$ 的反射点. D 是 $\overline{OH_A}$ 和 $\overline{BC}$ 的交点, 显然 $OD + DH = OD + DH_A$ 是 (ABC) 的半径. 类似地定义 E, F, 我们有 $OD + DH = OE + EH = OF + FH$.

我们现在证明 $\overline{AD}, \overline{BE}, \overline{CF}$ 共点. 设 R 是 (ABC) 的半径. 在 $\triangle OBD$ 中使用正弦定理, 得到

$$\frac{BD}{R} = \frac{\sin \angle BOD}{\sin \angle BDO} = \frac{\sin 2\angle BAH_A}{\sin \angle BDO} = \frac{\sin 2B}{\sin \angle BDO}.$$

类似地得到

$$\frac{CD}{R} = \frac{\sin 2C}{\sin \angle CDO}.$$

以上两式相除得到

$$\frac{BD}{CD} = \frac{\sin 2B}{\sin 2C}.$$

得到类似的另外两个比值, 相乘得到

$$\frac{BD}{DC} \cdot \frac{CE}{EA} \cdot \frac{BF}{FA} = 1,$$

这样由塞瓦定理,完成了证明. □

　　这个"故事"的核心是什么?第一,好的图对于判定要证的事情是否成立非常重要. 第二,将垂心关于边反射是非常有用的技巧之一,可以用来处理垂心条件和其他条件没什么联系的问题. 第三,每当处理一些有对称性的共线问题时,应该马上想到塞瓦定理,可以使你只用集中计算三分之一的问题,而用对称性处理另外三分之二. 最后,当你需要长度的比例,而只有一些角的条件时,你可以用正弦定理来建立联系.

3.7　习题

习题 3.16. 设 $\triangle ABC$ 的切触三角形为 $\triangle DEF$. 证明:$\overline{AD}, \overline{BE}, \overline{CF}$ 三线共点. 这个点被称作 $\triangle ABC$ 的 Gergonne 点[1]. **提示**:683.

引理 3.17. 在圆内接四边形 $ABCD$ 中,点 X 和 Y 分别是 $\triangle ABC$ 和 $\triangle BCD$ 的垂心. 证明:$AXYD$ 是平行四边形. **提示**:410,238,592. **答案**:第251 页.

习题 3.18. 设 $\overline{AD}, \overline{BE}, \overline{CF}$ 是三角形中的塞瓦线,交于一点 P. 证明:

$$\frac{PD}{AD} + \frac{PE}{BE} + \frac{PF}{CF} = 1.$$

提示:339,16,46.

习题 3.19. (预选题 2006/G3) 设凸五边形 $ABCDE$ 满足

$$\angle BAC = \angle CAD = \angle DAE, \angle ABC = \angle ACD = \angle ADE.$$

对角线 BD 和 CE 交于点 P. 证明:射线 AP 平分 $\overline{CD}$. **提示**:31,61,478. **答案**:第251 页.

习题 3.20. (BAMO 2013/3) 设 H 是锐角 $\triangle ABC$ 的垂心,考虑 $\triangle ABH, \triangle BCH, \triangle CAH$ 的外心. 证明:这三个外心构成的三角形与 $\triangle ABC$ 全等. **提示**:119,200,350.

习题 3.21. (USAMO 2003/4) 设 $\triangle ABC$ 中,经过点 A, B 的一个圆与线段 AC, BC 分别相交于 D, E,直线 AB 与 DE 相交于 F,直线 BD 与 CF 相交于 M. 证明:$MF = MC$ 当且仅当 $MB \cdot MD = MC^2$. **提示**:662,480,446.

定理 3.22. (蒙日定理)如图3.7A,考虑平面上相离的圆 $\omega_1, \omega_2, \omega_3$,半径互不相等. 对每一对圆,作出它们的两条外公切线的交点,则这三个交点共线. **提示**:102,48. **答案**:第252 页.

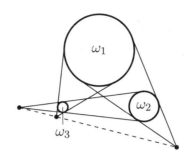

图 3.7A: 蒙日定理,三点共线

定理 3.23. (嵌套塞瓦定理) 如图3.7B, 设 $\overline{AX}, \overline{BY}, \overline{CZ}$ 是 $\triangle ABC$ 的共点塞瓦线. 设 $\overline{XD}, \overline{YE}, \overline{ZF}$ 是 $\triangle XYZ$ 中的共点塞瓦线, 则射线 AD, BE, CF 三线共点. **提示**:284,613,591,225. **答案**:第252 页.

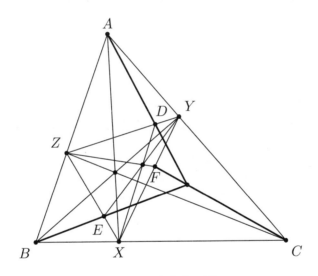

图 3.7B: 嵌套塞瓦线

习题 3.24. 设锐角 $\triangle ABC$ 的外接圆上一点 $X \neq A$, 满足 $\overline{AX} /\!/ \overline{BC}$. 设 G 是 $\triangle ABC$ 的重心, K 是从点 A 出发的高的垂足. 证明: K, G, X 共线. **提示**:671, 248,244.

习题 3.25. (USAMO 1993/2) 设四边形 $ABCD$ 的对角线 $\overline{AC}, \overline{BD}$ 垂直相交于 E. 证明: E 关于 $\overline{AB}, \overline{BC}, \overline{CD}, \overline{DA}$ 的反射点共圆. **提示**:272,491,265.

习题 3.26. (EGMO 2013/1) 将 $\triangle ABC$ 的边 BC 延长到 D, 使得 $CD = BC$. 将边 CA 延长到 E 使得 $AE = 2CA$. 证明: 若 $AD = BE$, 则 $\triangle ABC$ 是直角三角形. **提示**:475,74,307,207,290. **答案**:第252 页.

---

[1]注意 Gergonne 点不是内心!

习题 3.27. (APMO 2004/2) 设 O 和 H 分别是锐角 $\triangle ABC$ 的外心和垂心. 证明:$\triangle AOH, \triangle BOH, \triangle COH$ 之一的面积等于另外两个面积之和. **提示**:599, 152, 598, 545.

习题 3.28. (预选题 2001/G1) 给定锐角 $\triangle ABC$,作正方形内接于 $\triangle ABC$,使得正方形的两个顶点在边 BC 上,另外两个顶点分别在边 AB 和 AC 上,这个正方形的中心记为 A_1. 类似地定义 B_1, C_1. 证明:直线 AA_1, BB_1, CC_1 共点. **提示**:618, 665, 383.

习题 3.29. (USATSTST 2011/4) 锐角 $\triangle ABC$ 内接于圆 ω. 设 H 和 O 分别表示它的垂心和外心,设 M, N 分别是 AB, AC 的中点. 射线 MH, NH 分别与圆 ω 相交于 P, Q. 直线 MN 和 PQ 相交于 R. 证明:$\overline{OA} \perp \overline{RA}$. **提示**:459, 570, 148. **答案**:第 253 页.

习题 3.30. (USAMO 2015/2) 四边形 $APBQ$ 内接于圆 ω, $\angle P = \angle Q = 90°$, $AP = AQ < BP$. 设 X 是线段 $\overline{PQ}$ 上的动点. 直线 AX 与圆 ω 相交于不同于 A 的一点 S. 点 T 在 ω 的弧 $\widehat{AQB}$ 上,使得 $\overline{XT} \perp \overline{AX}$. 设 M 是弦 $\overline{ST}$ 的中点. 当 X 在 $\overline{PQ}$ 上变动时,证明:M 在某固定的圆上. **提示**:533, 501, 116, 639, 418.

第 4 章　各种构型

一束光从隧道尽头发出,它正以光速逃离.

这一章的各种构型可以用两种方式来理解. 第一种是当作需要记忆和竞赛中识别的构型列表. 第二种是当作经常出现的一些题目,可以看成某些奥林匹克题目的子问题. 我更喜欢第二种看法,本章的结构也是按第二种看法来安排的.

4.1　西姆松线再探

设 $\triangle ABC$ 是一个三角形,P 是任意一点,X,Y,Z 分别是 P 到直线 BC,CA, AB 的投影. 根据引理1.48,三个点 X,Y,Z 共线当且仅当 P 在外接圆 (ABC) 上,此时这条线称作 P 关于 $\triangle ABC$ 的**西姆松线**. 我们还有更多的结论.

设 H 是 $\triangle ABC$ 的垂心,直线 PX 与 (ABC) 交于另一点 K,AH 与西姆松线交于 L. 完整的图形如图4.1A. 我们有几个发现.

命题 4.1. 如图4.1A 中的记号,证明:西姆松线平行于 $\overline{AK}$. 提示:390,151.

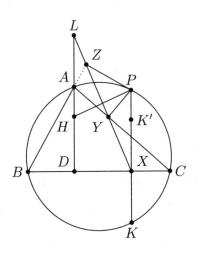

图 4.1A: 西姆松线再探

当然有 $\overline{XK}\,/\!/\,\overline{AL}$,因此我们发现 $LAKX$ 是平行四边形.

习题 4.2. 设 K' 是 K 关于 $\overline{BC}$ 的反射,证明:K' 是 $\triangle PBC$ 的垂心. **提示:**521.

我们现在可以应用引理3.17得到 $AHPK'$ 是平行四边形,进一步用这个引理还可以解决下一个问题.

习题 4.3. 证明:$LHXP$ 是平行四边形. **提示:**97.

于是可以马上得到引理4.4.

引理 4.4. (西姆松线) 设 $\triangle ABC$ 的垂心是 H. 证明:若 P 在 (ABC) 上,则它的西姆松线平分 $\overline{PH}$.

如果发现西姆松线,就要加以利用. 竞赛题目包含西姆松线时,经常只用到两个高,然后偷偷地作出西姆松线,别被骗了!

4.2 内切圆和旁切圆

在图4.2A 中我们画出了 $\triangle ABC$ 的三个旁心,导角法给出一个简单的结论.

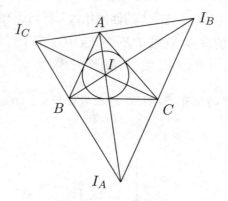

图 4.2A: 三角形的旁心

习题 4.5. 验证 $\angle IAI_B = 90°, \angle IAI_C = 90°$.

作为推论,A 在 $\overline{I_B I_C}$ 上. 我们还知道 (见第2.6 节),点 A, I, I_A 共线,因此 $\overline{AI_A} \perp \overline{I_B I_C}$. 将类似的三个条件综合可以得到下面的引理.

引理 4.6. (垂心和旁心的对偶) 若 I_A, I_B, I_C 是 $\triangle ABC$ 的三个旁心,则 $\triangle ABC$ 是 $\triangle I_A I_B I_C$ 的垂足三角形,后者的垂心为 I.

这个对偶比较重要,应该记住.旁心和垂足三角形是"对偶"的——它们总是同时出现.出题人常常将一种方式下很自然的描述用另外一种方式来叙述,仅仅是为了增加人为上的困难,要多注意这样的情况.

习题 4.7. 引理1.18, 3.11, 4.6 之间有什么联系?**提示**:458.

我们现在再进一步,只集中看图形中的一小部分.在图4.2B 中,我们看 A-旁切圆,设它与 $\overline{BC}$ 相切于 X.我们还画了一条与 $\overline{BC}$ 平行的切线,切点 E.假设这条切线与 $\overline{AB}, \overline{AC}$ 分别交于 B' 和 C'.显然 $\triangle AB'C'$ 与 $\triangle ABC$ 位似,但此时 $\triangle ABC$ 的内切圆是 $\triangle AB'C'$ 的 A-旁切圆.

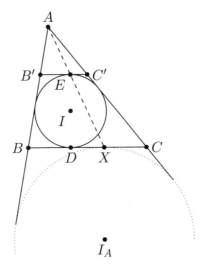

图 4.2B: 内切圆和 A-旁切圆的位似

习题 4.8. 证明:A, E, X 共线,而且 $\overline{DE}$ 是内切圆的直径.**提示**:508.

我们还知道 $BD = CX$,所以可以将这个命题陈述成不用旁切圆的形式.

引理 4.9. (内切圆直径) 设 $\triangle ABC$ 的内切圆与 $\overline{BC}$ 相切于 D.若 $\overline{DE}$ 是内切圆的直径,射线 AE 与 $\overline{BC}$ 交于 X,则 $BD = CX$,而且 X 是 A-旁切圆与 $\overline{BC}$ 的切点.

内切圆和旁切圆经常有一些对偶性质.例如,可以检验下面的引理成立.

引理 4.10. (旁切圆直径) 使用引理4.9的记号,假设 $\overline{XY}$ 是 A-旁切圆的直径,证明:D 在 $\overline{AY}$ 上.

本节习题

习题 4.11. 设 M 是 $\overline{BC}$ 的中点,证明:$\overline{AE} /\!/ \overline{IM}$.

4.3 高的中点

上一个构型的结论可以推广到下一个. 在图4.3A 中, 我们从图4.2B 中移除了点 B', C', 加上了高 $\overline{AK}$ 及其中点 M. 根据引理4.9 和引理4.10, 我们知道 A, E, X 共线, A, D, Y 也共线.

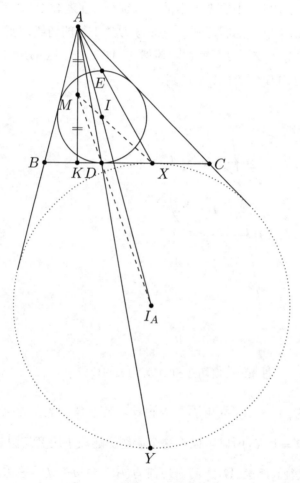

图 4.3A: 高的中点

习题 4.12. 证明: X, I, M 共线. **提示**: 138, 175.

习题 4.13. 证明: D, I_A, M 共线. **提示**: 336.

我们可以把这些结果在下面的引理中重述.

引理 4.14. (高的中点) 设 $\triangle ABC$ 的内心为 I, A-旁心为 I_A. 设 D, X 分别是两圆在 $\overline{BC}$ 上的切点. 则直线 DI_A 和 XI 相交于从 A 出发的高的中点.

4.4 更多的内切圆和内心构型

设 $\triangle DEF$ 是 $\triangle ABC$ 的切触三角形,若 $\overline{EF}$ 上存在点 X,满足 $\overline{XD} \perp \overline{BC}$,则 AX 平分 $\overline{BC}$,如图4.4A.

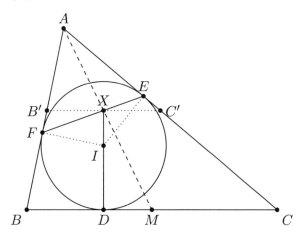

图 4.4A: 中位线与切触三角形的一条边相交

假设我们要证明这个结果,关键需要看出 M 实际上是个次要的元素. 我们可以消掉 M 以及 $\overline{BC}$,方法是过 X 作 $\overline{BC}$ 的平行线,与 $\overline{AB},\overline{AC}$ 分别交于 B',C'. 根据位似关系,只需证明 X 是 $\overline{B'C'}$ 的中点.

习题 4.15. 证明:I 必然在 $(AB'C')$ 上. **提示**:64.

习题 4.16. 证明:$XB' = XC'$. **提示**:470.

得到这些结果后,下一个就比较直接了.

引理 4.17. (内切圆给出的三线共点) 设 $\triangle ABC$ 的内心为 I,切触三角形为 $\triangle DEF$. 若 M 是 $\overline{BC}$ 的中点,则 $\overline{EF},\overline{AM},\overline{DI}$ 三线共点.

4.5 等角共轭点和等截共轭点

下面构型的存在性可以直接证明.

引理 4.18. 设 $\triangle ABC$ 是一个三角形,P 不在任何一条边所在的直线上. 证明:存在唯一的点 P^* 满足

$$\angle BAP = \angle P^*AC, \angle CBP = \angle P^*BA, \angle ACP = \angle P^*CB.$$

P^* 称为 P 的**等角共轭点**. 我们还说 AP^* 是 AP 关于 $\triangle ABC$ 的**等角线**,尽管我们在上下文很明显的时候,经常省略"关于 $\triangle ABC$"这一句. 换句话说,两条线若关于 $\angle A$ 的角平分线对称,则称它们是等角的,如图4.5A.

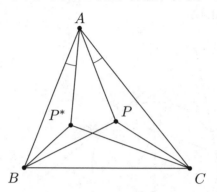

图 4.5A: P 和 P^* 是等角共轭点

这个引理的另一个描述类似"买二送一",例如下面的题目.

习题 4.19. 证明:若引理4.18 中的两个等角关系成立,则第三个也成立. **提示**:9.

等截共轭点是类似的定义. 设 P 是 $\triangle ABC$ 内一点,X,Y,Z 是过 P 的塞瓦线与对边的交点. 设 X' 是 X 关于 $\overline{BC}$ 的中点的反射,类似地定义 Y',Z'. 则塞瓦线 $\overline{AX'},\overline{BY'},\overline{CZ'}$ 交于一点 P',定义为 P 的等截共轭点.

习题 4.20. 证明:塞瓦线 AX',BY',CZ' 确实交于一点.

本节习题

习题 4.21. 检验,若 Q 是 P 的等角共轭点,则 P 是 Q 的等角共轭点.

定理 4.22. (等角比) 设 D,E 是 $\overline{BC}$ 上的点,满足 $\overline{AD}$ 和 $\overline{AE}$ 是等角线,则

$$\frac{BD}{DC} \cdot \frac{BE}{EC} = \left(\frac{AB}{AC}\right)^2.$$

提示:184.

习题 4.23. 三角形外心的等角共轭点是什么?

4.6 类似中线

三角形中线的等角线称为**类似中线**,三条类似中线的交点是重心的等角共轭点,称为**陪位重心**. 类似中线有很多性质,我们首先说明它们是怎样自然产生的.

引理 4.24. (类似中线的作法) 设 X 是外接圆 (ABC) 在 B,C 处的切线的交点,则 AX 是类似中线.

证明是用正弦定理直接计算. 设 M 是 AX 的等角线与 $\overline{BC}$ 的交点,我们要证明 M 是 $\overline{BC}$ 的中点.

习题 4.25. 证明:
$$\frac{BM}{MC} = \frac{\sin\angle B \sin\angle BAX}{\sin\angle C \sin\angle CAX} = 1.$$

我们现在叙述几个类似中线的其他性质.

引理 4.26. (类似中线的性质) 如图4.6A, 设 $\triangle ABC$ 的外接圆在 B,C 处的切线交于 X. 设 $\overline{AX}$ 交 (ABC) 于 K, 交 $\overline{BC}$ 于 D. 则 $\overline{AD}$ 是 A-类似中线并且:

(a) $\overline{KA}$ 是 $\triangle KBC$ 的 K-类似中线.

(b) $\triangle ABK$ 和 $\triangle AMC$ 同向相似.

(c) $\frac{BD}{DC} = \left(\frac{AB}{AC}\right)^2$.

(d) $\frac{AB}{BK} = \frac{AC}{CK}$.

(e) (BCX) 经过 $\overline{AK}$ 的中点.

(f) $\overline{BC}$ 是 $\triangle BAK$ 的 B-类似中线,$\triangle CAK$ 的 C-类似中线.

(g) $\overline{BC}$ 是 $\angle AMK$ 的内角平分线,$\overline{MX}$ 是它的外角平分线.

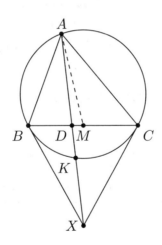

图 4.6A: 三角形的 A-类似中线

这里的性质 (a) 从切线构造直接得到, (c) 是定理4.22的特例. 性质 (b) 和 (e) 可从导角法得到. 剩下的性质在习题中给出提示. 这些性质还能推出下面的引理.

引理 4.27. (圆内接四边形的类似中线) 设 $ABCD$ 是圆内接四边形. 则下面的性质等价.

(a) $AB \cdot CD = BC \cdot DA$.

(b) $\overline{AC}$ 是 $\triangle DAB$ 的 A-类似中线.

(c) $\overline{AC}$ 是 $\triangle BCD$ 的 C-类似中线.

(d) $\overline{BD}$ 是 $\triangle ABC$ 的 B-类似中线.

(e) $\overline{BD}$ 是 $\triangle CDA$ 的 D-类似中线.

在第 9 章, 我们会知道, 这样的四边形称为**调和四边形**, 有更多的有趣性质.

本节习题

习题 4.28. 验证引理4.26 的 (d). **提示**: 194.

习题 4.29. 证明引理4.26 的 (f) 可从 (d) 得到 (需要一些努力). **提示**: 190, 628, 584.

习题 4.30. 证明引理4.26 的 (g). **提示**: 65, 474.

4.7 弓内切圆

我们的下一个构型包含一个相切的圆. 如图4.7A, 设圆 Ω 的圆心为 O, 一条弦为 $\overline{AB}$, 考虑一个圆 ω, 内切 Ω 于 T, 并且和 $\overline{AB}$ 相切于 K. 设 M 是不包含 T 的弧 $\overarc{AB}$ 的中点. 由 $\overline{AB}$ 和包含 T 的弧 $\overarc{AB}$ 围成的区域称为一个**弓形**, 因此有本节的标题.

因为 ω 和 Ω 的圆心与 T 共线 (由相切性), 因此存在一个以 T 为中心的位似将 ω 映射成 Ω.

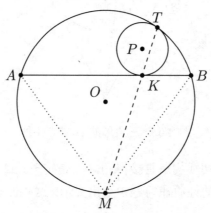

图 4.7A: 弓形的内切圆

习题 4.31. 证明:这个位似将 K 变成 M,特别地,T, K, M 共线.

习题 4.32. 证明:$\triangle TMB \backsim \triangle BMK$.

上一个关系给出 $MK \cdot MT = MB^2$,所以得到下面的引理.

引理 4.33. (弓形的内切圆) 如果 $\overline{AB}$ 是圆 Ω 的一条弦,ω 内切 Ω 于 T,与 $\overline{AB}$ 相切于 K,那么射线 TK 经过不含 T 的弧 $\overset{\frown}{AB}$ 的中点 M.

另外,$MA^2 = MB^2$ 是 M 关于 ω 的幂.

在第 8 章我们会讲到反演,这个构型在反演下看会更直接. 熟悉反演的读者可以用在点 M 的适当反演重新给出证明.

上面的构型很自然地扩展到下一个,如图4.7B. 设 C 是含 T 的弧 $\overset{\frown}{AB}$ 上另外一点,D 是 $\overline{AB}$ 上一点,满足 $\overline{CD}$ 与 ω 在点 L 相切.

圆 ω 被称作 $\triangle ABC$ 的一个**曲边内切圆**(当 D 在 $\overline{AB}$ 上变动时,会得到很多的曲边内切圆,因此我们用的是"一个",下一节讨论的是特殊情形:$A = D$). 我们断言,若 I 是 $\overline{CM}$ 和 $\overline{KL}$ 的交点,则 I 是 $\triangle ABC$ 的内心.

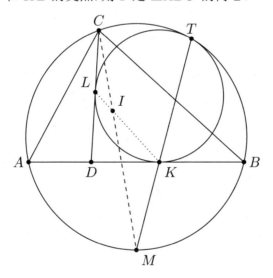

图 4.7B: 不寻常相切圆的更多性质

习题 4.34. 证明:C, L, I, T 四点共圆. **提示:**69, 273, 140.

习题 4.35. 证明:$\triangle MKI \backsim \triangle MIT$,并且两个三角形反向相似. **提示:**472, 236.

最后,我们怎么导出 I 是内心?上面的相似性给出 $MI^2 = MK \cdot MT$,然而根据引理4.33还有

$$MK \cdot MT = MA^2 = MB^2.$$

因此 $MI = MA = MB$,应用引理1.18 完成了证明,总结为下面的引理.

引理 4.36. (曲边内切圆的弦) 设 $\triangle ABC$ 是一个三角形,D 是 $\overline{AB}$ 上一点. 假设圆 ω 与 $\overline{CD}$ 相切于 L,与 $\overline{AB}$ 相切于 K,与 (ABC) 内切. 则 $\triangle ABC$ 的内心在直线 LK 上.

4.8 伪内切圆

$\triangle ABC$ 的 **A-伪内切圆**是和 (ABC) 内切,又和边 AB, AC 相切的圆.

本节我们用 ω_A 表示 A-伪内切圆. 设 T 是 ω_A 和 (ABC) 的切点,K, L 分别是 $\overline{AB}, \overline{AC}$ 上的切点. 在引理4.36 中取 $D = A$,我们知道 $\triangle ABC$ 的内心 I 在 $\overline{KL}$ 上.

习题 4.37. 利用 I 在 $\overline{KL}$ 上的条件,检验 I 实际上是 $\overline{KL}$ 的中点.

在第 9 章,我们应用帕斯卡定理给出了 I 是 $\overline{KL}$ 的中点的另一个证明.

我们现在看看能否得到关于点 T 的任何有趣的事情. 设 M_C 和 M_B 分别是弧 $\overarc{AB}, \overarc{AC}$ 的中点. 从引理4.33 知道,T 是直线 KM_C 和 LM_B 的交点. 现在,将直线 TI 延长,交 (ABC) 于点 S,完整图形如图4.8A.

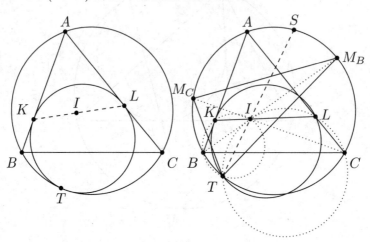

图 4.8A: 一个 A-伪内切圆

习题 4.38. 证明:$\angle ATK = \angle LTI$. 提示:469.

习题 4.39. 证明:S 是包含 A 的弧 $\overarc{BC}$ 的中点. 提示:342.

因此直线 TI 经过不含 T 的弧 $\overarc{BC}$ 的中点. 证明此结论的另一个方法是用导角法:因为

$$\angle IKT = \angle LKT = \angle M_B M_C T = \angle M_B B T = \angle IBT,$$

可以证明[1]四边形 $BKIT$ 和 $CLIT$ 是圆内接四边形. 这样就给出了 $\angle M_C TS = \angle KTI = \angle KBI = \angle ABI$,可以像前面一样得到同样的结论.

在第 8 章,我们还可以证明 (习题8.31 的一部分),若 E 是 A-旁切圆与 $\overline{BC}$ 的切点,则 $\overline{AT}$ 和 $\overline{AE}$ 是等角线. 进一步,如习题4.49,我们请读者来证明 $\overline{TA}$ 关于 $\triangle TBC$ 的等角线经过内切圆在 $\overline{BC}$ 上的切点. 这些额外的性质在图4.8B 中展示.

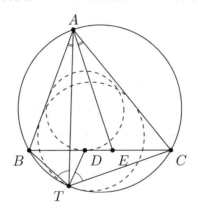

图 4.8B: 直线 $\overline{AT}$ 和 $\overline{AE}$ 在 $\triangle ABC$ 中等角,$\overline{TD}$ 和 $\overline{TA}$ 在 $\triangle TBC$ 中等角

将图4.8A 和图4.8B 中的结果综合,得到下面的引理:

引理 4.40. (伪内切圆) 设 $\triangle ABC$ 的 A-伪内切圆分别与 $\overline{AB}, \overline{AC}, (ABC)$ 相切于 K, L, T. 记 D, E 分别是内切圆和 A-旁切圆在 $\overline{BC}$ 上的切点.

(a) $\overline{KL}$ 的中点 I 是 $\triangle ABC$ 的内心.

(b) 直线 TK, TL 分别经过不含 T 的弧 $\overparen{AB}, \overparen{AC}$ 的中点.

(c) 直线 TI 经过包含 A 的弧 $\overparen{BC}$ 的中点.

(d) $\angle BAT = \angle CAE$.

(e) $\angle BTA = \angle CTD$.

(f) 四边形 $BKIT$ 和 $CLIT$ 都是圆内接四边形.

更多的性质请参考引理7.42.

4.9 习题

这些题目没有任何顺序——我不想破坏这里的乐趣!

习题 4.41. (香港 1998) 设 $PQRS$ 是圆内接四边形,$\angle PSR = 90°$,H, K 分别是 Q 到直线 PR, PS 的高的垂足. 证明 $\overline{HK}$ 平分 $\overline{QS}$. 提示:267,420.

---

[1]实际上,我们在引理4.36 的证明中已经证明了这一点.

习题 4.42. (USAMO 1988/4) 设 $\triangle ABC$ 的内心是 I. 证明：$\triangle IAB, \triangle IBC,$ $\triangle ICA$ 的外心所在的圆的圆心是 $\triangle ABC$ 的外心. **提示**:249. **答案**:第253 页.

习题 4.43. (USAMO 1995/3) 给定不等边、非直角 $\triangle ABC$, 设 O 是外心, $A_1, B_1,$ C_1 分别是 $\overline{BC}, \overline{CA}, \overline{AB}$ 的中点. 点 A_2 在射线 OA_1 上, 使得 $\triangle OAA_1$ 和 $\triangle OA_2A$ 相似. 点 B_2, C_2 分别在射线 OB_1, OC_1 上类似地定义. 证明：AA_2, BB_2, CC_2 三线共点. **提示**:691, 550, 128.

习题 4.44. (USATST 2014) 设 $\triangle ABC$ 是一个锐角三角形, X 是劣弧 $\overparen{BC}$ 上的动点. 设 P, Q 分别是 X 到直线 CA, CB 的投影. 设 R 是直线 PQ 与 B 到 $\overline{AC}$ 的垂线的交点. 设直线 l 经过 P 平行于 $\overline{XR}$. 证明：当 X 在劣弧 $\overparen{BC}$ 上变动时, 直线 l 总是经过一个定点. **提示**:45, 424. **答案**:第254 页.

习题 4.45. (USATST 2011/1) 在锐角 $\triangle ABC$ 中, D, E, F 分别是 BC, CA, AB 上的高的垂足, H 是垂心. 点 P, Q 在线段 $\overline{EF}$ 上, 满足 $\overline{AP} \perp \overline{EF}, \overline{HQ} \perp \overline{EF}$. 直线 DP 和 QH 相交于 R. 计算 $\frac{HQ}{HR}$. **提示**:124, 317, 26. **答案**:第254 页.

习题 4.46. (ELMO 预选题 2012) 圆 Ω, ω 内切于 C, Ω 的弦 AB 与 ω 相切于 $\overline{AB}$ 的中点 E, 另一个圆 ω_1 与 $\Omega, \omega, \overline{AB}$ 分别相切于 D, Z, F, 射线 CD, AB 相交于 P. 若 $M \neq C$ 是优弧 $\overparen{AB}$ 的中点, 证明：

$$\tan \angle ZEP = \frac{PE}{CM}.$$

提示:370, 40, 672, 211.

习题 4.47. (USAMO 2011/5) 设 P 是凸四边形 $ABCD$ 内一点, 点 Q_1, Q_2 在 $ABCD$ 的内部, 满足

$$\angle Q_1BC = \angle ABP, \quad \angle Q_1CB = \angle DCP,$$
$$\angle Q_2AD = \angle BAP, \quad \angle Q_2DA = \angle CDP.$$

证明：$\overline{Q_1Q_2} /\!/ \overline{AB} \iff \overline{Q_1Q_2} /\!/ \overline{CD}$. **提示**:4, 528.

习题 4.48. (日本 2009) $\triangle ABC$ 内接于圆 Γ, 以 O 为圆心的圆与 BC 相切于 P, 与不包含 A 的 $\overparen{BC}$ 内切于 Q. 证明：若 $\angle BAO = \angle CAO$, 则 $\angle PAO = \angle QAO$. **提示**:220, 676, 19.

习题 4.49. 设 $\triangle ABC$ 的内切圆与 $\overline{BC}$ 相切于 D. 设 T 是 A-伪内切圆与 (ABC) 的切点. 证明：$\angle BTA = \angle CTD$. **提示**:646, 529, 192, 425.

习题 4.50. (越南 TST 2003/2) 设不等边 $\triangle ABC$ 的外心为 O,内心为 I. 设 H, K, L 分别是从 A, B, C 引出的三条高的垂足. 记高 $\overline{AH}$, $\overline{BK}$, $\overline{CL}$ 的中点分别是 A_0, B_0, C_0. $\triangle ABC$ 的内切圆与 $\overline{BC}$, $\overline{CA}$, $\overline{AB}$ 分别相切于 D, E, F. 证明:四条直线 $A_0 D$, $B_0 E$, $C_0 F$ 和 OI 共点. **提示**:442,11,514. **答案**:第254 页.

习题 4.51. (Sharygin 2013) $\triangle ABC$ 的内切圆分别与 $\overline{BC}$, $\overline{CA}$, $\overline{AB}$ 相切于 A', B', C'. 从 I 到 C-中线的垂线与直线 $A'B'$ 相交于 K. 证明:$\overline{CK} /\!/ \overline{AB}$. **提示**:274, 551,258.

习题 4.52. (APMO 2012/4) 设锐角 $\triangle ABC$ 中,从点 A 出发的高的垂足是 D, M 是 $\overline{BC}$ 的中点,H 是 $\triangle ABC$ 的垂心. 设射线 MH 与 (ABC) 交于 E,直线 ED 与 (ABC) 交于不同于 E 的点 F. 证明:$\frac{BF}{CF} = \frac{AB}{AC}$. **提示**:593,454,28,228. **答案**:第255 页.

习题 4.53. (预选题 2002/G7) 锐角 $\triangle ABC$ 的内切圆 Ω 与 $\overline{BC}$ 相切于 K. 设 $\overline{AD}$ 是 $\triangle ABC$ 的高,M 是 $\overline{AD}$ 的中点. 若 N 是直线 KM 与 Ω 的交点 (不同于 K),证明:Ω 与 (BCN) 相切于 N. **提示**:205,634,450,177,276.

想要试试更有挑战性的问题,可以参看习题11.19.

第 2 部分
分 析 技 巧

第 5 章   计算几何

鉴于你正在学习几何学与三角形, 这里我有一道小题目要考考你: 一艘海船载着总重达 200 吨的羊毛从波士顿出发, 目的地是勒阿弗尔. 当主桅折断的时候, 客舱服务员在甲板上, 此外还有 12 名乘客在船上. 此时风向东北偏东, 时钟指向下午三点一刻, 正值五月, 请问船长的年龄?

——古斯塔夫•福楼拜

假设你有一个三角形, 边长分别是 13,14,15. 你能否算出它的外接圆半径? 内接圆半径呢?

目前为止, 我们用到了经典欧氏几何的工具, 得到很漂亮的结果. 接下来的三章更注重计算: 用了一些烦琐的方法来直接得到结果.

这一章给出了后面几章的理论基础, 展示了三角形中一些量的基本关系. 我们还会引入笛卡儿坐标系以及三角计算, 这些工具本身也能用来解决问题.

5.1   笛卡儿坐标系

xy-平面给了我们一个构架, 可以在其中研究相交直线, 垂线等.

尽管笛卡儿坐标系被大多数竞赛选手熟知, 但在数学奥林匹克竞赛中, 会避免出现用坐标系就可以简单解决的题目. 因此, 我们不会特别深入地研究它们的应用. 然而, 我们还是会提到一两个不太常见的技巧, 希望在用坐标系解题时, 它们能起到作用.

第一个是所谓的**鞋带公式**, 它包括了一个行列式, 对此不熟悉的读者可以参考附录A.1.

定理 5.1. (鞋带公式)考虑三个点 $A = (x_1, y_1)$, $B = (x_2, y_2)$, $C = (x_3, y_3)$, 则

$\triangle ABC$ 的有向面积由如下的式子给出:

$$\frac{1}{2}\begin{vmatrix} x_1 & y_1 & 1 \\ x_2 & y_2 & 1 \\ x_3 & y_3 & 1 \end{vmatrix}.$$

在鞋带公式中,用了**有向面积**的约定. 若 A, B, C 在三角形边界上围绕三角形内部以逆时针顺序出现, 则 $\triangle ABC$ 的面积认为是正的,否则认为是负的[1],如图5.1A.

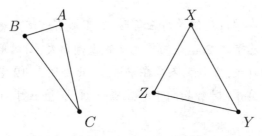

图 5.1A: 左边三角形的顶点标记是逆时针顺序,其有向面积为正,
右边三角形的顶点标记为顺时针顺序,其有向面积为负

鞋带公式最有用的特殊情况是, 三个点共线当且仅当以它们为顶点的三角形的面积为零. 因此鞋带公式可以用来判定是否共线. 我们用到了行列式,这个公式是对称的[2]. 而更熟知的判断共线性的公式是

$$\frac{y_3 - y_1}{x_3 - x_1} = \frac{y_2 - y_1}{x_2 - x_1},$$

这个公式则丢掉了对称性.

另一个偶尔有用的技巧,我们这里只叙述它,不去证明.

命题 5.2. (点到直线的距离公式)若 l 是方程 $Ax + By + C = 0$ 所决定的直线,则点 $P = (x_1, y_1)$ 到 l 的距离是

$$\frac{|Ax_1 + By_1 + C|}{\sqrt{A^2 + B^2}}.$$

我们可以用它来计算点到直线的距离,不需算出投影的坐标.

坐标系有一些缺点,它们过于依赖坐标原点处的直角,对于一个三角形,没有一个既对称又自然的方法来选取坐标系. 而且用坐标系可以解决的问题,经常也可以用复数或者重心坐标 (在下两章讨论) 更简单方便地解决.

---

[1]这里我们只说了有向面积的符号,实际上是可以定义其方向的,具体来说,方向是三角形所在平面的法向,用右手定则确定正方向,可以在叉乘或者向量积的有关知识中了解这些——译者注

[2]考虑到三个点的顺序,严格说行列式有反对称性——译者注

从乐观的观点看,能用坐标系有效解决的题目会有一些特点. 例如:

- 题目中提供了一个主要的直角,可以当作原点.

- 题目中包括了相交或者垂直.

5.2 面积

我们现在来回答本章开始提出的问题. 可以发现,三角形的很多重要量能通过面积联系起来.

定理 5.3. (面积公式) $\triangle ABC$ 的面积可以用下面任何一个公式计算

$$
\begin{aligned}
[ABC] &= \frac{1}{2}ab\sin C = \frac{1}{2}bc\sin A = \frac{1}{2}ca\sin B \\
&= \frac{a^2 \sin B \sin C}{2\sin A} \\
&= \frac{abc}{4R} \\
&= sr \\
&= \sqrt{s(s-a)(s-b)(s-c)},
\end{aligned}
$$

其中 $s = \frac{1}{2}(a+b+c)$ 是三角形的**半周长**, R,r 分别是外接圆和内切圆半径. 公式 $\sqrt{s(s-a)(s-b)(s-c)}$ 通常称作**海伦公式**. 这个公式可以用来从 a,b,c 计算出 r,R.

证明 首先,我们建立公式 $[ABC] = \frac{1}{2}ab\sin C$(另外两个类似). 注意到正弦函数,因此我们画一个高. 设 X 是从 A 到 $\overline{BC}$ 的高的垂足,如图5.2A,于是 $[ABC] = \frac{1}{2}AX \cdot BC = \frac{1}{2}a \cdot AX$. 现在注意到 $AX = AC\sin C = b\sin C$(不管 $\angle C$ 是不是锐角),因此得到 $[ABC] = \frac{1}{2}ab\sin C$.

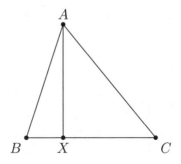

图 5.2A: $[ABC] = \frac{1}{2}AX \cdot BC = \frac{1}{2}ab\sin C$,这个公式不依赖于构型

79

接下来的两行可以从正弦定理得到. 分别替换掉 b 及 $\sin C$,具体过程是

$$\frac{1}{2}ab\sin C = \frac{1}{2}a\left(\frac{a\sin B}{\sin A}\right)\sin C = \frac{a^2\sin B\sin C}{2\sin A},$$

$$\frac{1}{2}ab\sin C = \frac{1}{2}ab\left(\frac{c}{2R}\right) = \frac{abc}{4R},$$

式子 $[ABC] = sr$ 的巧妙证明留作习题5.5.

现在处理不是很明显的海伦公式. 我们用下面的三角公式来给出一个证明:若 x, y, z 满足 $x + y + z = 180°$ 并且 $0° < x, y, z < 90°$,则

$$\tan x + \tan y + \tan z = \tan x\tan y\tan z.$$

这个公式的更广泛情形我们在命题6.39 中证明. 现在构造 $\triangle ABC$ 的切触三角形[1] $\triangle DEF$,如图5.2B.

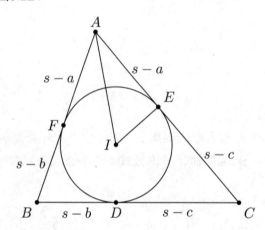

图 5.2B: 利用切触三角形证明海伦公式

应用引理2.15 我们得到

$$\tan\left(90° - \frac{1}{2}\angle A\right) = \tan\angle AIE = \frac{s-a}{r}.$$

类似地

$$\tan\left(90° - \frac{1}{2}\angle B\right) = \frac{s-b}{r},$$

$$\tan\left(90° - \frac{1}{2}\angle C\right) = \frac{s-c}{r}.$$

---

[1]回忆切触三角形在第 2 章的定义,是内切圆与三边切点形成的三角形.

前面提到的三角公式可以应用 (因为 $270° - \frac{1}{2}(\angle A + \angle B + \angle C) = 180°$), 得到

$$
\begin{aligned}
\frac{s-a}{r} \cdot \frac{s-b}{r} \cdot \frac{s-c}{r} &= \frac{s-a}{r} + \frac{s-b}{r} + \frac{s-c}{r} \\
&= \frac{3s - (a+b+c)}{r} \\
&= \frac{s}{r}.
\end{aligned}
$$

这样就得到了 $(sr)^2 = s(s-a)(s-b)(s-c)$, 完成了证明. $\square$

我们现在可以回答本章开始的问题.

例 5.4. 计算 $\triangle ABC$ 的外接圆半径和内切圆半径, 其中 $AB = 13$, $BC = 14$, $CA = 15$.

解 首先, 我们用海伦公式计算面积. 设 $a = 14, b = 15, c = 13$, 然后 $s = \frac{1}{2}(a+b+c) = 21$. 海伦公式给出

$$
\sqrt{s(s-a)(s-b)(s-c)} = \sqrt{21 \cdot 7 \cdot 6 \cdot 8} = 84.
$$

因此

$$
[ABC] = \frac{abc}{4R} \implies R = \frac{abc}{4[ABC]} = \frac{13 \cdot 14 \cdot 15}{4 \cdot 84} = \frac{65}{8}.
$$

进一步

$$
r = \frac{[ABC]}{s} = \frac{84}{21} = 4. \qquad \square
$$

当然, 我们永远不会在数学奥林匹克竞赛中看到这类计算, 这里只是用来演示一下. 在计算时, 能快速将三角形的一个量联系到另一个量是比较有用的, 面积是做这件事情的一个方法.

本节习题

习题 5.5. 证明: $[ABC] = sr$. **提示**: 462.

习题 5.6. 在 $\triangle ABC$ 中, 有 $AB = 13, BC = 14, CA = 15$. 求 A 到 $\overline{BC}$ 的高的长度.

5.3 三角法

我们已经用过正弦定理(定理3.1), 即

$$
\frac{a}{\sin A} = \frac{b}{\sin B} = \frac{c}{\sin C} = 2R.
$$

这是三角形里的第一个主要的三角关系. 而第二个是下面的余弦定理.

定理 5.7. (余弦定理)给定 $\triangle ABC$,有

$$a^2 = b^2 + c^2 - 2bc \cos A,$$

或等价地

$$\cos A = \frac{b^2 + c^2 - a^2}{2bc}.$$

正弦定理和余弦定理一起构成解三角形的基础公式. 我们会看到,这两个公式结合在一起就能解决整个问题.

理解这个的方式是想到**自由度**. 一般来讲,几何竞赛题中的一个陈述会有一些参数是可供选择的,然后图形中的其他部分就被唯一决定,至多相差一个平移或者旋转. 例如,一个三角形由三个参数决定——三条边长,两条边长和一个夹角,或者一条边长和两个角. 因此,我们会说一个通常的三角形有三个自由度.

作为一个更微妙的例子,再看一下习题1.43:

> 点 A, B, C, D, E 位于一个圆 ω 上,点 P 在圆外. 给定点满足:(i) 直线 PB 和 PD 与 ω 相切;(ii) P, A, C 三线共点;(iii) $\overline{DE} \mathbin{/\mkern-5mu/} \overline{AC}$. 证明:$\overline{BE}$ 平分 $\overline{AC}$.

这道题目中有多少个自由度? 假设我们将 ω 的圆心放在平面上某处,我们有一个自由度选择圆的半径,另一个自由度选择 OP 的距离 (选择点 P 只有一个自由度,因为我们可以让 P 绕着 O 任意旋转,不改变图形). 现在我们可以作切线 $\overline{PB}, \overline{PD}$. 我们在圆上选择点 A 有一个新的自由度,然后点 C, E 就都决定了. 所以,这道题目一共有三个自由度.

我们为什么要关注自由度? 三角法的要点是,从任意个数的自由度开始,对每一个自由度分配一个变量,然后将剩下的长度和角度用这些变量明确地写下来. 这些恰好就是正弦定理和余弦定理能做的事情.

不幸的是,我们经常会得到很多三角式子的复杂乘积. 这时就需要用到三角恒等式来化简. 读者可能熟悉一些这样的恒等式

$$1 = \sin^2 \theta + \cos^2 \theta,$$
$$\sin(-\theta) = -\sin \theta,$$
$$\cos(-\theta) = \cos \theta,$$
$$\sin(\alpha + \beta) = \sin \alpha \cos \beta + \sin \beta \cos \alpha,$$
$$\cos(\alpha + \beta) = \cos \alpha \cos \beta - \sin \alpha \sin \beta.$$

更棘手的恒等式是所谓的**积化和差**公式,在三角计算中不可避免会用到它.

命题 5.8. (积化和差公式) 对任何的 α 和 β 有

$$2\cos\alpha\cos\beta = \cos(\alpha - \beta) + \cos(\alpha + \beta),$$
$$2\sin\alpha\sin\beta = \cos(\alpha - \beta) - \cos(\alpha + \beta),$$
$$2\sin\alpha\cos\beta = \sin(\alpha - \beta) + \sin(\alpha + \beta).$$

不需要背诵这些公式, 它们很容易推导: 只需将

$$\cos(x - y) \pm \cos(x + y)$$

展开, 然后消去一些项即可. 将余弦变成正弦则得到其他的恒等式.

重复应用积化和差公式, 我们可以将得到的三角式子化成三角函数的求和. 一个例子是下一节托勒密定理的证明.

5.4 托勒密定理

当我们的问题不止有一个三角形时, 还有一些其他的非三角方法, 将边长联系起来. 关于圆内接四边形的一个有用的定理是托勒密定理[1].

定理 5.9. (托勒密定理) 设 $ABCD$ 是圆内接四边形, 则:

$$AB \cdot CD + BC \cdot DA = AC \cdot BD.$$

我们会给出一个用三角函数的证明, 在第 8 章会有一个更高明的证明.

在开始利用三角方法之前, 我们先想想用什么作为变量. 可能会有人想用长度作为变量, 不过这并没有什么好处. 第二个想法是看角度. 因为有正弦定理, 角度和长度可以通过半径联系起来. 实际上, 如果我们设 $R = \frac{1}{2}$ 作为 $(ABCD)$ 的半径 (意思是, 我们不妨设圆的直径是 1), 马上就得到

$$AB = \sin\angle AXB$$

对任何外接圆上的 X 成立. 所以用角度当作变量比较好.

角度参数的一个选择是 $\angle ADB, \angle BAC, \angle CBD, \angle DCA$. 重要的是, 这四个角度唯一地决定了图形, 否则我们就不知道是不是证明了所有的情形. 注意到, 这四个角度实际上有一个关系——求和为 $180°$. 如图5.4A, 我们选用四个变量可以

---

[1]托勒密定理实际上是一个不等式: 若 A, B, C, D 是任意的四个点, 则 $AB \cdot CD + BC \cdot DA \geqslant AC \cdot BD$, 等式成立当且仅当 A, B, C, D 四点共圆并且在圆上按这个顺序排列.

保持对称性, 但是需要记住这个关系, 适当的时候会需要使用. 这个特别的关系不是很差, 在最坏情况下, 我们还可以丢掉 α_4, 替换成 $180° - (\alpha_1 + \alpha_2 + \alpha_3)$.

这些思考在一般情况下也是重要的, 每次开始计算前都需要考虑自由度, 还要选择变量包含所有的自由度.

选择角度当变量的好处是, 我们马上能得到所有的长度.

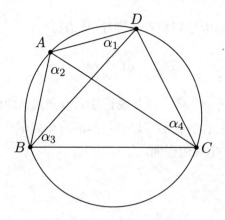

图 5.4A: 托勒密定理的一个证明

证明 设 $\alpha_1, \alpha_2, \alpha_3, \alpha_4$ 分别表示 $\angle ADB, \angle BAC, \angle CBD, \angle DCA$, 为了简便起见, 设 $(ABCD)$ 的直径是 1. 根据正弦定理, 我们得到

$$AB = \sin \alpha_1, BC = \sin \alpha_2, CD = \sin \alpha_3, DA = \sin \alpha_4.$$

进一步有

$$AC = \sin \angle ABC = \sin(\alpha_3 + \alpha_4),$$
$$BD = \sin \angle DAB = \sin(\alpha_2 + \alpha_3).$$

注意到, 我们还可以选择将 BD 写作 $\sin \angle BCD = \sin(\alpha_1 + \alpha_4)$. 两个量相同, 都可以用.

现在我们需要证明

$$\sin \alpha_1 \sin \alpha_3 + \sin \alpha_2 \sin \alpha_4 = \sin(\alpha_3 + \alpha_4) \sin(\alpha_2 + \alpha_3),$$

其中 $\alpha_1 + \alpha_2 + \alpha_3 + \alpha_4 = 180°$.

现在没有几何信息, 完全变成了三角恒等式问题, 因此我们利用命题5.8 来处

理乘积. 我们有

$$\sin\alpha_1\sin\alpha_3 = \frac{1}{2}(\cos(\alpha_1-\alpha_3)-\cos(\alpha_1+\alpha_3)),$$

$$\sin\alpha_2\sin\alpha_4 = \frac{1}{2}(\cos(\alpha_2-\alpha_4)-\cos(\alpha_2+\alpha_4)),$$

$$\sin(\alpha_2+\alpha_3)\sin(\alpha_3+\alpha_4) = \frac{1}{2}(\cos(\alpha_2-\alpha_4)-\cos(\alpha_2+2\alpha_3+\alpha_4)).$$

我们应用条件得到一个抵消

$$\cos(\alpha_1+\alpha_3)+\cos(\alpha_2+\alpha_4)=0,$$

我们再用条件将看上去很怪异的项 $\alpha_2+2\alpha_3+\alpha_4$ 处理一下

$$\cos(\alpha_2+2\alpha_3+\alpha_4)=\cos(180°-\alpha_1+\alpha_3)=-\cos(\alpha_1-\alpha_3),$$

剩下的步骤就显然成立了.　　　　　　　　　　　　　　　　　　　　$\square$

　　注意看这里三角方法的优势. 一旦所有的几何信息消失, 我们知道有些东西必然要成立 (只是需要证明), 因此问题就变成将最后得到的式子匹配上. 注意我们如何用积化和差公式来处理所得到的这些式子.

　　可以相信, 三角方法一定会成功, 唯一的缺点是这些计算有时候手工做起来显得太笨拙了.

　　我们还可以得到托勒密定理的加强形式.

定理 5.10. (托勒密定理的加强形式) 在圆内接四边形 $ABCD$ 中, 设 $AB = a, BC = b, CD = c, DA = d$, 则有

$$AC^2 = \frac{(ac+bd)(ad+bc)}{ab+cd}, BD^2 = \frac{(ac+bd)(ab+cd)}{ad+bc}.$$

不难看出托勒密定理可以直接从定理5.10 得到.

　　我们简要描述两个证明. 第一个用

$$AC^2 = a^2+b^2-2ab\cos\angle ABC = c^2+d^2-2cd\cos\angle ADC,$$

并注意 $\angle ADC+\angle ABC = 180°$, 仔细计算就可以得到结果.

　　第二个证明要应用原始的托勒密定理到三个圆内接四边形中.

　　(i) 第一个四边形是 $ABCD$, 边长依次是 a,b,c,d.

　　(ii) 第二个四边形是将原始的四边形在圆上所截的四段弧重新排列得到的四边形, 其边长依次是 a,b,d,c.

　　(iii) 第三个四边形的边长依次是 a,c,b,d.

这三个四边形的外接圆都是一样大小,对角线有三种不同的长度.应用托勒密定理,再用一些代数变形,就得到了结论,细节当作练习.

托勒密定理的一个推论是所谓的斯图尔特定理,我们放在这里当作知识拓展.

定理 5.11. (斯图尔特定理)设 $\triangle ABC$ 是一个三角形, D 在 $\overline{BC}$ 上, 记 $m = DB, n = DC, d = AD$,则:

$$a(d^2 + mn) = b^2 m + c^2 n.$$

这个式子经常写成

$$man + dad = bmb + cnc,$$

可以记忆成——"a *man* and his *dad* put a *bomb* in the *sink*"(中文翻译是"一个男人和他的父亲放了一个炸弹在下水道里").

证明 如图5.4B,设射线 AD 与 (ABC) 交于 P. 根据相似三角形得到

$$\frac{BP}{m} = \frac{b}{d}, \frac{CP}{n} = \frac{c}{d}.$$

进一步,根据圆幂定理可知 (用相似三角形也可以得到这个结论)

$$DP = \frac{mn}{d}.$$

现在应用托勒密定理得到

$$BC \cdot AP = AC \cdot BP + AB \cdot CP,$$

因此有

$$a \cdot \left(d + \frac{mn}{d}\right) = b \cdot \frac{bm}{d} + c \cdot \frac{cn}{d},$$

就给出了斯图尔特定理的证明. □

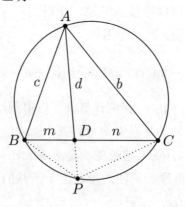

图 5.4B: 斯图尔特定理的证明

斯图尔特定理还可以用余弦定理证明,可以验证

$$\frac{m^2 + d^2 - c^2}{2md} = \cos\angle ADB = -\cos\angle ADC = -\frac{n^2 + d^2 - b^2}{2nd},$$

整理得到 $m(n^2 + d^2 - b^2) + n(m^2 + d^2 - c^2) = 0$,或者 $a(mn + d^2) = b^2 m + c^2 n$.

不像托勒密定理,斯图尔特定理在数学奥林匹克中很少出现. 不管怎样,它提供了一个计算塞瓦线的长度的方法,可以用于需要快速作答的比赛.

本节习题

习题 5.12. 完成上面关于定理5.10 的证明. **提示**:67.

5.5 综合例题

我们首先给出一个例子,结合了笛卡儿坐标系和长度计算. 这道题目选自于 2014 年哈佛—麻省理工数学邀请赛的团体赛.

例 5.13. (Harvard-MIT 数学邀请赛 2014) 如图5.5A, 设锐角 $\triangle ABC$ 的外心为 O, $AB = 4$, $AC = 5$, $BC = 6$. 设 D 是从 A 到 $\overline{BC}$ 的投影, E 是直线 AO 和 BC 的交点. 设 X 在 $\overline{BC}$ 上, 介于 D, E 之间, 使得在 $\overline{AD}$ 上存在一点 Y, 满足 $\overline{XY}\,/\!/\,\overline{AO}$, $\overline{YO} \perp \overline{AX}$. 求 BX 的长度.

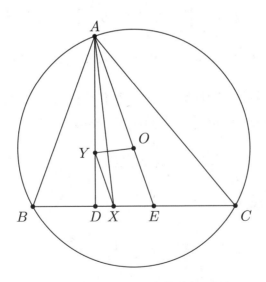

图 5.5A: 以 D 为原点的坐标平面

这是一道非常适合数学奥林匹克竞赛的难题. 在我们最终破解之前,先给出一个纯几何证明的基本轮廓. 设射线 AX 与 (ABC) 交于 P. 首先,证明外接圆在点

A 的切线和直线 OY, BC 共点 (是 $\triangle AYX$ 的垂心). 现在可以以此证明在点 P 的切线也经过上面的共同交点. 然后因为引理4.26, 可以得到 $\overline{AX}$ 是类似中线, 于是

$$\frac{BX}{CX} = \left(\frac{AB}{AC}\right)^2,$$

进而很容易计算出 BX.

现在我们根据题目叙述的计算风格, 来给出一个"暴力"计算的方法. 先看看有什么条件, 然后决定如何进行.

- 点 D 是 $\overline{BC}$ 上的高的垂足.
- 点 E 是经过外心 O 的直线与 $\overline{BC}$ 的交点.
- 点 X, Y 有平行关系和垂直关系.

看到直角提示我们可以用直角坐标系. 原点放在哪里好呢? 点 D 看起来不错, 这时高很好处理, 点 A, B, C 的坐标容易联系到边长. 此外 $\overline{XY} \parallel \overline{AO}$ 也容易列方程. (可能有人注意到点 E 在题目中没起作用, 但是我们在计算中会用到.)

证明 我们首先计算 AD. 我们可以用 $\triangle ABC$ 的面积 (用海伦公式得到), 计算得

$$AD = \frac{2[ABC]}{BC} = \frac{2}{6} \cdot \sqrt{\frac{15}{2} \cdot \frac{7}{2} \cdot \frac{5}{2} \cdot \frac{3}{2}} = \frac{1}{3} \cdot \frac{15}{4}\sqrt{7} = \frac{5}{4}\sqrt{7}.$$

然后有 $BD = \sqrt{4^2 - \frac{25}{16} \cdot 7} = \frac{9}{4}$ 以及 $CD = 6 - \frac{9}{4} = \frac{15}{4}$. 因此设

$$D = (0,0), B = (-9,0), C = (15,0), A = (0, 5\sqrt{7}).$$

这里我们将坐标系乘以一个伸缩因子 4 来简化计算 (去掉分母).

接下来, 我们计算 O 的坐标. 我们计算外接圆半径为

$$\frac{abc}{4R} = \frac{15}{4}\sqrt{7} \implies R = \frac{8}{\sqrt{7}}.$$

于是 O 到 BC 的距离是

$$\sqrt{\frac{8^2}{7} - 3^2} = \frac{1}{\sqrt{7}} = \frac{\sqrt{7}}{7}.$$

并且注意到 O 在 $\overline{BC}$ 的中点的正上方, 因此在我们的坐标系中 (用了伸缩因子 4),

$$O = \left(3, \frac{4}{7}\sqrt{7}\right).$$

接下来我们计算 E. 我们可以用定理4.22(因为 $\overline{AD}$ 和 $\overline{AE}$ 是等角线), 或者直接计算直线 AO 的 x 截距. 我们用后者, AO 的斜率是

$$\frac{5\sqrt{7} - \frac{4}{7}\sqrt{7}}{0 - 3} = -\frac{31}{21}\sqrt{7},$$

因此 E 的坐标是

$$E = \left(\frac{5\sqrt{7}}{\frac{31}{21}\sqrt{7}}, 0\right) = \left(\frac{105}{31}, 0\right).$$

现在用一个技巧——设 r 是 $\overline{XY}$ 和 $\overline{AE}$ 的长度之比, 则由 (相似三角形) 平行条件可得到

$$X = \left(\frac{105}{31}r, 0\right), Y = \left(0, 5\sqrt{7} \cdot r\right).$$

现在条件 $\overline{AX} \perp \overline{YO}$ 是一个斜率关系, 有

$$
\begin{aligned}
-1 &= (\overline{AX}\text{的斜率}) \cdot (\overline{YO}\text{的斜率}) \\
&= \frac{5\sqrt{7} - 0}{0 - \frac{105}{31}r} \cdot \frac{\frac{4}{7}\sqrt{7} - 5\sqrt{7} \cdot r}{3 - 0} \\
&= \left(\frac{-31}{21r}\right)\left(\frac{4 - 35r}{3}\right) \\
\Longrightarrow \frac{21r}{31} &= \frac{4 - 35r}{3} \\
\Longrightarrow 63r &= 124 - 1\,085r \\
\Longrightarrow r &= \frac{31}{287}.
\end{aligned}
$$

注意到

$$X = \left(\frac{105}{31} \cdot \frac{31}{287}, 0\right) = \left(\frac{15}{41}, 0\right).$$

因此, 相减并将坐标系伸缩回来得到

$$BX = \frac{1}{4}\left(\frac{15}{41} + 9\right) = \frac{96}{41},$$

结束了计算. $\qquad\square$

这是个典型的坐标计算解答. 它的出奇之处在于, 除了开始几行, 只用到了很少的几何洞察力, 后面都是代数变形、计算. 在数学奥林匹克题目的计算中, 一般会出现变量, 而不是像这里给出了具体的值 $a = 4, b = 5, c = 6$.

接下来, 我们给出一个三角计算的例子, 这是 IMO 2009 的第四题.

例 5.14. (IMO 2009/4) 如图5.5B,设 $\triangle ABC$ 是一个三角形,$AB = AC$. $\angle CAB$ 和 $\angle ABC$ 的角平分线分别交对边 BC, CA 于 D, E. 设 K 是 $\triangle ADC$ 的内心. 假设 $\angle BEK = 45°$. 求 $\angle CAB$ 的所有可能值.

这道题目为什么特别适合计算?如果我们把图形放缩一下 (去掉一个自由度),那么所有的点都由一个角度决定. 然后还有一个约束 $\angle BEK = 45°$. 所以相差一个放缩,这道题目的自由度为零. 这样就非常吸引人用计算来解决.

如图5.5C,我们先把图形中的所有角度标记一下. 设定 $\angle DAC = 2x$,于是

$$\angle ACI = \angle ICD = 45° - x.$$

这里 I 是 $\triangle ABC$ 的内心. 这时 $\angle AIE = \angle DIC$ (为什么?),但是 $\angle DIC = \frac{1}{2}\angle BIC = x + 45°$,因此 $\angle AIE = x + 45°$. 再作一些导角,得到 $\angle KEC = 3x$.

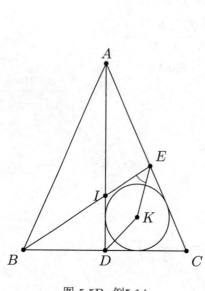

图 5.5B: 例5.14

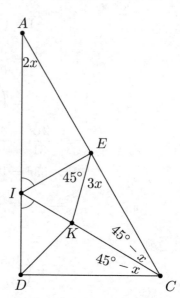

图 5.5C: 三角计算的设置

导出了我们需要的所有角度,现在需要一个关系. 我们可以通过考虑边长的比例 $\frac{IK}{KC}$ 来得到这个关系. 利用角平分线定理,我们可以将其在 $\triangle IDC$ 中表示;然而我们也能将其在 $\triangle IEC$ 中表示. 这样给出一个代数方程.

证明 设 I 是内心,$\angle DAC = 2x$ (于是 $0° < x < 45°$). 从 $\angle AIE = \angle DIC$,容易计算

$$\angle KIE = 90° - 2x, \quad \angle ECI = 45° - x, \quad \angle IEK = 45°, \quad \angle KEC = 3x.$$

因此应用正弦定理,得到

$$\frac{IK}{KC} = \frac{\sin 45° \cdot \frac{EK}{\sin(90°-2x)}}{\sin(3x) \cdot \frac{EK}{\sin(45°-x)}} = \frac{\sin 45° \sin(45°-x)}{\sin(3x) \sin(90°-2x)}.$$

然后,在 $\triangle IDC$ 中用角平分线定理,得到

$$\frac{IK}{KC} = \frac{ID}{DC} = \frac{\sin(45°-x)}{\sin(45°+x)}.$$

将二者等同,消掉 $\sin(45°-x)(\sin(45°-x) \neq 0)$ 得到

$$\sin 45° \sin(45°+x) = \sin 3x \sin(90°-2x).$$

应用积化和差公式 (我们只是把复杂式子尽量化简),

$$\cos x - \cos(90°+x) = \cos(5x-90°) - \cos(90°+x)$$

或者 $\cos x = \cos(5x-90°)$.

现在我们基本就完成了. 接下来就是确认我们不会丢掉任何解,把结果写得完美一些. 做法之一是反向使用积化和差公式

$$0 = \cos(5x-90°) - \cos x = 2\sin(3x-45°)\sin(2x-45°).$$

然后只需考虑两种情形 $\sin(3x-45°) = 0$ 或 $\sin(2x-45°) = 0$. 注意到 $\sin\theta = 0$ 当且仅当 θ 是 $180°$ 的整数倍. 利用界限 $0° < x < 45°$,容易看出 x 的可能值是 $x = 15°$ 和 $x = \frac{45°}{2}$. 由 $\angle A = 4x$ 得到对应的 $\angle A = 60°$ 或 $\angle A = 90°$,这是最后答案. □

我们的最后一个例子是 2004 年中国女子数学奥林匹克中的一道题目.

例 **5.15.** (CGMO 2004/6) 设锐角 $\triangle ABC$ 的外心为 O. 直线 AO 交 BC 于 D. 点 E, F 分别在 $\overline{AB}, \overline{AC}$ 上,满足 A, E, D, F 四点共圆. 证明:线段 EF 在 $\overline{BC}$ 上的投影的长度不依赖于点 E, F 的位置.

如图5.5D,我们记 E, F 的投影分别为 X, Y.

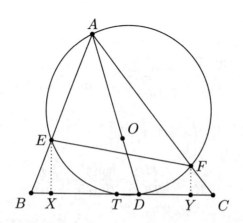

图 5.5D: 证明 $\overline{XY}$ 的长度只依赖于 $\triangle ABC$

我们应该怎样用计算方法处理这道题呢？我们的目标是将所有的东西用三角形中的量表示，问题有一个自由度.

我们的兴趣点是 XY 的长度，很自然地将其写作

$$XY = BC - (BX + CY)$$

由于长度 BX 和 CY 看起来比较容易计算——都是直角三角形的直角边. 实际上，我们可以写出

$$BX = BE\cos B, CY = CF\cos C.$$

我们不需要管 $\cos B$，所以先看 BE 怎么计算. 我们自然地想到圆幂，有

$$BE \cdot BA = BT \cdot BD$$

其中 T 是我们的圆内接四边形与边 $\overline{BC}$ 的第二个交点. 类似地，$CF \cdot CA = CD \cdot CT$. 现在我们有一个自然的自由度选择: 设 $u = BT, v = CT$，则 $u + v = a$. 然后我们可以计算 BD, CD 的长度，直接算出 $BX + CY$，希望得到一个常数.

证明 回忆 $\angle BAD = \angle BAO = 90° - \angle C$，$\angle CAD = \angle CAO = 90° - \angle B$. 我们应用正弦定理得到

$$\frac{BD}{CD} = \frac{\sin\angle BAD \cdot \frac{AB}{\sin\angle ADB}}{\sin\angle CAD \cdot \frac{AC}{\sin\angle ADC}} = \frac{c\cos C}{b\cos B}.$$

现在设 X, Y 分别是 E, F 到 $\overline{BC}$ 的投影，T 是 (AEF) 和 $\overline{BC}$ 的第二个交点. 记

$u = BT, v = CT$，其中 $u + v = a$，有

$$BX + CY = BE \cos B + CF \cos C$$
$$= \frac{u \cdot BD}{c} \cos B + \frac{v \cdot CD}{b} \cos C$$
$$= \cos B \cos C \left(\frac{BD}{c \cos C} u + \frac{CD}{b \cos B} v \right).$$

因为

$$\frac{BD}{c \cos C} = \frac{CD}{b \cos B}, u + v = a,$$

所以 $BX + CY$ 不依赖于 u, v，完成了问题. $\qquad\square$

5.6 习题

还可以使用前面几章中没有用到纯几何方法的题目用作练习，这时你应该已经对题目的结构有了一些了解. 看看之前通过几何直观没有发现的结论，怎么用计算补上. (这个建议也适用于接下来的两章)

习题 5.16. (星形定理) 设 $A_1 A_2 A_3 A_4 A_5$ 是一个凸五边形. 假设射线 $A_2 A_3$ 和 $A_5 A_4$ 相交于点 X_1，类似地定义 X_2, X_3, X_4, X_5. 证明：

$$\prod_{i=1}^{5} X_i A_{i+2} = \prod_{i=1}^{5} X_i A_{i+3}$$

其中下角标按模 5 意义理解，如图5.6A. **提示**：407, 448. **答案**：第256 页.

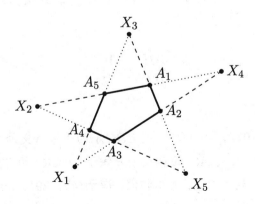

图 5.6A: 星形定理——虚点线段的乘积等于短划线段的乘积

习题 5.17. 设 $\triangle ABC$ 的内接圆半径为 r,若旁切圆半径[1]分别是 r_A, r_B, r_C,证明:三角形的面积是 $\sqrt{r \cdot r_A \cdot r_B \cdot r_C}$. 提示:38.

习题 5.18. (APMO 2013/1) 设锐角 $\triangle ABC$ 的高是 $\overline{AD}, \overline{BE}, \overline{CF}, O$ 是外心. 证明:线段 OA, OF, OB, OD, OC, OE 将 $\triangle ABC$ 分成三对面积相同的小三角形. 提示:162, 678.

习题 5.19. (EGMO 2013/1) 延长 $\triangle ABC$ 的边 BC 过 C 到 D 使得 $CD = BC$. 边 CA 延长过 A 到 E 使得 $AE = 2CA$. 证明:若 $AD = BE$,则 $\triangle ABC$ 是直角三角形. 提示:202, 275.

习题 5.20. (Harvard-MIT 数学邀请赛 2013) 设 $\triangle ABC$ 满足 $2BC = AB + AC$,内心为 I,外接圆为 ω. 设 D 是 AI 与 ω 的交点 (不同于 A). 证明:I 是 $\overline{AD}$ 的中点. 提示:372, 477.

习题 5.21. (USAMO 2010/4) 设 $\triangle ABC$ 中 $\angle A = 90°$. 点 D, E 分别在 AC, AB 上,满足 $\angle ABD = \angle DBC, \angle ACE = \angle ECB$. 线段 BD 和 CE 交于 I. 确定是否可能线段 AB, AC, BI, ID, CI, IE 的长度都是整数. 提示:437, 603, 565. 答案:第256 页.

习题 5.22. (伊朗 1999) 设 I 是 $\triangle ABC$ 的内心,射线 AI 交 (ABC) 于 D. 设 I 到直线 BD, CD 的投影分别是 $E, F, IE + IF = \frac{1}{2}AD$. 计算 $\angle BAC$. 提示:359, 610, 365, 479. 答案:第257 页.

习题 5.23. (CGMO 2002/4) 圆 Γ_1, Γ_2 相交于 B, C,并且 $\overline{BC}$ 是 Γ_1 的直径. Γ_1 在点 C 处的切线与 Γ_2 相交于另一点 A. 直线 AB 与 Γ_1 相交于另一点 E, CE 与 Γ_2 相交于另一点 F. 设 H 是线段 AF 上任一点,直线 HE 与 Γ_1 相交于另一点 $G, \overline{BG}$ 与 $\overline{AC}$ 相交于 D.

证明:

$$\frac{AH}{HF} = \frac{AC}{CD}.$$

提示:452, 62, 344, 219.

习题 5.24. (IMO 2007/4) $\triangle ABC$ 中,$\angle BCA$ 的平分线交外接圆于另一点 R,交 $\overline{BC}$ 的垂直平分线于 P,交 $\overline{AC}$ 的垂直平分线于 Q. $\overline{BC}$ 的中点为 $K, \overline{AC}$ 的中点为 L. 证明:$\triangle RPK$ 与 $\triangle RQL$ 面积相同. 提示:457, 291, 139, 161.

---

[1]回忆在第 2 章,$\triangle ABC$ 的 A-旁切圆半径是与点 A 在 BC 不同侧的旁切圆的半径. B, C 旁切圆半径类似定义.

习题 5.25. (JMO 2013/5) 四边形 $XABY$ 内接于半圆 ω, $\overline{XY}$ 是直径. 线段 AY, BX 相交于 P. 点 Z 是 P 到直线 XY 的投影. 点 C 在 ω 上, 满足直线 XC 垂直于 AZ. 设 Q 是线段 AY 和 XC 的交点. 证明:

$$\frac{BY}{XP} + \frac{CY}{XQ} = \frac{AY}{AX}.$$

提示:$622, 476, 299, 656.$

习题 5.26. (CGMO 2007/5) $\triangle ABC$ 内点 D 满足 $\angle DAC = \angle DCA = 30°$, $\angle DBA = 60°$. 点 E 是 $\overline{BC}$ 的中点. 点 F 在 $\overline{AC}$ 上满足 $AF = 2FC$. 证明: $\overline{DE} \perp \overline{EF}$. 提示:$483, 690, 180, 542, 693.$

习题 5.27. (预选题 2011/G1) 设 $\triangle ABC$ 是锐角三角形. 圆 ω 的圆心 L 在边 BC 上, 与 $\overline{AB}$ 相切于 B', 与 $\overline{AC}$ 相切于 C'. 假设 $\triangle ABC$ 的外心 O 在 ω 的劣弧 $B'C'$ 上, 证明:(ABC) 与 ω 相交于两点. 提示:$13, 87, 93, 500, 60.$ 答案:第258 页.

习题 5.28. (IMO 2001/1) 考虑锐角 $\triangle ABC$, P 是 $\overline{BC}$ 上的高的垂足, O 是外心. 假设 $\angle C \geqslant \angle B + 30°$, 证明:$\angle A + \angle COP < 90°$. 提示:$619, 246, 522.$

习题 5.29. (IMO 2001/5) 设 $\triangle ABC$ 是一个三角形, $\overline{AP}$ 平分 $\angle BAC$, $\overline{BQ}$ 平分 $\angle ABC$, P 在 $\overline{BC}$ 上, Q 在 $\overline{AC}$ 上. 如果 $AB + BP = AQ + QB$ 并且 $\angle BAC = 60°$, 那么三角形的内角分别是多少? 提示:$43, 71, 441, 226.$ 答案:第258 页.

习题 5.30. (IMO 2001/6) 设 $a > b > c > d$ 是正整数, 满足

$$ac + bd = (b + d + a - c)(b + d - a + c).$$

证明:$ab + cd$ 不是素数[1]. 提示:$166, 555, 523, 429, 515.$ 答案:第260 页.

---

[1]2001 年的国际数学奥林匹克竞赛是个奇怪的一年.

第 6 章 复数

> 一旦代数与几何脱钩,它们前进的步伐将会极大地减缓,并且其应用也会受到很大的局限;而当这两门学科紧密相连时,他们就会各擅所长,并且同臻完美.
>
> ——约瑟夫·路易斯·拉格朗日

在这一章中,我们将展示用复数来解决几何问题.我们在前三节铺垫相应的背景知识,在第6.4节开始解决真正的几何问题,这时出现了单位圆.

6.1 什么是复数?

回忆关于高中代数的一些结果,一个**复数**是

$$z = a + bi$$

形式的数,其中 a, b 是实数,$i^2 = -1$. 实数 a 称为 z 的**实部**,记为 $\mathrm{Re}z$. 所有复数的全体定义为 $\mathbb{C}$.

每个复数还可以写成**极坐标形式**,为

$$z = r(\cos\theta + i\sin\theta) = r\,e^{i\theta}$$

其中 r 是非负实数,θ 是实数. (公式 $e^{i\theta} = \cos\theta + i\sin\theta$ 是著名的欧拉公式.) 可以用一个图来解释清楚,是在 xy-平面上,将点 (a, b) 位置对应于 $z = a + bi$,就得到**复平面**,如图6.1A. 此时 $z = a + bi = r\,e^{i\theta}$ 的**模长**,记为 $|z|$,等于 r,或者等价地写成

$$|z| = \sqrt{a^2 + b^2}.$$

数 θ 称为 z 的**辐角**,记为 $\arg z$. 这个角是从实轴逆时针旋转到从原点到此数的射线的角度,如图6.1A. 除了特殊情况 $z = 0$,r 会是正实数,角度 θ 相差 $360°$ 的整

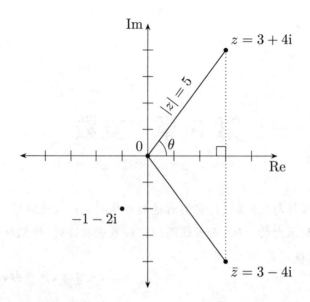

图 6.1A: 在复平面上画出 $z = 3 + 4i$ 和 $-1 - 2i$；$\bar{z} = 3 - 4i$ 是 z 的共轭

数倍唯一由 z 确定. (例如, $\cos 50° + i\sin 50° = \cos 410° + i\sin 410°$.) 因此, 这一章我们都会理解辐角是模 360° 的.

最后, z 的**复共轭**(或者就称为**共轭**) 是

$$\bar{z} = a - bi = r\,e^{-i\theta}.$$

在复平面上看, 它是 z 关于实轴反射所对应的复数.

共轭有很多好的性质: 它对于基本的四则运算都保持不变. 例如, 当 w, z 都是复数时, 总有

$$\overline{w + z} = \overline{w} + \overline{z}, \quad \overline{w - z} = \overline{w} - \overline{z}, \quad \overline{w \cdot z} = \overline{w} \cdot \overline{z}, \quad \overline{\left(\frac{w}{z}\right)} = \frac{\overline{w}}{\overline{z}},$$

等等. (验证这些恒等式.) 这些性质对我们的计算帮助很大, 例如

$$\overline{\left(\frac{z - a}{b - a}\right)} = \frac{\overline{z} - \overline{a}}{\overline{b} - \overline{a}}$$

类似地操作就可以化简各种复杂的表达式. 共轭的另一个重要的关系是, 对任何复数 z, 有

$$|z|^2 = z\overline{z}.$$

这很容易证明, 后面也会看到, 它确实非常有用.

在本章中, 我们用大写字母, 例如 A, 表示复平面上的一个点, 而用对应的小写字母, 例如 a, 表示此点对应的复数.

6.2 复数的加法和乘法

复数在几何意义上可以看成向量 (u, v). 我们只要把这个向量对应于复数 $u + vi$, 二者的加法就完全一样. 二者对于"乘以实数"的运算结果也是一样. 这样, 向量的所有加法性质 (见附录A.3) 都在复数的加减法上成立, 例如

1. $\overline{AB}$ 的中点 M 是 $m = \frac{1}{2}(a + b)$.

2. 三个点 A, B, C 共线当且仅当 $c = \lambda a + (1 - \lambda)b$ 对某个实数 λ 成立.

3. $\triangle ABC$ 的重心对应于复数 $g = \frac{1}{3}(a + b + c)$.

4. 四边形 $ABCD$ 是平行四边形当且仅当 $a + c = b + d$.

等等. 特别地, 像向量一样, 加上一个复数相当于复平面上的点的一个平移.

然而, 复数还有更多的结构——它们可以相乘. 复数上的乘法是特别有用的. 关键是, 若 $z_1 = r_1 e^{i\theta_1}$, $z_2 = r_2 e^{i\theta_2}$, 则 $z_1 z_2 = r_1 r_2 e^{i(\theta_1 + \theta_2)}$, 这给出

$$|z_1 z_2| = |z_1| \, |z_2|, \arg z_1 z_2 = \arg z_1 + \arg z_2, z_1, z_2 \in \mathbb{C}.$$

我们提醒读者, 辐角是模 $360°$ 的, 因此上面的等式实际上是 $\arg z_1 z_2 \equiv \arg z_1 + \arg z_2 \pmod{360°}$.

例 6.1. 乘以 i 等价于绕原点逆时针旋转 $90°$.

证明 注意到 $|i| = 1$, 以及 $\arg i = \frac{1}{2}\pi = 90°$ 即可. □

这个还不错, 但是表示绕着一般的点的旋转我们应该如何做? 例如, 假设我们想要绕 $w = -2 - 4i$ 将 $z = -1 - 2i$ 逆时针旋转 $90°$. 答案很简单, 我们将整个图平移, 使 $w \mapsto 0$ (这样要减去 w), 然后乘以 i, 再平移回来. 用式子来表示出来是

$$z \mapsto i(z - w) + w.$$

从图上看很直观, 如图6.2A.

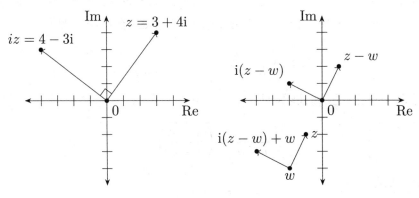

图 6.2A: 旋转 $90°$ 就是乘以 i

我们可以将上述做法推广到一般的复数,不只是乘 i. 对于任何复数 w 和非零复数 α,映射

$$z \mapsto \alpha(z - w) + w$$

是一个**旋转相似**. 意思是这个映射是一个旋转 (角度 $\arg \alpha$) 和一个位似 (因子 $|\alpha|$) 的复合,如图6.2B. 在第10.1 节将更详细地讨论旋转相似.

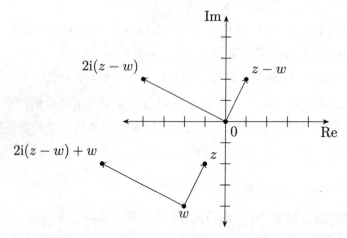

图 6.2B: 旋转相似 $z \mapsto 2\mathrm{i}(z - w) + w$. 旋转了 $90°$,放缩倍数为 2

复数还可以用来表示更多的几何变换,例如,我们有下面的引理.

引理 6.2. (复平面反射) 设 W 是 Z 关于 $\overline{AB}$ 的反射,则:

$$w = \frac{(a - b)\bar{z} + \bar{a}b - a\bar{b}}{\bar{a} - \bar{b}}.$$

证明 之前知道,映射 $z \mapsto \bar{z}$ 是关于实轴的反射,我们现在想要对 a, b 做类似的事情.

图6.2C 基本上描述了证明的过程,我们首先减去 a,将整个图形平移. 然后除以 $b - a$,这是一个旋转相似,就把反射轴变成了实轴. 在这两个变换下

$$z \mapsto \frac{z - a}{b - a}, \qquad w \mapsto \frac{w - a}{b - a}.$$

现在,这两个点应该互为共轭,即

$$\frac{z - a}{b - a} = \overline{\left(\frac{w - a}{b - a}\right)}.$$

更好的写法是

$$\frac{w - a}{b - a} = \overline{\left(\frac{z - a}{b - a}\right)} = \frac{\bar{z} - \bar{a}}{\bar{b} - \bar{a}}.$$

解出 w，通过一些计算得到

$$w = \frac{a(\bar{b} - \bar{a}) + (b - a)(\bar{z} - \bar{a})}{\bar{b} - \bar{a}} = \frac{(a - b)\bar{z} + \bar{a}b - a\bar{b}}{\bar{a} - \bar{b}}$$

为所求的公式. □

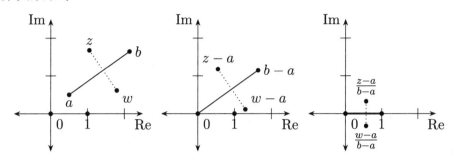

图 6.2C: 关于 $\overline{AB}$ 的反射

本节习题

引理 6.3. 证明：Z 到 $\overline{AB}$ 的投影为

$$\frac{(\bar{a} - \bar{b})z + (a - b)\bar{z} + \bar{a}b - a\bar{b}}{2(\bar{a} - \bar{b})}.$$

6.3 共线和垂直

我们叙述关于复数共轭的两个明显事实.

命题 6.4. (复共轭性质) 设 z 是复数,则：

(a) $z = \bar{z}$ 当且仅当 z 是实数.

(b) $z + \bar{z} = 0$ 当且仅当 z 是**纯虚数**,即 $z = ri, r$ 是某实数.

我们用上面的性质来导出一个准则,用于判断是否垂直: $\overline{AB} \perp \overline{CD}$. 如图6.3A, 考虑四个复数 a, b, c, d 以及相应的向量 $b - a$ 和 $d - c$. 因为 $\arg \frac{z}{w} = \arg z - \arg w$, 所以, $d - c$ 和 $b - a$ 垂直,当且仅当它们的辐角相差 $\pm 90°$; 也就是说,当 $\frac{d-c}{b-a}$ 是纯虚数. 用共轭来叙述,就得到如下的引理.

引理 6.5. (垂直判定) 复数 a, b, c, d 满足 $\overline{AB} \perp \overline{CD}$ 当且仅当

$$\frac{d - c}{b - a} + \overline{\left(\frac{d - c}{b - a}\right)} = 0.$$

用实质上相同的方法,我们得到共线的判定方法.

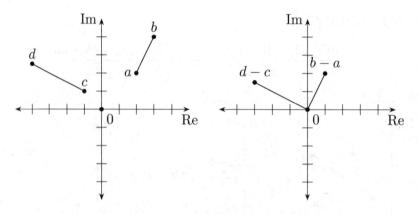

图 6.3A: 若 $\frac{d-c}{b-a}$ 是纯虚数, 则 $\overline{AB} \perp \overline{CD}$

引理 6.6. 复数 z, a, b 共线当且仅当

$$\frac{z-a}{z-b} = \overline{\left(\frac{z-a}{z-b}\right)}.$$

证明实质上和引理6.5 的证明相同, 我们需要考虑位移 $z-a, z-b$, 希望它们的商是实数, 细节当作练习.

你可能会注意到引理6.6 看起来不是对称的, 不是很令人满意. 这里, 我们遇到和第5.1 节同样的问题, 那时也是要找到共线的判断条件. 那里的方法现在也适用.

定理 6.7. (复鞋带公式) 若 a, b, c 是复数, 则 $\triangle ABC$ 的有向面积是

$$\frac{i}{4} \begin{vmatrix} a & \bar{a} & 1 \\ b & \bar{b} & 1 \\ c & \bar{c} & 1 \end{vmatrix}.$$

特别地, a, b, c 共线当且仅当这个行列式为 0.

这里的有向面积使用和第5.1 节同样的约定. 这个公式实际上可以从标准的鞋带公式得出: 记 $a = a_x + a_y i, b = b_x + b_y i, c = c_x + c_y i$, 对 a, b, c 应用标准鞋带公式即可. 细节只是一些纯线性代数, 留作习题.

本节习题

习题 6.8. 证明引理6.6.

6.4 单位圆

目前为止,我们在很多表达式中用了共轭,现在我们说明怎么处理它们,这是用复数解奥林匹克几何题的必要技巧.

在复平面上,**单位圆**是满足 $|z| = 1$ 的所有复数 z;也就是说,是以 0 为圆心,1 为半径的圆. 我们有下面的性质.

命题 6.9. 在单位圆上的任何点 z,满足 $\overline{z} = \frac{1}{z}$.

这可以从 $z\overline{z} = |z|^2$,和 $|z| = 1$ 得到. 因此,在单位圆上我们可以用原来的复数来表示它的共轭. 这有两个直接的应用.

例 6.10. 若 a, b, c, x 在单位圆上,则 $ax + bc = 0$ 当且仅当 $\overline{AX} \perp \overline{BC}$,如图6.4A.

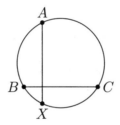

图 6.4A: $AX \perp BC$ 等价于 $ax + bc = 0$

证明 根据引理6.3,我们知道 $\overline{AX} \perp \overline{BC}$ 当且仅当

$$0 = \frac{x-a}{b-c} + \overline{\left(\frac{x-a}{b-c}\right)} = \frac{x-a}{b-c} + \frac{\overline{x} - \overline{a}}{\overline{b} - \overline{c}}.$$

应用 $\overline{a} = \frac{1}{a}$,这还等于

$$\frac{x-a}{b-c} + \frac{\frac{1}{x} - \frac{1}{a}}{\frac{1}{b} - \frac{1}{c}} = \frac{x-a}{b-c} + \frac{\frac{a-x}{xa}}{\frac{c-b}{bc}} = \frac{x-a}{b-c}\left(1 + \frac{xa}{bc}\right).$$

因为 a, b, c, x 互不相同,所以 $\frac{xa}{bc} = -1$,等价于 $ax + bc = 0$. □

我们现在给出引理6.3 的一个改进,请记住这个常用公式!

引理 6.11. (复数计算投影) 若 $a, b(a \neq b)$ 在单位圆上,z 是任意一个复数,则从 Z 到 AB 的投影是

$$\frac{1}{2}(a + b + z - ab\overline{z}).$$

证明 用 $\bar{a} = \frac{1}{a}, \bar{b} = \frac{1}{b}$, 如引理6.3 我们有

$$\frac{1}{2}\left(z + \frac{(a-b)\bar{z} + \frac{b}{a} - \frac{a}{b}}{\frac{1}{a} - \frac{1}{b}}\right) = \frac{1}{2}(z + a + b - ab\bar{z}). \qquad \square$$

在 $a = b$ 的极限情况, 我们得到从 z 到点 a 处切线的投影.

我们接下来要导出一些不依赖于几何构型的结果, 其中下面的结果真正展示了复数的强大之处.

引理 6.12. (复欧拉线) 设 $\triangle ABC$ 是一个三角形, a, b, c 在单位圆上, 则:

(a) 外心是 $o = 0$.

(b) 重心是 $g = \frac{1}{3}(a + b + c)$.

(c) 垂心是 $h = a + b + c$. 特别地, O, G, H 共线, 并且距离比是 $1 : 2$.

证明 我们已经选择 A, B, C 的外接圆是单位圆, $o = 0$ 是显然的, 重心 $g = \frac{1}{3}(a + b + c)$ 从复数的向量理解可以得到.

设 h 是垂心. 有很多方法可以证明 $h = a + b + c$, 我们使用一种不需要利用几何知识的证明. 由于 $\overline{AH} \perp \overline{BC}$, 于是我们根据引理6.5, 可得

$$0 = \frac{h - a}{b - c} + \frac{\bar{h} - \bar{a}}{\bar{b} - \bar{c}} = \frac{h - a}{b - c} + \frac{\bar{h} - \frac{1}{a}}{\frac{1}{b} - \frac{1}{c}} = \frac{h - a}{b - c} - bc\frac{\bar{h} - \frac{1}{a}}{b - c}.$$

因此

$$bc\left(\bar{h} - \frac{1}{a}\right) = h - a$$

$$\implies abc\bar{h} - bc = ah - a^2$$

$$\implies abc\bar{h} - ah = bc - a^2.$$

我们还可以从 $\overline{BH} \perp \overline{CA}$ 和 $\overline{CH} \perp \overline{AB}$ 得到类似的方程. 于是, 我们需要求解

$$abc\bar{h} - ah = bc - a^2$$

$$abc\bar{h} - bh = ca - b^2$$

$$abc\bar{h} - ch = ab - c^2.$$

将前两个方程相减得到

$$(b - a)h = b^2 - a^2 + bc - ca = (b - a)(a + b + c).$$

因为 $b \neq a$, 我们得到 $h = a + b + c$. 不难验证这就是三个方程的一个解, 因此我们证明了垂心存在, 并且坐标是 $h = a + b + c$. 最后, 因为 $h = 3g$, 所以 O, G, H 三点共线, 并且 $OH = 3OG$, 从而得到了欧拉线的性质. $\qquad \square$

例 6.13. (九点圆)设 a,b,c 在单位圆上,H 是 $\triangle ABC$ 的垂心,则点 $n_9 = \frac{1}{2}(a+b+c)$ 到 $\overline{BC}$,$\overline{AH}$ 的中点以及 $\overline{BC}$ 上的高的垂足的距离都是 $\frac{1}{2}$.

证明 首先,检验到 $\overline{BC}$ 的中点的距离是

$$\left| n_9 - \frac{b+c}{2} \right| = \left| \frac{a}{2} \right| = \frac{1}{2}|a| = \frac{1}{2}.$$

然后,到 $\overline{AH}$ 的中点的距离是

$$\left| n_9 - \frac{1}{2}(a + (a+b+c)) \right| = \left| -\frac{a}{2} \right| = \frac{1}{2}.$$

最后,我们检验到高的垂足也是 $\frac{1}{2}$. 根据引理6.11,这个垂足是 $\frac{1}{2}\left(a+b+c-\frac{bc}{a}\right)$,因此距离是

$$\left| n_9 - \frac{1}{2}\left(a+b+c-\frac{bc}{a}\right) \right| = \left| \frac{1}{2}\frac{bc}{a} \right| = \frac{1}{2}\frac{|b|\,|c|}{|a|} = \frac{1}{2}. \qquad \square$$

我们希望这个例子能使你相信,将 (ABC) 设成单位圆是一个非常有力的技巧. 不管怎么样,这使得第 3 章的大部分习题都变得很简单.

本节习题

习题 6.14. (引理1.17) 设 H 是 $\triangle ABC$ 的垂心,X 是 H 关于 $\overline{BC}$ 的反射,Y 是 H 关于 $\overline{BC}$ 的中点的反射. 证明:X,Y 都在 (ABC) 上,并且 $\overline{AY}$ 是直径.

6.5 有用的公式

这里还有一些有用的公式. 首先我们给出四点共圆的一个判定条件.

定理 6.15. (四点共圆) 设 a,b,c,d 是不同的复数,不全在一条直线上,则 A,B,C,D 四点共圆当且仅当

$$\frac{b-a}{c-a} \div \frac{b-d}{c-d}$$

是实数.

证明留作一个练习. (实际上,我们会在第 9 章看到,如果 A,B,C,D 四点共圆,上面这个式子就是四个点 A,B,C,D 的交比.)

和复鞋带公式 (定理6.7) 同样的思想是下面的相似准则. 要证 $\triangle ABC$ 和 $\triangle XYZ$ 同向相似,大多数人会想要计算 $\frac{c-a}{b-a} = \frac{z-x}{y-x}$ 或者类似地变形. 实际上,这样的公式[1]是存在一个对称形式的.

---

[1]取 $x=\bar{a}, y=\bar{b}, z=\bar{c}$,会发生什么?

定理 6.16. (复数判断相似) 两个 $\triangle ABC$ 和 $\triangle XYZ$ 同向相似当且仅当

$$0 = \begin{vmatrix} a & x & 1 \\ b & y & 1 \\ c & z & 1 \end{vmatrix}.$$

证明 两个三角形相似当且仅当

$$\frac{c-a}{b-a} = \frac{z-x}{y-x}.$$

可以验证这与行列式为零等价. □

现在是两条直线的交点的完整形式.

定理 6.17. (交点公式) 若直线 AB 和 CD 不平行, 则它们的交点是

$$\frac{(\bar{a}b - a\bar{b})(c-d) - (a-b)(\bar{c}d - c\bar{d})}{(\bar{a} - \bar{b})(c-d) - (a-b)(\bar{c} - \bar{d})}.$$

特别地, 若 $|a| = |b| = |c| = |d| = 1$, 这个会化简为

$$\frac{ab(c+d) - cd(a+b)}{ab - cd}.$$

证明 解方程组

$$0 = \begin{vmatrix} z & \bar{z} & 1 \\ a & \bar{a} & 1 \\ b & \bar{b} & 1 \end{vmatrix} = \begin{vmatrix} z & \bar{z} & 1 \\ c & \bar{c} & 1 \\ d & \bar{d} & 1 \end{vmatrix}.$$

不是很有趣的工作, 但有足够的耐心就能得到结果. 若利用 $\bar{a} = \frac{1}{a}$ 并将类似的共轭替换成倒数, 则可以得到第二个形式. □

值得一提的是, 定理6.17 中第二个式子的共轭是 $\frac{a+b-c-d}{ab-cd}$.

这个定理显示了为什么选择单位圆特别重要——式子会变得非常简单. 一般来说, 单位圆上的点越多越好, 对应的共轭都变成了倒数.

然而, 最一般的相交公式有时候也很有用. 特别地, 若 $d = 0$, 式子看起来简单多了, 而且总可以通过平移得到这一点, 参考例6.26.

你甚至还可以计算两个圆的交点, 下面是相应的叙述. 我们在第10.1 节给出证明, 当然欢迎读者自己证一下.

引理 6.18. 假设 X, Y 是两个圆的交点, 点 A 和 B 在第一个圆上, 点 C, D 在第二个圆上, 满足 AC, BD 经过 X. 则:

$$y = \frac{ad - bc}{a + d - b - c}.$$

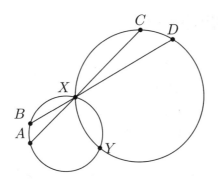

图 6.5A: 在复平面上处理圆的相交

最后,是一个常见的构型,用复数处理单位圆的两条切线交点.

引理 6.19. (切线交点)若 A, B 在单位圆上,$a + b \neq 0$,则:

$$\frac{2ab}{a+b} = \frac{2}{\overline{a} + \overline{b}}$$

是 A 和 B 处两条切线的交点.

证明 如图6.5B. 设 M 是 $\overline{AB}$ 的中点,P 是目标交点. 不难利用相似三角形证明 $OM \cdot OP = 1$ (其中 $o = 0$). 因此 $|m||p| = 1$.

我们证明这蕴含 $\overline{m} \cdot p = 1$. 实际上,模长的乘积正确,而且因为 O, M, P 共线,辐角也是零. 因此

$$p = \frac{1}{\overline{m}} = \frac{2}{\overline{a} + \overline{b}} = \frac{2}{\frac{1}{a} + \frac{1}{b}} = \frac{2ab}{a+b}. \qquad \square$$

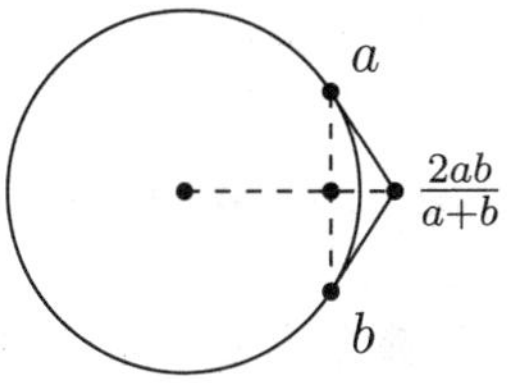

图 6.5B: 复平面上两条切线的相交

本节习题

习题 6.20. 证明定理6.16. **提示**:217.

习题 6.21. 证明:复鞋带公式 (定理6.7) 可以从定理5.1 得到. **提示**:644.

习题 6.22. 设 $\triangle ABC$ 的垂心为 H,P 是 (ABC) 上一点.

(a) 证明西姆松线(引理1.48) 存在,即 P 到 $\overline{AB}, \overline{BC}, \overline{CA}$ 的投影共线.

(b) 证明引理4.4,即点 P 的西姆松线平分 $\overline{PH}$. **提示**:535.

6.6 复数表示的内心和外心

另外两个在复数下值得一提的是内心和外心. 我们从另一个问题开始,若 b, c 在单位圆上,劣弧 $\overparen{BC}$ 的中点是什么? 可能有读者会想说是 $\sqrt{bc}$,然而在复数中求平方根会带来一些问题. 例如 $(1-i)^2 = (i-1)^2 = -2i$. 我们不再有"正平方根"的说法,因为复数中没有"正数"和"负数"之分.

幸好还有一个方法来绕过这个问题. 我们直接设 $b = w^2, c = v^2$,然后指定 vw 或者 $-vw$ 作为弧 BC 的中点. 这样引出了下面的引理.

引理 6.23. (内心的复数形式) 设 $\triangle ABC$ 内接于单位圆,可以取复数 u, v, w 满足

(a) $a = u^2, b = v^2, c = w^2$.

(b) 弧 $\overparen{BC}$ 不含 A 的中点是 $-vw$,类似相对于 B 和 C 的中点分别是 $-wu$,$-uv$.

此时,内心 I 对应的复数是 $-(uv + vw + wu)$,如图6.6A.

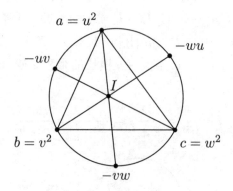

图 6.6A: 引理6.23

证明 前两个断言的证明会用到烦琐的代数,你可以跳过,我们放在这里是为了完整性. 通过旋转三角形,我们不妨设 $a = 1$. 现在设 $u = -1$,取 v, w 分别是不含另一个三角形顶点的弧 $\overparen{AC}, \overparen{AB}$ 的中点. 我们断言这是想要的 (u, v, w),如图6.6B.

由构造过程,$b = w^2, c = v^2$,而 $w = -uw, v = -uv$ 分别是相应的弧中点. 只需再说明 $-vw$ 是不含 A 的弧 $\overparen{BC}$ 的中点,我们通过比较辐角来证明 (后面开始译者修改了叙述).

不妨设在圆周上,顶点 A, B, C 逆时针排列. 取辐角在 $[0, 2\pi)$ 范围内,则

$$\arg w < \pi < \arg w + \pi < \arg v < 2\pi,$$

$$\arg a = 0, \arg b = 2\arg w, \arg c = 2\arg v - 2\pi$$

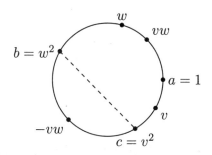

图 6.6B: 证明弧的中点公式 (原书此图有误)

因此

$$\arg a = 0 < 2\arg w = \arg b < \arg w + \arg v - \pi < 2\arg v - 2\pi = \arg c < 2\pi,$$

说明在圆周上依次有 $A, B, -vw, C$, 而 $(-vw)^2 = w^2 \cdot v^2$, 因此 $-vw$ 对应的点在复平面上是 $\widehat{BC}$ 的中点.

更有趣的是: 回忆引理1.42, I 是以 $-vw, -wu, -uv$ 为顶点的三角形的垂心, 而这三个点都在单位圆上, 因此内心复数坐标是 $-(uv + vw + wu)$. □

还注意到 $|u| = |v| = |w| = 1$, 所以特别地有 $\overline{u} = \frac{1}{u}, \overline{v} = \frac{1}{v}, \overline{w} = \frac{1}{w}$ 成立.

我们最后给出的公式是外心的公式. 尽管我们经常将外心设定为原点, 对于不内接于所设定的单位圆的三角形, 都可以计算其外心. 当然在具体的题目中, 计算外心的解题思路不是很常用.

引理 6.24. (复数计算外心) $\triangle XYZ$ 的外心是

$$\begin{vmatrix} x & x\overline{x} & 1 \\ y & y\overline{y} & 1 \\ z & z\overline{z} & 1 \end{vmatrix} \div \begin{vmatrix} x & \overline{x} & 1 \\ y & \overline{y} & 1 \\ z & \overline{z} & 1 \end{vmatrix}.$$

特别地, 若 $z = 0$, 则上面的表达式等于

$$\frac{xy(\overline{x} - \overline{y})}{\overline{x}y - x\overline{y}}.$$

证明 设 P 是 $\triangle XYZ$ 的外心, R 是半径. 我们有

$$R^2 = |x - p|^2 = (x - p)(\overline{x} - \overline{p})$$

于是

$$\overline{x}p + x\overline{p} + R^2 = p\overline{p} + x\overline{x}.$$

这样, 我们得到方程组

$$x\overline{p} + \overline{x}p + R^2 - p\overline{p} = x\overline{x}$$
$$y\overline{p} + \overline{y}p + R^2 - p\overline{p} = y\overline{y}$$
$$z\overline{p} + \overline{z}p + R^2 - p\overline{p} = z\overline{z}$$

根据克莱姆法则 (定理A.4), 我们将 $\overline{p}, p, R^2 - p\overline{p}$ 看成三个未知变量, 得到

$$p = \begin{vmatrix} x & x\overline{x} & 1 \\ y & y\overline{y} & 1 \\ z & z\overline{z} & 1 \end{vmatrix} \div \begin{vmatrix} x & \overline{x} & 1 \\ y & \overline{y} & 1 \\ z & \overline{z} & 1 \end{vmatrix}. \qquad \square$$

在使用外心公式前通过平移, 将一些共同项去掉, 总是比较有用的. 例如, 把 z 平移到 0, 将会显著简化计算 (尽管这样会破坏对称). 此时的外心公式就是

$$z + \frac{-x'y'(\overline{x}' - \overline{y}')}{x'\overline{y}' - \overline{x}'y'}$$

其中 $x' = x - z, y' = y - z$.

6.7 综合例题

首先, 是关于九点圆的一个经典结果.

命题 6.25. (费尔巴哈点)不等边三角形的内切圆和九点圆相切. (切点被称作**费尔巴哈点**).

假设我们想要用复数来证明这个问题. 首先, 我们怎么处理相切的条件? 圆的方程在复数中不是很容易处理, 所以我们最好试试长度. 若 I 和 N_9 分别是内心和九点圆圆心, 九点圆半径是 $\frac{1}{2}R$, 则只需证明

$$IN_9 = \frac{1}{2}R - r \text{ 或者} 2IN_9 = R - 2r.$$

上式右端是否看起来有点熟悉? 根据引理2.22, 我们有 $R - 2r = \frac{1}{R}IO^2$, 其中 O 是外心. 这样我们只需证明

$$R \cdot 2IN_9 = IO^2.$$

现在我们可以开始了. 如果将外接圆设为单位圆, 那么我们只需计算一些距离即可.

看到内心,模仿引理6.23,记 $A = x^2, B = y^2, C = z^2$. 内心由 $-(xy + yz + zx)$ 给出,九点圆圆心由 $\frac{1}{2}(x^2 + y^2 + z^2)$ 给出. 于是

$$2IN_9 = 2\left|\frac{1}{2}(x^2 + y^2 + z^2) - [-(xy + yz + zx)]\right| = |x + y + z|^2.$$

奇迹出现了——我们得到了一个完全平方! 现在只需计算 IO^2,当然我们应该得到完全一样的东西,那就证明完毕. 实际上,有

$$IO^2 = |-(xy + yz + zx) - 0|^2 = |xy + yz + zx|^2.$$

可是两个式子看起来并不一样.

现在问题化归到要证明 $|x + y + z|^2 = |xy + yz + zx|^2$. 虽然有点意外,我们可以利用这些点都在单位圆上,以及绝对值的平方等于式子和共轭的乘积. 式子左端是

$$(x + y + z)\left(\frac{1}{x} + \frac{1}{y} + \frac{1}{z}\right)$$

式子右端是

$$(xy + yz + zx)\left(\frac{1}{xy} + \frac{1}{yz} + \frac{1}{zx}\right).$$

它们都等于 $\frac{(x+y+z)(xy+yz+zx)}{xyz}$,证明就完成了.

证明 利用引理6.23,我们设 A, B, C, I 对应的复数分别是 x^2, y^2, z^2 和 $-(xy + yz + zx)$. 设 N_9 是九点圆的圆心,O 是外心. 注意到

$$\begin{aligned}
2IN_9 &= 2\left|\frac{1}{2}(x^2 + y^2 + z^2) - [-(xy + yz + zx)]\right| \\
&= |x + y + z|^2 = |xy + yz + zx|^2 \\
&= IO^2 = R(R - 2r) = R - 2r,
\end{aligned}$$

其中 R, r 分别是外接圆和内切圆半径. (因为假设在单位圆上, $R = 1$.) 因此 $IN_9 = \frac{1}{2}R - r$,两个圆相切. $\qquad\square$

我们第二个例子来自于美国国家队选拔试题,我们给出两个解答,一个是纯计算方法(基本不需要几何技巧),另一个用了少量的复数知识.

例 6.26. (USATSTST 2013/1) 如图6.7A,设 $\triangle ABC$ 是一个三角形,D, E, F 分别是弧 $\overset{\frown}{BC}, \overset{\frown}{CA}, \overset{\frown}{AB}$ 的中点. 直线 l_a 经过 A 到 $\overline{DB}$ 和 $\overline{DC}$ 的两个投影. 直线 m_a 经过 D 到 $\overline{AB}, \overline{AC}$ 的两个投影. 设 A_1 是 l_a 和 m_a 的交点. 类似地定义 B_1, C_1. 证明:$\triangle DEF$ 和 $\triangle A_1B_1C_1$ 相似.

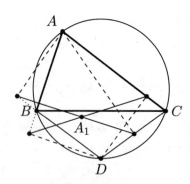

图 6.7A: USATST 2013/1

这道题为什么适合用复数? 首先, 很多的点都在一个圆 (ABC) 上, 我们肯定会把它选作单位圆. 其次, 各种垂线也很好, 因为我们在对圆的弦引出高, 可以应用引理6.11 来计算. 第三点, 这里有很多对称性——我们计算了 A_1 后, 可以直接得到 B_1, C_1 的表达式. 最后, 相似性的条件我们也知道怎么处理.

回到解题上, 我们想要计算 A_1. 在我们通常的记号下, 我们看到 D 到 $\overline{AB}$ 的投影 (记为 P_1) 为

$$p_1 = \frac{1}{2}(a + b + d - ab\bar{d}).$$

若我们设 $a = x^2, \cdots$ 等条件, 则有 $d = -yz$, 上面式子化简为

$$p_1 = \frac{1}{2}\left(x^2 + y^2 - yz + \frac{x^2 y}{z}\right).$$

类似地, D 到 $\overline{AC}$ 的投影是

$$p_2 = \frac{1}{2}\left(x^2 + z^2 - yz + \frac{x^2 z}{y}\right).$$

我们现在看另一半过程. 从 A 到 $\overline{BD}$ 和 $\overline{CD}$ 的投影 Q_1, Q_2 分别是

$$q_1 = \frac{1}{2}\left(x^2 + y^2 - yz + \frac{y^3 z}{x^2}\right), \quad q_2 = \frac{1}{2}\left(x^2 + z^2 - yz + \frac{yz^3}{x^2}\right).$$

现在我们要得到 A_1. 直接应用定理6.17 似乎比较烦琐 (实际上是可行的). 我们发现有很多重复的项, 因此可以做得更好. 现在的思想是: 考虑映射

$$\tau : \alpha \mapsto 2\alpha - (x^2 + y^2 + z^2 - yz).$$

为什么考虑这个? 关键是因为 τ 是一个平移加放缩, 所以保持相交性. 意思是若 A_1 是直线 $P_1 P_2$ 和 $Q_1 Q_2$ 的交点, 则 $\tau(A_1)$ 是直线 $\tau(P_1)\tau(P_2)$ 和 $\tau(Q_1)\tau(Q_2)$ 的

交点. 我们选择这个映射使所有的事情都简化很多. 我们去掉了 $\frac{1}{2}s$ 以及到处出现的 $x^2 - yz$. 于是

$$\tau(p_1) = -z^2 + \frac{x^2 y}{z}, \ \tau(p_2) = -y^2 + \frac{x^2 z}{y},$$

$$\tau(q_1) = -z^2 + \frac{y^3 z}{x^2}, \ \tau(q_2) = -y^2 + \frac{z^3 y}{x^2}.$$

现在看上去还是有点复杂, 不过我们能接受. 将 $\tau(x)$ 简记为 x', 应用定理6.17, 我们看到 $\tau(a_1)$ 等于

$$\frac{(p_1' \bar{p}_2' - \bar{p}_1' p_2') (q_1' - q_2') - (q_1' \bar{q}_2' - \bar{q}_1' q_2') (p_1' - p_2')}{(\bar{p}_1' - \bar{p}_2') (q_1' - q_2') - (p_1' - p_2') (\bar{q}_1' - \bar{q}_2')}.$$

这里你可能要预估一下这个计算会有多长——现在看起来很冗长. 幸好, 这个考试是 4.5 小时做三道题. 这个计算估计会用 15 到 20 分钟, 是性价比不低的投入.

我们每次计算一部分, 首先

$$p_1' \bar{p}_2' - \bar{p}_1' p_2' = \left(-z^2 + \frac{x^2 y}{z}\right) \left(-\frac{1}{y^2} + \frac{y}{x^2 z}\right) - \left(y^2 + \frac{x^2 z}{y}\right) \left(-\frac{1}{z^2} + \frac{z}{x^2 y}\right).$$

有几个点可以说一下. 可以注意到 $\tau(p_1)\tau(\bar{p}_2)$ 和 $\tau(p_2)\tau(\bar{p}_1)$ 仅仅是交换了 y, z, 不用展开两次, 能省一些计算. 另外, 所有项的次数相同, 对于齐次表达式, 可以用次数来快速检查明显的错误.

现在展开得到

$$p_1' \bar{p}_2' - \bar{p}_1' p_2' = \left(\frac{z^2}{y^2} + \frac{y^2}{z^2} - \frac{x^2}{yz} - \frac{yz}{x^2}\right) - \left(\frac{y^2}{z^2} + \frac{y^2}{z^2} - \frac{x^2}{yz} - \frac{yz}{x^2}\right) = 0.$$

看起来我们不需要计算 $\tau(q_1) - \tau(q_2)$ 这一项了. 然后我们计算

$$q_1' \bar{q}_2' - \bar{q}_1' q_2' = \left(-z^2 + \frac{y^3 z}{x^2}\right) \left(-\frac{1}{y^2} + \frac{x^2}{yz^3}\right) - \left(-y^2 + \frac{yz^2}{x^2}\right) \left(-\frac{1}{z^2} + \frac{x^2}{y^3 z}\right)$$

$$= \left(\frac{z^2}{y^2} - \frac{yz}{x^2} - \frac{x^2}{yz} + \frac{y^2}{z^2}\right) - \left(\frac{y^2}{z^2} - \frac{yz}{x^2} - \frac{x^2}{yz} + \frac{y^2}{z^2}\right) = 0$$

所以 $\tau(a_1) = 0$, 这真是一个巨大的惊喜. (一般题目不会结果这么好.) 经过这样的十几行代数计算, 我们最终得到

$$\tau(a_1) = 0 \iff a_1 = \frac{1}{2}\left(x^2 + y^2 + z^2 - yz\right).$$

我们还需要计算 B_1, C_1 吗? 当然不用, 只要用对称性就可以得到

$$b_1 = \frac{1}{2}(x^2 + y^2 + z^2 - zx),$$

$$c_1 = \frac{1}{2}(x^2 + y^2 + z^2 - xy).$$

现在我们需要证明这三个点构成的三角形与 $\triangle DEF$ 相似,后者的顶点是 $-yz$, $-zx, -xy$. 可以应用定理6.16证明. 或者,只需看到 A_1, B_1, C_1 是 $x^2 + y^2 + z^2$ 分别和 D, E, F 连线的中点,就解决了问题.

我们还要给出一个几乎纯几何的证明. 注意观察的读者可能已经注意到 $x^2 + y^2 + z^2 = a + b + c$ 是 $\triangle ABC$ 的垂心. 因此 A_1 是 $\overline{DH}$ 的中点,现在这个构型是不是比较熟悉?

证明 设 H 是 $\triangle ABC$ 的垂心.

首先,m_a 是 D 到 $\triangle ABC$ 的西姆松线,所以根据引理4.4,它经过 $\overline{DH}$ 的中点 M_1. 现在,设 H_A 是 $\triangle DBC$ 的垂心. 因为 l_a 是 A 到 $\triangle BCD$ 的西姆松线,它经过 $\overline{DH_A}$ 的中点,记为 M_2.

我们证明这两个中点是相同的. 实际上,用复数的语言

$$m_1 = \frac{(a+b+c)+d}{2} = \frac{a+(b+c+d)}{2} = m_2.$$

因此 A_1 是 $\overline{DH}$ 的中点. 类似地 B_1 是 $\overline{EH}$ 的中点,C_1 是 $\overline{FH}$ 的中点. 因此 H 是将 $\triangle A_1 B_1 C_1$ 映射成 $\triangle DEF$ 的位似中心,完成了证明. □

注意到,上个证明中我们从未使用 D 是弧 $\overset{\frown}{AB}$ 的中点这个条件. 这个条件是完全不需要的. 这个问题对外接圆上的任何点 D, E, F 都成立.

对于一个圆内接四边形,点 $\frac{1}{2}(a+b+c+d)$ 称为**欧拉点**或者四边形的**反中心**. 作为上述计算的一个推论,我们发现从 A 到 $\triangle BCD, B$ 到 $\triangle CDA, C$ 到 $\triangle DAB$, D 到 $\triangle ABC$ 的西姆松线都经过反中心.

我们的第三个例子是从 USAMO 2012 中选择的一道题目. 这道题目在知道了行列式以后,就会看起来更加直截了当.

例 6.27. (USAMO 2012/5) 如图6.7B,设 P 是 $\triangle ABC$ 平面上一点,直线 Γ 经过 P. 设 A', B', C' 分别是直线 PA, PB, PC 关于 Γ 的反射与 BC, CA, AB 的交点. 证明:A', B', C' 共线.

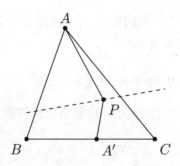

图 6.7B: USAMO 2012——关于直线的反射

我们可能会想要设 (ABC) 为单位圆,但是这样会把关于 Γ 的反射写得比较复杂. 更好的想法是通过设定,使得反射更容易计算——把 Γ 设为实轴,于是关于 Γ 的反射就是求复共轭. 当然,我们同时可以设 $p=0$.

这样设定好以后,剩下的就是纯计算,使用行列式会大量简化计算.

证明 设 P 是复平面的原点,Γ 是实轴. 现在注意到 A' 是直线 bc 和 $p\bar{a}$ 的交点. 应用直线交点的公式得到

$$a' = \frac{\bar{a}(\bar{b}c - b\bar{c})}{(\bar{b}-\bar{c})\bar{a} - (b-c)a}, \quad \bar{a}' = \frac{a(b\bar{c}-\bar{b}c)}{(b-c)a - (\bar{b}-\bar{c})\bar{a}}.$$

考虑轮换对称的量,$a'b'c'$ 的面积的是

$$\begin{pmatrix} \frac{\bar{a}(\bar{b}c-b\bar{c})}{(\bar{b}-\bar{c})\bar{a}-(b-c)a} & \frac{a(b\bar{c}-\bar{b}c)}{(b-c)a-(\bar{b}-\bar{c})\bar{a}} & 1 \\ \frac{\bar{b}(\bar{c}a-c\bar{a})}{(\bar{c}-\bar{a})\bar{b}-(c-a)b} & \frac{b(c\bar{a}-\bar{c}a)}{(c-a)b-(\bar{c}-\bar{a})\bar{b}} & 1 \\ \frac{\bar{c}(\bar{a}b-a\bar{b})}{(\bar{a}-\bar{b})\bar{c}-(a-b)c} & \frac{c(a\bar{b}-\bar{a}b)}{(a-b)c-(\bar{a}-\bar{b})\bar{c}} & 1 \end{pmatrix}.$$

的行列式的某个倍数. 注意到方阵的前两列的分母只相差一个符号,将方阵每行乘以第一列的分母 (非零),得到方阵的行列式等于一个非零倍数乘以下面方阵的行列式

$$\begin{pmatrix} \bar{a}(\bar{b}c-b\bar{c}) & -a(b\bar{c}-\bar{b}c) & (\bar{b}-\bar{c})\bar{a}-(b-c)a \\ \bar{b}(\bar{c}a-c\bar{a}) & -b(c\bar{a}-\bar{c}a) & (\bar{c}-\bar{a})\bar{b}-(c-a)b \\ \bar{c}(\bar{a}b-a\bar{b}) & -c(a\bar{b}-\bar{a}b) & (\bar{a}-\bar{b})\bar{c}-(a-b)c \end{pmatrix}.$$

现在这个方阵三行之和根据轮换对称性,恰好为零:

$$\sum_{\text{cyc}} \bar{a}(\bar{b}c-b\bar{c}) = 0,$$

$$\sum_{\text{cyc}} a(b\bar{c}-\bar{b}c) = 0,$$

$$\sum_{\text{cyc}} \left[(\bar{b}-\bar{c})\bar{a}-(b-c)a\right] = 0.$$

这里的轮换求和 "cyc" 在第0.3 节定义. 这样说明了上面方阵的行列式为零,因此 A', B', C' 共线[1]. $\qquad\square$

我们最后给出一个关于复平面上等边三角形的小巧的引理.

引理 6.28. (等边三角形) $\triangle ABC$ 是等边三角形当且仅当 $a^2+b^2+c^2 = ab+bc+ca$.

---

[1]这里译者修正了原书中一个打印错误,同时适当修改了使用线性代数进行推理的部分.

证明 设 $u = a - b, v = b - c, w = c - a$. 注意到 $\triangle ABC$ 是等边三角形当且仅当 u, v, w 是某个三次方程 $z^3 - \alpha = 0$ 的三个根. (为什么?) 所以我们实际上要考虑多项式

$$(z - u)(z - v)(z - w).$$

的展开, 注意到 $u + v + w = 0$, 我们得到

$$z^3 + (uv + vw + wu)z - uvw.$$

因此 $\triangle ABC$ 是等边三角形当且仅当 $uv + vw + wu = 0$.

余下的就是代数了. 要证的式子

$$a^2 + b^2 + c^2 = ab + bc + ca$$

等价于

$$0 = (a - b)^2 + (b - c)^2 + (c - a)^2 = u^2 + v^2 + w^2.$$

标准的对称式处理给出

$$0 = (u + v + w)^2 = u^2 + v^2 + w^2 + 2(uv + vw + wu).$$

所以 $uv + vw + wu = 0$ 当且仅当 $a^2 + b^2 + c^2 = ab + bc + ca$. $\qquad\square$

6.8 什么时候 (不) 用复数

这一节, 总结一下上面例子中的一些注解.

首先, 我们简要说一下哪一类问题不建议用复数处理. 复数方法最大的困难是有多个圆. 复数可以很好地控制单位圆, 但是对其他的圆就爱莫能助. 任意直线的交点也会造成麻烦 (更别说任意的外心或者内心).

其次, 如果大多数的点都能放在一个圆上, 就很欢迎使用复数. 特别地, 当核心的三角形在这个圆上时, 我们能处理各种 "心". 最常见的技巧就是设 (ABC) 为单位圆. 还可以利用题目的对称性来节省计算篇幅.

最后, 读者总是应该从纯几何角度看看, 怎样化简一个复数解答. 我的一个几何解题习惯是, 先用纯几何方法处理, 直到题目解决或者化归到一个易于计算的结果.

6.9 习题

习题 6.29. 利用复数给出圆心角定理的一个证明. **提示**:506,343.

引理 6.30. (复数弦) 证明:点 P 在单位圆的一条弦 $\overline{AB}$ 上当且仅当 $p + ab\overline{p} = a + b$. **提示**:86. **答案**:第261 页.

习题 6.31. 设 $ABCD$ 是圆内接四边形, H_A, H_B, H_C, H_D 分别表示 $\triangle BCD$, $\triangle CDA$, $\triangle DAB$, $\triangle ABC$ 的垂心. 证明:$\overline{AH_A}, \overline{BH_B}, \overline{CH_C}, \overline{DH_D}$ 共点. **提示**:132.

习题 6.32. 设四边形 $ABCD$ 外切于圆心为 I 的一个圆. 证明:I 在 $\overline{AC}, \overline{BD}$ 的中点连线上. **提示**:526,395. **答案**:第261 页.

习题 6.33. (国家集训队 2011) 设 $\triangle ABC$ 是一个三角形, A', B', C' 分别是外接圆上 A, B, C 的对径点. 设 P 是 $\triangle ABC$ 内一点, D, E, F 分别是 P 到 $\overline{BC}, \overline{CA}, \overline{AB}$ 的投影. 设 X, Y, Z 分别是 A', B', C' 关于 D, E, F 的反射. 证明:$\triangle XYZ$ 和 $\triangle ABC$ 相似. **提示**:141,149.

命题 6.34. (拿破仑定理)如图6.9A, 从 $\triangle ABC$ 的三边分别向外作正三角形, 中心分别是 O_A, O_B, O_C. 证明:$\triangle O_A O_B O_C$ 是正三角形, 其中心是 $\triangle ABC$ 的重心. **提示**:380,237,558.

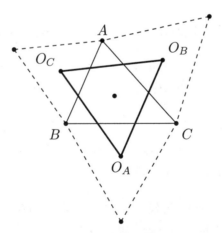

图 6.9A: 拿破仑定理

习题 6.35. (USAMO 2015/2) 四边形 $APBQ$ 内接于圆 ω, $\angle P = \angle Q = 90°$, $AP = AQ < BP$. 设动点 X 在线段 $\overline{PQ}$ 上. 直线 AX 与 ω 相交于不同于 A 的点 S. 点 T 在弧 AQB 上,并且 $\overline{XT}$ 垂直于 $\overline{AX}$. 设 M 是弦 $\overline{ST}$ 的中点. 当 X 在线段 $\overline{PQ}$ 上变动时,证明:M 的轨迹在一个圆上. **提示**:133,361,316,283. **答案**:第263 页.

习题 6.36. (MOP 2006) 设 $\triangle ABC$ 的垂心为 H, 点 D, E, F 在 (ABC) 上, 满足 $\overline{AD} \parallel \overline{BE} \parallel \overline{CF}$. 点 S, T, U 分别是点 D, E, F 关于 BC, CA, AB 的反射. 证明: S, T, U, H 四点共圆. **提示:**313, 173, 513. **答案:** 第263 页.

习题 6.37. (USA JTST 2014) 设四边形 $ABCD$ 内接于圆, E, F, G, H 分别是 $\overline{AB}, \overline{BC}, \overline{CD}, \overline{DA}$ 的中点. 点 W, X, Y, Z 分别是 $\triangle AHE, \triangle BEF, \triangle CFG,$ $\triangle DGH$ 的垂心. 证明: 四边形 $ABCD$ 和 $WXYZ$ 面积相同. **提示:**552, 85, 187, 296.

习题 6.38. (OMO 2013) 设 $\triangle ABC$ 满足 $AB = 13, AC = 25, \tan A = \frac{3}{4}$. 设 D, E 分别是 B, C 关于边 $\overline{AC}, \overline{AB}$ 的反射, O 是 (ABC) 的圆心. 设点 P 满足 $\triangle DPO \backsim \triangle PEO$, X, Y 分别是 (ABC) 上优弧和劣弧 $\overset{\frown}{BC}$ 的中点. 计算 $PX \cdot PY$. **提示:**30, 303, 608. **答案:** 第264 页.

命题 6.39. (和角正切) 考虑区间 $(-90°, 90°)$ 内的三个角度 $\angle A, \angle B, \angle C$.

(a) 设 $x = \tan A, y = \tan B, z = \tan C$. 证明: 若 $xy + yz + zx \neq 1$, 则

$$\tan(A + B + C) = \frac{(x + y + z) - xyz}{1 - (xy + yz + zx)},$$

否则左端无定义.

(b) 推广到多个变量. **提示:**32, 650, 408, 589. **答案:** 第265 页.

命题 6.40. (Schiffler 点) 设 $\triangle ABC$ 的内心为 I. 证明: $\triangle AIB, \triangle BIC, \triangle CIA$ 和 $\triangle ABC$ 的欧拉线共点 (此点被称作 $\triangle ABC$ 的 Schiffler 点). **提示:**547, 586, 332.

习题 6.41. (IMO 2009/2) 设 $\triangle ABC$ 的外心为 O. 点 P, Q 分别是 $\overline{CA}, \overline{AB}$ 的内点. 设 K, L, M 分别是 BP, CQ, PQ 的中点, 圆 Γ 经过 K, L, M. 假设直线 P, Q 与 Γ 相切, 证明: $OP = OQ$. **提示:**50, 72, 357.

习题 6.42. (APMO 2010/4) 设锐角 $\triangle ABC$ 满足 $AB > BC, AC > BC$. 设 O, H 分别是 $\triangle ABC$ 的外心和垂心. 设 (AHC) 与直线 AB 交于 M(不同于 A), (AHB) 与 AC 相交于 N(不同于 A). 证明: $\triangle MNH$ 的外心在直线 OH 上. **提示:**642, 121, 445. **答案:** 第265 页.

习题 6.43. (预选题 2006/G9) 点 A_1, B_1, C_1 分别在 $\triangle ABC$ 的边 BC, CA, AB 上. 外接圆 $(AB_1C_1), (BC_1A_1), (CA_1B_1)$ 分别与 (ABC) 交于另一点 A_2, B_2, C_2 $(A_2 \neq A, \ B_2 \neq B, \ C_2 \neq C)$. 点 A_3, B_3, C_3 分别关于 BC, CA, AB 的中点与 A_1, B_1, C_1 对称. 证明: $\triangle A_2B_2C_2$ 和 $\triangle A_3B_3C_3$ 相似. **提示:**509, 210, 167.

习题 6.44. (MOP 2006) 四边形 $ABCD$ 内接于圆 O,P 在平面上,O_1,O_2,O_3,O_4 分别是 $\triangle PAB,\triangle PBC,\triangle PCD,\triangle PDA$ 的外心. 证明:线段 O_1O_3,O_2O_4,OP 的中点共线. 提示:29,431. **答案:**第267 页.

习题 6.45. (预选题 1998/G6) 设凸六边形 $ABCDEF$ 满足 $\angle B+\angle D+\angle F = 360°$ 并且

$$\frac{AB}{BC} \cdot \frac{CD}{DE} \cdot \frac{EF}{FA} = 1.$$

证明:

$$\frac{BC}{CA} \cdot \frac{AE}{EF} \cdot \frac{FD}{DB} = 1.$$

提示:153,668,649,197. **答案:**第269 页.

习题 6.46. (ELMO 预选题 2013) 设 $\triangle ABC$ 内接于圆 ω,从 B,C 出发的中线分别与 ω 交于 D,E. 设圆 O_1 经过 D 与 $\overline{AC}$ 相切于 C,圆 O_2 经过 E 与 $\overline{AB}$ 相切于 B,O_1,O_2 分别是圆心. 证明:O_1,O_2 以及 $\triangle ABC$ 的九点圆圆心共线. 提示:371,655,554,203.

第 7 章　重心坐标

我认为这是庸人自惑——就像你拥有的仅仅是一把锤子，却试图
把世界上的所有东西都看成是一颗钉子一样.

——马斯洛《锤子》

我们现在讨论一个方法，重心坐标. 在撰写本书的时候，大多数竞赛学生和出题者都还不知道这个知识.

在这一章，面积记号 $[XYZ]$ 指的是有向面积 (见第5.1节). 因此若 X, Y, Z 是逆时针方向排列，则 $[XYZ]$ 为正，否则为负.

7.1　定义和基本定理

这一节我们会固定一个非退化 $\triangle ABC$，称为**参考三角形**.(这类似于在笛卡儿坐标系中选择一个原点和坐标轴.) 对平面上一个点 X，用 $\boldsymbol{X}$ 表示从原点 O 到 X 的向量 $\overrightarrow{OX}$. 平面上的每一点 P 会对应一个有序三数组 $P = (x, y, z)$ 满足

$$\boldsymbol{P} = x\boldsymbol{A} + y\boldsymbol{B} + z\boldsymbol{C}, \text{ 且 } x + y + z = 1.$$

这称为 P 相对于 $\triangle ABC$ 的**重心坐标**[1].

重心坐标有时还称为**面积坐标**，这是因为若 $P = (x, y, z)$，则满足有向面积 $[PBC] = x[ABC]$，等等，如图7.1A. 也就是说，这个坐标可以看成

$$P = \left(\frac{[PBC]}{[ABC]}, \frac{[PCA]}{[BCA]}, \frac{[PAB]}{[CAB]} \right).$$

面积是有向的，于是也可以表示三角形外的点. 若 $P = (x, y, z)$ 和 A 在直线 $\overline{BC}$ 的不同侧，则有向面积 $[PBC]$ 和 $[ABC]$ 符号不同，因此 $x < 0$. 特别地，点 P 在 $\triangle ABC$ 的内部当且仅当 $x, y, z > 0$.

---

[1]在第7.4 节我们会说明上述定义和原点选取无关，只和 A, B, C 选取有关. 重心坐标和三线坐标也大体意思相同——译者注

121

注意 $A = (1,0,0), B = (0,1,0), C = (0,0,1)$. 这是重心坐标本质上更适合标准三角形问题的原因——顶点表示更简单,并且对称.

重心坐标的灵魂来自下面的结果,我们叙述但不给出证明.

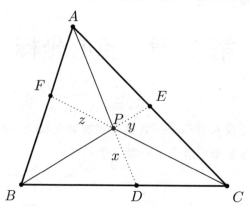

图 7.1A: P 在三角形内部时,坐标对应于三角形的三块的面积比

定理 7.1. (重心坐标下的面积公式) 设 P_1, P_2, P_3 的重心坐标分别是 $P_i = (x_i, y_i, z_i), i = 1, 2, 3$. 则 $\triangle P_1 P_2 P_3$ 的有向面积是行列式

$$\frac{[P_1 P_2 P_3]}{[ABC]} = \begin{vmatrix} x_1 & y_1 & z_1 \\ x_2 & y_2 & z_2 \\ x_3 & y_3 & z_3 \end{vmatrix}.$$

这里的面积还是有向面积,遵循第5.1节的约定.

作为推论,我们得到直线的方程.

定理 7.2. (直线方程) 直线方程的形式是 $ux + vy + wz = 0$,其中 u, v, w 是实数,相差一个伸缩倍数由直线唯一确定.

证明 主要的想法是,三个点共线当且仅当所形成的 "三角形" 有向面积为 0. 假设我们想要刻画直线 XY 上的点 $P = (x, y, z)$,其中 $X = (x_1, y_1, z_1), Y = (x_2, y_2, z_2)$. 利用上面的面积公式表示 $[PXY] = 0$,我们得到三点共线当且仅当

$$0 = (y_1 z_2 - y_2 z_1)x + (z_1 x_2 - z_2 x_1)y + (x_1 y_2 - x_2 y_1)z,$$

即 $0 = ux + vy + wz$,其中 u, v, w 是一些常数. □

特别地,直线 AB 的方程是 $z = 0$,只需将 $(1,0,0)$ 和 $(0,1,0)$ 代入 $ux + vy + wz = 0$ 即可. 一般地,代入 $A = (1,0,0)$,可知经过 A 的一条塞瓦线的方程是 $vy + wz = 0$ 的形式.

上面的技巧已经足够用来证明塞瓦定理和梅涅劳斯定理.

例 7.3. (塞瓦定理) 设 D, E, F 分别是 $\triangle ABC$ 的边 $\overline{BC}, \overline{CA}, \overline{AB}$ 的内点. 则塞瓦线 $\overline{AD}, \overline{BE}, \overline{CF}$ 交于一点当且仅当

$$\frac{BD}{DC} \cdot \frac{CE}{EA} \cdot \frac{AF}{FB} = 1.$$

证明 记 $D = (0, d, 1-d), E = (1-e, 0, e), F = (f, 1-f, 0)$, 其中 d, e, f 是 $(0, 1)$ 内的实数. 则相应的直线方程是

$$\overline{AD}: dz = (1-d)y$$
$$\overline{BE}: ex = (1-e)z$$
$$\overline{CF}: fy = (1-f)x.$$

我们想要说明这三个方程有非平凡解 (就是不同于 $(0, 0, 0)$ 的解) 当且仅当 $def = (1-d)(1-e)(1-f)$, 后者显然和条件 $\frac{BD}{DC} \cdot \frac{CE}{EA} \cdot \frac{AF}{FB} = 1$ 等价.

首先, 假设方程组有非平凡解 (x, y, z), 注意到若 x, y, z 中任何一个为零, 则三个数都是零. 因此可以设 $xyz \neq 0$, 那么三个方程相乘并消掉 xyz 就得到 $def = (1-d)(1-e)(1-f)$.

另一方面, 假设 $def = (1-d)(1-e)(1-f)$ 条件成立, 直接取 $y_1 = d, z_1 = (1-d)$, 现在需要

$$x_1 = \frac{1-e}{e}(1-d) = \frac{f}{1-f}d,$$

而根据 $def = (1-d)(1-e)(1-f)$ 这是无矛盾的, 所以可以设 x_1 就是上面的值, 从而得到方程的一个解.

然而需要注意, 我们得到的解不一定满足 $x_1 + y_1 + z_1 = 1$, 于是不一定真的对应于平面上一个点. (当然, 我们至少知道 x_1, y_1, z_1 均为正数.) 这不是一个大问题: 我们只需放缩一下, 取

$$(x, y, z) = \left(\frac{x_1}{x_1 + y_1 + z_1}, \frac{y_1}{x_1 + y_1 + z_1}, \frac{z_1}{x_1 + y_1 + z_1} \right),$$

即满足方程, 又表示平面上一个点, 因此是三条塞瓦线的公共点. □

上面证明的最后一步说明了重心坐标是齐次的. 我们把这个思想明确一下, 若 (x, y, z) 在一条直线上, 方程记做

$$ux + vy + wz = 0,$$

则 $(2x, 2y, 2z), (1\,000x, 1\,000y, 1\,000z)$ 都满足这个方程. 注意到这一点后, 我们可以使用**非归一重心坐标**, 做法是当 $x + y + z \neq 0$ 时, 用 $(x:y:z)$ 作为

$$\left(\frac{x}{x+y+z}, \frac{y}{x+y+z}, \frac{z}{x+y+z} \right)$$

的简要记号. 注意这里用了冒号, 不是逗号, 以便和归一坐标 (满足 $x + y + z = 1$ 的坐标) 区别. 另一个等价的定义是, 对任何非零的 k, $(x : y : z)$ 和 $(kx : ky : kz)$ 表示同一个点, 而当 $x + y + z = 1$ 时, $(x : y : z) = (x, y, z)$.

这样的写法比较方便, 特点是可以将其 "代入" 直线方程, 经常会节省一些计算. 例如, 我们有下面的推论.

定理 7.4. (塞瓦线的重心坐标表示) 设 $P = (x_1 : y_1 : z_1)$ 是不同于 A 的一点, 则直线 AP (不同于 A) 上的点可以表示为 $(t : y_1 : z_1)$, 其中 $t \in \mathbb{R}, t + y_1 + z_1 \neq 0$.

注意, 将非归一坐标代入面积公式是不合理的. 这时, 我们要使用满足 $x + y + z = 1$ 的坐标 (x, y, z), 称其为**归一重心坐标**.

本节习题

习题 7.5. 计算 $\overline{AB}$ 的中点的坐标. 提示: 623.

引理 7.6. (重心坐标下的等角共轭点) 设 $P = (x : y : z)$ 是一个点, $x, y, z \neq 0$. 证明: P 的等角共轭点是

$$P^* = \left(\frac{a^2}{x} : \frac{b^2}{y} : \frac{c^2}{z} \right)$$

等截共轭点是

$$P^t = \left(\frac{1}{x} : \frac{1}{y} : \frac{1}{z} \right).$$

提示: 419.

表 7.1: 三角形的心的重心坐标

点/坐标	证明思想
$G = (1 : 1 : 1)$	显然
$I = (a : b : c)$	面积定义
$I_A = (-a : b : c)$ 等等	面积定义
$K = (a^2 : b^2 : c^2)$	等角共轭
$H = (\tan A : \tan B : \tan C)$	面积定义
$O = (\sin 2A : \sin 2B : \sin 2C)$	面积定义

7.2 三角形的心

在表7.1 中我们给出了参考三角形的几个心的重心坐标的公式. 回忆 $(u : v : w)$ 指的是坐标为 $\left(\frac{u}{u+v+w}, \frac{v}{u+v+w}, \frac{w}{u+v+w} \right)$ 的点, 也就是说, 我们并没有将坐标归

一化.

重要的事情再说一遍：这里的坐标是未归一化的.

这里的 G, I, H, O 分别表示通常的重心、内心、垂心和外心，而 I_A 表示 A-旁心，K 表示陪位重心. 注意到 O 和 H 的重心坐标公式不是很漂亮 (相对来说，例如和复数表示式比较)，但是 I, K 都很好.

还可以把 H, O 的三角形式转换成用边长表示的式子

$$O = (a^2 S_A : b^2 S_B : c^2 S_C)$$
$$H = (S_B S_C : S_C S_A : S_A S_B)$$

其中

$$S_A = \frac{b^2 + c^2 - a^2}{2}, \quad S_B = \frac{c^2 + a^2 - b^2}{2}, \quad S_C = \frac{a^2 + b^2 - c^2}{2}.$$

在第7.6 节，我们探索 S_A, S_B, S_C 的进一步的性质，它们可以作为处理这类式子的另一个可选方法.

为了对表7.1 和定理7.4 的应用有一些直观感受，我们给一个简单的例子.

例 7.7. 求 $\angle A$ 的内角平分线和顶点 B 引出的类似中线的交点的重心坐标.

解 假设点 $P = (x : y : z)$ 是直线 AI 和 BK 的交点. 根据定理7.4，因为 $I = (a : b : c)$，所以 $y : z = b : c$. 类似地，因为 $K = (a^2 : b^2 : c^2)$，所以 $x : z = a^2 : c^2$. 现在很容易找到交点：

$$P = (a^2 : bc : c^2). \qquad\qquad \square$$

秘诀：塞瓦线在重心坐标中很好，如果有角度信息，没有边长的比例，那就用正弦定理.

本节习题

习题 7.8. 用面积定理证明 $I = (a : b : c)$，然后导出角平分线定理. **提示**：605.

习题 7.9. 计算 A 引出的类似中线和 B 引出的中线的交点的重心坐标. **提示**：463.

7.3 共线、共点和无穷远点

定理7.1 可以用来证明三线共点，具体地说，我们有下面的结果.

定理 7.10. (共线性) 考虑三个点 $P_1, P_2, P_3, P_i = (x_i : y_i : z_i), i = 1, 2, 3$，则三个点共线当且仅当

$$0 = \begin{vmatrix} x_1 & y_1 & z_1 \\ x_2 & y_2 & z_2 \\ x_3 & y_3 & z_3 \end{vmatrix}.$$

注意坐标不需要归一化! 这样会省去不少计算.

证明 $\triangle P_1 P_2 P_3$ 的有向面积为零 (也就是说三点共线) 当且仅当

$$0 = \begin{vmatrix} \frac{x_1}{x_1+y_1+z_1} & \frac{y_1}{x_1+y_1+z_1} & \frac{z_1}{x_1+y_1+z_1} \\ \frac{x_2}{x_2+y_2+z_2} & \frac{y_2}{x_2+y_2+z_2} & \frac{z_2}{x_2+y_2+z_2} \\ \frac{x_3}{x_3+y_3+z_3} & \frac{y_3}{x_3+y_3+z_3} & \frac{z_3}{x_3+y_3+z_3} \end{vmatrix} \cdot [ABC].$$

等式右端可以化简为

$$\frac{[ABC]}{\prod\limits_{i=1}^{3}(x_i + y_i + z_i)} \begin{vmatrix} x_1 & y_1 & z_1 \\ x_2 & y_2 & z_2 \\ x_3 & y_3 & z_3 \end{vmatrix}.$$

因为 $[ABC] \neq 0$，所以得到要证的结论. $\qquad \square$

这个结果还可以叙述为如下的形式

命题 7.11. 经过两个点 $P = (x_1 : y_1 : z_1)$ 和 $Q = (x_2 : y_2 : z_2)$ 的直线方程为

$$\begin{vmatrix} x & y & z \\ x_1 & y_1 & z_1 \\ x_2 & y_2 & z_2 \end{vmatrix}.$$

我们经常把这个公式和定理 7.4 结合使用，来计算一条塞瓦线和过任意两个点的直线的交点.

相应的还有判断三条直线共点的法则. 在继续之前，我们先说一下**无穷远点**的概念. 前面定义了

$$(x : y : z) = \left(\frac{x}{x+y+z}, \frac{y}{x+y+z}, \frac{z}{x+y+z} \right),$$

需要 $x + y + z \neq 0$. 那么当 $x + y + z = 0$ 时会怎样?

考虑两条平行线 $u_1 x + v_1 y + w_1 z = 0$ 和 $u_2 x + v_2 y + w_2 z = 0$. 由于平行，我们知道关于 (x, y, z) 的方程组

$$0 = u_1 x + v_1 y + w_1 z$$

$$0 = u_2 x + v_2 y + w_2 z$$

$$1 = x + y + z$$

无解. 这需要

$$\begin{vmatrix} u_1 & v_1 & w_1 \\ u_2 & v_2 & w_2 \\ 1 & 1 & 1 \end{vmatrix} = 0.$$

然而这又说明

$$0 = u_1 x + v_1 y + w_1 z$$

$$0 = u_2 x + v_2 y + w_2 z$$

$$0 = x + y + z$$

有非平凡解! (反之, 若直线不平行, 则行列式非零, 于是这个齐次方程组就只有零解 $(0, 0, 0)$.)

现在把每条直线上增加一个点, 称为**无穷远点**, 这个点 $(x : y : z)$ 满足直线的方程, 以及额外的条件 $x + y + z = 0$[1]. 增加无穷远点以后, 任何两条线都相交, 平行的两条直线现在相交于无穷远点. 无穷远点更精确的定义在第 9 章.

例 7.12. 计算 $\angle A$ 的内角平分线上的无穷远点.

解 这个无穷远点是 $(-(b+c) : b : c)$. 可以看出它在角平分线上, 并且三个坐标之和为零. □

定理 7.13. (三线共点) 考虑三条直线

$$l_i : u_i x + v_i y + w_i z = 0, i = 1, 2, 3,$$

则它们共点或者两两平行当且仅当

$$0 = \begin{vmatrix} u_1 & v_1 & w_1 \\ u_2 & v_2 & w_2 \\ u_3 & v_3 & w_3 \end{vmatrix}.$$

证明 证明基本上是用线性代数. 考虑方程组

$$0 = u_1 x + v_1 y + w_1 z$$

$$0 = u_2 x + v_2 y + w_2 z$$

$$0 = u_3 x + v_3 y + w_3 z$$

---

[1]这里用了非归一坐标, 满足两个方程的解 $(x : y : z)$ 有无穷多个, 它们都相差常数倍, 代表同一个点——译者注

它总是有一个解 $(x, y, z) = (0, 0, 0)$，而非平凡解存在当且仅当行列式为零. 非平凡解 $(x : y : z)$ 如果满足 $x + y + z \neq 0$，那么 $(x : y : z)$ 表示平面上通常点的非归一坐标，对应于三线共点情形；如果 $x + y + z = 0$，那么 $(x : y : z)$ 表示一个无穷远点，对应于三条直线两两平行的情形. $\square$

7.4 位移向量

本节，我们使用向量来发展距离和方向的概念. 会导出一个距离公式、一个圆公式、以及两条直线之间的距离公式.

两个点 $P = (p_1, p_2, p_3)$ 和 $Q = (q_1, q_2, q_3)$ 之间的**位移向量**表示为 $\overrightarrow{PQ}$，其坐标为 $(q_1 - p_1, q_2 - p_2, q_3 - p_3)$. 注意，一个位移向量的三个坐标之和为 0.

这一节会经常将外心设定原点，对应于零向量 $\mathbf{0}$，这样我们进行内积运算 (见附录A.3) 时会比较方便. 这个平移不会对重心坐标的值产生影响——设 $\boldsymbol{P} = x\boldsymbol{A} + y\boldsymbol{B} + z\boldsymbol{C}, x + y + z = 1$，则有

$$\boldsymbol{P} - \boldsymbol{O} = x(\boldsymbol{A} - \boldsymbol{O}) + y(\boldsymbol{B} - \boldsymbol{O}) + z(\boldsymbol{C} - \boldsymbol{O}).$$

然而，用位移向量进行计算时，$x + y + z = 0$ 是一个重要的条件[1].

我们第一个主要的结果是距离公式.

定理 7.14. (距离公式) 设 P, Q 是两个一般的点，考虑位移向量 $\overrightarrow{PQ} = (x, y, z)$. 则 P, Q 之间的距离为

$$|PQ|^2 = -a^2 yz - b^2 zx - c^2 xy.$$

证明 将坐标平面原点移动到外心 O. 参考附录A.3，得到

$$\boldsymbol{A} \cdot \boldsymbol{A} = R^2, \quad \boldsymbol{A} \cdot \boldsymbol{B} = R^2 - \frac{1}{2}c^2.$$

这里 R 是 $\triangle ABC$ 的外接圆半径. 然后我们可以计算得到

$$|PQ|^2 = (x\boldsymbol{A} + y\boldsymbol{B} + z\boldsymbol{C}) \cdot (x\boldsymbol{A} + y\boldsymbol{B} + z\boldsymbol{C}).$$

---

[1]一个点 P 的重心坐标满足 $\boldsymbol{P} = x\boldsymbol{A} + y\boldsymbol{B} + z\boldsymbol{C}$，而一个位移向量 $\overrightarrow{OP} = x_1\boldsymbol{A} + y_1\boldsymbol{B} + z_1\boldsymbol{C}$. 额外分别要求了 $x + y + z = 1$ 和 $x_1 + y_1 + z_1 = 0$，这是为了理论自洽性. 我们之前 (第7.1 节) 对 $\boldsymbol{X}$ 的理解也是 $\overrightarrow{OX}$. 因此向量 $\overrightarrow{OX}$ 是看成点还是看成位移向量所计算出的坐标 (x, y, z) 是不同的. 为了区别，当成点的记为 $\boldsymbol{X}$，当成位移向量的记为 $\overrightarrow{OX}$. 看起来，位移向量的引入只是为了理论上导出一些公式——译者注

应用内积的性质, 然后用轮换求和记号 (在第0.3 节定义)

$$|PQ|^2 = \sum_{\text{cyc}} x^2 \boldsymbol{A} \cdot \boldsymbol{A} + 2 \sum_{\text{cyc}} xy \boldsymbol{A} \cdot \boldsymbol{B}$$
$$= R^2(x^2 + y^2 + z^2) + 2 \sum_{\text{cyc}} xy \left(R^2 - \frac{1}{2}c^2 \right).$$

将 R^2 的项合并, 得到

$$|PQ|^2 = R^2(x^2 + y^2 + z^2 + 2xy + 2yz + 2zx) - (c^2xy + a^2yz + b^2zx)$$
$$= R^2(x + y + z)^2 - a^2yz - b^2zx - c^2xy$$
$$= -a^2yz - b^2zx - c^2xy$$

其中用到 $x + y + z = 0$, 是位移向量的坐标条件. □

我们接下来用这个结果来推导圆的方程, 看起来有点笨拙, 还好可以化简, 参考证明后面的评论.

定理 7.15. (重心坐标下的圆方程) 一般的圆方程是

$$-a^2yz - b^2zx - c^2xy + (ux + vy + wz)(x + y + z) = 0$$

其中 u, v, w 是实数.

证明 假设圆心的坐标是 (j, k, l), 半径为 r. 应用距离公式, 圆可以描述为

$$-a^2(y - k)(z - l) - b^2(z - l)(x - j) - c^2(x - j)(y - k) = r^2.$$

展开, 合并同类项得到

$$-a^2yz - b^2zx - c^2xy + C_1 x + C_2 y + C_3 z = C,$$

其中 C_i, C 是常数. 由于 $x + y + z = 1$, 我们可以将

$$-a^2yz - b^2zx - c^2xy + ux + vy + wz = 0$$

写成齐次的形式 (这样就可以用点的非归一坐标代入圆方程)

$$-a^2yz - b^2zx - c^2xy + (ux + vy + wz)(x + y + z) = 0$$

其中 $u = C_1 - C, v = C_2 - C, w = C_3 - C$. □

这个方程的写法看起来比较复杂, 实际使用时会发现经过顶点的圆的方程比较简单. 例如, 考虑经过点 $A = (1, 0, 0)$ 的圆. 项 a^2yz, b^2zx, c^2xy 都消失, 因此得

到 $u = 0$. 如果只有一个坐标为零, 那么我们还是能找到很多消失的项, 习题中会给出几个例子.

因此, 如果想要用重心坐标解决一个有圆的问题, 应该尽量选取参考三角形使得圆经过参考三角形的顶点或者边上的点. 也就是说, 有圆出现时, 选择参考三角形是最重要的事情.

我们本节的最后的公式是两个位移向量垂直的判定方法.

定理 7.16. (重心坐标下的垂直) 设 $\overrightarrow{MN} = (x_1, y_1, z_1), \overrightarrow{PQ} = (x_2, y_2, z_2)$ 是位移向量, 则 $\overrightarrow{MN} \perp \overrightarrow{PQ}$ 当且仅当

$$0 = a^2(z_1 y_2 + y_1 z_2) + b^2(x_1 z_2 + z_1 x_2) + c^2(y_1 x_2 + x_1 y_2).$$

证明本质上和之前一样: 平移 O 到原点, 然后把条件 $\overrightarrow{MN} \cdot \overrightarrow{PQ} = 0$ 展开, 后者等价于垂直. 我们鼓励读者阅读下面证明之前自己做一下.

证明 将 O 平移为 $\mathbf{0}$. 现在垂直等价于

$$(x_1 \mathbf{A} + y_1 \mathbf{B} + z_1 \mathbf{C}) \cdot (x_2 \mathbf{A} + y_2 \mathbf{B} + z_2 \mathbf{C}) = 0.$$

展开得到

$$\sum_{\text{cyc}} (x_1 x_2 \mathbf{A} \cdot \mathbf{A}) + \sum_{\text{cyc}} ((x_1 y_2 + x_2 y_1) \mathbf{A} \cdot \mathbf{B}) = 0.$$

利用 $\mathbf{O} = \mathbf{0}$, 我们可以继续写成

$$0 = \sum_{\text{cyc}} (x_1 x_2 R^2) + \sum_{\text{cyc}} (x_1 y_2 + x_2 y_1) \left(R^2 - \frac{c^2}{2} \right).$$

继续整理得到

$$R^2 \left(\sum (x_1 x_2) + \sum_{\text{cyc}} (x_1 y_2 + x_2 y_1) \right) = \frac{1}{2} \sum_{\text{cyc}} ((x_1 y_2 + x_2 y_1)(c^2))$$

$$R^2 (x_1 + y_1 + z_1)(x_2 + y_2 + z_2) = \frac{1}{2} \sum_{\text{cyc}} ((x_1 y_2 + x_2 y_1)(c^2)).$$

我们知道 $x_1 + y_1 + z_1 = x_2 + y_2 + z_2 = 0$, 因此有

$$0 = \sum_{\text{cyc}} ((x_1 y_2 + x_2 y_1)(c^2)). \qquad \square$$

当某个位移向量是三角形的边时, 定理7.16 特别有用, 其中几个应用放在了习题中, 更多的在综合例题一节中.

本节习题

引理 7.17. (重心坐标下的外接圆) 参考三角形的外接圆 (ABC) 的方程是

$$a^2yz + b^2zx + c^2xy = 0.$$

提示:688.

习题 7.18. 考虑一个位移向量 $\overrightarrow{PQ} = (x_1, y_1, z_1)$. 证明:$\overrightarrow{PQ} \perp \overrightarrow{BC}$ 当且仅当

$$0 = a^2(z_1 - y_1) + (c^2 - b^2)x_1.$$

引理 7.19. (重心坐标下的中垂线) 边 $\overline{BC}$ 的垂直平分线方程是

$$0 = a^2(z - y) + (c^2 - b^2)x.$$

7.5 一道 IMO 预选题的讨论

在继续更加抽象的理论之前,我们本节讨论一个例子,是 2011 年 IMO 预选题的一道题目.

例 7.20. (预选题 2011/G6) 如图7.5A,设 $\triangle ABC$ 满足 $AB = AC$,D 是 $\overline{AC}$ 的中点. $\angle BAC$ 的平分线交 (DBC) 于 $\triangle ABC$ 内一点 E. 直线 BD 与 (AEB) 交于两点 B, F. 直线 AF 和 BE 交于 I,CI 和 BD 交于点 K. 证明:I 是 $\triangle KAB$ 的内心.

关于这道题目,可以有很多相对舒服的纯几何方法. 然而,为了讨论的需要,我们对其视而不见. 现在,我们怎么应用重心坐标?

可能一个更好的问题是,我们是不是真的应该用重心坐标来做? 有两个圆,当然看起来比较温顺. 有很多直线相交,看起来都和塞瓦线有关. (最后的条件是一条角平分线,可能会带来困难,也不是致命的.)

由于圆的存在,选择参考三角形很重要. 初看上去,可能我们会倾向于选择 $\triangle ABC$,因为两个圆分别经过至少两个顶点,条件 $AB = AC$ 也好处理. 然而,证明 $\overline{BI}$ 平分 $\angle ABD$,以及 $\overline{AI}$ 平分 $\angle BAK$ 看起来令人不快. 我们能否让二者其一变得好一点呢?

这会促使我们想到另一个参考三角形的选项:取 $\triangle ABD$. 这样的话,$\overline{BE}$ 的平分条件就很干净,从计算一开始马上能得到 (我们会先算 E 这个点). 我们还是有两个圆分别经过两个顶点这个性质. 现在 F, K 在三角形的边上,而不是在一些

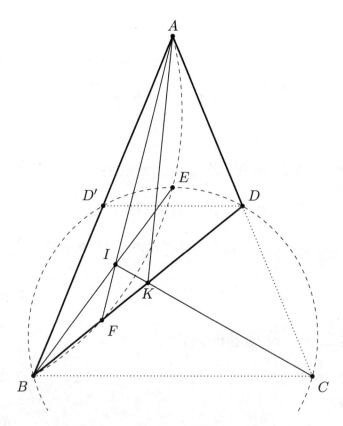

图 7.5A: 2011 年 IMO 预选题，G6(例7.20)

塞瓦线上 (尽管塞瓦线也不错). 现在第二个平分条件也看起来更好了，因为我们只需检验 $\frac{AB^2}{AK^2} = \frac{BF^2}{FK^2}$；因为 F, K 在 $\overline{BD}$ 上，等式右端看起来好多了. 真正需要计算的一步就是 AK^2. 最后，等腰条件可以描述为 $AB = 2AD$，很容易列方程.

每个条件都能表示出来是非常重要的，只要有一个漏洞，就会破坏整个证明. 我们担心的是最耗费时间的步骤：这样的瓶颈步骤经常会比其余部分加起来的时间花费都多.

现在开始. 设 $A = (1,0,0), B = (0,1,0), D = (0,0,1)$ 然后设 $a = BD, b = AD, c = AB = 2b$. 我们还简记 $\angle A = \angle BAD, \angle B = \angle DBA, \angle D = \angle ADB$.

我们首先的目标是计算 E，所以需要方程 (BDC). 我们知道 C 是 A 关于 D 的反射，所以 $C = (-1,0,2)$. 我们把 $B = (0,1,0), C = (-1,0,2)$ 和 $D = (0,0,1)$ 代入圆方程

$$(BDC) : -a^2yz - b^2zx - c^2xy + (x+y+z)(ux+vy+wz) = 0.$$

点 B, D 代入得到 $v = w = 0$——这就是我们希望圆经过顶点的原因. 现在代入

C 得到

$$2b^2 - u = 0 \implies u = 2b^2.$$

好极了. 现在 E 在 $\angle BAD$ 的角平分线上, 设 $E = (t : 1 : 2)$ (等价于 $(bs : b : 2b) = (bs : b : c)$, 其中 $s = \frac{t}{b}$), t 是某数. 我们可以把 E 代入到圆方程解出 t, 得到

$$-a^2(1)(2) - b^2(2)(t) - c^2(t)(1) + (3 + t)(2b^2 \cdot t) = 0.$$

代入 $c = 2b$, 我们发现 t 的一次项抵消, 剩下 $2b^2 \cdot t^2 = 2a^2$, 所以 $t = \pm\frac{a}{b}$. 因为 E 在三角形内部, 我们取 $t > 0$, 所以 $E = (\frac{a}{b} : 1 : 2)$, 或者说

$$E = (a : b : 2b) = (a : b : c).$$

这说明 E 是 $\triangle ABD$ 的内心. 再看看图形, 则 $\overline{BE}$ 是 $\angle ABD$ 角平分线. 这个结论的纯几何解释很简单: 若 D' 是 D 关于 $\overline{AE}$ 的反射, 则弧 $\widehat{D'E}$ 和 $\widehat{DE}$ 根据对称性是一样的, 因此 $\angle D'BE = \angle EBD$. 看起来有点尴尬, 我们还是继续吧.

下一步是计算 F. 我们首先需要 (AEB) 的方程. 像前面一样用一般的 u, v, w 来求解, 代入点 A, B 给出 $u = v = 0$, 代入点 E 得到

$$-a^2bc - b^2ca - c^2ab + (a + b + c)(cw) = 0 \implies w = ab.$$

现在设 $F = (0 : m : n)$ 代入圆方程. 计算得到

$$-a^2mn + (m + n)(abn) = 0 \implies -am + b(m + n) = 0$$

所以 $m : n = b : a - b$, 于是

$$F = (0 : b : a - b) = \left(0 : \frac{b}{a} : \frac{a - b}{a}\right).$$

看起来很简洁, 为什么会这样? 再想一想, 我们看到

$$DF = \frac{b}{a} \cdot BD = b = AD.$$

也就是说, F 是 A 关于角平分线 $\overline{ED}$ 的反射. 这个是不是明显的? 确实是的—— 根据引理1.18, (AEB) 的圆心在 $\overline{ED}$ 上, 请读者再想想看. (这个时候我们需要说明 $a > b$, 从而排除构型的问题, 这可以从三角不等式 $a + b > 2b$ 得到.)

下一步, 我们计算 I. 因为 $\overline{AF}$ 和 $\overline{BE}$ 是塞瓦线, 这个计算比较简单, 可得

$$I = (a(a - b) : bc : c(a - b)) = (a(a - b) : 2b^2 : 2b(a - b)).$$

然后我们计算 K. 设 $K = (0 : y : z)$, 然后求解 $y : z$. 因为点 I, K, C 共线, 我们的共线条件 (定理7.10) 得到

$$0 = \begin{vmatrix} 0 & y & z \\ -1 & 0 & 2 \\ a(a-b) & 2b^2 & 2b(a-b) \end{vmatrix}.$$

我们来利用行变换使矩阵中有更多的零. 将第二行的 $a(a-b)$ 倍加到第三行得到

$$0 = 2\begin{vmatrix} 0 & y & z \\ -1 & 0 & 2 \\ 0 & b^2 & (b+a)(a-b) \end{vmatrix}.$$

这里我们在最后一行提出了系数 2. 现在对第一列用余子式展开计算, 得到

$$0 = \begin{vmatrix} y & z \\ b^2 & a^2 - b^2 \end{vmatrix}.$$

所以 $K = \left(0 : b^2 : a^2 - b^2\right) = \left(0, \frac{b^2}{a^2}, \frac{a^2-b^2}{a^2}\right)$. 又是一个简洁的结果. 实际上, 类似前面可以得到

$$DK = \frac{b^2}{a} = \frac{AD^2}{BD} \implies DB \cdot DK = AD^2.$$

我们是不是又错过了什么纯几何的发现? 这个新的发现推出 $\triangle DAK \backsim \triangle DBA$, 于是 $\angle KAD = \angle KBA$. 然后会有 $\angle BAK = \angle A - \angle B$, 根据 $a > b$, 这是正的.

知道了 $\angle BAK = \angle A - \angle B$ 之后, 就只需证明 $\angle BAF = \frac{1}{2}(\angle A - \angle B)$. 然而 $\angle BAE = \frac{1}{2}\angle A$, 所以需要证明 $\angle FAE = \frac{1}{2}\angle B$. (一道显然的神光闪过.) 根据四点共圆 $\angle FAE = \angle FBE = \frac{1}{2}\angle B$, 完成了证明.

从 F 得到 K 的计算包含了题目中所有重要的纯几何步骤, 我们惊奇地发现由此得到的 K 自然地将证明引向终点. 我们下面完整地叙述证明, 并且把前面跳过的纯几何推导补上.

证明 设 D' 是 $\overline{AB}$ 的中点. 显然点 B, D', D, E, C 共圆. 根据对称性, $DE = D'E$, 因此 $\overline{BE}$ 是 $\angle D'BD$ 的角平分线, E 是 $\triangle ABD$ 的内心. 因为根据引理1.18, (AEB) 的圆心在射线 DE 上, 可知 A 关于 $\overline{ED}$ 的反射在 (AEB) 上, 就是 F.

我们先证明 $DK \cdot DB = DA^2$. 证明是用 $\triangle ABD$ 上的重心坐标. 设 $A = (1, 0, 0)$, $B = (0, 1, 0)$, $C = (0, 0, 1)$ 然后 $a = BD, b = AD, c = AB = 2b$. 上面的发现说明 $F = (0 : b : b - a)$ 和 $E = (a : b : c)$, 然后

$$I = (a(a-b) : bc : c(a-b)) = (a(a-b) : 2b^2 : 2b(a-b)).$$

最后, $C = (-1, 0, 2)$. 因此若记 $K = (0 : y : z)$, 则有

$$0 = \begin{vmatrix} 0 & y & z \\ -1 & 0 & 2 \\ a(a-b) & 2b^2 & 2b(a-b) \end{vmatrix} = \begin{vmatrix} 0 & y & z \\ -1 & 0 & 2 \\ 0 & 2b^2 & 2(a^2-b^2) \end{vmatrix}$$

得到 $y : z = b^2 : (a^2 - b^2)$, 然后 $K = \left(0, \frac{b^2}{a^2}, 1 - \frac{b^2}{a^2}\right)$. 马上得到 $DK = \frac{b^2}{a}$, 证明了 $DK \cdot DB = DA^2$.

现在

$$DK \cdot DB = DA^2 \implies \triangle DAK \backsim \triangle DBA \implies \angle FAD = \angle B.$$

所以 $\angle BAK = \angle A - \angle B$. 但是 $\angle EAD = \frac{1}{2}\angle A$ 和 $\angle FAE = \angle FBE = \frac{1}{2}\angle B$ 推出 $\angle BAF = \frac{1}{2}(\angle A - \angle B)$, 我们完成了证明. $\qquad\square$

7.6 康威记号

我们现在采用**康威记号**[1], 定义

$$S_A = \frac{b^2 + c^2 - a^2}{2}$$

以及类似的 S_B, S_C. 进一步, 我们定义速记符 $S_{BC} = S_B S_C$, 等等.

我们在给出外心的坐标时第一次用到这些记号, 当时说它们比看起来更方便使用. 这是因为它们恰好满足很多恒等式, 例如 $S_B + S_C = a^2$. 这里还有一些不太明显的恒等式.

命题 7.21. (康威恒等式) 设 S 表示 $\triangle ABC$ 面积的两倍, 则:

$$\begin{aligned} S^2 &= S_{AB} + S_{BC} + S_{CA} \\ &= S_{BC} + a^2 S_A \\ &= \frac{1}{2}(a^2 S_A + b^2 S_B + c^2 S_C) \\ &= (bc)^2 - S_A^2. \end{aligned}$$

特别地, 有

$$a^2 S_A + b^2 S_B - c^2 S_C = 2S_{AB}.$$

---

[1]这个记号是根据英国数学家 John Horton Conway 而得名.

可能有人注意到,其中有很多 $a^2 S_A$ 和 S_{AB} 类型的项. 原因是这些项是外心和垂心的坐标,于是会自然地出现. 这些恒等式提供了操纵这类项的方法.

更一般地,若 S 还是表示 $\triangle ABC$ 面积的两倍,我们定义

$$S_\theta = S \cot \theta.$$

这类的角度是有向的,并且模 $180°$. 特殊情形 $\theta = \angle A$ 给出 $S_A = \frac{1}{2}(b^2 + c^2 - a^2)$.

使用这个记号后,我们有下面的结果.

定理 7.22. (康威公式) 设 P 是任意一点,若 $\beta = \angle PBC, \Gamma = \angle BCP$,则:

$$P = \left(-a^2 : S_C + S_\Gamma : S_B + S_\beta\right).$$

证明只需计算 $\triangle PBC, \triangle PAB, \triangle PCA$ 的有向面积,然后做一些变形. 证明不是特别地有启发性,留给勤劳的读者作为练习. 练习中还有一个应用的例子,习题7.37.

7.7 位移向量续

这一节,我们把第7.4 节的工作提炼一下.

首先,我们考察圆

$$-a^2 yz - b^2 zx - c^2 xy + (x + y + z)(ux + vy + wz) = 0.$$

如果坚持前三项用负号,那么看起来会很奇怪,我们可以将参数 u, v, w 变号使用. 这样做还有更好的原因,我们是通过

$$从 (x, y, z) 到圆心的距离^2 - 半径^2 = 0.$$

来导出圆的方程. 这个表达式看起来很熟悉. 假设把圆外的点 (x, y, z) 代入公式左边,会得到什么?会得到点到圆的幂. 准确地说,我们有下面的引理.

引理 7.23. (圆幂的重心坐标表示) 设 ω 是一个圆,方程为

$$-a^2 yz - b^2 zx - c^2 xy + (x + y + z)(ux + vy + wz) = 0.$$

则点 $P = (x, y, z)$ 关于 ω 的幂是

$$\mathrm{Pow}_\omega(P) = -a^2 yz - b^2 zx - c^2 xy + (x + y + z)(ux + vy + wz).$$

注意这里的 (x, y, z) 必须是归一化后的坐标, 否则距离公式和此引理都不成立.

引理7.23 的一个推论是下面的引理, 给出了两个圆的根轴的方程.

引理 7.24. (根轴的重心坐标表示) 假设两个非同心圆的方程是

$$-a^2yz - b^2zx - c^2xy + (x + y + z)(u_1x + v_1y + w_1z) = 0,$$
$$-a^2yz - b^2zx - c^2xy + (x + y + z)(u_2x + v_2y + w_2z) = 0.$$

则它们的根轴是

$$(u_1 - u_2)x + (v_1 - v_2)y + (w_1 - w_2)z = 0.$$

证明 令两个幂相等, 回忆 $x + y + z \neq 0$, 就得到结果. 注意方程是齐次的. $\square$

我们还可以改进定理7.16. 在这个定理的证明中, 我们把 $\boldsymbol{O}$ 移为原点, 然后使用

$$R^2(x_1 + y_1 + z_1)(x_2 + y_2 + z_2) = R^2 \cdot 0 \cdot 0 = 0.$$

实际上, 只要其中一个求和为零, 整个乘积就为零. 也就是说, 一个是位移向量, 另一个是伪位移向量, 这个伪位移向量写成 $\boldsymbol{A}, \boldsymbol{B}, \boldsymbol{C}$ 的组合不要求系数和为零. 例如, 可以写出

$$\overrightarrow{HO} = \boldsymbol{H} - \boldsymbol{O} = \boldsymbol{H} = \boldsymbol{A} + \boldsymbol{B} + \boldsymbol{C} = (1, 1, 1).$$

(这里还是 $\boldsymbol{O} = 0$. 引理 $\boldsymbol{H} = \boldsymbol{A} + \boldsymbol{B} + \boldsymbol{C}$ 是在第 6 章中用复数知识证明.)

当然严格说, 这些有点胡说八道, 思想还是没错的[1]. 正式的命题是这样的.

定理 7.25. (广义的垂直) 设点 M, N, P, Q 满足

$$\overrightarrow{MN} = x_1\overrightarrow{AO} + y_1\overrightarrow{BO} + z_1\overrightarrow{CO}$$
$$\overrightarrow{PQ} = x_2\overrightarrow{AO} + y_2\overrightarrow{BO} + z_2\overrightarrow{CO}$$

使得 $x_1 + y_1 + z_1 = 0$ 或者 $x_2 + y_2 + z_2 = 0$. 则直线 MN 和 PQ 垂直当且仅当

$$0 = a^2(z_1y_2 + y_1z_2) + b^2(x_1z_2 + z_1x_2) + c^2(y_1x_2 + x_1y_2).$$

---

[1]可以这样解释, 在平面上, 将一个向量写成 $x\boldsymbol{A} + y\boldsymbol{B} + z\boldsymbol{C}$ 的线性组合的方式有无穷多, 于是可以通过一个额外的要求来确定一个特定的写法. 点的归一重心坐标要求满足 $x + y + z = 1$, 而位移向量要求满足 $x + y + z = 0$. 符合这些要求之后就可以使用前面的一些特定公式. 伪位移向量算是没有任何额外要求的一种向量表示方法——译者注

证明 重复定理7.16 的证明即可. □

这个定理在 O 或 H 参与到垂直关系中时比较有用. 例如,我们可以得到下面的推论,给出经过点 A 和 $\overrightarrow{AO}$ 垂直的直线.

例 7.26. 圆 (ABC) 在点 A 的切线为

$$b^2 z + c^2 y = 0.$$

证明 设 $P = (x, y, z)$ 是切线上一点,假设 $\overrightarrow{O} = 0$. 位移向量 $\overrightarrow{PA}$ 是

$$\overrightarrow{PA} = (x-1, y, z) = (x-1)\boldsymbol{A} + y\boldsymbol{B} + z\boldsymbol{C}.$$

现在我们可以使用伪位移向量

$$\overrightarrow{AO} = \boldsymbol{A} - \boldsymbol{O} = 1\boldsymbol{A} + 0\boldsymbol{B} + 0\boldsymbol{C}.$$

代入 $(x_1, y_1, z_1) = (x-1, y, z), (x_2, y_2, z_2) = (1, 0, 0)$ 就得到想要的结果. □

7.8 更多的例子

第一个例子是射影几何中著名的帕斯卡定理.

例 7.27. (帕斯卡定理)如图7.8A,设 A, B, C, D, E, F 是圆 Γ 上的六个不同点. 证明:三组直线 AB 和 DE, BC 和 EF, CD 和 FA 的三个交点共线.

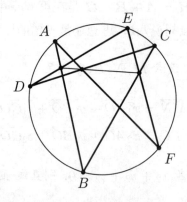

图 7.8A: 帕斯卡定理 (构型之一)

这个问题中有一个圆和很多相交的直线,看起来适合用重心坐标.

首先需要确定一个参考三角形. 如果用 $\triangle ABC$,就会丢掉定理叙述中的很多对称性,而且直线 DE, EF 不会是塞瓦线. 我们将六个顶点隔一个取一个,即取

$\triangle ACE$ 为参考三角形——这样就保持了对称性,而且所有需要考察交点的直线都是塞瓦线.

我们现在计算.

证明 首先是一些记号,设 $a = CE, b = EA, c = AE, A = (1, 0, 0), C = (0, 1, 0), E = (0, 0, 1)$. 我们还要处理其他的点,这有很多自由度,我们记

$$B = (x_1 : y_1 : z_1), D = (x_2 : y_2 : z_2), F = (x_3 : y_3 : z_3).$$

这三个点都位于 (ACE) 上,因此有

$$-a^2 y_i z_i - b^2 z_i x_i - c^2 x_i y_i = 0, \ i = 1, 2, 3.$$

希望这几个条件在后面会有帮助,目前还不知道它们能怎么用.

接着要计算交点. 我们先对两条塞瓦线 AB 和 ED 计算交点. (为了有条理,总是把参考三角形的顶点先写.) 直线 AB 是满足 $y : z = y_1 : z_1$ 的点 $(x : y : z)$ 的轨迹,而 ED 是 $x : y = x_2 : y_2$ 的点的轨迹. 因此,直线 AB 和 ED 的交点是

$$\overline{AB} \cap \overline{ED} = \left(\frac{x_2}{y_2} : 1 : \frac{z_1}{y_1} \right).$$

(这里式子左端采用了第 9 章使用的交点记号,请允许我提前采用.) 我们对另外两个交点同样计算:

$$\overline{CD} \cap \overline{AF} = \left(\frac{x_2}{z_2} : \frac{y_3}{z_3} : 1 \right)$$
$$\overline{EF} \cap \overline{CB} = \left(1 : \frac{y_3}{x_3} : \frac{z_1}{x_1} \right).$$

现在要证明它们共线,只需证明行列式

$$\begin{vmatrix} 1 & \frac{y_3}{x_3} & \frac{z_1}{x_1} \\ \frac{x_2}{y_2} & 1 & \frac{z_1}{y_1} \\ \frac{x_2}{z_2} & \frac{y_3}{z_3} & 1 \end{vmatrix}$$

为零. (我们把 1 都放在了主对角线上.) 现在,我们把已有的条件写成

$$a^2 \cdot \frac{1}{x_1} + b^2 \cdot \frac{1}{y_1} + c^2 \cdot \frac{1}{z_1} = 0$$
$$a^2 \cdot \frac{1}{x_2} + b^2 \cdot \frac{1}{y_2} + c^2 \cdot \frac{1}{z_2} = 0$$
$$a^2 \cdot \frac{1}{x_3} + b^2 \cdot \frac{1}{y_3} + c^2 \cdot \frac{1}{z_3} = 0$$

线性代数理论给出

$$0 = \begin{vmatrix} \frac{1}{x_1} & \frac{1}{y_1} & \frac{1}{z_1} \\ \frac{1}{x_2} & \frac{1}{y_2} & \frac{1}{z_2} \\ \frac{1}{x_3} & \frac{1}{y_3} & \frac{1}{z_3} \end{vmatrix} = \frac{1}{x_2 y_3 z_1} \cdot \begin{vmatrix} \frac{z_1}{x_1} & \frac{z_1}{y_1} & 1 \\ 1 & \frac{x_2}{y_2} & \frac{x_2}{z_2} \\ \frac{y_3}{x_3} & 1 & \frac{y_3}{z_3} \end{vmatrix}$$

两个行列式中的矩阵相差一些列交换和转置, 这样就证明了定理. □

我们对帕斯卡定理的证明实际上没用几何推导. 重心坐标和其他的对称型坐标相比, 也没有什么特殊的地方. 它们都是一种**齐次坐标**的特殊情形, 这样的坐标下, $(kx : ky : kz)$ 和 $(x : y : z)$ 看成是同一个点. 这也是行列式计算几乎不包含几何信息的原因 (因为纯几何信息很少对每个点的坐标单独放缩都不变——译者注).

我们的下一个例子包含了两个内切圆.

例 7.28. 如图7.8B, 设 D 是 $\triangle ABC$ 的边 $\overline{BC}$ 上一点. 设 I_1, I_2 分别表示 $\triangle ABD$, $\triangle ACD$ 的内心. 直线 BI_2 和 CI_1 相交于 K. 证明: K 在 $\overline{AD}$ 上当且仅当 $\overline{AD}$ 是 $\angle A$ 的角平分线.

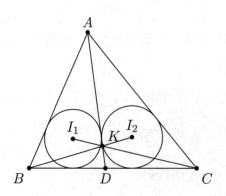

图 7.8B: 利用重心坐标处理内切圆

首先注意到内切圆有点吓人, 因为我们还不知道怎么处理除了 $\triangle ABC$ 以外的三角形的内心. 幸好, 它们看起来还是和 $\triangle ABC$ 关系很大.

取 $\triangle ABC$ 为参考三角形. (毕竟有很多的塞瓦线, 看起来就应该用这个三角形.) 现在比较困难的事情是计算 I_2.

也许可以把 I_2 看成两条角平分线的交点. 显然其中一条是从 C 出发的角平分线. 另外一条, 我们考虑用 $\overline{DI_2}$ (用 $\overline{AI_2}$ 也可以). 如果我们计算 DI_2 和 CI_2 的交点, 就得到 I_2.

怎么处理 $\overline{DI_2}$ 呢? 如果设 C_1 是 $\overline{DI_2}$ 和 $\overline{AC}$ 的交点, 那么根据角平分线定理, C_1 把 $\overline{AC}$ 按比例 $AD : DC$ 分开. 这提示可以设 $d = AD, p = CD, q = BD$, 其

中 $p+q=a$. 这时, $C_1=(p:0:d)$.

可能大家会担心现在变量有六个, 比较多. 我们有关系: $p+q=a$ 以及斯图尔特定理 (我们尽量不要用到这个). 好消息是现在所有的方程都是线性的, 看起来不会有高次方程. 我们最终会发现, 解答很简单.

证明 以 $\triangle ABC$ 为参考三角形设定重心坐标系. 记 $AD=d, CD=p, BD=q$.

设射线 DI_2 交 $\overline{AC}$ 于 C_1. 显然 $C_1=(p:0:d), D=(0:p:q)$.

于是若 $I_2=(a:b:t)$ 则有

$$\begin{vmatrix} p & 0 & d \\ 0 & p & q \\ a & b & t \end{vmatrix}=0 \implies t=\frac{ad+bq}{p}$$

于是得到 $I_2=(ap:bp:ad+bq)$. 类似地, $I_1=(aq:ad+cp:cq)$. 所以 BI_2 和 CI_1 交于点

$$K=(apq:p(ad+cp):q(ad+bq)).$$

此点在 AD 上, 因此

$$\frac{p}{q}=\frac{p(ad+cp)}{q(ad+bq)}.$$

于是有 $cp=bq, p:q=b:c$, 说明 D 是点 A 处的角平分线和对边交点. $\qquad\square$

下一题是 2008 年美国数学奥林匹克的一道题目.

例 7.29. (USAMO 2008/2) 如图7.8C, 设 $\triangle ABC$ 是不等边锐角三角形, M,N,P 分别是 $\overline{BC},\overline{CA},\overline{AB}$ 的中点. 设 $\overline{AB},\overline{AC}$ 的垂直平分线分别与射线 $\overline{AM}$ 交于 D, E. 直线 BD 和 CE 相交于 $\triangle ABC$ 内一点 F. 证明: A,N,F,P 四点共圆.

采用参考 $\triangle ABC$, 本题只需直接计算 (纯几何证明并不直接). 我们采用这个例题是为了示范康威记号以及行列式的使用. 有两个关键的步骤. 一个是计算 PO 和 AM 的交点 D (其中 O 还是指外心). 相比别的方法, 这样计算我认为是最简洁的. 第二个步骤是使用以 A 为中心, 2 倍的位似. 要说明 F 在 (ANP) 上, 只需证明 A 关于 F 的反射在 (ABC) 上. 剩下的都是一些代数.

证明 首先, 我们计算 D 的坐标. 因为 D 在 $\overline{AM}$ 上, 我们知道 $D=(t:1:1)$. 根据引理7.19, 我们可得

$$0=c^2(t-1)+(a^2-b^2) \implies t=\frac{c^2+b^2-a^2}{c^2}.$$

因此 $D=(2S_A:c^2:c^2)$. 类似地 $E=(2S_A:b^2:b^2)$, 因此 $F=(2S_A:b^2:c^2)$. F 的坐标之和是 (使用非归一坐标进行线性组合得到非归一坐标需要把每个点的

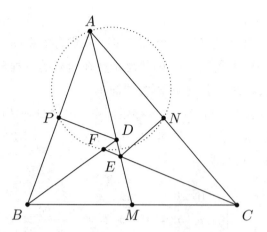

图 7.8C: 证明 A, N, F, P 四点共圆

坐标之和放缩成相同——译者注)

$$(b^2 + c^2 - a^2) + b^2 + c^2 = 2b^2 + 2c^2 - a^2.$$

因此 A 关于 F 的反射是

$$2F - A = (-a^2 : 2b^2 : 2c^2).$$

显然，F' 在圆 $(ABC) : -a^2yz - b^2zx - c^2xy = 0$ 上，完成了证明. □

我们的最后一个例子是第 3 章的最后问题，我们用重心坐标处理圆的交点.

例 7.30. (USATSTST 2011/4) 如图7.8D，锐角 $\triangle ABC$ 内接于圆 ω. 设 H, O 分别表示它的垂心和外心. 设 M, N 分别是 AB, AC 的中点. 射线 MH, NH 分别交圆 ω 于 P, Q. 直线 MN, PQ 相交于 R. 证明: $\overline{OA} \perp \overline{RA}$.

这道题有点狂野. 我们退一步，在进攻之前筹划一下.

找出 $\overline{MN}$ 和 $\overline{PQ}$ 的交点，然后证明相切，看起来不是太难. 点 M, N, H 的坐标都很明显. 然而 P, Q 的坐标看起来更棘手.

现在还没到绝望的时候. 我们想要避免解二次方程，所以想想直线 MH 和 (ABC) 相交时候发生了什么. 因为 $M = (1 : 1 : 0)$，$H = (S_{BC} : S_{CA} : S_{AB})$，所以直线 MH 的方程是

$$0 = x - y + \left(\frac{S_{AC} - S_{BC}}{S_{AB}}\right)z.$$

而且根据外接圆方程，我们知道 $0 = a^2yz + b^2zx + c^2xy$. 我们选择 $P = (x : y :$

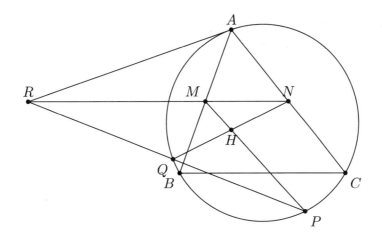

图 7.8D: 证明 $\overline{RA}$ 是切线

$-S_{AB}$). 于是得到关于 x, y 的方程组

$$x - y = S_C(S_A - S_B)$$
$$c^2 xy = S_A S_B(a^2 y + b^2 x).$$

我们如果尝试直接求解 x, 就会得到一个二次方程 $\alpha x^2 + \beta x + \Gamma = 0$, 其中 α, β, Γ 是一些复杂的表达式. 用求根公式看起来没啥希望.

现在想想 x 的两个值, 对应于两个点 P, P' 的坐标, 在图7.8E 中标记出了这两个点.

点 P' 其实我们很熟悉, 就是点 C 的对径点, 也是 H 关于 M 的反射. 所以可以直接计算 P' 的 x 坐标, 应用韦达定理就给出 P 的 x 坐标.

现在我们开始计算.

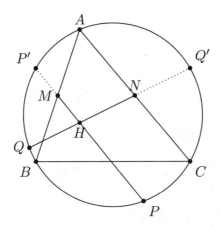

图 7.8E: 有人想到韦达跳跃吗?

证明 我们以 $\triangle ABC$ 为参考三角形建立重心坐标系.

首先,我们计算 P' 的坐标,这是直线 MH 和 (ABC) 的另一个交点. 因为 P' 也是 $H = (S_{BC}, S_{CA}, S_{AB})$ 关于 M 的反射,H 的坐标和为 $S_{AB} + S_{BC} + S_{CA}$,我们可以写

$$
\begin{aligned}
P' &= 2\left(\frac{S_{AB} + S_{BC} + S_{CA}}{2} : \frac{S_{AB} + S_{BC} + S_{CA}}{2} : 0\right) \\
&\quad - (S_{BC} : S_{CA} : S_{AB}) \\
&= (S_{AB} + S_{AC} : S_{AB} + S_{BC} : -S_{AB}) \\
&= (a^2 S_A : b^2 S_B : -S_{AB}).
\end{aligned}
$$

现在来计算 P 的坐标,设 $P = (x' : y' : z') = (x' : y' : -S_{AB})$(我们把坐标放缩一下,使 $z' = -S_{AB}$. 这样 P', P 的非归一 x 坐标满足的是同一个二次方程). 因为此点在 MH 上,有

$$
0 = x' - y' + \left(\frac{S_{AC} - S_{BC}}{S_{AB}}\right)z' \implies y' = x' + S_{BC} - S_{AC}.
$$

我们还知道 $a^2 y'z' + b^2 z'x' + c^2 x'y' = 0$,得到

$$
c^2 x'y' = S_{AB}\left(a^2 y' + b^2 x'\right).
$$

代入得到

$$
c^2\left(x'\left(x' + S_{BC} - S_{AC}\right)\right) = S_{AB}\left(a^2\left(x' + S_{BC} - S_{AC}\right) + b^2 x'\right).
$$

合并同类项得到二次方程

$$
c^2 x'^2 + \left(c^2(S_{BC} - S_{AC}) - (a^2 + b^2)S_{AB}\right)x' + \text{常数} = 0.
$$

根据韦达定理,得到 x' 为

$$
\frac{a^2 + b^2}{c^2}S_{AB} - S_{BC} + S_{AC} - a^2 S_A.
$$

把 a^2 写成 $S_B + S_C$,希望能消去一些项,得到

$$
\frac{a^2 + b^2 - c^2}{c^2}S_{AB} - S_{BC} = \frac{S_A S_B S_C}{c^2} - S_{BC}.
$$

现在 $y' = \frac{S_A S_B S_C}{c^2} - S_{AC}$. 进一步抵消得到

$$
P = \left(S_B^2 S_C : S_A^2 S_C : c^2 S_{AB}\right).
$$

类似地计算得到

$$Q = \left(S_B S_C^2 : b^2 S_{AC} : S_A^2 S_B\right).$$

寻找 PQ 的方程然后计算交点会比较痛苦,所以我们先找找 R 应该在哪里. 设点 A 处的切线和 MN 相交于 R'. 利用例7.26,直接计算得到 $R' = (b^2 - c^2 : b^2 : -c^2)$. 现在我们只要算一个行列式,来证明 P, Q, R' 共线,即

$$0 = \begin{vmatrix} S_B^2 S_C & S_A^2 S_C & c^2 S_A S_B \\ S_B S_C^2 & b^2 S_A S_A & S_A^2 S_B \\ b^2 - c^2 & b^2 & -c^2 \end{vmatrix}.$$

注意到 $S_B^2 S_C - S_A^2 S_C - c^2 S_A S_B = c^2[S_C(S_B - S_A) - S_A S_B]$. 所以从第一列中减去第二列和第三列,可以提出一个公因式,得到

$$(S_{BC} - S_{AB} - S_{AC}) \cdot \begin{vmatrix} c^2 & S_A^2 S_C & c^2 S_A S_B \\ b^2 & b^2 S_A S_C & S_A^2 S_B \\ 0 & b^2 & -c^2 \end{vmatrix}.$$

要证明上式为零,需要检验

$$b^2\left(c^2 S_A^2 S_B - b^2 c^2 S_A S_B\right) = c^2\left(b^2 S_A^2 S_C - b^2 c^2 S_A S_C\right).$$

左端可以分解为 $S_A S_B b^2 c^2 (S_A - b^2) = -S_A S_B S_C b^2 c^2$,右端和左端相差 b, c 互换的对称性,得到同样的结果,我们就做完了. □

这个解答当然有点暴力求解,整个计算可以用半小时 (两页纸) 做完,需要一些经验 (几乎不要深刻的观察). 注意到康威记号使得这些恒等式更容易处理.

7.9 什么时候 (不) 用重心坐标

总结起来,我们简要讨论一下什么时候重心坐标比较有用.

- 塞瓦线在任何方面都很好. 认识它们、使用它们、喜爱它们. 选择参考三角形使尽量多的直线成为塞瓦线.
- 题目要是包含主要三角形的很多心,是好事. 我们对大多数心都有好的表达形式.
- 直线交点、共线、共点都是好的. 要是有塞瓦线加入,是好上加好.
- 问题关于三角形的顶点形式对称. 因为重心坐标也是对称的,我们利用对称性,可以减少计算量,不像是在直角坐标系中的计算.

- 比例、长度、面积.
- 点比较少的题目. 这应该比较明显——需要计算的点越少越好.

  对比来看, 下面是重心坐标不好处理的事情.

- 很多圆. 有时可以想办法避免处理圆 (例如只是与根轴和圆幂相关的题目).
- 不经过参考三角形的顶点的圆. 一般来说, 经过三个一般点的圆很难处理. 而如果圆所经过的点的坐标有零, 就更容易处理.
- 一般的外心.
- 一般的角度条件. 当然也有例外: 如果角度条件可以转化为长度条件, 角平分线定理就会是你的朋友.

7.10 习题

还是有不少竞赛题目可以用重心坐标来解决的, 其中包括少量很容易的问题. 部分原因是因为, 在撰写此书时, 重心坐标还是一个相对陌生的技巧. 因此, 出题人也没注意到他们提出的某些题目用重心坐标可以直接解决, 他们本来预计这些题目是用复数或者直角坐标来做的.

引理 7.31. 设 $\overline{AL}$ 是 $\triangle ABC$ 的高, M 是 $\overline{AL}$ 的中点. 若 K 是 $\triangle ABC$ 的陪位重心, 证明 $\overline{KM}$ 平分 $\overline{BC}$. **提示:** 652, 393.

习题 7.32. 设 I, G 分别是 $\triangle ABC$ 的内心和重心, N 是 **Nagel** 点, 这是连接 A 与 A-旁切圆在 $\overline{BC}$ 上切点的塞瓦线与类似的 B, C 处塞瓦线的交点. 证明: $I, G,$ N 共线, 并且 $NG = 2GI$. **提示:** 271, 243.

习题 7.33. (IMO 2014/4) 设锐角 $\triangle ABC$ 的边 BC 上两点 P, Q 满足 $\angle PAB = \angle BCA, \angle CAQ = \angle ABC$. 设 M, N 分别是直线 AP, AQ 上的点, 满足 P 是 AM 的中点, Q 是 AN 的中点. 证明: BM 和 CN 的交点在 (ABC) 上. **提示:** 486, 574, 251. **答案:** 第 269 页.

习题 7.34. (EGMO 2013/1) $\triangle ABC$ 的边 BC 延长过 C 到 D, 满足 $CD = BC$. 边 CA 延长过 A 到 E 使得 $AE = 2CA$. 证明: 若 $AD = BE$, 则 $\triangle ABC$ 是直角三角形. **提示:** 188. **答案:** 第 269 页.

习题 7.35. (ELMO 预选题 2013) 在 $\triangle ABC$ 中, 点 D 在直线 BC 上. 外接圆 (ABD) 与 $\overline{AC}$ 相交于 F (不同于 A), (ADC) 与 $\overline{AB}$ 相交于 E (不同于 A). 证明: 当 D 变动时, (AEF) 总是经过不同于 A 的某定点, 此点在 A 出发的中线上. **提示:** 657, 653.

习题 7.36. (IMO 2012/1) 给定 $\triangle ABC$,设 J 是 A-旁切圆心,此旁切圆在 BC 上切点为 M,在 AB, AC 上切点分别是 K, L. 直线 LM 和 BJ 交于 F, KM 和 CJ 交于 G. 设 S 是 AF 和 BC 的交点,T 是 AG 和 BC 的交点. 证明:M 是 ST 的中点. **提示**:447, 280. **答案**:第 270 页.

习题 7.37. (预选题 2001/G1) 设 A_1 是锐角 $\triangle ABC$ 的某个内接正方形中心,此正方形有两个顶点在 $\overline{BC}$ 上,各一个顶点在 $\overline{AB}, \overline{AC}$ 上. 点 B_1, C_1 类似定义. 证明:AA_1, BB_1, CC_1 共点. **提示**:123, 466.

习题 7.38. (USATST 2008/7) 设 $\triangle ABC$ 的重心为 G,P 是边 BC 上一个动点. 点 Q, R 分别在 AC, AB 上,满足 $\overline{PQ} \parallel \overline{AB}, \overline{PR} \parallel \overline{AC}$. 证明:当 P 在线段 BC 上移动时,(AQR) 经过一个定点 X,满足 $\angle BAG = \angle CAX$. **提示**:6, 647. **答案**:第 271 页.

习题 7.39. (USAMO 2001/2) 设 $\triangle ABC$ 的内切圆为 ω,D_1, E_1 分别是 ω 在 BC, AC 上的切点. 点 D_2, E_2 分别在 BC, AC 上,满足 $CD_2 = BD_1, CE_2 = AE_1$. 设 P 是线段 AD_2 和 BE_2 的交点. 圆 ω 与 AD_2 交于两点,离顶点 A 较近的点为 Q. 证明:$AQ = D_2P$. **提示**:320, 160.

习题 7.40. (USATSTST 2012/7) 设 $\triangle ABC$ 的外接圆为 Ω. 点 A 的内角平分线与 $\overline{BC}$ 和 Ω 分别交于 D 和 L(不同于 A). 点 M 是边 BC 的中点. 圆 (ADM) 分别与 AB, AC 交于不同于 A 的点 Q, P. 设 N 是 PQ 的中点,H 是 L 到 ND 的投影. 证明:直线 ML 与 (HMN) 相切. **提示**:381, 345, 576.

习题 7.41. 设 $\triangle ABC$ 的内心为 I,外心为 O. 设 P, Q 分别是 B, C 关于 $\overline{CI}, \overline{BI}$ 的反射. 证明:$\overline{PQ} \perp \overline{OI}$. **提示**:396, 461.

引理 7.42. 设 $\triangle ABC$ 外接圆为 Ω,T_A 是 A-伪内切圆和 Ω 的切点. 类似定义 T_B, T_C. 证明:直线 AT_A, BT_B, CT_C, IO 共点,其中 I, O 分别代表 $\triangle ABC$ 的内心和外心. **提示**:490, 54, 602, 488. **答案**:第 272 页.

习题 7.43. (USATST 2012) 在锐角 $\triangle ABC$ 中,$\angle A < \angle B, \angle A < \angle C$. 设 P 是 BC 上动点. 点 D, E 分别在 AB, AC 上,满足 $BP = PD, CP = PE$. 证明:当 P 在 BC 上移动时,(ADE) 经过一个不同于 A 的定点. **提示**:179, 144, 137.

习题 7.44. (Sharygin 2013) 设 C_1 是 $\triangle ABC$ 边 AB 上任意一点. 点 A_1, B_1 分别在射线 BC, AC 上,满足 $\angle AC_1B_1 = \angle BC_1A_1 = \angle ACB$. 直线 AA_1 和 BB_1 交于 C_2. 证明:当 C_1 变动时,所有的直线 C_1C_2 经过一个定点. **提示**:51, 12, 66, 304. **答案**:第 273 页.

习题 7.45. (APMO 2013/5) 设四边形 $ABCD$ 内接于圆 ω, P 在 AC 延长线上, 满足 $\overline{PB}, \overline{PD}$ 与 ω 相切. 在点 C 的切线与 $\overline{PD}$ 交于 Q, 与直线 AD 交于 R. 点 E 是 $\overline{AQ}$ 与 ω 的另一个交点. 证明: B, E, R 共线. **提示:** 379, 524, 129.

习题 7.46. (USAMO 2005/3) 设锐角 $\triangle ABC$ 边 BC 上有两点 P, Q. 取点 C_1, 满足凸四边形 $APBC_1$ 内接于圆, $\overline{QC_1} /\!/ \overline{CA}$, 并且 C_1, Q 在直线 AB 的不同侧. 取 B_1, 使得凸四边形 $APCB_1$ 内接于圆, $\overline{QB_1} /\!/ \overline{BA}$, 并且 B_1, Q 在直线 AC 的不同侧. 证明: B_1, C_1, P, Q 四点共圆. **提示:** 191, 325, 204.

习题 7.47. (预选题 2011/G2) 设 $A_1 A_2 A_3 A_4$ 不内接于圆. 对 $1 \leqslant i \leqslant 4$, 设 O_i, r_i 分别是 $\triangle A_{i+1} A_{i+2} A_{i+3}$ (令 $A_{i+4} = A_i$) 的外心和外接圆半径. 证明:

$$\frac{1}{O_1 A_1^2 - r_1^2} + \frac{1}{O_2 A_2^2 - r_2^2} + \frac{1}{O_3 A_3^2 - r_3^2} + \frac{1}{O_4 A_4^2 - r_4^2} = 0.$$

提示: 468, 588, 224, 621. **答案:** 第274 页.

习题 7.48. (罗马尼亚 TST 2010) 设不等边 $\triangle ABC$ 的内心为 I, A_1, B_1, C_1 分别是三个旁切圆与边 BC, CA, AB 的切点. 证明: $(AIA_1), (BIB_1), (CIC_1)$ 有一个不同于 I 的公共点. **提示:** 549, 23, 94.

习题 7.49. (ELMO 2012/5) 设锐角 $\triangle ABC$ 满足 $AB < AC, D, E$ 是 BC 上的点, 满足 $BD = CE$, 并且 D 在 B, E 之间. 假设 $\triangle ABC$ 形内存在点 P, 满足 $\overline{PD} /\!/ \overline{AE}, \angle PAB = \angle EAC$. 证明: $\angle PBA = \angle PCA$. **提示:** 171, 229. **答案:** 第274 页.

习题 7.50. (USATST 2004/4) 设 D 在 $\triangle ABC$ 的内部. 圆 ω_1 经过 B, D, ω_2 经过 C, D, 满足两个圆的另一个交点在 $\overline{AD}$ 上. 设 ω_1, ω_2 与边 BC 分别交于另一点 E, F. 设 X 是直线 DF 和 AB 的交点, Y 是 DE 和 AC 的交点. 证明: $\overline{XY} /\!/ \overline{BC}$. **提示:** 301, 206, 567, 126.

习题 7.51. (USATSTST 2012/2) 设四边形 $ABCD$ 满足 $AC = BD$. 对角线 AC, BD 相交于 P. ω_1 和 O_1 分别是 $\triangle ABP$ 的外接圆和外心. ω_2, O_2 分别是 $\triangle CDP$ 的外接圆和外心. 线段 BC 与 ω_1, ω_2 分别交于 S, T(不同于 B, C). 设 M, N 分别是劣弧 $\overset{\frown}{SP}$(不含 B) 与 $\overset{\frown}{TP}$(不含 C) 的中点. 证明: $\overline{MN} /\!/ \overline{O_1 O_2}$. **提示:** 651, 518, 664, 364.

习题 7.52. (IMO 2004/5) 凸四边形 $ABCD$ 中, 对角线 BD 既不平分 $\angle ABC$ 也不平分 $\angle CDA$. 点 P 在四边形 $ABCD$ 的内部, 满足 $\angle PBC = \angle DBA, \angle PDC = \angle BDA$. 证明: $ABCD$ 内接于圆当且仅当 $AP = CP$. **提示:** 117, 266, 641, 349. **答案:** 第275 页.

习题 7.53. (预选题 2006/G4) 设 $\triangle ABC$ 满足 $\angle C < \angle A < 90°$. 在边 AC 上选择 D 满足 $BD = BA$. $\triangle ABC$ 的内切圆分别与 $\overline{AB}, \overline{AC}$ 相切于 K, L. 设 J 是 $\triangle BCD$ 的内心. 证明:直线 KL 平分 $\overline{AJ}$. **提示**:5, 295, 281, 394.

第 3 部分
进 阶 方 法

第 8 章 反演

我从虚无中创造了一个崭新的宇宙.

——亚诺什·波尔约[1]

这一章我们讨论平面上的反演方法. 这个技巧可以把圆变成直线, 对于相切图形的处理也很有用.

8.1 圆就是直线

一个**广义圆**指的是圆或直线. 这一章, 我们用"圆"和"直线"指普通的形状, 用"广义圆"指二种形状均有可能的一个几何形状或轨迹.

这个概念的主要思想是把直线看成半径无穷大的圆. 我们在平面上加上一个特殊点 P_∞, 每条普通的直线都经过这个特殊点 (而普通圆都不经过它), 这个点称为**无穷远点**[2]. 因此, 任何三个不同的点唯一决定一个广义圆经过它们——三个不共线的普通点决定一个普通圆, 而三个共线普通点或者两个普通点一个无穷远点决定一条普通直线.

这样约定以后, 我们现在定义反演. 设 ω 是一个圆, 圆心为 O, 半径为 r. 关于 ω 的**反演**是一个映射 (或者说是变换), 定义如下.

- 圆心 O 映射到 P_∞.
- 点 P_∞ 映射到 O.
- 其他点 A 的像 A^*, 位于射线 OA 上, 满足 $OA \cdot OA^* = r^2$, 如图8.1A.

可以试试把第三个规则应用到 $A = O$ 和 $A = P_\infty$, 前两个规则设定的原因就比较明显了. 记住的一个方法是" $\frac{r^2}{0} = \infty$ "和" $\frac{r^2}{\infty} = 0$ ".

---

[1] János Bolyai, 匈牙利数学家, 非欧几何创始者之一——译者注

[2] 注意, 反演所添加的无穷远点和第 9 章构造射影平面时所添加的无穷远点构造方式不同, 这相当于平面的两种完备化方法, 最终得到的空间结构也不同. 如果使用大学数学的拓扑学概念来思考, 那么一个会得到射影平面 $\mathbb{R}P^2$, 一个会得到球面 S^2——译者注

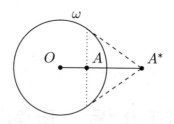

图 8.1A: A^* 是点 A 关于 ω 的反演

这些规则初看上去比较随意或人为, 到底有什么好的性质? 首先, 我们给出一些简单的发现.

1. 点 A 在 ω 上当且仅当 $A = A^*$. 或者说, ω 上的点是不动点.
2. 反演交换点对. 或者说, A^* 的反演是 A, 即 $(A^*)^* = A$. 看成映射, 可以说反演是一个对合 (复合两次为恒等映射).

我们还能找到这个映射的几何解释, 这样看, 反演的产生比较自然.

引理 8.1. (反演和相切) 设 A 是 ω 内一点, 不同于 O, A^* 是其反演, 则从 A^* 到 ω 的切线的两个切点与 A 共线.

这个构型在图8.1A 中给出. 是一个相似三角形的简单练习: 只需验证 $OA \cdot OA^* = r^2$.

这些说法都不错, 但是并没有给出我们需要关注反演的线索. 若我们每次只观察一个点, 则反演并没有什么意思, 那么观察一下两个点 A 和 B?

情况在图8.1B 中展示. 现在我们有更多的结构. 因为 $OA \cdot OA^* = OB \cdot OB^* = r^2$, 根据圆幂定理, 我们发现 ABB^*A^* 是圆内接四边形, 因此得到下面的定理.

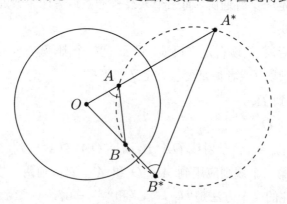

图 8.1B: 某种意义上说, 反演保持角度

定理 8.2. (反演和角度)若 A^*, B^* 分别是 A, B 关于圆心为 O 的圆的反演, 则 $\angle OAB = -\angle OB^*A^*$.

坏消息是,这个性质不能很好地[1]推广到任意的角度,定理也只处理了角的一条边过圆心的情况.

这里值得提一下,r 的具体值并不重要. 实际上,我们常常会不提 r 是多少;这时我们说**关于点 P 的反演**,意思是关于某个以 P 为圆心的正半径的圆的反演. (变化 r,相当于施加一个位似变换.)

本节习题

习题 8.3. 若 z 是一个非零复数,证明 z 关于单位圆的反演是 $(\bar{z})^{-1}$.

8.2 广义圆跑哪去了?

目前,我们只导出了反演的几个基础的性质,还没有任何迹象表明这是一个可以用于攻克问题的方法. 这一节的结论会改变这个印象.

不仅仅考虑一两个点,我们看看整个广义圆. 最简单的例子是经过 O 的直线.

命题 8.4. 经过点 O 的直线反演到自身.

这里我们的意思是,在直线上取每一点 (可以是 O 或 P_∞),然后作反演,看反演结果的轨迹,我们又得到这条直线. 证明是显然的.

不经过 O 的直线会怎么样? 奇怪的是,我们得到了圆! 如图8.2A.

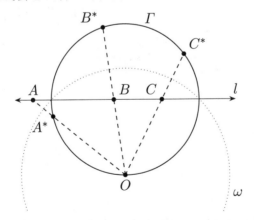

图 8.2A: 直线反演成经过点 O 的圆,反过来也一样

命题 8.5. 不经过 O 的直线 l 的反演是经过 O 的一个圆 Γ. 进一步,经过 O 垂直于 l 的直线经过 Γ 的圆心.

---

[1]正确的推广是定义两个广义圆之间的夹角为交点处切线的夹角. 这个夹角在反演下不变. 不过这个性质一般不是很常用.

证明 设 l^* 是我们直线的反演. 因为 P_∞ 在 l 上,我们知道 O 在 l^* 上. 我们现在说明 l^* 是一个圆.

设 A, B, C 是 l 上的三个点. 只需证明 O, A^*, B^*, C^* 四点共圆. 这很简单. 因为有共线性,$\angle OAB = \angle OAC$. 利用定理8.2,$\angle OB^*A^* = \angle OC^*A^*$,就得到了四点共圆. 因为 l^* 上任何包含 O 的四点共圆,就说明了 l^* 就是这个圆 (严格说,上面说明了 l^* 包含于一个圆,还需说明圆上每点都是从直线反演来的,这是因为上面过程可逆,圆上点的反演会共线,然后利用反演的对合特点即可——译者注)

还需要证明 l 和经过 ω (反演的参考圆) 以及 Γ 的圆心的直线垂直. 这在图中不难看出. 若 X 是 l 上离 O 最近的点 (于是 $\overline{OX} \perp l$),则根据距离成反比关系,X^* 是 Γ 上离 O 最远的点,于是 $\overline{OX^*}$ 是 Γ 的直径. 因为 O, X, X^* 共线,所以 OX 过 Γ 的圆心并且与 l 垂直. $\square$

完全相似的风格,可以得到上面的逆:经过点 O 的圆的反演是一条直线. 注意到 ω 上的点在反演下不变,如果圆和 ω 相交,反演得到的直线就是过两个交点的直线.

现在又引出了更多的问题:其他的圆会怎样?结果会发现,这些圆的反演也是圆. 我们这里的证明和前面的风格不同 (前面的证明也可以写成类似现在的样子). 如图8.2B.

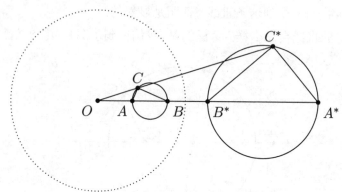

图 8.2B: 圆反演成圆

命题 8.6. 设圆 Γ 不经过 O. 则 Γ^* 也是一个不经过 O 的圆.

证明 因为 O 和 P_∞ 都不在 Γ 上,反演 Γ^* 也不包含二者. 现在设 $\overline{AB}$ 是 Γ 的一条直径,并且 O 在直线 AB 上. 只需证明 Γ^* 是以 $\overline{A^*B^*}$ 为直径的圆.

考虑 Γ 上任意一点 C. 观察到

$$90° = \angle BCA = -\angle OCB + \angle OCA.$$

根据定理8.2,我们看到 $-\angle OCA = \angle OA^*C^*$, $-\angle OCB = \angle OB^*C^*$. 因此,简单导角给出

$$90° = \angle OB^*C^* - \angle OA^*C^* = \angle A^*B^*C^* - \angle B^*A^*C^* = -\angle B^*C^*A^*$$

因此 C^* 在以 $\overline{A^*B^*}$ 为直径的圆上. 类似地, Γ^* 上任何点的反演也在 Γ 上,我们就完成了证明. □

值得注意,这些圆的圆心共线. (然而,圆心的反演不是另一个圆的圆心!)

我们可以将这些发现总结为下面的定理.

定理 8.7. (广义圆的像) 广义圆反演成为广义圆. 特别地,关于一个圆心为 O 的圆的反演,

(a) 经过 O 的直线反演到自身.

(b) 经过 O 的圆反演到不经过 O 的直线,反之也对. 这个圆经过 O 的直径垂直于这条直线.

(c) 不经过 O 的圆反演到另一个不经过 O 的圆. 两个圆的圆心与 O 共线.

我们之前保证过,反演能把圆变成直线,这就是 (b) 的结果. 如果我们在一个有很多圆经过的点反演,这些圆就都会变成直线.

最后给一个重要的信息,相切的广义圆 (也就是恰有一个公共点的广义圆,包括两条平行线,只有 P_∞ 一个公共点) 在反演以后还是相切的. 这个性质可以把相切的圆变成平行线,只要在切点进行反演即可.

本节习题

习题 8.8. 在图8.2C 中,画出五个实线广义圆 (两条直线和三个圆) 关于虚线圆 ω 反演后的草图. **提示**:279.

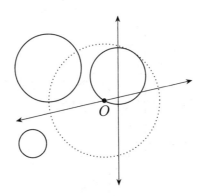

图 8.2C: 反演练习

引理 8.9. (垂心反演)设 $\triangle ABC$ 的垂心为 H,高为 $\overline{AD},\overline{BE},\overline{CF}$. 以 C 为反演中心,$\sqrt{CH \cdot CF}$ 为反演半径作反演. 四个点去了哪里?**提示**:257.

引理 8.10. (外心反演) 设 $\triangle ABC$ 的外心为 O. 作关于 C 半径为 1 的反演. 四个点 O^*,C,A^*,B^* 之间的关系是什么?**提示**:252.

引理 8.11. (内切圆反演) 设 $\triangle ABC$ 的外接圆为 Γ,切触三角形为 $\triangle DEF$. 考虑关于 $\triangle ABC$ 内切圆的反演. 证明:Γ 的像是 $\triangle DEF$ 的九点圆. **提示**:560.

8.3 USAMO 中的一道例题

现在给一个例子会解决一些疑惑. 我们重新看一道第 3 章中给出的问题.

例 8.12. (USAMO 1993/2) 设四边形 $ABCD$ 的对角线 $\overline{AC}$ 和 $\overline{BD}$ 垂直相交于 E. 证明:E 关于 $\overline{AB},\overline{BC},\overline{CD},\overline{DA}$ 的反射四点共圆.

设反射后的点分别是 W,X,Y,Z.

初看上去,这道题目不像是一个用反演来做的题目,并且还没有圆. 然而,稍微想一下反射的条件,就会注意到

$$AW = AE = AZ$$

这样就促使我们作一个以 A 为圆心的圆 ω_A,经过三个点 W,E,Z. 如果我们类似地定义 $\omega_B,\omega_C,\omega_D$,我们就不用再关心反射了. W 现在就是 ω_A,ω_B 的第二个交点,以此类推,如图8.3A.

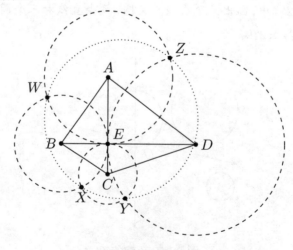

图 8.3A: 增加一些圆

我们现在把题目分步骤重新叙述一下.

1. 设 $ABCD$ 是对角线垂直且交于 E 的一个四边形.

2. 设圆 ω_A 以 A 为圆心, 经过 E.

3. 类似地定义 $\omega_B, \omega_C, \omega_D$.

4. 设 W 是 ω_A, ω_B 不同于 E 的交点.

5. 类似地定义 X, Y, Z.

6. 求证 W, X, Y, Z 四点共圆.

现在, 可能读者还不是很清楚为什么我们想要用反演. 很多第一次学习反演的学生会想要关于 ω_A 作反演. 就我所知, 这不会有任何结果, 因为会错误使用反演的最重要原因: 反演把圆变成直线. 这就是为什么关于 ω_A 的反演不会有效的原因. 经过 A 的圆太少了 (跟我读: 零), 所以图中的圆还是圆, 之前的某些直线变成了新的圆. 这样, 关于 ω_A 的反演适得其反: 化归成的题目比原来更复杂!

那么哪个点有很多圆经过? 考虑一下 E 如何? 四个圆都经过它. 因此, 我们关于 E 为圆心 1 为半径的圆进行反演. (就算一个点不是某个圆的圆心, 也不妨碍我们用它来做反演中心!)

现在我们一步一步来考虑, 反演后的情况是什么.

1. $A^*B^*C^*D^*$ 还是四边形. 因为 A^*, C^* 还在直线 AC 上, B^*, D^* 还在 BD 上, 我们知道 $A^*B^*C^*D^*$ 的对角线还是垂直的, 交于 E. 因为 $ABCD$ 是任意的四边形, 所以可以把 $A^*B^*C^*D^*$ 也当成任意的四边形[1].

2. ω_A 经过 E, 因此会映射到某个垂直于 EA 的直线. 这还无法确定 ω_A^* —— ω_A^* 和直线 EA 的交点是什么? 若 M_A 是 ω_A 上 E 的对径点, 则 M_A^* 是 ω_A^* 和 EA 的交点. 根据长度关系, 可以知道 M_A^* 是 $\overline{A^*E}$ 的中点. 也就是说, ω_A^* 是 $\overline{A^*E}$ 的垂直平分线.

3. 类似地定义 $\omega_B^*, \omega_C^*, \omega_D^*$.

4. 因为 W 是 ω_A 和 ω_B 不同于 E 的交点, W^* 是两条直线 ω_A^* 和 ω_B^* 的交点. (当然, ω_A^* 和 ω_B^* 还在无穷远点相交, 这是 E 的反演像.)

5. X^*, Y^*, Z^* 也可以类似地定义.

6. 现在要证四边形 $WXYZ$ 内接于圆. 根据定理8.7, 这等价于 $W^*X^*Y^*Z^*$ 内接于圆.

上面就是对一个问题反演后的处理过程. 我们根据原问题的叙述过程, 一步一步找到对应的反演描述. 这个过程可能刚开始看起来不容易, 实际上不需要任何独

---

[1]自由度, 有人记得吗? 当你考虑一道题目反演后的版本时, 你需要保证自由度没有变化. 参考第5.3 节了解自由度的事情.

到见解，只需多练习几次就可以很容易掌握这种机械计算。图8.3B 给出了整个图形．我们想要证明四边形 $W^*X^*Y^*Z^*$ 内接于圆，可这是个矩形，所以是显然的！

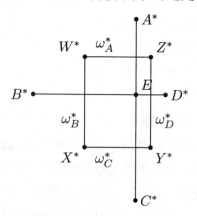

图 8.3B: 反演解 USAMO

证明 定义 $\omega_A, \omega_B, \omega_C, \omega_D$ 分别是以 A, B, C, D 为圆心，经过 E 的圆．注意到 W 是 ω_A, ω_B 的另一个交点，依次类推．

考虑在点 E 的反演．圆 $\omega_A, \omega_B, \omega_C, \omega_D$ 分别映射到一个矩形的四边．因此 W, X, Y, Z 反演到矩形的顶点，这四点共圆．反演回来，可得四边形 $WXYZ$ 内接于圆． □

我们不需要详细解释怎么得到反演后的图．因为得到反演图形是很直接的操作，在竞赛中，一般可以只叙述反演后的题目内容．

一道题目经过反演以后不总是这么简单[1]．然而，我们总是会有一些好的原因，相信反演后的题目会更简单，我们才这么做．上面的例子中，有机会去掉所有的圆促使我们在点 E 反演，然后我们确实发现反演后的题目很简单．

8.4 重叠和正交圆

考虑两个圆 ω_1, ω_2，圆心分别是 O_1, O_2，相交于两点 X, Y．如果 $\angle O_1XO_2 = 90°$，我们就说这两个圆**正交**．也就是说，直线 O_1X, O_1Y 分别相切于 ω_2, ω_1．当然，ω_1 正交于 ω_2 当且仅当 ω_2 正交于 ω_1，如图8.4A．

很明显，如果 ω_2 是一个圆，O_1 在圆外，那么以 O_1 为圆心，我们能唯一作一个圆与 ω_2 正交：即这个圆的半径等于 O_1 到 ω_2 的切线长．

下面的引理说明正交的圆有很好的性质．

---

[1]你当然能找到别的例子．在 2014 IMO 中，我的一个队友说他在寻找反演以后变得简单的题目．另一个朋友回答说这很容易——找一个简单的题目，然后反演一下！

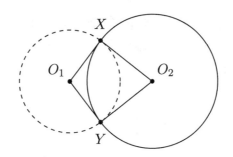

图 8.4A: 两个正交的圆

引理 8.13. (正交圆的反演)设 ω, Γ 是正交的圆,则关于 ω 反演将 Γ 变成自己.

证明 这是圆幂性质的一个结果. 设 ω, Γ 相交于 X, Y,记 O 为 ω 的圆心. 考虑经过 O 与 Γ 相交于 A, B 的一条直线. 则:

$$OX^2 = OA \cdot OB$$

因为 OX 是 ω 的半径,所以 A 反演变成 B. □

奇妙之处是什么?当一个图形反演到自己时,就可以利用"反演重叠原则". 粗略地说是:反演到自身的题目总是很简单.

有几种情形会发生重叠. 有时是我们一个正交的圆,有时是一个精选的半径使得题目很多元素不变. 每种情况下,我们把反演的图形和原来图形重叠来看,都能得到新的信息.

下面是一个最经典的重叠例子,称为**修鞋刀**中的**帕普斯链**,如图8.4B.

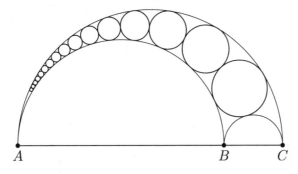

图 8.4B: 修鞋刀

例 8.14. (修鞋刀)设 A, B, C 是三个共线的点 (顺序也是如此),作三个半圆 Γ_{AC}, Γ_{AB}, ω_0 在 $\overline{AC}$ 的同一侧,直径分别为 $\overline{AC}, \overline{AB}, \overline{BC}$. 对每个正整数 k,设圆 ω_k 与 $\Gamma_{AC}, \Gamma_{AB}, \omega_{k-1}$ 相切.

设 n 是正整数,证明:从 ω_n 的圆心到 $\overline{AC}$ 的距离是 ω_n 直径的 n 倍.

这题用反演的目的是处理可怕的相切条件. 注意到每个 ω_i 与 Γ_{AB} 和 Γ_{AC} 都相切,所以通过反演可以把这两个圆都变成直线. 因此可以在点 A 反演,额外的好处是,这两个圆变成了平行线.

现在还不清楚用哪个半径来反演,或者是不是要选一个半径. 我们还是想要保证 ω_n 的直径在反演后变成一个有用的量,于是我们打算使 ω_n 反演不变.

现在我们关于点 A 反演,并且选取半径 r 使 ω_n 与反演参考圆正交. 这样的效果是什么?

- ω_n 保持不动.
- 半圆 Γ_{AB}, Γ_{AC} 经过 A,它们的像 $\Gamma_{AB}^*, \Gamma_{AC}^*$ 是与直线 AC 垂直的直线.
- 其他的圆 ω_i 变成和这两条线相切的圆.

图8.4C 画出了反演后的图形,覆盖在了原图上面. 两个半圆变成了方便处理的平行点,帕普斯的圆链在平行线之间规则排列. 这些圆都一样大,结论现在是显然的.

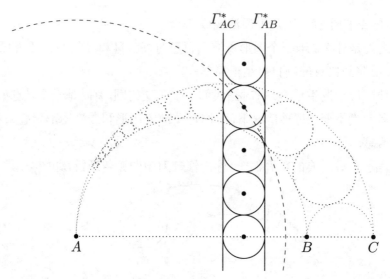

图 8.4C: 关于短划线圆 (圆心为 A, 与 ω_3 正交) 的反演保持 ω_3 不动

8.5 更多重叠

第二个重叠的例子是引理4.33 的一个反演速证.

例 8.15. 设 $\overline{BC}$ 是圆 Ω 的一条弦. 圆 ω 与弦 $\overline{BC}$ 相切于 K,和 Ω 内切于 T. 则射线 TK 经过不含 T 的弧 $\overarc{BC}$ 的中点,并且 MC^2 是 M 关于 ω 的幂.

证明 如图8.5A,设 Γ 是以 M 为圆心,经过 B,C 的圆,关于 Γ 反演,我们会得到什么?

首先,Ω 是经过 M 的圆,所以会变成一条直线. 因为 B,C 就在 Γ 上,它们保持不动. 所以 Ω 会变成直线 BC. 于是直线 BC 变成 Ω. 或者说,反演把直线 BC 和 Ω 互换.

现在剩下的可能已经显然的. 我们说 ω 变成自己. 因为 $\overline{BC}$ 和 Ω 交换位置,ω^* 是一个和二者同时相切的圆. 而且 ω^* 和 ω 的圆心与 M 共线. 这就足够保证 $\omega = \omega^*$. (为什么?)

现在 K 是 ω 与 $\overline{BC}$ 的切点,所以 K^* 是 $\omega^* = \omega$ 与 $(MB^*C^*) = \Omega$ 的切点,即 T. 因此 K,T 互为反演.

特别地,M,K,T 共线,并且 $MK \cdot MT = MC^2$. $\qquad\square$

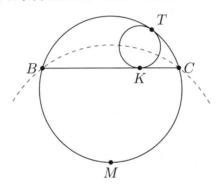

图 8.5A: 引理4.33 再证

现在有一个技巧,可以在处理 $\triangle ABC$ 时强制得到一个重叠.

引理 8.16. (强制反演重叠) 设 $\triangle ABC$ 是一个三角形.考虑以 A 为圆心,$\sqrt{AB \cdot AC}$ 为半径的反演,然后复合一个关于 $\angle BAC$ 平分线的反射. 证明:这个变换交换 B, C 两点.

上面的例子可以应用这个引理,取 $A = M$. 因为 $\triangle BMC$ 是等腰三角形,不需要再加上后来的反射.

能固定一个 $\triangle ABC$ 经常非常有用,因为很多题目都是在一个核心三角形上构建出来的. 特别地,和 (ABC) 的相切关系会变成和直线 BC 的相切关系. 上一个例子就是这样解决的.

本节习题

习题 8.17. 给出引理8.16 的证明细节.

8.6 反演距离公式

反演距离公式给了一个方法来处理反演中的长度. 这是一个完全积性的公式, 因此用于处理比例很方便, 但是要处理加法就会比较痛苦.

定理 8.18. (反演距离公式) 设 A, B 是不同于 O 的两个点, 考虑关于 O 半径为 r 的反演. 则:

$$A^*B^* = \frac{r^2}{OA \cdot OB} \cdot AB.$$

或者等价地

$$AB = \frac{r^2}{OA^* \cdot OB^*} \cdot A^*B^*.$$

第一个关系从相似三角形得出, 如图8.1B, 留作练习. 第二个关系是第一个关系的直接结果. (为什么?)

反演距离公式在你需要处理很多长度的时候有用, 见习题8.20.

本节习题

习题 8.19. 证明反演距离公式.

习题 8.20. (托勒密不等式) 对平面上任何四个点 A, B, C, D, 其中任何三点不共线, 证明:

$$AB \cdot CD + BC \cdot DA \geqslant AC \cdot BD.$$

进一步, 证明等式成立当且仅当 A, B, C, D 共圆, 并且在圆上按这个顺序排列. **提示**: 118, 136, 539, 130.

8.7 更多例题

第一道题目来自中国西部数学奥林匹克.

例 8.21. (中国西部数学奥林匹克 2006) 设四边形 $ADBE$ 内接于以 $\overline{AB}$ 为直径的圆, 对角线相交于 C. 设 Γ 是 $\triangle BOD$ 的外接圆, 其中 O 是 $\overline{AB}$ 的中点. 设 F 是 Γ 上点 O 的对径点, 射线 FC 交 Γ 于另一点 G. 证明: A, O, G, E 四点共圆.

如图8.7A, 我们看到有两个圆经过 O, 而且 O 是某个经过很多点的圆的圆心, 这促使我们使用反演. 关于 O 的反演保持直径 $\overline{AB}$, 这也当然重要.

在反演之前, 我们增加一个辅助点 G_1 为 (OFB), (OAE) 的交点, 然后试试证明 F, C, G_1 共线. 这样 G_1^* 是两条线的交点.

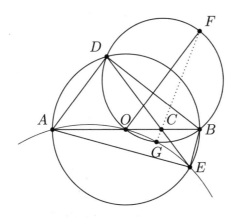

图 8.7A: 证明 O, A, E, G 四点共圆

我们关于以 $\overline{AB}$ 为直径的圆反演. 先弄清楚每个点变成什么.

1. 点 D, B, A, E 不动,因为它们都在反演参考圆上,$D^* = D$,等等.

2. C 是 $\overline{AB}$ 和 $\overline{DE}$ 的交点. 因此 C^* 是直线 AB 上一点,满足 C^*, D, O, E 共圆.

3. F 是 (BOD) 上 O 的对径点. 因此 $\angle ODF = 90°$. 所以 $\angle OF^*D^* = 90°$. 类似地,$\angle OF^*B^* = 90°$. 因此,F^* 是 $\overline{DB}$ 的中点!

4. G_1 是 (OFB) 和 (OAE) 的交点,因此 G_1^* 是 F^*B 和 AE 的交点.

5. 我们的目标是,证明 O, F^*, C^*, G_1^* 共圆.

如图8.7B,现在 $\overline{OF^*} \perp \overline{BD}$,因此要证 O, F^*, C^*, G_1^* 四点共圆,只需证明 $\overline{G_1^*C^*} \perp \overline{AC^*}$. 再看一下圆 $(OEDC^*)$,注意到什么没有?

因为 $\overline{AD} \perp \overline{BG_1^*}, \overline{BE} \perp \overline{AG_1^*}$,而且 O 是 $\overline{AB}$ 的中点,我们发现这是 $\triangle ABG_1^*$ 的九点圆,这样就完成了.

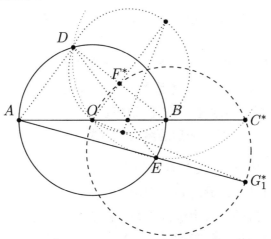

图 8.7B: 反演后图像,我们要证 O, F^*, C^*, G_1^* 共圆

证明 设 G_1 是 (ODB) 和 (OAE) 的交点,关于以 $\overline{AB}$ 为直径的圆反演. 在反演图8.7B 中,F^* 是 $\overline{BD}$ 的中点,C^* 是直线 AB 和 (DOE) 的交点,G_1^* 是直线 DB 和 AE 的交点. 我们要证 O,F^*,C^*,G_1^* 四点共圆.

因为 (OED) 是 $\triangle ABG_1^*$ 的九点圆,一方面我们知道 C^* 是 G_1^* 到 AB 的投影. 另一方面也有 $\angle OF^*B = 90°$,这样就完成了证明. □

我们最后讨论一下 2009 USAMO 的第五题.

例 8.22. (USAMO 2009/5) 如图8.7C,梯形 $ABCD$ 中,$\overline{AB} \parallel \overline{CD}$,其外接圆为 ω. 点 G 在 $\triangle BCD$ 内,射线 AG,BG 分别交 ω 于另一点 P,Q. 经过 G 平行于 $\overline{AB}$ 的直线分别交 $\overline{BD},\overline{BC}$ 于 R,S. 证明:四边形 $PQRS$ 内接于圆当且仅当 $\overline{BG}$ 平分 $\angle CBD$.

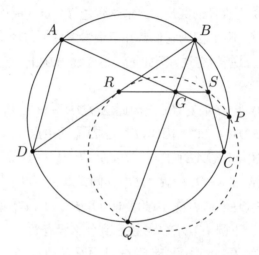

图 8.7C: USAMO 2009/5

我们想要用反演的主要原因是有六个点在同一个圆上. 如果这个圆能变成直线,就会很好.

所以我们要反演时,会选取 ω 上一点为参考圆圆心. 因为我们有 $\angle CBD$ 的角平分线的条件,所以选取点 B 会保持这个条件,比较合适. 另外,平行线会变成在点 B 相切的圆. 更直白地说,有很多线经过点 B.

我们还是先一步一步把反演后的结果写出来.

1. 共圆四边形 $ABCD$ 变成点 B 和三个共线点 A^*,C^*,D^*. 因为 $\overline{AB} \parallel \overline{CD}$,我们实际上有 $\overline{A^*B}$ 与 (BC^*D^*) 相切.

2. G 是 $\triangle BCD$ 内任一点,因此 G^* 是 $\angle C^*BD$ 内某点,但是在 $\triangle BC^*D^*$ 外.

3. R,S 是经过 G 的一条平行线与 $\overline{BD},\overline{BC}$ 的交点. 因此 R^* 是与 (BC^*D^*) 在点 B 相切 (平行线的像) 的圆与 BD^* 的交点. S^* 是同一个圆与 BC^* 的

交点.

4. Q 是 $(ABCD)$ 与 BG 的交点,因此 Q^* 是 $\overline{BG^*}$ 与直线 C^*D^* 的交点.

5. P 是 $(ABCD)$ 与 AG 的交点,因此 P^* 是直线 C^*D^* 上某点,使得 $BA^*G^*P^*$ 内接于圆.

6. 我们要证明 $P^*Q^*R^*S^*$ 共圆当且仅当 $\overline{BG^*}$ 平分 $\angle R^*BS^*$.

反演后的图形如图8.7D.

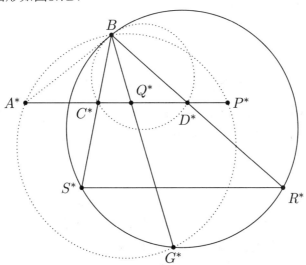

图 8.7D: 又反演了 USAMO！

现在看起来 $\overline{P^*Q^*}$ 与 $\overline{S^*R^*}$ 平行. $\overline{P^*Q^*}$ 就是直线 $\overline{C^*D^*}$. 根据两圆相切性质,在点 B 的位似把 $\overline{C^*D^*}$ 变到 $\overline{R^*S^*}$. 这是个好事,现在 $P^*Q^*R^*S^*$ 共圆当且仅当它是等腰梯形.

我们现在基本上可以不看 (BC^*D^*) 了；它只是用来给出平行线的. 于是我们基本上也可以不看 C^*,D^* 了.

现在我们来消掉 A^*. 我们有

$$\angle Q^*P^*G^* = \angle A^*P^*G^* = \angle A^*B^*G^* = \angle B^*S^*G^*.$$

观察到这个,我们延长 G^*P^* 与 (BS^*R^*) 相交于 X,如图8.7E. 这样,

$$\angle Q^*P^*G^* = \angle BS^*G^* = \angle BX^*G^*.$$

因此 $\overline{P^*Q^*}/\!/\overline{BX}$ 无条件成立. 这样我们又可以去掉 P^*,仅仅把它看成 $\overline{G^*X}$ 与平行线的交点,我们现在以 (BXR^*S^*) 为核心重新叙述问题.

也就是说,我们转化出下面的题目.

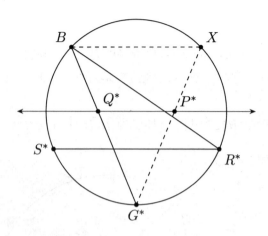

图 8.7E: 化简反演后的图形

设 BXS^*R^* 是一个等腰梯形, 直线 l 平行于其底边. G^* 是外接圆上一点, l 与 $\overline{BG^*}$, $\overline{XG^*}$ 分别交于 Q^*, P^*. 证明: $P^*S^* = Q^*R^*$ 当且仅当 G^* 是弧 $\overset{\frown}{R^*S^*}$ 的中点.

现在的题目根据对称性可以直接得到, 下面是完整的解答.

证明 在点 B 以任意半径作反演, 记一个点 Z 的反演是 Z^*.

反演以后, 我们得到共圆四边形 $BS^*G^*R^*$ 和分别在 $\overline{BS^*}$, $\overline{BR^*}$ 上的点 C^*, D^*, 使得 (BC^*D^*) 与 $(BS^*G^*R^*)$ 相切——也就是说, $\overline{C^*D^*}$ 和 $\overline{S^*R^*}$ 平行. 点 A^* 在直线 $\overline{C^*D^*}$ 上, 满足 $\overline{A^*B}$ 和 $(BS^*G^*R^*)$ 相切. 点 P^* 和 Q^* 分别是 (A^*BG^*), $\overline{BG^*}$ 与直线 C^*D^* 的交点.

注意到 $P^*Q^*R^*S^*$ 是梯形, 因此它共圆当且仅当是等腰梯形.

设 X 是直线 G^*P^* 与 (BS^*R^*) 的第二个交点. 因为 $\angle Q^*P^*G^* = \angle A^*BG^* = \angle BXG^*$, 我们发现 BXS^*R^* 是等腰梯形.

若 G^* 确实是弧的中点, 则所有的事情根据对称性是清楚的. 反之, 若 $P^*R^* = Q^*S^*$, 则 $P^*Q^*R^*S^*$ 是圆内接梯形, 因此 $\overline{P^*Q^*}$ 和 $\overline{R^*S^*}$ 的垂直平分线重合. 因此 B, X, P^*, Q^* 关于此线对称. 这样 G^* 必然在这条线上, 是弧 $\overset{\frown}{R^*S^*}$ 的中点. □

这两个例子展示了反演作为把题目转化为另一道题目的方法 (而不是像重叠例子中, 两部分都要用到). 感觉上像是你有了另一个选择, 你可以比较反演前后的题目, 哪个更容易一些, 哪个你更想要去解决.

8.8 什么时候 (不) 用反演

记录一下, 这里有关于中心 O 的反演能处理好的一些情况, 希望从前面的例子中能看清楚这些.

- 相切的广义圆. 特别地, 我们把相切的圆变成两条平行线.
- 经过 O 的几个圆, 关于 O 的反演去掉了圆.
- 反演到自己的图! 反演后的图和原图重叠起来看经常有新的发现.

这里还有反演处理不好的东西.

- 到处都有的角. 定理8.2 中我们可以对经过圆心的射线形成的角进行处理, 但是更一般的角不太好办.
- 只有直线没什么圆的题目.

最后, 还有一些关于圆心在 O 的圆 ω 的反演所保持的性质 (以及不保持的性质).

- ω 上的点保持不动.
- 广义圆变到广义圆. 并且

  - 若圆 Γ 变到直线 l, 则 l 垂直于 O 和 Γ 的圆心的连线.
  - 若圆 Γ 变到圆 Γ^*, 则 Γ 的圆心一般不是 Γ^* 的圆心. 然而 Γ 和 Γ^* 的圆心与 O 共线.

- 相切性和相交性都保持.

8.9 习题

习题 8.23. 设直角 $\triangle ABC$ 中 $\angle C = 90°$, X, Y 分别是 $\overline{CA}, \overline{CB}$ 的内点. 过 C 作四个圆, 圆心分别在 A, B, X, Y. 证明: 这四个圆的另外四个交点共圆, 如图8.9A. **提示:** $198, 626, 178, 577$.

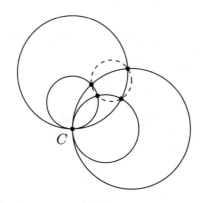

图 8.9A: 四个交点共圆 (短划线圆)

习题 8.24. 设四个圆 $\omega_1, \omega_2, \omega_3, \omega_4$ 中下角标相邻的圆依次相切于 A, B, C, D, 如图8.9B. 证明:四边形 $ABCD$ 内接于圆. **提示:**294, 677, 172. **答案:**第277 页.

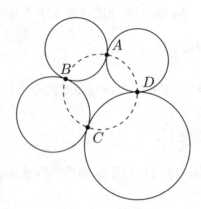

图 8.9B: 这道题和定理2.25 有联系吗?

习题 8.25. 设 A, B, C 是共线三点, P 不在此线上. 证明:$\triangle PAB, \triangle PBC, \triangle PCA$ 的外心与 P 共圆. **提示:**465, 536, 496.

习题 8.26. (BAMO 2008/6) 点 D 在 $\triangle ABC$ 内, 设 A_1, B_1, C_1 分别是直线 AD, BD, CD 与外接圆 $(BDC), (CDA), (ADB)$ 的另一个交点. 证明:

$$\frac{AD}{AA_1} + \frac{BD}{BB_1} + \frac{CD}{CC_1} = 1.$$

提示:439, 170, 256.

习题 8.27. (伊朗 1996) 考虑以 O 为圆心, $\overline{AB}$ 为直径的半圆. 某直线与 AB 交于 M, 与半圆交于 C, D, 满足 $MC > MD, MB < MA$. 假设 (AOC) 和 (BOD) 相交于不同于 O 的点 K. 证明:$\angle MKO = 90°$. **提示:**403, 27. **答案:**第277 页.

习题 8.28. (预选题 2003/G4) 设 $\Gamma_1, \Gamma_2, \Gamma_3, \Gamma_4$ 是不同的圆, 满足 Γ_1, Γ_3 外切于 P, Γ_2, Γ_4 外切于同一点 P. 假设 $\Gamma_1 \cap \Gamma_2 = A, \Gamma_2 \cap \Gamma_3 = B, \Gamma_3 \cap \Gamma_4 = C$, $\Gamma_4 \cap \Gamma_1 = D$, 而且四个点都不同于 P. 证明:

$$\frac{AB \cdot BC}{AD \cdot DC} = \frac{PB^2}{PD^2}.$$

提示:120, 247, 22.

习题 8.29. 设 $\triangle ABC$ 的内心为 I, 外心为 O. 证明:直线 IO 经过切触三角形的重心 G_1. **提示:**532, 323, 579.

习题 8.30. (NIMO 2014) 设 $\triangle ABC$ 的内心为 I, $\triangle DEF$ 是切触三角形. 点 Q 满足 $\overline{AB} \perp \overline{QB}$, $\overline{AC} \perp \overline{QC}$. 射线 QI 与 $\overline{EF}$ 交于 P. 证明: $\overline{DP} \perp \overline{EF}$. **提示:** 362, 125, 578, 663. **答案:** 第278 页.

习题 8.31. (EGMO 2013/5) 设 $\triangle ABC$ 的外接圆为 Ω. 圆 ω 与边 AB, AC 相切, 并且内切 Ω 于 P. 经过 $\triangle ABC$ 内部的某直线平行于 BC 并且与 ω 相切于 Q. 证明: $\angle BAP = \angle QAC$. **提示:** 282, 449, 255, 143. **答案:** 第278 页.

习题 8.32. (俄罗斯 2009) $\triangle ABC$ 的外接圆为 Ω, $\angle A$ 的内角平分线交 $\overline{BC}$ 于 D, 交 Ω 于另一点 E. 以 $\overline{DE}$ 为直径的圆交 Ω 于另一点 F. 证明: $\overline{AF}$ 是 $\triangle ABC$ 的类似中线. **提示:** 594, 648, 321.

习题 8.33. (预选题 1997) 设不等边 $\triangle A_1 A_2 A_3$ 的内心为 I. 圆 C_i, $i = 1, 2, 3$ 是过 I 与 $A_i A_{i+1}, A_i A_{i+2}$ 相切的圆 (下角标模 3 考虑). 设 B_i, $i = 1, 2, 3$ 是圆 C_{i+1}, C_{i+2} 的另一个交点. 证明: $\triangle A_1 B_1 I, \triangle A_2 B_2 I, \triangle A_3 B_3 I$ 的外心共线. **提示:** 76, 242, 620, 561.

习题 8.34. (IMO 1993/2) 设 A, B, C, D 是平面上四个点, C, D 在直线 AB 的同一侧, 满足 $AC \cdot BD = AD \cdot BC$, $\angle ADB = 90° + \angle ACB$. 求比例 $\frac{AB \cdot CD}{AC \cdot BD}$, 并证明: 圆 (ACD) 和 (BCD) 正交. **提示:** 7, 384, 322, 3.

习题 8.35. (IMO 1996/2) 设点 P 在 $\triangle ABC$ 的内部, 满足

$$\angle APB - \angle ACB = \angle APC - \angle ABC.$$

设 D, E 分别是 $\triangle APB, \triangle APC$ 的内心. 证明: 直线 AP, BD, CE 共点. **提示:** 581, 638, 338, 341.

习题 8.36. (IMO 2015/3) 设锐角 $\triangle ABC$ 满足 $AB > AC$. 设 Γ 是其外接圆, H 是垂心, F 是 A 到 BC 的投影. 设 M 是 $\overline{BC}$ 的中点, Q 在 Γ 上, 满足 $\angle HQA = 90°$, K 在 Γ 上, 满足 $\angle HKQ = 90°$. 假设点 A, B, C, K, Q 两两不同, 并且在 Γ 上以这样顺序出现. 证明: (KQH) 和 (FKM) 相切. **提示:** 402, 673, 324, 400, 155. **答案:** 第279 页.

习题 8.37. (ELMO 预选题 2013) 设 ω_1, ω_2 是两个正交的圆, ω_1 的圆心为 O. ω_1 的直径 $\overline{AB}$ 满足 B 在 ω_2 的内部. 经过 O, A 的两个圆分别与 ω_2 相切于 F, G. 证明: 四边形 $FOGB$ 内接于圆. **提示:** 96, 353, 112. **答案:** 第279 页.

第 9 章　射影几何

射影几何涵盖了几何学的方方面面.

——阿瑟·凯莱[1]

在上一章我们研究了反演,这个变换能处理圆. 反演还很好地保持了关联关系,例如相交、相切. 射影几何学提供了一套有力的工具,它关注于点和线的关联关系. 如果一道题目主要处理了相交性、平行线、相切圆等元素,那么射影几何经常会好用.

9.1　平面的完备化

首先,我们添加无穷远处的一些点,来构造射影平面. 设想我们走在一个如图9.1A 的无限长廊中,中间停下来四处看了看. 图中的场景有一些平行线,例如地板的边界线. 但是这两条线在我们所画出的图上并不是真的平行,他们越来越趋向于同一个点. 这一组所有的平行线都趋向于水平线上的同一个点. 在图9.1B 上看它们也确实相交 (如图中的虚线). 如果再回到这些平行线所在的真实场景,它们看起来就像是相交于无限远的地方.

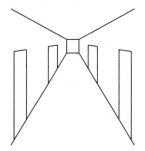

图 9.1A: 有几个门的无限长廊

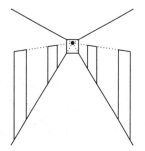

图 9.1B: 平行线真的平行吗?

---

[1]Arthur Cayley (1821—1895) 英国数学家,在非欧几何、线性代数、群论、高维几何中有建树. 著名的有关数学名词有:Cayley 数,就是八元数;线性代数中的哈密顿-凯莱定理;凯莱图;群论中的凯莱定理等.

实射影平面的定义就是用同样的想法. 在欧氏平面上的标准点 (我们称作**欧氏点**) 之外,对每组互相平行的直线,增加了一个**无穷远点**(我们可以想象成每个方向有一个无穷远点). 更精确地说,我们把欧氏平面的所有直线分成等价类 (称为**平行直线束**),其中两条直线等价当且仅当它们平行. 然后,对每个等价类添加一个无穷远点. 我们还增加了一条直线,称为**无穷远直线**,包含了所有的无穷远点.

这样修改以后,任何两条直线恰好相交于一点. 两条不平行的直线相交于一个欧氏点,两条平行的直线相交于对应的无穷远点. 这样,我们就不用再说比较拗口的"相交或平行"了 (例如定理2.9). 同时可以验证,过任何两个点 (欧氏点或者无穷远点) 恰好有一条直线 (可能是无穷远直线).

最后,本章我们都采用一种简便记法,对于四个点 A, B, C, D,用 $\overline{AB} \cap \overline{CD}$ 表示两条直线 AB 和 CD 的交点,有可能是无穷远点.

9.2 交比

交比是射影几何中的重要不变量. 给定四个共线的点 A, B, X, Y(可以有无穷远点),定义交比为

$$(A, B; X, Y) = \frac{XA}{XB} \div \frac{YA}{YB}.$$

这里的比例是有向的,约定和梅涅劳斯定理3.7 中一致;特别地,交比可以是负数! 当 A, B, X, Y 在数轴上时,我们可以写

$$(A, B; X, Y) = \frac{x - a}{x - b} \div \frac{y - a}{y - b}.$$

可以验证,$(A, B; X, Y) > 0$ 当且仅当线段 $\overline{AB}$ 和 $\overline{XY}$ 不相交或者一个包含于另一个. 我们一般都假定 $A \neq X, B \neq X, A \neq Y, B \neq Y$.

我们还可以对共点的四条直线定义交比,若 $\angle(l, m)$ 表示两条直线 l, m 之间的夹角,则定义

$$(a, b; x, y) = \pm \frac{\sin \angle(x, a)}{\sin \angle(x, b)} \div \frac{\sin \angle(y, a)}{\sin \angle(y, b)}.$$

这个符号的选择和四个点的情形类似:若直线 a, b 形成的四个角之一同时不包含 x, y,则 $(a, b; x, y)$ 为正,否则为负.

设共线四点 A, B, X, Y 分别在共点 (设为 P) 四线 a, b, x, y 上,我们记

$$P(A, B; X, Y) = (a, b; x, y).$$

这个结构 $P(A, B; X, Y)$ 称为**直线束**,如图9.2A.

你可能已经猜到了,上面三角形式的交比中的符号规定就是为了使下面的定理成立.

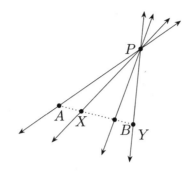

图 9.2A: 实际上 $P(A, B; X, Y) = (A, B; X, Y)$

定理 9.1. (透视交比不变)假设 $P(A, B, X, Y)$ 是一个直线束. 若 A, B, X, Y 共线,则:

$$P(A, B; X, Y) = (A, B; X, Y).$$

证明 只需在 $\triangle XPA, \triangle XPB, \triangle YPA, \triangle YPB$ 中应用正弦定理计算,有多个构型需要检验,不过证明过程都没差别. □

我们还可以定义圆上四个点的交比如下:

定理 9.2. (共圆四点的交比) 设 A, B, X, Y 四点共圆,若 P 是外接圆上任意一点,则 $P(A, B; X, Y)$ 不依赖于 P. 进一步

$$P(A, B; X, Y) = \pm \frac{XA}{XB} \div \frac{YA}{YB},$$

其中,若 $\overline{AB}, \overline{XY}$ 不相交,则符号为正,否则为负.

不变性可由圆周角定理得到. 因此,任取 P 在圆上,均可定义圆上四点的交比为 $P(A, B; X, Y)$. 正弦定理说明,交比由比例 $\frac{XA}{XB} \div \frac{YA}{YB}$ 给出,留作练习.

我们为什么关心透视性质?考虑图9.2B 的情况. 给了两条直线 l, m,点 A, B, X, Y 在 l 上. 我们可以任选点 P,然后考虑直线 PA, PB, PX, PY 和 m 的交点,分别设为 A', B', X', Y',则:

$$(A, B; X, Y) = P(A, B; X, Y) = P(A', B'; X', Y') = (A', B' : X', Y').$$

这说明,我们可以将 $(A, B; X, Y)$ 从 l 投射到 m. 这称为在点 P 的**透视**,经常记为

$$(A, B; X, Y) \stackrel{P}{=} (A', B'; X', Y').$$

如果 P, A, X, B, Y 共圆,那么可以用同样的技巧处理,这时我们可以将其投射到一条直线上. 反过来,给了直线上的 $(A, B; X, Y)$,我们可以将其从点 P 拉回到

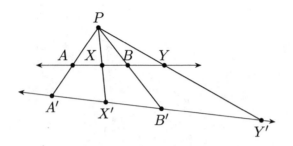

图 9.2B: 在点 P 透视

过 P 的一个圆上, 如图9.2C. 重要的事情是, 这些操作都保证了交比 $(A, B; X, Y)$ 不变.

由于交比在这些操作下不变, 它非常适合处理有很多相交性的题目. 还可以重复应用透视, 跟踪交比变化来做题. 我们在后续的例子中会看到更多的例子.

下一节我们研究交比中最重要的一种情形, 调和点列.

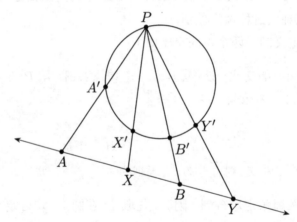

图 9.2C: 从一条直线透视到过 P 的圆上

本节习题

习题 9.3. 验证

$$(A, B; X, Y) = (B, A; X, Y)^{-1} = (A, B; Y, X)^{-1} = (X, Y; A, B)$$

对任何四个不同点 A, B, X, Y 成立.

习题 9.4. 设 A, B, X 是不同的三个共线点, k 是实数. 证明: 存在唯一的一点 Y (可能在无穷远点) 满足 $(A, B; X, Y) = k$. 提示: 287.

习题 9.5. 在图9.2A 中, $P(A, B; X, Y)$ 是正还是负? 提示: 83.

习题 9.6. 设 A, B, X 是共线三点, P_∞ 是这条线上的无穷远点, 求 $(A, B; X, P_\infty)$. 提示:666.

习题 9.7. 给出定理9.2 的证明.

9.3 调和点列

交比中最重要的情形是 $(A, B; X, Y) = -1$, 此时我们称 $(A, B; X, Y)$ 是**调和点列**, 或者只说它们是**调和的**. 进一步, 若共圆四点满足 $(A, B; X, Y) = -1$, 则称四边形 $AXBY$ 是**调和四边形**.

注意到, 若 $(A, B; X, Y) = -1$, 则 $(A, B; Y, X) = (B, A; X, Y) = -1$. 我们有时也称 Y 是 X 关于 $\overline{AB}$ 的**调和共轭**. 从名字所暗示的意思来看, Y 是唯一的, 并且 Y 的调和共轭又回到 X.

调和点列在很多构型中自然出现, 因此非常重要, 我们给出四个例子.

下面的引理9.8 证明起来很普通, 但是它给了我们一种处理中点的新方法, 特别是当中点和平行线同时出现的时候, 多想想这个引理.

引理 9.8. (中点和平行线) 给定点 A, B, 设 M 是 $\overline{AB}$ 的中点, P_∞ 是直线 AB 上的无穷远点. 则 $(A, B; M, P_\infty)$ 是调和点列.

下一个引理 (如图9.3A) 用圆的切线描述了调和四边形.

引理 9.9. (调和四边形) 设 ω 是圆, P 在圆外. $\overline{PX}, \overline{PY}$ 与 ω 相切, 过 P 的直线与 ω 交于 A, B, 则:

(a) 四边形 $AXBY$ 是调和四边形.

(b) 若 $Q = \overline{AB} \cap \overline{XY}$, 则 $(A, B; Q, P)$ 是调和点列.

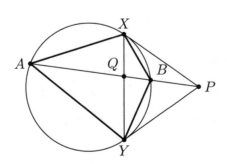

图 9.3A: 一个调和四边形; $(A, B; Q, P)$ 也调和

证明 我们使用类似中线. 我们从引理4.26 得到 $\dfrac{XA}{XB} = \dfrac{YA}{YB}$, 然后根据构造过程 $(A, B; X, Y)$ 是负的. 这样得到 $AXBY$ 是调和四边形.

要证 $(A, B; Q, P)$ 是调和的, 只需作透视

$$(A, B; X, Y) \stackrel{X}{=} (A, B; Q, P).$$

这里我们从 X 把圆透视到直线 AB 上, 注意到此时的直线 XX 实际上是 ω 的切线. (用极限方法来看到这一点, 设透视点 X' 在圆上并且逐渐接近 X, 看直线 $X'X$ 的极限.) $\qquad\square$

这个引理也说明在 A, B 处的切线的交点在直线 XY 上. (为什么?)

一个特殊的情况是当 $\overline{AB}$ 是 ω 的一个直径时, 则 P, Q 在关于 ω 的反演下互逆. 具体地说, 我们有如下的命题.

命题 9.10. (反演中的调和点列)设 P 是直线 $\overline{AB}$ 上一点, P^* 是 P 关于以 $\overline{AB}$ 为直径的圆的反演像, 则 $(A, B; P, P^*)$ 是调和点列.

引理9.11 和9.12不包含任何的圆, 后者可由前者得到.

引理 9.11. (塞瓦线中的调和点列) 如图9.3B, 设 $\triangle ABC$ 是一个三角形, 塞瓦线 $\overline{AD}, \overline{BE}, \overline{CF}$ 共点 (D, E, F 可能在边的延长线上), 直线 EF 与 BC 交于 X (可以是无穷远点). 证明: $(X, D; B, C)$ 是调和点列.

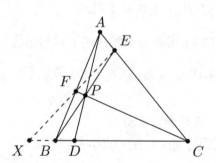

图 9.3B: 塞瓦定理和梅涅劳斯定理给出 $(X, D; B, C) = -1$

证明 对图9.3B 使用塞瓦定理和梅涅劳斯定理的有向形式. $\qquad\square$

引理 9.12. (完全四边形中的调和点列)设 $ABCD$ 是四边形, 对角线交于 K. 直线 AD 和 BC 交于 L, 直线 KL 分别交 $\overline{AB}, \overline{CD}$ 于 M, N. 则 $(K, L; M, N)$ 是调和点列.

证明 如图9.3C, 设 $P = \overline{AB} \cap \overline{CD}, Q = \overline{PK} \cap \overline{BC}$. 根据引理9.11, $(Q, L; B, C) = -1$. 透视到目标直线, 得到

$$-1 = (Q, L; B, C) \stackrel{P}{=} (K, L; M, N).$$

$\qquad\square$

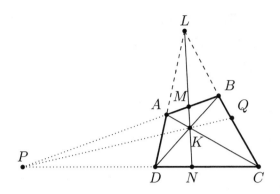

图 9.3C: $(K, L; M, N)$ 是调和点列

调和点列可以让我们从上面的构型之一变到另外一个. 作为例子,我们再次考察题4.45.

例 9.13. (USATST 2011/1) 如图9.3D,锐角 $\triangle ABC$ 中,D, E, F 分别是 BC, CA, AB 上的高的垂足,H 是垂心.点 P, Q 在线段 $\overline{EF}$ 上,满足 $\overline{AP} \perp \overline{EF}$, $\overline{HQ} \perp \overline{EF}$. 直线 DP, QH 相交于 R. 计算 $\frac{HQ}{HR}$.

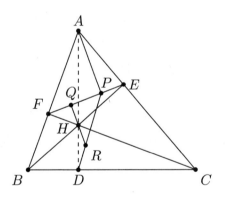

图 9.3D: USATST 2011/1

我们可能马上想把这道题弃之为无趣的题目. 答案是 1;题目就是引理4.9应用到 $\triangle DEF$. 然而,发现这道题目有一个用射影几何的快速证明.

记得引理9.8吗?我们确实有一个中点 ($\overline{QR}$ 的中点是 H) 和平行线 ($\overline{AP} /\!/ \overline{QR}$),因此我们在点 P 透视. 确切地说,设 P' 是 $\overline{AP}, \overline{QR}$ 上的无穷远点,则:

$$(Q, R; H, P') \overset{P}{\doteq} (\overline{QP} \cap \overline{AD}, D; H, A).$$

如果能证明后者是调和点列,那么就证完了. 而后者是调和点列就是引理9.12!

当然,我们会从后往前写出证明如下.

证明 根据引理9.12, $(A, H; \overline{AD} \cap \overline{EF}, D) = -1$. 从点 P 透视得到 $(P', H; Q, R) = -1$, 其中 P' 是平行线 AP, QR 上的无穷远点. 因此 $\frac{HQ}{HR} = -1$(这里是有向线段比值, 题目最终要求长度比值是 1). □

本节习题

习题 9.14. 检验引理9.11, 9.18 证明的细节.

习题 9.15. 在坐标平面上, 点 $A = (-1, 0)$, $B = (1, 0)$, $X = \left(\frac{1}{100}, 0\right)$, $Y = (m, 0)$ 构成调和点列 $(A, B; X, Y) = -1$, 求 m. **提示**: 334.

习题 9.16. 如图9.3E, 证明习题1.43 可以从本章的工具马上得到. **提示**: 107, 687, 607, 451, 520.

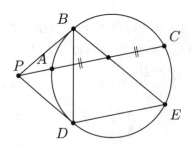

图 9.3E: 用调和点列解 JMO 2011/5, 习题1.43

引理 9.17. 点 A, X, B, P 依次在直线上, $(A, B; X, P) = -1$. 设 M 是 $\overline{AB}$ 的中点. 证明: $MX \cdot MP = \left(\frac{1}{2}AB\right)^2$, $PX \cdot PM = PA \cdot PB$. **提示**: 41, 557.

9.4 阿波罗尼斯圆

还有一个自然产生调和点列的构型. 首先我们先要叙述一个引理, 如图9.4A.

引理 9.18. (内外角平分线)设 X, A, Y, B 依次是共线四点, C 是直线外一点. 则下面任何两个条件推出第三个.

(i) $(A, B; X, Y)$ 是调和点列.

(ii) $\angle XCY = 90°$.

(iii) $\overline{CY}$ 平分 $\angle ACB$.

证明 有一个直接的三角证明, 但是这里我们给出纯几何方法. 过 Y 作 $\overline{CX}$ 平行线, 分别交 CA, CB 于 P, Q. 因为 $\triangle XAC \sim \triangle YAP$ 以及 $\triangle XBC \sim \triangle YBQ$, 我

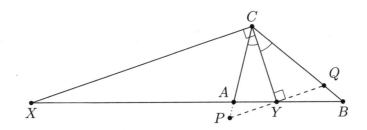

图 9.4A: $\overline{CX}$ 和 $\overline{CY}$ 分别是内外角平分线

们得到

$$PY = \frac{AY}{AX} \cdot CX \text{ 和 } QY = \frac{BY}{BX} \cdot CX.$$

因此 $PY = QY$ 当且仅当 $(A, B; X, Y) = -1$. 现在题目条件中的任何两个都得到 $\triangle CYP$ 和 $\triangle CYQ$ 全等,然后推出第三个条件. □

除了这个引理本身的用处,它还可以导出所谓的**阿波罗尼斯圆**,把角度和比例联系起来,其叙述如下.

定理 9.19. (阿波罗尼斯圆) 设 $\overline{AB}$ 是线段,$k \neq 1$ 是正实数,则满足 $\frac{CA}{CB} = k$ 的点 C 的轨迹是某个直径在直线 $\overline{AB}$ 上的圆.

这就是引理9.18 的重述,将全等的角用角平分线定理转化为比例条件. 下面是细节,如图9.4B.

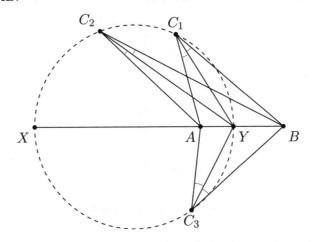

图 9.4B: 阿波罗尼斯圆

证明 首先,设 X, Y 是直线 AB 上的两个点,满足

$$\frac{XA}{XB} = \frac{YA}{YB} = k.$$

不妨设 Y 在线段 $\overline{AB}$ 上.

现在对于任何的点 C, 根据角平分线定理, 条件 $\frac{CA}{CB} = k$ 等价于 $\angle ACY = \angle BCY$. 因此根据引理9.18 等价于 $\angle XCY = 90°$, 这样就发现了阿波罗尼斯圆 (以 $\overline{XY}$ 为直径). $\qquad\square$

本节习题

习题 9.20. 在图9.4B 的记号中, 经过 A 由 $\overline{XY}$ 得到的阿波罗尼斯圆是什么? **提示**: 411, 70.

习题 9.21. 验证当 k 变化时, 得到的圆都是共轴的[1]. **提示**: 315, 147.

引理 9.22. (角平分线上的调和点列)设 $\triangle ABC$ 的内心为 I, A-旁心为 I_A, 证明:

$$(I, I_A; A, \overline{AI} \cap \overline{BC}) = -1.$$

9.5 极点、极线和布洛卡定理

射影和反演与极点、极线的概念密切相关.

如图9.5A, 固定圆 ω, 设圆心为 O, 点 P 是任意点. 设 P^* 是 P 关于 ω 的反演点. 点 P (可以是无穷远点, 但不同于 O) 的**极线**是经过 P^* 与 $\overline{OP}$ 垂直的线. 当 P 在圆外时, 极线经过 P 到 ω 两条切线的切点. 点 O 的极线是无穷远直线.

类似地, 给定不通过 O 的直线 l, 定义它的**极点**[2]为以 l 为极线的点 P.

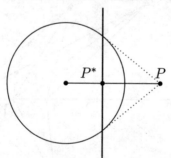

图 9.5A: 点 P 的极线如图

首先, 一个有用的结果是下面的定理.

定理 9.23. (La Hire 定理)点 X 在点 Y 的极线上当且仅当点 Y 在点 X 的极线上.

---

[1]事实上, 任何不相交的共轴圆可以看成阿波罗尼斯圆

[2]英文的名词中, 极点为 pole, 极线为 polar, 二者书面意思很容易混淆, 把较短的"pole"定义为点, 较长的"polar"定义为线, 因为"点"比"线"小. 中文名词显然不会混淆

证明 留作练习,只需使用相似三角形. □

La Hire 定理显示了一种对偶性:可以把点对应为线,线对应为点,共线条件变成共点条件. 只需把每个点换成它的极线,每条线换成它的极点,这个对应称为**配极变换**[1]

现在可以陈述一个重要的结果,把极线、极点和调和点列联系起来.

命题 9.24. 如图9.5B,设 $\overline{AB}$ 是圆 ω 的一条弦,点 P, Q 在直线 AB 上. 则 $(A,B;P,Q) = -1$ 当且仅当 Q 在 P 的极线上.

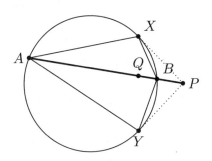

图 9.5B: 又是调和四边形

证明 只考虑 P 在 ω 外,Q 在 ω 内的情形. 作 ω 的切线 $\overline{PX}$,$\overline{PY}$. 引理9.9 得到

$$(A,B;P,\overline{XY} \cap \overline{AB}) = -1,$$

所以 Q 在 P 的极线上 (即直线 XY) 当且仅当 $(A,B;P,Q) = -1$. □

现在可以叙述一个关于圆内接四边形的深刻的定理,它显示了每个圆内接四边形中都暗藏了三对极点和极线.

定理 9.25. (布洛卡定理) 如图9.5C,设四边形 $ABCD$ 内接于圆,O 是此圆圆心. 设 $P = \overline{AB} \cap \overline{CD}$,$Q = \overline{BC} \cap \overline{DA}$,$R = \overline{AC} \cap \overline{BD}$. 则 P,Q,R 分别是 QR,RP, PQ 的极点. 特别地,O 是 $\triangle PQR$ 的垂心.

我们这时说 $\triangle PQR$ 关于 ω 是**自配极**的,因为它的每条边是相对顶点的极线.

现在我们欣赏一下布洛克定理的魅力. 在题目假设中,没有出现任何 "极线、极点、调和、射影" 之类的词汇. 我们本可以在第 1 章就叙述这个定理——只需取一个任意的圆内接四边形,然后画出边和对角线的一些交点即可——结果,突然就有了一个垂心! 看起来不可能这么好. 这个定理突显了射影几何适合处理的问题特点:有很多交点或者少数几个圆.

---

[1]配极变换不是像平移、旋转、反演那样的平面上点变成点的变换,可以说,它只定义了点和线分别变成什么——译者注

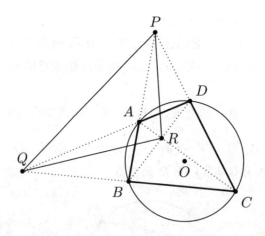

图 9.5C: 补全圆内接四边形所获得的 $\triangle PQR$ 是自配极的

关于定理的证明, 思想是观察到布洛克定理和引理9.11 非常像.

证明 首先, 我们证明 Q 是直线 PR 的极点. 定义点 $X = \overline{AD} \cap \overline{PR}, Y = \overline{BC} \cap \overline{PR}$, 如图9.5D. 根据引理9.11, $(A,D;Q,X)$ 和 $(B,C;Q,Y)$ 都是调和点列.

因此根据命题9.24, X, Y 都在 Q 的极线上, 这条极线就是直线 XY, 也就是直线 PR.

同理可以证明, P 是直线 QR 的极点, R 是 PQ 的极点; 射影几何不受构型的影响. (这也是我们喜欢无穷远点的原因.) 这样 $\triangle PQR$ 确实是自配极的. 最后, 极线的定义给出 O 是 $\triangle PQR$ 的垂心, 完成了证明. □

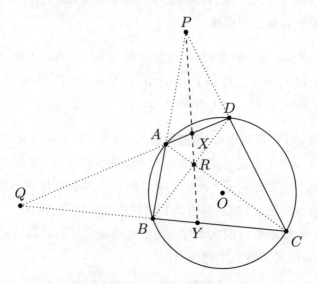

图 9.5D: $\triangle PQR$ 是自配极的

本节习题

习题 9.26. 证明 La Hire 定理9.23.

引理 9.27. (自配极的正交性)设有圆 ω, 点 P, Q 满足 P 在 Q 的极线上 (因此 Q 也在 P 的极线上). 证明:以 $\overline{PQ}$ 为直径的圆 Γ 与 ω 正交. 提示:616.

习题 9.28. 设 $\triangle ABC$ 是不等边锐角三角形, H 是内部一点, 满足 $\overline{AH} \perp \overline{BC}$. 射线 BH, CH 分别交 $\overline{AC}, \overline{AB}$ 于 E, F. 证明:若四边形 $BFEC$ 内接于圆, 则 H 是 $\triangle ABC$ 的垂心. 提示:492,52.

9.6 帕斯卡定理

帕斯卡定理和前面定理的风格不同, 但是在类似的情况下适用. 它处理了圆上的很多点以及它们所引出直线的交点. 下面是叙述[1], 证明参考例7.27. 当然, 还有很多别的证明.

定理 9.29. (帕斯卡定理) 设 $ABCDEF$ 是圆内接六边形, 可能自交, 则点 $\overline{AB} \cap \overline{DE}, \overline{BC} \cap \overline{EF}, \overline{CD} \cap \overline{FA}$ 共线.

注意, 由于六个点顺序的不同, 帕斯卡定理可能看起来差别很大. 图9.6A 给出了帕斯卡定理可能表现出的四个不同构型. 把六边形的连续两个顶点取成相同的顶点经常有用. 于是"边" AA 退化成圆在点 A 的切线[2]. 这个技巧在例9.38 的解答中用到.

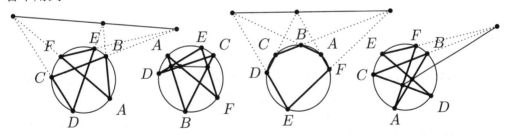

图 9.6A: 帕斯卡定理的多个构型

作为一个应用的例子, 我们重新看看引理4.40 的第一部分, 然后用帕斯卡定理给出一个简短的证明.

---

[1]若把圆改成圆锥曲线, 则逆定理也对, 见下一节关于射影变换的内容.

[2]可以这样想: $\overline{XY}$ 是与圆相交于 X, Y 点的直线. 所以 $\overline{AA}$ 是与圆相交于 A 和 A 的直线, 因此在点 A 相切.

例 9.30. 设 $\triangle ABC$ 内接于圆，A-伪内切圆与 $\overline{AB},\overline{AC}$ 分别相切于 K,L. 证明：$\triangle ABC$ 的内心是 $\overline{KL}$ 的中点.

证明 显然 $\overline{AI}$ 平分 $\overline{KL}$（因为 $AK=AL,\angle KAI=\angle IAL$），因此只需证明 K,I,L 共线即可.

如图9.6B，根据引理4.33，M_C,K,T 共线，其中 M_C 是弧 $\overset{\frown}{AB}$ 不包含 C 的中点. 特别地，C,I,M_C 共线. 类似地，$\overset{\frown}{AC}$ 的中点 M_B 在直线 BI 和 LT 上. 现在，应用帕斯卡定理于六边形 ABM_BTM_CC 就得到结论. $\qquad\square$

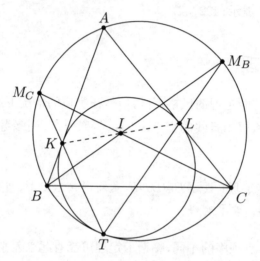

图 9.6B：关于 A-伪内切圆应用帕斯卡定理

一个更引人注目的例子是下面的习题9.32.

本节习题

习题 9.31. 设 $\triangle ABC$ 的外接圆为 Γ. 设 X 是直线 BC 与 Γ 在点 A 切线的交点. 类似地定义 Y,Z. 证明：X,Y,Z 共线. **提示**：378.

习题 9.32. 对圆内接四边形 $ABCD$ 应用帕斯卡定理到 $AABCCD$ 和 $ABBCDD$，我们发现了什么？**提示**：421,473,309.

9.7 射影变换

这一节只是一个深刻主题的简要介绍，需要了解进一步的内容的读者，可以阅读文献 [7] 的最后一章.

偶尔, 我们会碰到一个纯射影几何的问题. 主要的意思是, 题目的叙述中只包含了相交、相切以及几个圆. 这种情况非常稀少, 真的出现的时候, 题目经常可以用**射影变换**来处理.

射影变换非常一般形式的变换. 它们被定义为所有将直线变成直线, 圆锥曲线变成圆锥曲线 (不需要保持任何其他性质) 的变换, 如图9.7A. 其中, **圆锥曲线**是平面上的二次曲线, 一般由上面的五个点决定. 更精确地叙述, 一条圆锥曲线是 xy-平面上的曲线, 其方程形式为

$$Ax^2 + Bxy + Cy^2 + Dx + Ey + F = 0,$$

方程可扩展到包含可能的无穷远点 (例如双曲线的渐近线对应的无穷远点在双曲线上). 圆锥曲线包括抛物线、双曲线和椭圆 (圆是椭圆的特例). 对于我们经常考虑的内容, 只需知道圆是圆锥曲线即可.

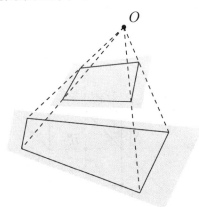

图 9.7A: 一个射影变换的例子

一个变换只保持了这么少的东西, 我们为什么考虑它? 这样做的好处在下一个定理中叙述, 我们没有给出证明, 这个定理使我们可以广泛地利用射影变换.

定理 9.33. (射影变换) 下面的每一条都可以通过唯一的射影变换完成.

(a) 选择四个点 A, B, C, D (无三点共线) 将其变成任意指定的其他四个点 W, X, Y, Z (无三点共线).

(b) 把一个圆上的每点保持不动, 同时把圆内的一个指定点 P 变成圆内的另一个指定点 Q.

(c) 把一个圆上的每点保持不动, 同时把圆外的任何一条指定直线变成无穷远直线.

进一步, 射影变换保持任何共线四点的交比不变. 若共圆的四点变换后依旧共圆, 则它们的交比也不变.

这个技巧的强大可以通过一个例子很好地说明.

例 9.34. 设 $ABCD$ 是四边形, 定义点 $P = \overline{AB} \cap \overline{CD}$, $Q = \overline{AD} \cap \overline{BC}$, $R = \overline{AC} \cap \overline{BD}$. 设 X_1, X_2, Y_1, Y_2 分别表示 $\overline{PR} \cap \overline{AD}, \overline{PR} \cap \overline{BC}, \overline{QR} \cap \overline{AB}, \overline{QR} \cap \overline{CD}$. 证明: 直线 $X_1 Y_1, X_2 Y_2, PQ$ 三线共点.

如果没发现这道题目是纯射影几何的, 它就会看起来很可怕. 纯射影几何的题目意味着我们可以做一些方便的假设——我们只需用一个射影变换把四边形 $ABCD$ 变成正方形 $A'B'C'D'$.

证明 根据定理9.33, 可以用射影变换把 $ABCD$ 变成正方形, 记为 $A'B'C'D'$. 因为射影变换保持交点, P' 是直线 $A'B'$ 和 $D'C'$ 的交点, 类似地定义剩下的点.

题目现在是平凡的: 如图9.7B, P' 和 Q' 变成无穷远点, X_1', X_2', Y_1', Y_2' 都是边的中点. 因此 $X_1'Y_1'$ 和 $X_2'Y_2'$ 的交点是另一个无穷远点 (因为这两条线平行). 这样 $P', Q', \overline{X_1'Y_1'} \cap \overline{X_2'Y_2'}$ 都在无穷远直线上. □

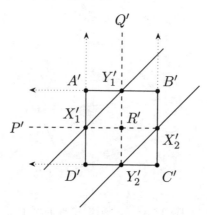

图 9.7B: 把四边形 $ABCD$ 变成正方形, 题目就简单了

我们甚至可以用这个技巧来处理看起来不是纯射影几何的问题, 只要条件可以用交比重新叙述. 例如著名的蝴蝶定理.

定理 9.35. (蝴蝶定理) 如图9.7C, 设 $\overline{AB}, \overline{CD}, \overline{PQ}$ 是一个圆中交于一点 M 的三条弦. 设 $X = \overline{PQ} \cap \overline{AD}, Y = \overline{PQ} \cap \overline{BC}$. 若 $MP = MQ$, 则 $MX = MY$.

证明 题目里除了中点条件, 看起来是纯射影几何问题. 为了处理这个条件, 我们在直线 PQ 上添加无穷远点, 于是条件变为 $(P, Q; P_\infty, M) = -1$, 目标变为 $(X, Y; P_\infty, M) = -1$.

用交比将条件重写以后, 题目变成纯射影几何问题! 我们取射影变换, 把 M 变成圆心, 记为 M'. 于是 $\overline{P'Q'}$ 是直径. 因为我们有交比 $(P', Q'; P_\infty', M') = -1$ 保持不变, P_∞' 还是无穷远点. 因此只需说明 M' 是 $\overline{X'Y'}$ 的中点.

此外,当 M 是圆心的时候,只需看到对称性即可.因此 $(X', Y'; P'_\infty, M') = -1$,
进而也有 $(X, Y; P_\infty, M) = -1$. □

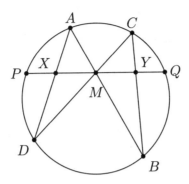

图 9.7C: 蝴蝶定理

本节习题

习题 9.36. 用射影变换给出引理9.9 的一个简单证明. **提示:** $183, 218, 231$.

习题 9.37. 用射影变换给出引理9.11 的一个简单证明. **提示:** $333, 595$.

9.8 综合例题

我们给出两个例题. 首先我们考虑第 51 届 IMO 的一道题.

例 9.38. (IMO 2010/2) 如图9.8A,设 I 是 $\triangle ABC$ 的内心,Γ 是其外接圆. 设
直线 AI 与 Γ 相交于 D. 点 E 在弧 $\overset{\frown}{BDC}$ 上,F 在边 BC 上,满足 $\angle BAF =$
$\angle CAE < \frac{1}{2}\angle BAC$. 最后,设 G 是 $\overline{IF}$ 的中点. 证明:$\overline{DG}$ 和 $\overline{EI}$ 相交于 Γ 上一
点.

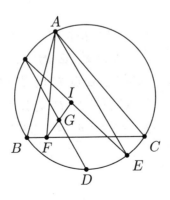

图 9.8A: 例9.38

189

如图9.8B,我们先把 $\overline{AF}$ 延长,与 Γ 相交于第二点 F_1;显然 $\overline{F_1E}\,/\!/\,\overline{BC}$. 设 K 是 $\overline{EI}$ 与 Γ 的第二个交点. 我们的目标是证明 $\overline{DK}$ 平分 IF.

看到圆上有很多的点和各种交点,促使我们尝试帕斯卡定理,看看能不能找到一些有趣的结果. 具体来说,我们有 $I = \overline{AD}\cap\overline{KE}$, $\overline{DD}\cap\overline{EF_1}$ 是无穷远点, $F = \overline{AF_1}\cap\overline{BC}$. 为了把这些点用帕斯卡定理联系,我们通过试错发现使用六边形 AF_1EKDD 即可.

帕斯卡定理现在给出 $\overline{AF_1}\cap\overline{KD}$,无穷远点 $\overline{F_1E}\cap\overline{DD}$ 和内心 $I = \overline{DA}\cap\overline{KE}$ 共线. 也就是说,如果设 $P = \overline{AF_1}\cap\overline{KD}$,那么有 $\overline{IP}\,/\!/\,\overline{EF_1}\,/\!/\,\overline{BC}$.

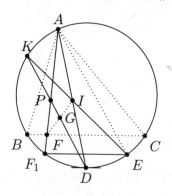

图 9.8B: 应用帕斯卡定理

引入点 P 以后,我们现在可以省略点 E, F_1, K. 也就是说,我们现在可以把题目重新表述如下.

> 设 $\overline{AF}$ 是 $\triangle ABC$ 的塞瓦线,P 是 $\overline{AF}$ 上一点,$\overline{IP}\,/\!/\,\overline{BC}$. 若 D 是 $\overset{\frown}{BC}$ 不包含 A 的中点,则 $\overline{DP}$ 平分 IF.

这就简单多了,现在可以用重心坐标来完成题目. 这至少意味着我们的做法是有效的,所以接下来怎么做?

看到了中点,我们考虑在点 I 的 2 倍位似,这就很方便地得到了 A-旁心 I_A. 现在只需证明,若 $Z = \overline{I_AF}\cap\overline{IP}$,则 P 是 $\overline{IZ}$ 的中点. 看到中点和平行线,我们想到用调和点列 (想到引理9.8). 实际上,在点 F 透视就解决了问题,如图9.8C,.

证明 设 $\overline{EI}$ 与 Γ 交于第二点 K,$\overline{AF}$ 与 Γ 交于第二点 F_1. 设 I_A 是 A-旁心, $P = \overline{DK}\cap\overline{AF}$,$Z = \overline{IP}\cap\overline{I_AF}$. 在六边形 AF_1EKDD 上应用帕斯卡定理,我们看到 $\overline{IP}\,/\!/\,\overline{BC}$.

根据引理9.22 有

$$-1 = (I, I_A; A, \overline{AI}\cap\overline{BC}) \overset{F}{=} (I, Z; P, \overline{BC}\cap\overline{IP}).$$

因为 $\overline{IP}\parallel\overline{BC}$, 所以 P 是 $\overline{IZ}$ 的中点, 取点 I 的一个位似就得到结论. □

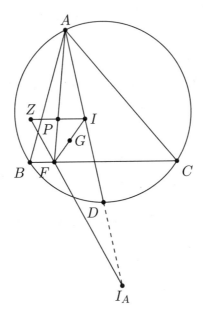

图 9.8C: 用调和点列完成最后的问题

我们下一个例子是某年亚太数学奥林匹克竞赛的最后一题, 它有很多不同的射影几何解法, 我们这里给出三个.

例 9.39. (APMO 2013/5) 如图9.8D, 设四边形 $ABCD$ 内接于圆 ω, P 是 $\overline{AC}$ 延长线上一点, 满足 $\overline{PB}$ 和 $\overline{PD}$ 与 ω 相切. 点 C 处的切线分别与 $\overline{PD},\overline{AD}$ 相交于 Q,R. 设 E 是 $\overline{AQ}$ 和 ω 的另一个交点. 证明: B,E,R 共线.

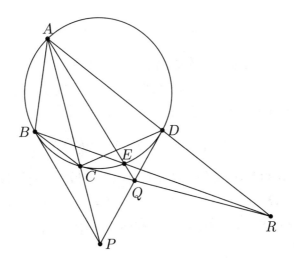

图 9.8D: APMO 2013/5

从图中我们马上看出引理9.9 出现两次：四边形 $ACED$ 和 $ABCD$ 都是调和四边形．这促使我们首先尝试用射影几何，这里面有很多的相交和相切，条件用调和点列可以自然描述．

为了把各种元素放在射影几何工具的框架中，我们设 E' 是 BR 和 ω 的另一个交点．则只需证明 $ACE'D$ 是调和四边形（而不是证明三点共线）．我们应该怎么做呢？我们想要证明 $(A, E'; C, D) = -1$．有没有哪个点用来透视比较好？经过尝试，发现 B 看起来不错，能很好地处理其他点，更重要的是可以处理 E'．

因为要处理 E'，所以选择透视到直线 CR 上，于是得到

$$(A, E'; C, D) \overset{B}{\doteq} (\overline{AB} \cap \overline{CR}, R; C, \overline{BD} \cap \overline{CR}).$$

利用 $ABCD$ 是调和四边形，设 $T = \overline{BD} \cap \overline{CR}$，则 T 是点 A, C 处切线的交点．点 T 和四边形 $ABCD$ 联系紧密，看起来不错，如图9.8E．

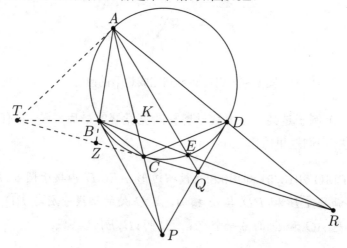

图 9.8E：例9.39 只用调和点列的解法

此外，我们可能需要在下一次透视中清除 $\overline{AB} \cap \overline{CR}$．因为已经在点 B 透视过，这次试试用在点 A 的透视（否则又回到之前了）．现在透视目标直线的最合理选择是 BD．设 $Z = \overline{AB} \cap \overline{CR}$，我们有

$$(Z, R; C, T) \overset{A}{\doteq} (B, D; \overline{AC} \cap \overline{BD}, T).$$

根据引理9.9 这是调和的，因此经过两个透视我们就做完了这道题．

证明一 设 $T = \overline{BD} \cap \overline{CR}$，$K = \overline{AC} \cap \overline{BD}$，$Z = \overline{AB} \cap \overline{CR}$，设 E' 是 $\overline{BR}$ 与 ω 的第二个交点．因为四边形 $ABCD$ 是调和的，所以在点 C 透视得到 $(T, K; B, D)$ 是调和点列，进而

$$-1 = (T, K; B, D) \overset{A}{\doteq} (T, C; Z, R) \overset{B}{\doteq} (D, C; A, E').$$

但是四边形 $DACE$ 也是调和的, 因此 $E = E'$. ☐

第二个解法将问题在类似中线的框架内理解 (见引理4.26). 我们把 $\overline{DB}$ 和 $\overline{AE}$ 看成 △ACD 的类似中线. 马上我们就可以完全忽略点 P 和 Q. 另一方面, 我们可能需要添加 △ACD 的陪位重心 K, 是 $\overline{DB}$ 和 $\overline{AE}$ 的交点, 如图9.8F.

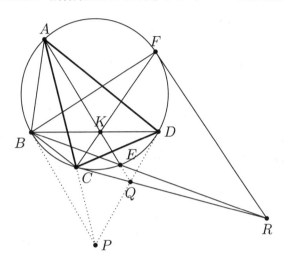

图 9.8F: 用类似中线来解决例9.39

现在点 R 怎么办? 这是点 C 处切线与直线 AD 的交点. 再使用引理9.9, 我们设 F 是 ω 上不同于 C 的点, 使得 $\overline{RF}$ 与 ω 相切, 因此 $ACDF$ 是调和四边形. 所以 $\overline{CF}$ 也是类似中线, 这样完成了陪位重心的图形, 特别地, K 在 $\overline{CF}$ 上.

现在根据布洛卡定理, $\overline{BE} \cap \overline{AD}$ 是 $\overline{AD}$ 上也在 $K = \overline{BD} \cap \overline{AE}$ 的极线上的点, 只能是 R.

证明二 设 $K = \overline{AE} \cap \overline{BD}$ 是 △ACD 的陪位重心. 设 F 是射线 CK 与 (ACD) 的第二个交点. 注意到陪位重心, 我们得到三个调和四边形 $ACED, ABCD, ACDF$.

在调和四边形 $ACDF$ 中, 根据引理9.9, 我们注意到 R 的极线是 $\overline{CF}$. 因为 $\overline{CF}$ 包含 K, 所以 K 的极线包含 R. 现在根据布洛卡定理, 直线 BE 和 $\overline{AD}$ 的交点也在 K 的极线上, 这个交点只能是 R(否则直线 AD 上有 K 的极线上两个点), 因此 B, E, R 共线. ☐

最后一个解答——注意到题目是纯射影几何的.

取射影变换保持 ω 不变, 把 $\overline{AC} \cap \overline{BD}$ 变成圆心. 则四边形 $ABCD$ 是矩形. 现在 $ABCD$ 是调和四边形, 必然是正方形, 如图9.8G. 因此 P 是 $\overline{AB} /\!/ \overline{CD}$ 方向上的无穷远点, 题目到这里就比较容易了.

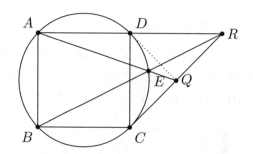

图 9.8G: 用射影变换把 $ABCD$ 变成正方形

9.9 习题

引理 9.40. (内切圆极线)设 $\triangle ABC$ 的切触三角形是 $\triangle DEF$, 内心为 I. 直线 EF 和 BC 交于 K. 证明: $\overline{IK} \perp \overline{AD}$. **提示**: 351, 689. **答案**: 第 280 页.

定理 9.41. (迪沙格定理) 设 $\triangle ABC$ 和 $\triangle XYZ$ 是射影平面上的两个三角形. 若直线 $\overline{AX}, \overline{BY}, \overline{CZ}$ 共点 (可以是无穷远点), 则称两个三角形**关于某点透视**. 若 $\overline{AB} \cap \overline{XY}, \overline{BC} \cap \overline{YZ}, \overline{CA} \cap \overline{ZX}$ 共线, 则称这两个三角形**关于某直线透视**. 证明两个条件等价. **提示**: 253, 456.

习题 9.42. (USATSTST 2012/4) 在不等边 $\triangle ABC$ 中, 从 A, B, C 出发的高的垂足分别是 A_1, B_1, C_1. 设 A_2 是直线 BC 和 B_1C_1 的交点, 类似地定义 B_2, C_2. 设 D, E, F 分别是 $\overline{BC}, \overline{CA}, \overline{AB}$ 的中点. 证明: D 到 $\overline{AA_2}$ 的垂线, E 到 $\overline{BB_2}$ 的垂线, F 到 $\overline{CC_2}$ 的垂线共点. **提示**: 308, 233.

习题 9.43. (新加坡 TST) 设 ω 和 O 分别是 $\triangle ABC$ 的外接圆和外心, $\angle B = 90°$. 设 P 是 ω 在点 A 的切线上不同于 A 的任何一点, 射线 PB 与 ω 相交于另一点 D. 点 E 在直线 CD 上, 满足 $\overline{AE} \parallel \overline{BC}$. 证明: P, O, E 共线. **提示**: 587, 675.

习题 9.44. (加拿大 1994/5) 设 $\triangle ABC$ 是锐角三角形. $\overline{AD}$ 是 $\overline{BC}$ 边上的高, H 是 $\overline{AD}$ 上的内点. 直线 BH, CH 延长后分别交 $\overline{AC}, \overline{AB}$ 于 E, F. 证明: $\angle EDH = \angle FDH$. **提示**: 20, 164, 80. **答案**: 第 281 页.

习题 9.45. (保加利亚 2001) 设 $\triangle ABC$ 是一个三角形, 圆 k 经过 C 与 $\overline{AB}$ 相切于 B. 边 $\overline{AC}$ 以及 $\triangle ABC$ 中点 C 出发的中线分别与 k 相交于另一点 D, E. 证明: 经过 C, E 分别作圆 k 的切线, 若它们的交点在直线 BD 上, 则 $\angle ABC = 90°$. **提示**: 111, 318, 571.

习题 9.46. (ELMO 预选题 2012) 设 $\triangle ABC$ 的内心为 I. 从 I 到 $\overline{BC}$ 的投影为 D, 从 I 到 $\overline{AD}$ 的投影是 P. 证明: $\angle BPD = \angle DPC$. **提示**: 240, 354, 347. **答案**: 第 281 页.

习题 9.47. (IMO 2014/4) 设 P 和 Q 在 $\triangle ABC$ 的边 BC 上, 满足 $\angle PAB = \angle BCA$ 以及 $\angle CAQ = \angle ABC$. 设 M,N 分别在 AP,AQ 上, 满足 P 是 AM 的中点, Q 是 AN 的中点. 证明: BM 和 CN 的交点在 $\triangle ABC$ 外接圆上. **提示**: $145, 216, 286$. **答案**: 第 282 页.

习题 9.48. (预选题 2004/G8) 给定圆内接四边形 $ABCD$, M 是边 CD 的中点, N 是 (ABM) 上一点. 假设 N 不同于 M, 满足 $\dfrac{AN}{BN} = \dfrac{AM}{BM}$. 证明: 点 E,F,N 共线, 其中 $E = \overline{AC} \cap \overline{BD}, F = \overline{BC} \cap \overline{DA}$. **提示**: $58, 503, 632$.

习题 9.49. (Sharygin 2013) 设 $\triangle ABC$ 的内切圆与 $\overline{BC}, \overline{CA}, \overline{AB}$ 分别相切于 $A'B'C'$. 从内心 I 到点 C 出发的中线的垂线与 $A'B'$ 相交于 K. 证明: $\overline{CK} /\!/ \overline{AB}$. **提示**: 55. **答案**: 第 282 页.

习题 9.50. (预选题 2004/G2) 如图9.9A, 设直线 d 与圆 Γ 相离, $\overline{AB}$ 是 Γ 的直径, $\overline{AB} \perp d$, B 到 d 的距离比 A 到 d 的距离近. C 是 Γ 上任意不同于 A,B 的一点. 直线 AC 与 d 交于 D. DE 与 Γ 相切于 E, 并且 B,E 在直线 AC 的同一侧. 设 BE 与 d 交于 F, 直线 AF 与 Γ 交于 G, 不同于 A. 证明: G 关于 AB 的反射在直线 CF 上. **提示**: $25, 285, 406, 497$. **答案**: 第 283 页.

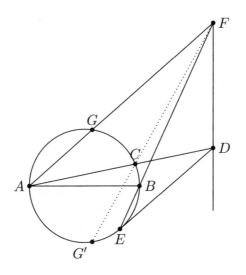

图 9.9A: 习题9.50 有一堆东西

习题 9.51. (USA JTST 2013) 设 $\triangle ABC$ 是锐角三角形, 圆 ω_1 直径为 $\overline{AC}$, 与边 $\overline{BC}$ 交于不同于 C 的点 F. 圆 ω_2 直径为 $\overline{BC}$, 与 $\overline{AC}$ 交于 $E \neq C$. 射线 AF 与 ω_2 交于 K, M 满足 $AK < AM$, 射线 BE 与 ω_1 交于 L, N, 满足 $BL < BN$. 证明: 直线 AB, ML, NK 共点. **提示**: $168, 374, 239$.

习题 9.52. (巴西 2011/5) 设锐角 $\triangle ABC$ 的垂心为 H, $\overline{BD}, \overline{CE}$ 是高. 圆 (ADE) 与 (ABC) 相交于 $F \neq A$. 证明: $\angle BFC, \angle BHC$ 的角平分线交于 $\overline{BC}$ 上一点. 提示: 405, 221, 366.

习题 9.53. (ELMO 预选题 2013) 在 $\triangle ABC$ 中, D 在直线 BC 上, (ABD) 与 AC 交于 $F \neq A$, (ADC) 与 AB 交于 $E \neq A$. 证明: 当 D 变动时, (AEF) 总是经过一个定点 $X \neq A$, 并且 X 在 A 到 $\overline{BC}$ 的中线上. 提示: 511, 34, 270.

习题 9.54. (APMO 2008/3) 设 Γ 是 $\triangle ABC$ 的外接圆. 经过 A, C 的某圆分别交 $\overline{BC}, \overline{BA}$ 于 D, E. 直线 AD, CE 分别与 Γ 交于另一点 G, H. Γ 在 A, C 点的切线分别与直线 DE 交于 L, M. 证明: 直线 LH 和 MG 交于 Γ 上一点. 提示: 156, 444, 352, 572. **答案**: 第 283 页.

定理 9.55. (布利安桑定理) 设 $ABCDEF$ 外切于圆 ω, 则 $\overline{AD}, \overline{BE}, \overline{CF}$ 交于一点. 提示: 241, 35.

习题 9.56. (ELMO 预选题 2014) 设四边形 $ABCD$ 内接于圆 ω, $E = \overline{AB} \cap \overline{CD}$, $F = \overline{AD} \cap \overline{BC}$. 设 ω_1, ω_2 分别是 $\triangle AEF, \triangle CEF$ 的外接圆. G, H 分别是 ω_1, ω_2 与 ω 的交点, 且 $G \neq A, H \neq C$. 证明: $\overline{AC}, \overline{BD}, \overline{GH}$ 共点. 提示: 404, 590, 443. **答案**: 第 284 页.

习题 9.57. (ELMO 预选题 2014) 设四边形 $ABCD$ 内接于圆 ω. ω 在点 A 的切线分别交直线 CD, BC 于 E, F. 直线 BE, DF 分别与 ω 交于第二点 G, I, $H = \overline{BE} \cap \overline{AD}$, $J = \overline{DF} \cap \overline{AB}$. 证明: $\overline{GI}, \overline{HJ}$ 以及 $\triangle ABC$ 的 B-类似中线共点. 提示: 667, 234.

习题 9.58. (预选题 2005/G6) 设 M 是 $\triangle ABC$ 的边 BC 的中点. Γ 是 $\triangle ABC$ 内切圆. $\triangle ABC$ 的中线 AM 与 Γ 交于 K, L. 分别经过 K, L 与 BC 平行的直线与 Γ 相交于另一点 X, Y. 直线 AX, AY 分别与 BC 交于 P, Q. 证明: $BP = CQ$. 提示: 682, 543, 328, 104, 563.

第 10 章　完全四边形

几何学是从不尽精确的画图出发, 得出精确的推理的艺术.

——亨利·庞加莱

这一章依赖于反演和射影几何 (分别在第 8 章、第 9 章). 我们将研究完全四边形, 这在数学奥林匹克几何题中经常出现.

一个**完全四边形**包含四条直线, 没有三线共点或者两线平行, 还包括了它们相交形成的六个点. 任何不含平行边的四边形 (可以不是凸的) 通过延长边, 都可以得到完全四边形, 所以这一章我们说完全四边形 $ABCD$ 时, 还包括了点 $P = \overline{AD} \cap \overline{BC}, Q = \overline{AB} \cap \overline{CD}$[1],如图10.0A.

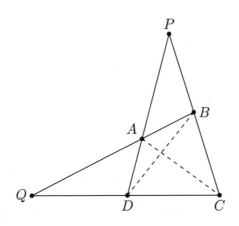

图 10.0A: 一个完全四边形

这会使你想起引理9.11 和布洛卡定理9.25. 一个四边形 $ABCD$ 是圆内接四边形的例子将在第10.5 节讨论.

---

[1]回忆第 9 章, $\overline{AB} \cap \overline{XY}$ 指直线 AB 和 XY 的交点.

10.1 旋转相似

我们先讨论一下旋转相似的概念. 以 O 为中心的**旋转相似**变换包含了一个旋转和一个放缩. 图10.1A 给出了一个旋转相似的例子.

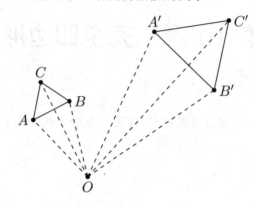

图 10.1A: 一个旋转相似变换把 $\triangle ABC$ 变为 $\triangle A'B'C'$

最常见的旋转相似现象发生在两条线段之间. 考虑在点 O 的旋转相似变换, 把线段 $\overline{AB}$ 变为 $\overline{CD}$, 如图10.1B.

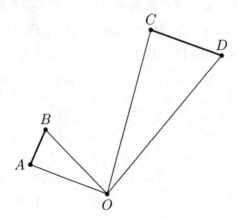

图 10.1B: 旋转相似变换把 $\overline{AB}$ 变为 $\overline{CD}$

当然, $\triangle OAB$ 相似于 $\triangle OCD$. 我们现在使用复数来计算 O, 用小写字母表示复数, 大写字母表示对应的点, 不难看到

$$\frac{c-o}{a-o} = \frac{d-o}{b-o}.$$

因此

$$o = \frac{ad-bc}{a+d-b-c}.$$

所以, O 由 A, B, C, D 唯一决定. 说明在一般情况下, 恰好有唯一的旋转相似把一个指定的线段变成另一个指定的线段. 例外情况是当 $ABDC$ 是平行四边形时, $a + d = b + c$, 相应的旋转相似不存在, 对应的变换是一个平移. (或许将平移理解为绕着无穷远点的一个旋转?)

旋转相似是怎样自然产生的? 实际上, 当两个圆相交的时候, 总是隐藏有一个旋转相似.

引理 10.1. (旋转中心)如图10.1C, 设 $\overline{AB}$ 和 $\overline{CD}$ 是线段, 记 $X = \overline{AC} \cap \overline{BD}$. 若 (ABX) 和 (CDX) 的另一个交点为 O, 则 O 是把 $\overline{AB}$ 变成 $\overline{CD}$ 的那个旋转相似变换的中心.

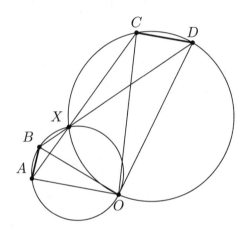

图 10.1C: O 是旋转中心

我们说成 "那个旋转相似", 而不是 "一个旋转相似", 是因为我们已经知道这是唯一的.

证明 只需要导角即可. 我们有

$$\angle OAB = \angle OXB = \angle OXD = \angle OCD$$

以及类似的

$$\angle OBA = \angle ODC.$$

因此 $\triangle OAB \backsim \triangle OCD$, 引理证毕. □

不要忘记这个构型! 每当图10.1C 中的六个点都出现的时候, 我们自动会有一对相似三角形. 读者还会发现, 图中不止一对相似三角形, 还有 $\triangle OAC \backsim \triangle OBD$. 毕竟 $\angle AOC = \angle BOD$, $\frac{AO}{CO} = \frac{BO}{DO}$ (比例是原始的旋转相似比例).

这说明旋转相似性是成对出现的, 更精确地说, 我们有下面的命题.

命题 10.2. 把 $\overline{AB}$ 变成 $\overline{CD}$ 的旋转相似中心也是把 $\overline{AC}$ 变成 $\overline{BD}$ 的旋转相似中心.

这样我们有了第二个旋转相似,中心已知. 如果引理10.1 再用一次,会怎么样? 会不会说明 $\overline{AB} \cap \overline{CD}$ 是 (AOC) 和 (BOD) 的另一个交点? 确实是的,这就是**密克定理**,我们下一节再讨论.

10.2 密克定理

我们回到完全四边形 $ABCD, P = \overline{AD} \cap \overline{BC}, Q = \overline{AB} \cap \overline{CD}$. 我们现在叙述完全四边形的一个最基本的结果:密克定理. 它也是对旋转相似在更自然的框架下的重新理解.

定理 10.3. (密克定理) 如图10.2A,四个圆 $(PAB), (PDC), (QAD), (QBC)$ 交于密克点 M. 进一步,M 是把 $\overline{AB}$ 变为 $\overline{DC}$ 和把 $\overline{BC}$ 变为 $\overline{AD}$ 的旋转相似中心. (特别地,$\triangle MAB \backsim \triangle MDC, \triangle MBC \backsim \triangle MAD$.)

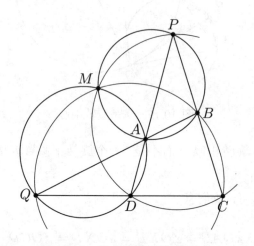

图 10.2A: 完全四边形的密克点

点 M 称为四边形 $ABCD$ 的**密克点**. 这也是引理1.27 中的密克点;考虑 $\triangle PCD$ 和边上的三点 Q, A, B.

证明 定义 M 是 (PAB) 和 (PDC) 的另一个交点. 根据引理10.1,以 M 为中心的一个旋转相似把 $\overline{AB}$ 变成 $\overline{DC}$. 因此,也是把 $\overline{BC}$ 变成 $\overline{DA}$ 的旋转相似中心. 再用引理10.1,这一次用另一个方向,我们看到 M 在 (QBC) 和 (QAD) 上. □

这说明完全四边形和旋转相似是焦不离孟,一个就会带来另一个. 这就提供了一个有力的工具,可以把相似性、圆、交点互相联系.

本节习题

习题 10.4. 不用引理10.1, 证明定理10.3 中的四个圆共点 (只需导角).

10.3 高斯–波登米勒定理

考虑完全四边形的三条对角线, 即 $\overline{AC}, \overline{BD}, \overline{PQ}$. 可以发现, 它们的中点共线, 这条线称为**高斯线**(有时也称作牛顿–高斯线), 如图10.3A.

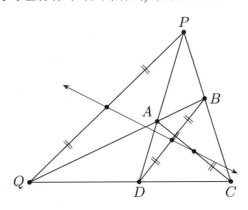

图 10.3A: 高斯线

实际上, 这是一个更一般的定理的简单推论. 回忆: 若三个圆中任何两个的根轴都是同一条线, 则三个圆共轴 (见第2.4 节).

定理 10.5. (高斯–波登米勒 定理) 以 $\overline{AC}, \overline{BD}, \overline{PQ}$ 为直径的圆共轴. 它们的根轴经过 $\triangle PAB, \triangle PCD, \triangle QAD, \triangle QBC$ 每一个的垂心.

这个根轴有时被称作**斯坦纳线**(或者奥博特线), 如图10.3B.

证明意外地简单. 想法是任取一个垂心, 然后证明它到三个圆的幂都是一样的, 于是四个垂心都在根轴上, 这样就推出了结论.

证明 设 $\omega_1, \omega_2, \omega_3$ 分别表示以 $\overline{PQ}, \overline{AC}, \overline{BD}$ 为直径的圆.

取 H_1 是 $\triangle BCQ$ 的垂心, 它是圆 ω_1, ω_2 以及以 $\overline{QC}$ 为直径的圆 (定理2.9) 的根心. 这说明 H_1 在 ω_1 和 ω_2 的根轴上. 类似的作法可以看到, H_1 还在 ω_2 和 ω_3, ω_3 和 ω_1 的根轴上.

同理, 另外三个三角形的垂心也都在三个根轴上. 这仅在三个根轴相同, 并且四个垂心都在这个根轴 (即斯坦纳线) 上才成立. 特别地, $\omega_1, \omega_2, \omega_3$ 的圆心共线, 在对应的高斯线上, 高斯线和斯坦纳线垂直. □

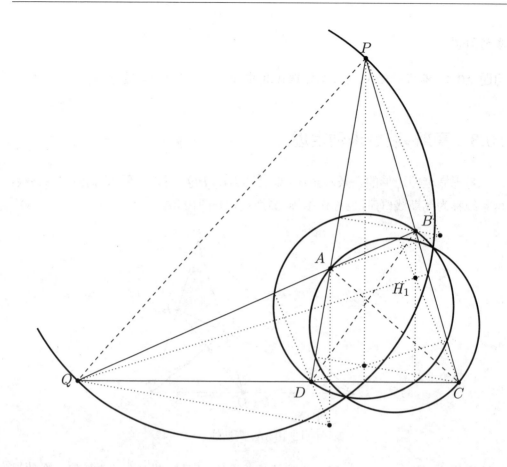

图 10.3B: 高斯–波登米勒定理的完全形式

10.4　一般密克点的更多性质

我们给出密克点的另外两个有趣性质. 首先, 我们仔细看一下密克定理中的圆.

引理 10.6. (圆心和密克点共圆)如图10.4A, 四个圆 (PAB), (PDC), (QAD), (QBC) 的圆心与密克点共圆.

习题 10.7. 若 O_1 是 (PAB) 的圆心, O_2 是 (PDC) 的圆心, 证明: $\triangle MO_1O_2 \backsim \triangle MAD$. 提示: 487, 580.

习题 10.8. 建立引理10.6 的主要结果. 提示: 489.

这里还有另一个有趣的结论. 如果我们从 M 作完全四边形边的四条垂线, 那么会发生什么?

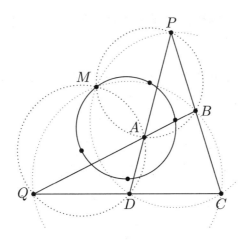

图 10.4A: 引理10.6,共圆的圆心

引理 10.9. (密克点的高)如图10.4B,从 M 到直线 AB, BC, CD, DA 的投影共线. 进一步,过这四个点的直线与高斯线垂直.

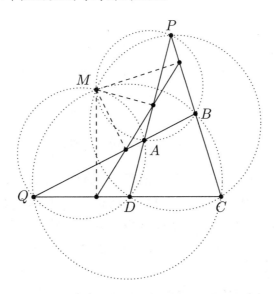

图 10.4B: 从 M 出发的高的垂足共线

习题 10.10. 证明四个点确实共线. 提示:385,681.

习题 10.11. 证明这条线和高斯线垂直. 提示:90,412,519.

10.5　圆内接四边形的密克点

奥林匹克几何中最重要的构型之一是内接于圆的完全四边形的密克点. 此时, 密克点会有几个额外的性质,都是下面定理有关的结论.

定理 10.12. (圆内接四边形的密克点) 设四边形 $ABCD$ 内接于圆 ω,对角线相交于 R. 则 $ABCD$ 的密克点是 R 关于 ω 的反演.

证明 如图10.5A,设 O 是四边形 $ABCD$ 的外心,R^* 是 R 的像.只需证明 $R^* = M$. 导角 (作为练习) 可以得到 $\angle AR^*B = \angle APB$,所以 R^* 在 (PAB) 上. 类似地,R^* 在 $(PCD),(QBC),(QDA)$ 上,因此 R^* 是密克点. $\qquad\square$

有没有人想到布洛卡定理?马上可以推论得到密克点 M 在 $\overline{PQ}$ 上. 进一步,若 ω 的圆心是 O,则 $\overline{OM} \perp \overline{PQ}$. 反演还给出更多的性质,放在了练习中.

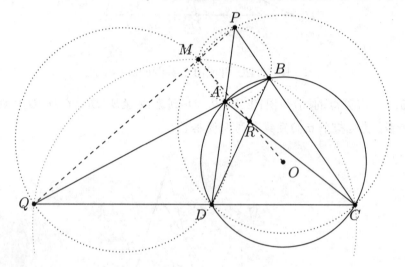

图 10.5A: 圆内接四边形的密克点

这些结果结合起来,我们看到神奇的密克点有如下的性质.

- 它是六个圆 $(OAC),(OBD),(PAD),(PBC),(QAB),(QCD)$ 的公共点.
- 它是把 $\overline{AB}$ 变成 $\overline{CD}$ 以及把 $\overline{BC}$ 变成 $\overline{DA}$ 的旋转相似中心.
- 它是对角线交点 $R = \overline{AC} \cap \overline{BD}$ 关于 $(ABCD)$ 的反演. 根据布洛卡定理,M 是 O 到 $\overline{PQ}$ 的投影.

神奇吗?我们下面再给出密克点 M 的一些性质.

本节习题

习题 10.13. 完成定理10.12 证明中的有向角导角部分. **提示:**310,329.

命题 10.14. 设 M 是圆内接四边形 $ABCD$ 的密克点,O 是外接圆圆心. 证明:M 是 (OAC) 和 (OBD) 的另一个交点. **提示:**63.

命题 10.15. 设 M 是圆内接四边形 $ABCD$ 的密克点,O 是外接圆圆心. 证明:$\overline{MO}$ 平分 $\angle AMC,\angle BMD$. **提示:**398.

10.6 综合例题

我们把第 54 届 IMO 的美国国家队选拔考试一道题目作为例题,演示一下密克点的结果.

例 10.16. (USATST 2013) 如图10.6A,设 $\triangle ABC$ 是不等边三角形,$\angle BCA = 90°$,D 是 C 出发的高的垂足.设 X 在线段 CD 内,K 在线段 AX 上,满足 $BK = BC$. 类似地,设 L 在线段 BX 上,$AL = AC$. 圆 (DKL) 与线段 AB 相交于第二点 $T \neq D$.

证明:$\angle ACT = \angle BCT$.

这道题是基于 2012 年 IMO 的第五题,要求证明:若 $\overline{AL}$ 和 $\overline{BK}$ 相交于 M,则 $ML = MK$.

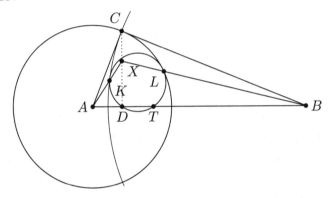

图 10.6A: IMO 2012/5 的一个改编

我们首先要作的是加上两个圆 ω_A, ω_B,分别以 A, B 为圆心,并且经过 C. 这样就很好地容纳了长度条件. 现在我们可以进一步理解角度条件——两个圆正交.

看到正交圆,我们设 K^* 是直线 AK 与 ω_B 的第二个交点,然后关键看到 K^* 是 K 关于 ω_A 反演的像,于是

$$AK \cdot AK^* = AC^2 = AL^2.$$

类似地,构造 L^* 得到 $BL \cdot BL^* = BC^2 = BK^2$.

如图10.6B,现在有一些有趣的事情发生了. 因为 X 在 ω_A 和 ω_B 的根轴上,我们发现 K, L, K^*, L^* 四点共圆,记此圆为 ω. 上面的边长关系说明 $\overline{AL}, \overline{AL^*}$,$\overline{BK}, \overline{BK^*}$ 实际上与 ω 相切. 如果设 $\overline{AL}, \overline{BK}$ 相交于点 M,那么 $\overline{ML}, \overline{MK}$ 都是切线,长度相同,就证明了原始的 IMO 题目.

现在怎么处理圆内接四边形 $KLTD$? 这里需要用到定理10.12. 我们发现 D 是圆内接四边形 KLK^*L^* 的密克点,所以 T 就是 $\overline{KL^*}$ 和 $\overline{LK^*}$ 的交点. 这样我

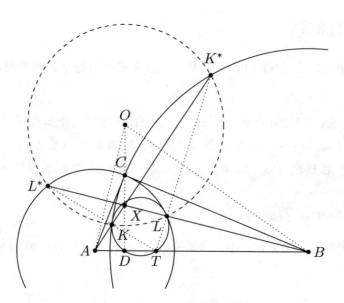

图 10.6B: 发现一个隐藏的圆内接四边形

们不需要再考虑 (KLD) 了，只要把 T 看成这两条直线的交点即可，必然在 $\overline{AB}$ (是 X 的极线) 上.

我们现在专注于圆 ω. 在射影几何的语言中，四边形 KLK^*L^* 是调和的，A, B 分别是 $\overline{LL^*}$ 和 $\overline{KK^*}$ 的极点. 我们看看，透视是否能给出一些调和点列. 如果用相切的有关条件，就会有

$$-1 = (K, K^*; L, L^*) \stackrel{L}{=} (S, T; A, B).$$

其中 $S = \overline{KL} \cap \overline{K^*L^*}$(根据布洛卡定理，在 $\overline{AB}$ 上)，如图10.6C.

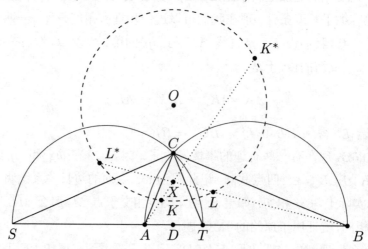

图 10.6C: 完成例10.16 的图形

现在我们可以应用引理9.18, 不过还没有完成问题. 我们知道 $\angle ACB = 90°$ 而且 $\overline{CA}$ 是 $\angle SCT$ 的角平分线, 但是我们想要证明 $\overline{CT}$ 平分 $\angle ACB$, 或者等价地 $\angle SCT = 90°$.

现在的技巧是考虑根轴. 因为 $\triangle XST$ 和 $\triangle XAB$ 是自配极的, 根据引理9.27, 我们发现 O 关于以 $\overline{ST}$ 和 $\overline{AB}$ 为直径的两个圆有相同的幂. 因此两个圆的根轴过 O. 进一步, 根轴垂直于 $\overline{AB}$; 根据自配极性质, $\overline{OX} \perp \overline{AB}$; 题目条件有 $CX \perp \overline{AB}$, 因此根轴过 C. 考虑到 C 在 $\overline{AB}$ 为直径的圆上, 它也在 $\overline{ST}$ 为直径的圆上, 这就是我们想要的.

证明 设 ω_A, ω_B 分别是以 A, B 为圆心, 过 C 的圆. 延长射线 AK, BL 分别交 ω_B, ω_A 于第二点 K^*, L^*. 显然 KLK^*L^* 内接于圆, 记为 ω. 进一步, 根据圆的正交性我们看到 $\overline{AL}, \overline{AL^*}, \overline{BK}, \overline{BK^*}$ 都和 ω 相切 (于是 KLK^*L^* 是调和四边形).

这说明 $\overline{AB}$ 是 X 的极线. 然后得到 $\triangle XST$ 关于圆 ω 是自配极的, 于是 $OX \perp \overline{AB}$, 得到 O, C, X, D 共线. D 是圆内接四边形 KLK^*L^* 的密克点, 于是 $T = \overline{KL^*} \cap \overline{LK^*}$. 进一步有 $-1 = (K, K^*; L, L^*) \overset{L}{=} (S, T; A, B)$, 其中 $S = \overline{KL} \cap \overline{K^*L^*}$. 现在只需证明 $\angle SCT = 90°$.

因为 $\triangle XST$ 和 $\triangle XAB$ 关于 ω 自配极, 引理9.27说明 O 关于以 $\overline{ST}$ 和 $\overline{AB}$ 为直径的圆的幂相同. 两个圆的根轴是 OC, 因此 C 在以 $\overline{ST}$ 为直径的圆上. $\square$

10.7　习题

习题 10.17. (NIMO 2014) 设锐角 $\triangle ABC$ 的垂心是 H, M 是边 $\overline{BC}$ 的中点. 记 ω_B, ω_C 分别为 $(BHM), (CHM)$. 直线 AB, AC 分别与 ω_B, ω_C 交于第二点 P, Q. 设 PH, QH 分别与 ω_C, ω_B 交于第二点 R, S. 证明: $\triangle BRS$ 和 $\triangle CRS$ 面积相同. **提示**: $268, 633, 556$.

习题 10.18. (USAMO 2013/1) $\triangle ABC$ 中, 点 P, Q, R 分别在边 BC, CA, AB 上. 设 $\omega_A, \omega_B, \omega_C$ 分别表示 $(AQR), (BRP), (CPQ)$. 线段 AP 分别与 $\omega_A, \omega_B, \omega_C$ 交于 X, Y, Z. 证明: $\frac{YX}{XZ} = \frac{BP}{PC}$. **提示**: $59, 92, 382, 686$.

习题 10.19. (预选题 1995/G8) 假设 $ABCD$ 是圆内接四边形, $E = \overline{AC} \cap \overline{BD}$, $F = \overline{AB} \cap \overline{CD}$. 证明: F 与 $\triangle EAD$ 和 $\triangle EBC$ 的垂心共线. **提示**: $428, 416$. **答案**: 第284 页.

习题 10.20. (USATST 2007/1) 圆 ω_1, ω_2 相交于 P, Q. 线段 AC, BD 分别是 ω_1, ω_2 的弦, 满足线段 AB 和射线 CD 交于点 P, 射线 BD 和线段 AC 交于点

X. 点 Y 在 ω_1 上, 满足 $\overline{PY} \parallel \overline{BD}$. 点 Z 在 ω_2 上, 满足 $\overline{PZ} \parallel \overline{AC}$. 证明: 点 Q, X, Y, Z 共线. **提示**: 277, 615, 525. **答案**: 第 285 页.

习题 10.21. (USAMO 2013/6) 设 $\triangle ABC$ 是一个三角形, 找出线段 BC 上所有的点 P, 满足如下性质: 若 X, Y 是直线 PA 与 $(PAB), (PAC)$ 的两条外公切线的交点, 则

$$\left(\frac{PA}{XY}\right)^2 + \frac{PB \cdot PC}{AB \cdot AC} = 1.$$

提示: 196, 68, 42, 327.

习题 10.22. (USATST 2007/5) 锐角 $\triangle ABC$ 内接于 ω, 在点 B, C 处的圆 ω 切线相交于 T. 点 S 在射线 BC 上, 满足 $\overline{AS} \perp \overline{AT}$. 点 B_1, C_1 在射线 ST 上 (T 在 B_1 和 C_1 之间), 满足 $B_1T = BT = C_1T$. 证明: $\triangle ABC$ 和 $\triangle AB_1C_1$ 相似. **提示**: 199, 375, 293, 377. **答案**: 第 286 页.

习题 10.23. (IMO 2005/2) 固定凸四边形 $ABCD$, 满足 $BC = DA$, $\overline{BC} \not\parallel \overline{DA}$. 分别在边 BC, DA 上的两个动点 E, F 满足 $BE = DF$. 直线 AC, BD 相交于 P, 直线 BD, EF 相交于 Q, 直线 AC, EF 相交于 R. 证明: 当 E, F 变动时, 外接圆 (PQR) 过不同于 P 的定点. **提示**: 562, 436, 481, 499. **答案**: 第 286 页.

习题 10.24. (USAMO 2006/6) 设 $ABCD$ 是四边形, 点 E, F 分别在边 AD, BC 上, 满足 $\frac{AE}{ED} = \frac{BF}{FC}$. 射线 FE 分别与射线 BA, CD 相交于 S, T. 证明: 外接圆 $(SAE), (SBF), (TCF), (TDE)$ 共点. **提示**: 617, 319, 493.

习题 10.25. (巴尔干 2009/2) 设 $\overline{MN}$ 平行于 $\triangle ABC$ 的边 BC, M, N 分别在 AB, AC 上. 直线 $\overline{BN}$ 和 $\overline{CM}$ 交于 P. 圆 (BMP) 和 (CNP) 交于 $Q \neq P$. 证明: $\angle BAQ = \angle CAP$. **提示**: 636, 358, 208, 399.

习题 10.26. (USATSTST 2012/7) $\triangle ABC$ 内接于圆 Ω. $\angle A$ 的内角平分线于边 BC 和 Ω 分别交于 $D, L \neq A$. 设 M 是 $\overline{BC}$ 的中点. 圆 (ADM) 分别与 AB, AC 交于 $Q \neq A, P \neq A$. 设 N 是 $\overline{PQ}$ 的中点, H 是 L 到 ND 的投影. 证明: 直线 ML 和 (HMN) 相切. **提示**: 494, 517, 193, 604. **答案**: 第 287 页.

习题 10.27. (USATSTST 2012/2) 设四边形 $ABCD$ 满足 $AC = BD$. 对角线 AC, BD 相交于 P. 设 ω_1, O_1 分别是 $\triangle ABP$ 的外接圆和外心. ω_2, Ω_2 分别是 $\triangle CDP$ 的外接圆和外心. 线段 BC 分别与 ω_1, ω_2 相交于 $S \neq B, T \neq C$. 设 M, N 分别是劣弧 $\overparen{SP}$ (不含 B) 和 $\overparen{TP}$ (不含 C) 的中点. 证明: $\overline{MN} \parallel \overline{O_1O_2}$. **提示**: 81, 261, 312.

习题 10.28. (USATST 2009/2) 设 $\triangle ABC$ 是锐角三角形,点 D 在边 BC 上. O_B, O_C 分别是 $\triangle ABD, \triangle ACD$ 的外心. 假设点 B, C, O_B, O_C 共圆,圆心为 X. 设 H 是 $\triangle ABC$ 的垂心. 证明:$\angle DAX = \angle DAH$. **提示:**95,163.

习题 10.29. (预选题 2009/G4) 给定圆内接四边形 $ABCD$,设对角线 AC, BD 相交于 E,直线 AD, BC 相交于 F. 设 $\overline{AB}, \overline{CD}$ 的中点分别为 G, H. 证明:$\overline{EF}$ 与 (EGH) 相切于 E. **提示:**222,56,413,627. **答案:**第288 页.

习题 10.30. (预选题 2006/G9) 在 $\triangle ABC$ 的三边 BC, CA, AB 上分别取点 A_1, B_1, C_1. 圆 $(AB_1C_1), (BC_1A_1), (CA_1B_1)$ 分别与 (ABC) 交于第二点 $A_2 \neq A$, $B_2 \neq B, C_2 \neq C$. 点 A_3, B_3, C_3 分别与 A_1, B_1, C_1 关于 BC, CA, AB 的中点的对称点. 证明:$\triangle A_2B_2C_2 \backsim \triangle A_3B_3C_3$. **提示:**10,606,680,14. **答案:**第288 页.

习题 10.31. (预选题 2005/G5) 设锐角 $\triangle ABC$ 中 $AB \neq AC, H$ 是垂心,M 是 $\overline{BC}$ 的中点. 点 D, E 分别在边 AB, AC 上,满足 $AE = AD$ 且 D, H, E 共线. 证明:直线 HM 垂直于 (ABC) 和 (ADE) 的公共弦. **提示:**585,254,99,625,640, 98,53,250.

第 11 章 个人最爱

判卷人员会看到漂亮的证明、不太漂亮的证明和太不漂亮的证明.

——MOP 2012

这里是各个来源的一些漂亮习题,完整解答放在附录C.4 中.

习题 11.0. 从这本书中找出尽可能多的错误.

习题 11.1. (加拿大 2000/4) 设 $ABCD$ 是凸四边形, 满足 $\angle CBD = 2\angle ADB$, $\angle ABD = 2\angle CDB$ 以及 $AB = CB$. 证明: $AD = CD$. **提示**: 573, 534, 612.

习题 11.2. (EGMO 2012/1) 设 $\triangle ABC$ 的外心为 O. 点 D, E, F 分别在边 BC, CA, AB 的内部, 满足 $\overline{DE} \perp \overline{CO}$, $\overline{DF} \perp \overline{BO}$. 点 K 是 $\triangle AFE$ 的外心. 证明: $\overline{DK} \perp \overline{BC}$. **提示**: 305, 541.

习题 11.3. (ELMO 2013/4) $\triangle ABC$ 内接于圆 ω. 过 B, C 的一个圆分别与线段 AB, AC 交另一点 S, R. 线段 BR, CS 相交于 L, 射线 LR, LS 分别与 ω 相交于 D, E. $\angle BDE$ 的内角平分线与 ER 交于 K. 证明: 若 $BE = BR$, 则 $\angle ELK = \frac{1}{2}\angle BCD$. **提示**: 213, 568, 44, 538.

习题 11.4. (Sharygin 2012) 设 $\overline{BM}$ 是直角 $\triangle ABC$ 的中线, $\angle B = 90°$. $\triangle ABM$ 的内切圆与 AB, AM 分别相切于 A_1, A_2; 点 C_1, C_2 类似定义. 证明: 直线 A_1A_2, C_1C_2 与 $\angle ABC$ 的角平分线共点. **提示**: 658, 340.

习题 11.5. (USAMTS) 在四边形 $ABCD$ 中, $\angle DAB = \angle ABC = 110°$, $\angle BCD = 35°$, $\angle CDA = 105°$, $\overline{AC}$ 平分 $\angle DAB$. 求 $\angle ABD$. **提示**: 559, 397, 423, 259.

习题 11.6. (MOP 2012) 设锐角 $\triangle ABC$ 的外接圆为 ω, 高为 $\overline{AD}, \overline{BE}, \overline{CF}$. 圆 Γ 是 ω 关于 $\overline{AB}$ 反射的像, 射线 EF 与 ω 相交于 P, 射线 DF 与 Γ 相交于 Q. 证明: 点 B, P, Q 共线. **提示**: 262, 679, 337, 694.

习题 11.7. (Sharygin 2013) 圆 ω 的弦 $\overline{BC}$ 和 $\overline{DE}$ 相交于 A. 过 D 平行于 $\overline{BC}$ 的直线与 ω 交于新的点 F, $\overline{FA}$ 与 ω 交于新的点 T. 设 M 是 $\overline{ET}$ 和 $\overline{BC}$ 的交点, N 是 A 关于 M 的反射. 证明: (DEN) 经过 $\overline{BC}$ 的中点. **提示:** $600, 127, 209, 37$.

习题 11.8. (ELMO 2012/1) 锐角 $\triangle ABC$ 中, D, E, F 分别是 A, B, C 出发的高的垂足, ω 是 $\triangle AEF$ 的外接圆. 设 ω_1, ω_2 分别是过 D 与 ω 相切于 E, F 的圆. 证明: ω_1, ω_2 经过直线 BC 上一点 $P \neq D$. **提示:** $289, 131, 298, 510$.

习题 11.9. (Sharygin 2013) 在梯形 $ABCD$ 中, $\angle A = \angle D = 90°$. 设 M, N 分别是 AC, BD 的中点. 直线 BC 分别与 $(ABN), (CDM)$ 交于新的点 Q, R. 若 K 是 $\overline{MN}$ 的中点, 证明: $KQ = KR$. **提示:** $669, 232, 146$.

习题 11.10. (保加利亚 2012) 设 $\triangle ABC$ 外接圆为 Ω, P 是其内部一动点. 射线 AP, BP, CP 分别与 Ω 交于新的点 A_1, B_1, C_1. 设 A_2 是 A_1 关于 $\overline{BC}$ 的反射, 类似地定义 B_2, C_2. 证明: $(A_2 B_2 C_2)$ 经过不依赖于 P 的定点. **提示:** $464, 427, 430, 311, 631$.

习题 11.11. (Sharygin 2013) 点 $A_1, B_1, C_1, A_2, B_2, C_2$ 在 $\triangle ABC$ 的内部, 满足 A_1 在 $\overline{AB_1}$ 上, B_1 在 $\overline{BC_1}$ 上, C_1 在 $\overline{CA_1}$ 上; A_2 在 $\overline{AC_2}$ 上, B_2 在 $\overline{BA_2}$ 上, C_2 在 $\overline{CB_2}$ 上. 假设角度 $\angle BAA_1, \angle CBB_1, \angle ACC_1, \angle CAA_2, \angle ABB_2, \angle BCC_2$ 都相同. 证明: $\triangle A_1 B_1 C_1$ 和 $\triangle A_2 B_2 C_2$ 全等. **提示:** $388, 637, 485, 88$.

习题 11.12. (Sharygin 2013) 设 $\overline{AD}$ 是 $\triangle ABC$ 中 $\angle A$ 的内角平分线 (D 在 $\overline{BC}$ 上). 点 M, N 分别是 B, C 到 $\overline{AD}$ 上的投影. 以 $\overline{MN}$ 为直径的圆与 $\overline{BC}$ 相交于 X, Y. 证明: $\angle BAX = \angle CAY$. **提示:** $300, 75, 471, 583$.

习题 11.13. (USATST 2015) 设不等边 $\triangle ABC$ 的内心为 I, 内切圆在 $\overline{BC}, \overline{CA}, \overline{AB}$ 上的切点分别是 D, E, F. 设 M 是 $\overline{BC}$ 的中点, P 在 $\triangle ABC$ 的内部, 满足 $MD = MP$, $\angle PAB = \angle PAC$. 设 Q 在内切圆上, 满足 $\angle AQD = 90°$. 证明: 或者 $\angle PQE = 90°$, 或者 $\angle PQF = 90°$. **提示:** $415, 263, 368, 504$.

习题 11.14. (EGMO 2014/2) 设 $\triangle ABC$ 中, D, E 分别在边 AB, AC 的内部, 满足 $DB = BC = CE$. 直线 CD 和 BE 交于 F. 证明: $\triangle ABC$ 的内心、$\triangle DEF$ 的垂心、以及 (ABC) 上的弧 $\overset{\frown}{BAC}$ 的中点 M 共线. **提示:** $392, 108, 692, 512, 630$.

习题 11.15. (OMO 2013) 在 $\triangle ABC$ 中, $CA = 1\,960\sqrt{2}$, $CB = 6\,720$, $\angle C = 45°$. K, L, M 分别在直线 BC, CA, AB 上, 满足 $\overline{AK} \perp \overline{BC}$, $\overline{BL} \perp \overline{CA}$, $AM = BM$. N, O, P 分别在 $\overline{KL}, \overline{BA}, \overline{BL}$ 上, 满足 $AN = KN$, $BO = CO$, 并且 A 在直线

NP 上. 若 H 是 $\triangle MOP$ 的垂心, 计算 HK^2. **提示**:629, 527, 33, 433, 516, 330, 105.

习题 11.16. (USAMO 2007/6) 设 $\triangle ABC$ 是锐角三角形, ω, S 分别是其内切圆、外切圆, R 是其外接圆半径. 圆 ω_A 与 S 内切于 A, 并且与 ω 外切. 圆 S_A 与 S 内切于 A 并且和 ω 内切. 设 P_A, Q_A 分别是 ω_A, S_A 的圆心. 类似地定义点 P_B, Q_B, P_C, Q_C. 证明:

$$8P_A Q_A \cdot P_B Q_B \cdot P_C Q_C \leqslant R^3,$$

等号成立当且仅当 $\triangle ABC$ 是等边三角形. **提示**:292, 391, 235.

习题 11.17. (Sharygin 2013) 设 $\overline{AL}$ 是 $\triangle ABC$ 的内角平分线, L 在 $\overline{BC}$ 上. 点 O_1, O_2 分别是 $\triangle ABL, \triangle ACL$ 的外心, 点 B_1, C_1 分别是 C, B 在 $\angle B, \angle C$ 平分线上的投影. $\triangle ABC$ 的内切圆分别与 $\overline{AC}, \overline{AB}$ 相切于 B_0, C_0. $\angle B, \angle C$ 的平分线分别与 $\overline{AL}$ 的垂直平分线交于 Q, P. 证明:五条直线 $\overline{PC_0}, \overline{QB_0}, \overline{O_1 C_1}, \overline{O_2 B_1}$, $\overline{BC}$ 共点. **提示**:331, 484, 158, 142.

习题 11.18. (USA JTST 2015) 设不等边 $\triangle ABC$ 中, M_A, M_B, M_C 分别是边 BC, CA, AB 的中点. 点 S 在欧拉线上. 设 X, Y, Z 分别是 $\overline{M_A S}, \overline{M_B S}, \overline{M_C S}$ 与九点圆的另一个交点. 证明:$\overline{AX}, \overline{BY}, \overline{CZ}$ 共点. **提示**:176, 182, 369, 546.

习题 11.19. (伊朗 TST 2009/9) 设 $\triangle ABC$ 的内心为 I, 切触三角形为 $\triangle DEF$. 设 M 是 D 到 $\overline{EF}$ 的投影, P 是 $\overline{DM}$ 的中点. 若 H 是 $\triangle BIC$ 的垂心, 证明:$\overline{PH}$ 平分 $\overline{EF}$. **提示**:223, 288, 434, 269, 609, 215, 505, 438.

习题 11.20. (IMO 2011/6) 设锐角 $\triangle ABC$ 的外接圆为 Γ. l 是 Γ 的一条切线, l_a, l_b, l_c 分别是将 l 关于 BC, CA, AB 反射后的直线. 证明:由 l_a, l_b, l_c 决定的三角形的外接圆与 Γ 相切. **提示**:685, 227, 39, 387, 363, 113, 531.

习题 11.21. (台湾 TST 2014) 设 $\triangle ABC$ 外接圆为 Γ, M 是 Γ 上任意一点. 假设从 M 到 $\triangle ABC$ 内切圆的两条切线分别与 $\overline{BC}$ 交于两个不同点 X_1, X_2. 证明:$(MX_1 X_2)$ 经过 A-伪内切圆与 Γ 的切点. **提示**:422, 306, 498, 566, 389, 624.

习题 11.22. (台湾 TST 2015) 不等边 $\triangle ABC$ 的内心为 I, 内切圆分别与 CA, AB 相切于 E, F. 圆 (AEF) 在点 E, F 处的切线交于 S. 直线 EF 和 BC 交于 T. 证明:以 $\overline{ST}$ 为直径的圆和 $\triangle BIC$ 的九点圆正交. **提示**:150, 189, 507, 582, 135, 264.

第4部分

附 录

附录 A 一些线性代数

很多的计算技巧涉及到行列式和向量的性质,我们在这里仔细描述相关的理论部分.

A.1 矩阵和行列式

一个**矩阵**是一个长方形的数表,例如

$$\begin{bmatrix} 1 & 2 & 3 \\ 4 & 5 & 6 \\ 7 & 8 & 9 \end{bmatrix}.$$

整本书中,我们基本只用到 2×2 或者 3×3 矩阵.

一个矩阵 $\boldsymbol{A}$ (要求行数列数相同,即方阵) 的**行列式**,记为 $\det \boldsymbol{A}$ 或者 $|\boldsymbol{A}|$,是矩阵 $\boldsymbol{A}$ 计算处的一个特别的数值. (如果矩阵是完整写出来的,我们就用竖线代替方括号来表示行列式.) 行列式在第 7 章大量用到,以及第 5 章、第 6 章.

我们只定义 2×2 矩阵和 3×3 矩阵的行列式,分别是

$$\begin{vmatrix} a & b \\ c & d \end{vmatrix} = ad - bc$$

和

$$\begin{vmatrix} a_1 & a_2 & a_3 \\ b_1 & b_2 & b_3 \\ c_1 & c_2 & c_3 \end{vmatrix} = a \begin{vmatrix} b_2 & b_3 \\ c_2 & c_3 \end{vmatrix} + b_1 \begin{vmatrix} c_2 & c_3 \\ a_2 & a_3 \end{vmatrix} + c_1 \begin{vmatrix} a_2 & a_3 \\ b_2 & b_3 \end{vmatrix}$$

或者等价地

$$a_1 \begin{vmatrix} b_2 & b_3 \\ c_2 & c_3 \end{vmatrix} + a_2 \begin{vmatrix} b_3 & b_1 \\ c_3 & c_1 \end{vmatrix} + a_3 \begin{vmatrix} b_1 & b_2 \\ c_1 & c_2 \end{vmatrix}.$$

在定义中出现的 2×2 子矩阵称为**余子式**.

有很简洁的方法来计算行列式,因此比较好用. 例如,我们有下面的性质,我们陈述但不证明.

命题 A.1. (行列交换) 设 A 是矩阵,B 是把 A 的某两行或者某两列交换得到的矩阵. 则 $\det A = -\det B$.

命题 A.2. (提取系数) 我们有

$$\begin{vmatrix} ka_1 & a_2 & a_3 \\ kb_1 & b_2 & b_3 \\ kc_1 & c_2 & c_3 \end{vmatrix} = k \cdot \begin{vmatrix} a_1 & a_2 & a_3 \\ b_1 & b_2 & b_3 \\ c_1 & c_2 & c_3 \end{vmatrix}.$$

对于其他行或列有类似的结论.

更令人惊奇的是,我们可以对行列进行加减,来计算行列式.

定理 A.3. (初等行操作) 对任何实数 k,有

$$\begin{vmatrix} a_1 & a_2 & a_3 \\ b_1 & b_2 & b_3 \\ c_1 & c_2 & c_3 \end{vmatrix} = \begin{vmatrix} a_1 + kb_1 & a_2 + kb_2 & a_3 + kb_3 \\ b_1 & b_2 & b_3 \\ c_1 & c_2 & c_3 \end{vmatrix}.$$

类似地,可以对其他行或列进行操作.

也就是说,我们可以把一行或者一列加上别的行或列的倍数,不改变行列式的值. 这样我们就可以在计算行列式时,把出现很多次的项消掉.

这里有一个例子,假设我们要计算行列式

$$\begin{vmatrix} \frac{1}{2}\left(p+a+c-\frac{ac}{p}\right) & \frac{1}{2}\left(\frac{1}{p}+\frac{1}{a}+\frac{1}{c}-\frac{p}{ca}\right) & 1 \\ \frac{1}{2}\left(p+a+b-\frac{ab}{p}\right) & \frac{1}{2}\left(\frac{1}{p}+\frac{1}{a}+\frac{1}{b}-\frac{p}{ba}\right) & 1 \\ \frac{1}{2}(p+a+b+c) & \frac{1}{2}\left(\frac{1}{p}+\frac{1}{a}+\frac{1}{b}+\frac{1}{c}\right) & 1 \end{vmatrix}.$$

直接计算会很可怕. 幸好,我们可以把很多相同的项去掉. 首先,我们把 $\frac{1}{2}$ 拿出来,得到

$$\frac{1}{4}\begin{vmatrix} p+a+c-\frac{ac}{p} & \frac{1}{p}+\frac{1}{a}+\frac{1}{c}-\frac{p}{ca} & 1 \\ p+a+b-\frac{ab}{p} & \frac{1}{p}+\frac{1}{a}+\frac{1}{b}-\frac{p}{ba} & 1 \\ p+a+b+c & \frac{1}{p}+\frac{1}{a}+\frac{1}{b}+\frac{1}{c} & 1 \end{vmatrix}.$$

现在注意到很多相同的项,我们决定从第一列减去第三列的 $p+a+b+c$ 倍,得到

$$\frac{1}{4}\begin{vmatrix} -b-\frac{ac}{p} & \frac{1}{p}+\frac{1}{a}+\frac{1}{c}-\frac{p}{ca} & 1 \\ -c-\frac{ab}{p} & \frac{1}{p}+\frac{1}{a}+\frac{1}{b}-\frac{p}{ba} & 1 \\ 0 & \frac{1}{p}+\frac{1}{a}+\frac{1}{b}+\frac{1}{c} & 1 \end{vmatrix}.$$

类似地,从第二列减去第三列的 $\frac{1}{p} + \frac{1}{a} + \frac{1}{b} + \frac{1}{c}$ 倍,得到

$$\frac{1}{4}\begin{vmatrix} -b - \frac{ac}{p} & -\frac{1}{b} - \frac{p}{ca} & 1 \\ -c - \frac{ab}{p} & -\frac{1}{c} - \frac{p}{ba} & 1 \\ 0 & 0 & 1 \end{vmatrix} = \frac{1}{4}\begin{vmatrix} b + \frac{ac}{p} & \frac{1}{b} + \frac{p}{ca} & 1 \\ c + \frac{ab}{p} & \frac{1}{c} + \frac{p}{ba} & 1 \\ 0 & 0 & 1 \end{vmatrix}.$$

这里我们提出了两个 -1 的系数. 现在行列式看起来好多了,我们可以用余子式进行计算. 因为最后一行 0 比较多,我们在这一行展开成余子式,得到

$$\frac{1}{4}\left(0\begin{vmatrix} \frac{1}{b} + \frac{p}{ca} & 1 \\ \frac{1}{c} + \frac{p}{ba} & 1 \end{vmatrix} + 0\begin{vmatrix} 1 & b + \frac{ac}{p} \\ 1 & c + \frac{ab}{p} \end{vmatrix} + 1\begin{vmatrix} b + \frac{ac}{p} & \frac{1}{b} + \frac{p}{ca} \\ c + \frac{ab}{p} & \frac{1}{c} + \frac{p}{ba} \end{vmatrix} \right).$$

现在只需计算一个行列式! 展开得到

$$\frac{1}{4}\left[\left(b + \frac{ac}{p} \right)\left(\frac{1}{c} + \frac{p}{ba} \right) - \left(\frac{1}{b} + \frac{p}{ca} \right)\left(c + \frac{ab}{p} \right) \right].$$

更方便的是,最后这个展开得到零. 如果读过第 6 章,你就会知道这实际上得到了引理4.4 用复数的证明. (为什么?)

A.2 克莱姆法则

克莱姆法则是用行列式求解线性方程组的一个方法, 它也可以看成行列操作的一个好的展示,我们现在给出.

定理 A.4. (克莱姆法则) 考虑方程组

$$a_x x + a_y y + a_z z = a$$
$$b_x x + b_y y + b_z z = b$$
$$c_x x + c_y y + c_z z = c.$$

则 x 的解为

$$x = \begin{vmatrix} a & a_y & a_z \\ b & b_y & b_z \\ c & c_y & c_z \end{vmatrix} \div \begin{vmatrix} a_x & a_y & a_z \\ b_x & b_y & b_z \\ c_x & c_y & c_z \end{vmatrix}$$

其中分母的行列式需要非零. 类似地可以得到 y, z 的解的表达式.

证明 分子是

$$\begin{vmatrix} a_x x + a_y y + a_z z & a_y & a_z \\ b_x x + b_y y + b_z z & b_y & b_z \\ c_x x + c_y y + c_z z & c_y & c_z \end{vmatrix} = \begin{vmatrix} a_x x & a_y & a_z \\ b_x x & b_y & b_z \\ c_x x & c_y & c_z \end{vmatrix}.$$

其中我们从第一列中减去了第二列的 y 倍, 第三列的 z 倍. 提出 x, 分子等于

$$
x \begin{vmatrix} a_x & a_y & a_z \\ b_x & b_y & b_z \\ c_x & c_y & c_z \end{vmatrix}.
\qquad \square
$$

A.3 向量和内积

向量提供了在平面上做加法的最基础的概念, 于是才形成了我们基本的分析工具.

在线性代数王国中, 向量是一个有长度和方向的量. 从点 A 到点 B 的向量记为 $\overrightarrow{AB}$, 如图 A.3.1. 为了给每一个点关联一个向量, 我们总是选取一个特殊的点 O 定义为原点, 或者**零向量**. 然后每个点 P 就对应于向量 $\overrightarrow{OP}$, 简记为 $\boldsymbol{P}$. 这看起来很像复数, 实际上两个概念也经常互换使用.

图 A.3.1: 从 A 到 B 的一个向量

向量可以用坐标来表示: 在直角坐标平面上, 从 $(0,0)$ 指向 (x,y) 的向量记为 $\langle x,y\rangle$. 零向量于是就是 $\langle 0,0\rangle$. 向量 $\boldsymbol{v}$ 的长度记为 $|\boldsymbol{v}|$. 向量就像人们会认为的那样相加: $\langle x_1,y_1\rangle$ 和 $\langle x_2,y_2\rangle$ 的和是 $\langle x_1+y_1, x_2+y_2\rangle$. 几何上理解这个加法的方法是平行四边形法则, 如图 A.3.2. 向量还可以伸缩一个实数倍, 只需直接调整它的长度 (起点保持在原点, 方向不变), 如图 A.3.3. 利用伸缩, 我们可以计算向量的加权平均, 来得到想要的结果. 例如, 若线段 $\overline{AB}$ 的中点为 M, 则 $\boldsymbol{M} = \frac{1}{2}(\boldsymbol{A}+\boldsymbol{B})$.

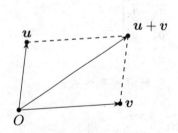

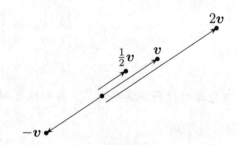

图 A.3.2: 两个向量相加　　　　　图 A.3.3: 向量还可以伸缩常数倍

单纯的向量问题在数学奥林匹克竞赛题目中并不频繁出现: 我们经常使用以

向量为基础的理论 (例如笛卡儿坐标系、复数、重心坐标). 然而, 有一个向量有关的概念很有用: 内积.

两个向量 $\boldsymbol{v}, \boldsymbol{w}$ 的**内积** (或点乘)是

$$\boldsymbol{v} \cdot \boldsymbol{w} = |\boldsymbol{v}||\boldsymbol{w}|\cos\theta,$$

其中 θ 是两个向量之间的夹角. 奇妙的是, 在坐标下有

$$\langle a, b \rangle \cdot \langle x, y \rangle = ax + by.$$

内积给了做向量乘积的一种方法, 但是和复数乘法不同. 内积有下面的性质:

- 内积满足分配律、交换律、结合律, 所以可以像乘法一样使用.
- 向量长度可以用内积表示为 $|\boldsymbol{v}|^2 = \boldsymbol{v} \cdot \boldsymbol{v}$.
- 两个非零向量 $\boldsymbol{v}, \boldsymbol{w}$ 垂直当且仅当 $\boldsymbol{v} \cdot \boldsymbol{w} = 0$.

看看内积性质的应用, 如图 A.3.4, 考虑 $\triangle ABC$, 外心为 O. 若以 $\boldsymbol{O}$ 为原点, 则有

$$|\boldsymbol{A}| = |\boldsymbol{B}| = |\boldsymbol{C}| = R,$$

其中 R 是外接圆半径. 所以有 $\boldsymbol{A} \cdot \boldsymbol{A} = R^2$, 等等.

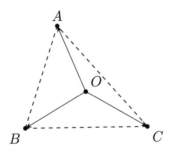

图 A.3.4: 把 $\triangle ABC$ 放到向量体系

现在, $\boldsymbol{A} \cdot \boldsymbol{B}$ 是什么? 根据定义, 这是 $R^2 \cos 2C$. 但是

$$\cos 2C = 1 - 2\sin^2 C = 1 - 2\left(\frac{c}{2R}\right)^2,$$

因此我们发现 $\boldsymbol{A} \cdot \boldsymbol{B} = R^2 - \frac{1}{2}c^2$. 类似地有

$$\boldsymbol{B} \cdot \boldsymbol{C} = R^2 - \frac{1}{2}a^2, \boldsymbol{C} \cdot \boldsymbol{A} = R^2 - \frac{1}{2}b^2.$$

在第 6 章, 我们给出垂心的向量是简单公式 $\boldsymbol{H} = \boldsymbol{A} + \boldsymbol{B} + \boldsymbol{C}$. 意思是, 我们

可以计算长度 OH，只要做内积即可.

$$
\begin{aligned}
OH^2 = |\overrightarrow{OH}|^2 = |\boldsymbol{H}|^2 &= \boldsymbol{H} \cdot \boldsymbol{H} \\
&= (\boldsymbol{A} + \boldsymbol{B} + \boldsymbol{C}) \cdot (\boldsymbol{A} + \boldsymbol{B} + \boldsymbol{C}) \\
&= \boldsymbol{A} \cdot \boldsymbol{A} + \boldsymbol{B} \cdot \boldsymbol{B} + \boldsymbol{C} \cdot \boldsymbol{C} + 2(\boldsymbol{A} \cdot \boldsymbol{B} + \boldsymbol{B} \cdot \boldsymbol{C} + \boldsymbol{C} \cdot \boldsymbol{A}) \\
&= 3R^2 + 2\left(3R^2 - \frac{1}{2}\left(a^2 + b^2 + c^2\right)\right) \\
&= 9R^2 - a^2 - b^2 - c^2.
\end{aligned}
$$

我们用这些性质证明了第 7 章中的定理，当时我们构造了一个在重心坐标下的距离公式和垂直条件.

附录 B 习题提示

1. 试试导角，就能看出来．

2. 构造圆．

3. 比例是 $\sqrt{2}$．

4. 有共点，好好画一个图．

5. 我们可以计算 $\overline{BJ}$ 和 $\angle B$ 形成的角．

6. 只需取 $P = (0, s, t)$ $s + t = 1$，然后计算一下．

7. 找一个点来处理奇怪的角度条件．

8. 你不能取有向角度的一半，那么怎样绕过这个问题呢？

9. 塞瓦定理的三角形式．

10. 旋转相似，还有长度的比例．

11. 找到位似．

12. 可以发现 A_1, A, C_1, C 四点共圆．

13. 作为 G1 太难了，所以 IMO 2011 没有简单的几何题．

14. 证明 $\triangle A_2BC \backsim \triangle AC_3B_3$．

15. 看到一对垂直直线了吗？

16. 看 $\triangle BPC$．

17. 回忆引理2.11．

18. 哪个四边形共圆？

19. 用导角说明 A, P, O, Q 共圆即可．

20. 有一个直角，要找角平分线．你能想到哪个构型？

21. 因为 X, A 必须在不同的弧上，所以这里不能用有向角．

22. 用反演下的距离公式做些计算，答案即可出现．

23. 根轴．

24. 回忆 $ME = MF = MB = MC$．

25. 有很多种方法，有个短证明用两次帕斯卡定理．

26. H 是 $\triangle DEF$ 的内心.

27. 找一个九点圆.

28. 条件 $\frac{AB}{AC} = \frac{BF}{FC}$ 意味着什么?

29. 因为 $a\bar{a} = 1$,你可以用引理6.24.

30. 把 $\triangle ABC$ 放在单位圆上,直接计算 D, E.

31. 相似会给出一些比例.

32. 怎么用 $1 + ri$ 这个量?

33. 作 $\triangle ABC$ 的外心,$\overline{AC}$ 的中点,有没有看到三个圆?

34. 关于 A 反演.

35. 综合帕斯卡定理和 La Hire 定理.

36. 设 T 在 $\overline{AB}$ 上,满足 $AD = AT$.

37. 只需导角,找到一个新的圆内接四边形.

38. 用相似三角形,化归为海伦公式.

39. 画图发现突破点,设 A_2 是 $\overline{TA_1}$ 和 Γ 的第二个交点.

40. 等价于证 $\triangle CZM \backsim \triangle EZP$. 然后我们只需 $\angle CZE = \angle PZM$.

41. 以 $\overline{AB}$ 为直径作圆.

42. 用旋转相似,然后计算.

43. 设 $x = \angle ABQ$,用一些三角,这里 $0° < x < 60°$.

44. $BE = BR = BC$.

45. 定点在哪里?

46. 证明 $PD : AD = [PBC] : [ABC]$. 为什么这样即可?

47. 用以点 G 为中心的位似,怎么把 O 变到 H.

48. 用半径的比例即可.

49. 共点的条件等价于什么?

50. 先试试纯几何方法,注意平行线.

51. 怎么处理角度条件?

52. 证明四边形 $BFEC$ 的外接圆心在 $\overline{BC}$ 上.

53. 把 $\triangle ABC$ 的高加进去,计算比例.

54. 引理4.40 会非常有用.

55. 中点和平行线!

56. 看 EF 和 $\overline{AB}, \overline{CD}$ 的交点,得到很多调和点列.

57. 纯导角.

58. 有一个关键点标出后,会导出解答,画一个好图.

59. 把三个圆的密克点放进去.

60. 利用 $\angle B'OC' > \angle BOC$ 得到 $\angle A < 60°$.

61. 关注 $\triangle ACD$.

62. 你能在表达式中去掉 F, H 吗?

63. 从 R 是 $\overline{AC}$ 和 $\overline{BD}$ 的交点可得到.

64. 利用西姆松线, 导角也能做.

65. 利用 (e) 和 (f).

66. 利用线段长度计算 B_1 的重心坐标.

67. 若记 $x = BD, y = AC, z$ 是第三条对角线, 则得到 $xy = ac + bd$, $yz = ad + bc$, $zx = ab + cd$.

68. $\dfrac{PA}{XY}$ 不依赖于 P.

69. 证明 $\angle TLK = \angle TCM$.

70. 是以 $\overline{AB}$ 为直径的圆.

71. 如果一切顺利, 大概就会得到 $1 + \dfrac{1}{2\sin(150° - 2x)} = \dfrac{\sin x + \sin 60°}{\sin(120° - x)}$.

72. 条件与直线 KL, PQ, AB, AC 形成圆内接四边形等价.

73. 以 $\overline{AB}, \overline{AC}$ 为直径的圆经过 A 到 $\overline{BC}$ 的投影.

74. 观察 $\triangle EBD$, 有熟悉的吗?

75. 若 $AB < AC$, 证明 M 是内心.

76. 共轴圆——证明它们有第二个公共点.

77. 先证明 $\angle CMN = \angle BMN$. (另一个可能更自然的解答, 首先设 N' 是 $\overline{AD}$, 和 $\overline{BC}$ 的交点, 然后证明 N' 在每个圆上.)

78. 题目的奇怪部分在最后的条件 $OP = OQ$, 而外心和题目中其他的任何东西都没联系. 你用本章的东西怎么把这些信息表达出来?

79. 试试点 H.

80. 利用引理9.11 或9.12.

81. 旋转相似性

82. 首先证明 B_1, B_2, C_1, C_2 共圆, 外心在哪里?

83. 因为 $\overline{AB}, \overline{XY}$ 相交, 这是负的.

84. 哪个四边形共圆?

85. 怎么找到 $\triangle AHE$ 的垂心? 可以不用把高相交.

86. 直接展开 $\dfrac{p-a}{p-b} \in \mathbb{R}$.

87. 只需证明 $OL > \dfrac{1}{2}R$. 你能想到好方法估计 OL 的值吗?

88. 关于 O 到边的距离我们知道什么?

89. 鸡爪定理, 见引理1.18

90. 证明此线平行于斯坦纳线.

91. 恰好其中三个以 H 为顶点.

92. 旋转相似有用.

93. 只需证明 O 到 $\overline{BC}$ 距离大于 $\frac{1}{2}R$.

94. 只需证明这些圆共轴,用引理7.24.

95. 找密克点,导角.

96. 过哪个点的圆比较多? 怎么利用正交性? 关于 ω_1 反演.

97. 长度加减得到 $LH = XP$.

98. K 是一个圆内接四边形的密克点.

99. 还能怎么理解射线 MH?

100. 证明 B, Q, O, P 共圆.

101. 用引理1.18.

102. 用梅涅劳斯定理.

103. 因为 A, I, I_A 共线,验证 $\overline{AI_A} \perp \overline{I_B I_C}$.

104. 用两次调和点列的透视即可证明.

105. 我们证明直线 AC 和过 B 以及 $\triangle ABC$ 的外心的直线交于 H,用余弦定理完成.

106. 加一个密克点.

107. 注意你可以用圆上的点把圆上的点列透视到线上.

108. 完全四边形

109. $\angle ABC = \angle AA_1 C$.

110. 把 O 平移到 O' 得到一个圆内接四边形.

111. 切线条件是什么意思?

112. 先证 $F^* G^*$ 的中点在 ω_1 上.

113. 首先证明 $\overline{A_1 B_1} /\!/ \overline{A_2 B_2}$,然后证明 $\overline{A_1 A_2}$,$\overline{B_1 B_2}$,$\overline{C_1 C_2}$ 与 Γ 共线.

114. 用有向角证明四边形内角和是 $360°$.

115. 证明 A, B, O, E 共圆

116. 某些点的幂为定值.

117. 一般情况下角度条件很难办,这道题为什么可以?

118. 关于 D 反演,半径任意.

119. 关于垂心反射.

120. 你肯定能猜到关于哪一点反演.

121. 可以把 M, N, H 平移 $a+b+c$,再用外心公式.

122. 在点 A 有两条相同长度的切线.

123. 首先取点 A 处位似把正方形变到三角形外面.

124. 需要两个构型,用一个好图发现 $\dfrac{HQ}{HR}$ 应该是什么.

125. $AXFEI$ 共圆.

126. 设 $D_1 = (u:m:n), A = (v:m:n)$,其中 D_1 是 ω_1, ω_2 的另一个交点,这样就表达了所有的条件.

127. 把系数 2 移走.

128. 三个相交于陪位重心.

129. 现在 $\overline{AE}, \overline{DB}$ 是类似中线,所以可以计算 B, E. 而且,可以把 R 当作点 C 处切线和直线 AD 的交来计算.

130. $A^*B^* + B^*C^* \geqslant A^*C^*$ 等号成立当且仅当 A^*, B^*, C^* 按这个顺序共线. 现在应用反演距离公式.

131. 关于根心有什么是一定成立的?

132. 利用单位圆得到垂心. $\frac{1}{2}(a + b + c + d)$.

133. 首先考虑 $X = P$ 和 $X = Q$,这样给出四个可能的 (S, T) 对.

134. 又是根轴.

135. 引入 EF 的中点,构造一个包含 S 的调和点列.

136. 我们想要找的等号情况是什么?

137. 定点是垂心.

138. 用位似.

139. 还可以计算三角形的高.

140. 从引理4.33 证明中用到的位似可以得到此题结论.

141. 把 (ABC) 当作单位圆,直接计算所有的点.

142. 证明 $\triangle ABC$ 的切触三角形和 $\triangle PQL$ 位似.

143. 引理8.16 来完成.

144. 用三角表示 BD, CE 的长度,给出 D, E 的坐标.

145. 中点和平行线.

146. 设 $AB = 2x, CD = 2y, BC = 2l$,计算长度

147. 用引理9.17 计算中点的幂,回忆所有的圆心共线.

148. 根轴.

149. 会得到 $x = p + a + b + c - bc\overline{p}$.

150. 射影几何

151. 验证 $\angle YXP = \angle AKP$.

152. 可以把 OH 换成任何过重心 G 的直线.

153. 能找到两个给定条件的更好解释吗?

154. 用半径为零的圆.

155. 构造矩形,证明通过 K^* 垂直于 $\overline{AQ}$ 的直线经过 Γ 的圆心.

156. 这道题有些条件不需要.

157. 证明 X, H, P 共线,其中 P 是密克点.

158. 试试位似.

159. 哪个四边形内接于圆?

160. 用引理4.9.

161. 面积是 $\frac{1}{8}ab\tan\frac{1}{2}C$.

162. 直接证明 $[AOE] = [BOD]$.

163. A 是 BO_BO_CC 的密克点.

164. 设 $X = \overline{BE} \cap \overline{DF}$,根据引理9.18,需要 $(X, H, E, F) = -1$.

165. 位似的比例是多少?

166. 给定条件可以写成 $a^2 + c^2 - ac = b^2 + bd + d^2$.

167. 可得 $a_2 = \frac{bb_1 - cc_1}{b + b_1 - c - c_1}$,然后计算定理6.16 中的行列式.

168. 哪个四边形共圆?

169. 证明这些点在以 $\overline{OP}$ 为直径的圆上.

170. 以 D 为圆心,1 为半径反演.

171. 等角共轭.

172. 关于 A 反演.

173. 为什么只需考虑 $d = \bar{a}, e = \bar{b}, f = \bar{c}$ 的情形?

174. 证明 $\triangle EAB \cong \triangle MAB$.

175. 考虑 $\triangle XED$ 和 $\triangle XAK$.

176. 忽略 $\triangle ABC$,只看 $\triangle M_AM_BM_C$. 看你能否从图中完全消去点 A, B, C.

177. 利用点到圆的幂.

178. 最后的四点的反演是什么?

179. 先找到定点,需要一个准确的图.

180. 可以计算 DF,设 M 是 $\overline{DF}$ 的中点,只需证明 $ME = \frac{1}{2}DF$.

181. 需要用角角相似性,那些角度相等?

182. 用嵌套塞瓦线 (定理3.23).

183. 取一个变换保持 $(ABCD)$ 不动,Q 变到圆心.

184. 用正弦定理.

185. 先计算出 $\angle XZY = 40°$.

186. 设 O 是 ω 的圆心.

187. 用位似.

188. 直接用定理7.14 到 $AD = BE$,参考 $\triangle ABC$.

189. 应用引理9.27

190. 先在 $\overline{AK}$ 上取 N 使 $\overline{BN}$ 与 $\overline{BC}$ 是等角线.

191. 将最后的条件不用圆重述.

192. 证明直线 DT 经过 A 关于 BC 的垂直平分线的反射.

193. 两个圆相交于优弧 $\overset{\frown}{BC}$ 的中点.

194. 用两次性质 (b).

195. 证明 $\angle AZY = \frac{1}{2}B$ 以及 $\angle ZAX = \frac{1}{2}(A+C)$.

196. 这道题目很简单的.

197. 一个干净的方法是计算 $[(a-b)(c-d)(e-f) + (b-c)(d-e)(f-a)]$ 减去 $[(a-b)(c-e)(d-f) + (d-e)(f-b)(a-c)]$.

198. 用反演可以去掉几乎所有的圆.

199. 这个构型之前在哪里出现过?

200. 若 O_B, O_C 是圆心, 证明 $O_B O_C = BC$.

201. 哪个四边形内接于圆?

202. 余弦定理.

203. 应该得到 $o_1 = \frac{c(a+c-2b)}{c-b}$ 和 $o_2 = \frac{b(a+b-2c)}{b-c}$. 现在 $\frac{1}{2}(o_1 + o_2)$ 是什么?

204. 用计算证明 A, B_1, C_1 共线. 然后 $\angle C_1 Q P = \angle ACP = \angle AB_1 P = \angle C_1 B_1 P$.

205. 会想到哪个构型?

206. 取参考 $\triangle DEF, a = EF, b = FD, c = DE$.

207. A 是 $\triangle EBD$ 的重心, 所以 DA 平分 $\overline{BE}$.

208. 证明 Q 到 $\overline{AB}, \overline{AC}$ 的距离之比是 $AB : AC$. 于是得到 $\overline{AQ}$ 是类似中线.

209. 构造等腰梯形, 用圆幂.

210. 用引理6.18 来计算点 A_2, 等等.

211. 证明直线 PZ 经过 ω, ω_1 的圆心.

212. 化简已知的角度条件, 或者说, P 的轨迹是什么?

213. 内心.

214. $ADOO'$ 和 $BCOO'$ 也是平行四边形.

215. 想办法消去点 E, F, A.

216. 证明更强的结论: 若交点是 X, 则四边形 $ABXC$ 调和.

217. $\frac{c-a}{b-a}$ 的辐角是 $\angle BAC$, $\frac{c-d}{b-d}$ 的辐角是 $\angle BDC$.

218. 现在 $\overline{AB}, \overline{CD}$ 是直径.

219. 两条边长等于 $\frac{BG \cdot CE}{BE \cdot CG}$.

220. 哪个四边形内接于圆?

221. 为什么只需证明 $FBH'C$ 调和?

222. 考虑四边形 $ADBC$ 的高斯线,设 M 是 $\overline{EF}$ 的中点.

223. 这是我最喜欢的构型识别测试,你需要三个不太常用的构型.

224. 参考三角形可以选 $\triangle A_1A_2A_3, A_4 = (p,q,r)$.

225. 正弦定理.

226. 会得到

$$\cos\left(\frac{3}{2}x + 30°\right) = \cos\left(\frac{5}{2}x + 30°\right) + \cos\left(\frac{1}{2}x + 30°\right)$$

或者相似的. 现在可以猜出 x 的值 (试试 $10°$ 的整数倍). 在右端利用和差化积完成.

227. 一个标准的技巧是:尝试在 Γ 上作出 $\triangle A_2B_2C_2$ 和 $\triangle A_1B_1C_1$ 位似. 然后证明位似中心在 Γ 上 (于是就是 T).

228. 利用 $\angle MEA = 90°$,导角证明 $\overline{AF}$ 是类似中线.

229. P 的等角共轭点在哪里?

230. 可以明确写出 K.

231. 进一步,P 在无穷远,所以 P, C, D 共线说明 $ABCD$ 是正方形.

232. 设 P 是 $\overline{QR}$ 的中点,证明 $\overline{PK} \perp \overline{QR}$.

233. 布洛卡定理.

234. 把四边形 $ABCD$ 变成长方形,题目就简单了.

235. 在点 A 以 $s - a$ 为半径作反演,然后计算就变得简单了,重叠.

236. 验证 $\angle MIT = -\angle MKI$.

237. 等于 $\frac{o_A - c}{b - c}$.

238. 考虑 X, Y 关于 $\overline{BC}$ 的反射.

239. 用布洛卡定理. (还可以将调和点列 $(A, H; K, M)$ 和 $(B, H; L, N)$ 透视来证明共线——译者注)

240. 直角和角平分线.

241. 看起来很像帕斯卡定理.

242. 证明 $A_1^*A_2^*A_3^*$ 和 $B_1^*B_2^*B_3^*$ 位似 (所有边平行),为什么就足够了?

243. 证明 $N = (s - a : s - b : s - c)$. 归一化坐标来验证 $NG = 2GI$.

244. 还是位似.

245. 哪个四边形内接于圆?

246. 等价于证明 $PC < PO$.

247. $A^*B^*C^*D^*$ 是平行四边形.

248. 画出中点三角形.

249. 很简单.

250. 证明在点 K 的旋转相似把 D 变到 E, 然后得到结论.

251. 应该发现最后的交点是 $(-a^2 : 2b^2 : 2c^2)$.

252. O 是 C 关于 $\overline{A^*B^*}$ 的反射.

253. 纯射影几何.

254. 设 MH 交 (ABC) 于第二点 K, 只需证明 A, K, D, E 共圆.

255. 作关于点 A 的反演会发生什么?

256. 在反演后的图上用面积的比例.

257. H 和 F 交换位置, A 和 E, C 和 F 也是.

258. 用引理4.17.

259. 取 $\triangle BAD$ 的内心 I, 证明 I, B, C, D 共圆, 为什么就解决了?

260. 这是什么构型?

261. 考虑 ω_1, ω_2 的另一个交点.

262. 反演.

263. 用引理4.9确定 Q.

264. 最后要用引理4.17.

265. 就是导角.

266. 等角共轭.

267. 直线 QS 是什么?

268. 只需证明 R, M, S 共线.

269. 你能更自然地叙述"$\overline{PH}$ 平分 $\overline{EF}$"吗?

270. 布洛卡定理, 第二部分类似中线.

271. 直接计算 N.

272. 想要用反射吗? 不用的话能怎么做?

273. 等价于证明 $\overarc{TK}$ 和 $\overarc{TM}$ 大小相同.

274. 注意 $\overline{CI} \perp \overline{A'B'}, \overline{CM} \perp \overline{IK}$. 结论等价于什么?

275. 用 a, b, c 计算 BE^2, 利用 $\cos \angle BAE = -\cos \angle BAC$. 对 $\overline{AD}$ 作同样处理, 然后证明 $a^2 = b^2 + c^2$.

276. 利用 $I_A N \cdot I_A K = I_A I^2 - r^2$ 计算 KN.

277. 哪个四边形是完全的?

278. 证明 $\angle ZYP = \angle XYP$.

279. 不要忘记广义圆的交点保持. 例如, 与 ω 相切的圆会反演成为与 ω 在同一点相切的直线.

280. 可以明确计算 $MS = MT$. 直接计算每个点.

281. 会得到

$$J = \left(a\cos\left(A + \frac{1}{2}B\right) : b\cos\left(A + \frac{1}{2}B\right) : -c\cos\left(A - \frac{1}{2}B\right) \right)$$

或者类似的

282. 先用位似把 Q 变得好一些.

283. 直接计算,用 A, S, T 当自由变量.

284. 用两次塞瓦定理.

285. 首先证明 $\overline{BC} \cap \overline{GE}$ 在 d 上.

286. 导角证明在点 B 的切线平行于 AP,透视.

287. 用数轴上点的交比定义解方程 $\frac{x-a}{x-b} \div \frac{y-a}{y-b} = k$.

288. 画一个准确的图,能不能得到一些 $\triangle BHC$ 的高的信息?

289. 我们只关心根轴.

290. 设 M 是 $\overline{BE}$ 的中点,证明 $MA = ME = MB$.

291. 也可以计算 CR,通过求值 $AR = BR$,然后应用托勒密定理.

292. 会化归为 $(-a+b+c)(a-b+c)(a+b-c) \leqslant abc$,用舒尔不等式.

293. 证明 A 是 B_1BCC_1 的密克点.

294. 先想办法去掉一些圆.

295. 通过把 BJ, CJ 相交找到 J.

296. 具体地说,若 $H_A = a+b+d$ 是 $\triangle ABD$ 的垂心,则 W 是 $\overline{AH_A}$ 的中点.

297. 考察引理1.44.

298. 证明 ω_1, ω_2 的切线相交于 $\overline{BC}$ 上.

299. 会得到 $\angle CXY = \angle AXP$ (好的图形也会看出这一点). 利用圆内接四边形 $APZX$ 证明这一点.

300. 找调和点列.

301. 观察这些圆,能不能让它们经过更多的顶点?

302. 找一对相似三角形.

303. 现在观察到 X, Y 是 $\pm\sqrt{de}$;也就是 $x + y = 0$, $xy = -de$. 进一步,证明 $p^2 = de$.

304. 定点是 $K = \left(2S_B : 2S_A : -c^2 \right)$.

305. 哪个四边形内接于圆?

306. 只需用 TI 经过弧 $\overarc{BC}$ 的中点,比如说 L.

307. 中线 $\overline{EC}$ 有什么特别的吗?

308. 先找到公共点.

309. 给出布洛卡定理.

310. 用引理1.30 来处理有向角.

311. 找定圆的直径.

312. 相似实际上是一个全等,因为 $AC = BD$.

313. 题目中还有别的反射吗?

314. 中点三角形的垂心是什么?

315. 若题目正确,则公共根轴必然是垂直平分线.

316. 关键是发现圆心在 $\overline{AO}$ 的中点.

317. 你看到内心了吗?

318. 条件说明四边形 $DEBC$ 是调和的,然后呢?

319. 设 $X = \overline{AD} \cap \overline{BC}$,用密克点

320. 你能看出 D_2 必须在哪里吗?

321. 直接用引理8.16.

322. 条件可以变成 $\angle D^*B^*C^* = 90°, B^*D^* = B^*C^*$.

323. 见引理8.11

324. 在重叠图形中,只需证明 $\overline{MK^*}$ 和 (K^*AQ) 相切.

325. 画一个准确的图,哪三个点看起来共线?

326. $\angle AZY$ 是什么?

327. $\triangle AO_BO_C \backsim \triangle ABC$.

328. 设 E, F 表示内接圆的切点,我们有 $\overline{EF}, \overline{KL}, \overline{XY}$ 共点 (由于是等腰梯形).

329. 根据 $\angle AR^*B = \angle AR^*O + \angle OR^*B = \cdots = \angle APB$ 来做.

330. 用布洛卡定理来定位 H.

331. 先找出 B_1, C_1.

332. 具体地说,找出 $\kappa \in \mathbb{R}$ 使得 $\kappa(a+b+c)$ 在 $\triangle AIB$ 的欧拉线上 (其中 $a = x^2$ 等等). 验证 κ 关于 x, y, z 对称.

333. 假设塞瓦线交于 P,我们可以把 A, B, C, P 映射到哪里?

334. 根据命题9.10, $m = 100$.

335. 于是 $\angle FEM = \angle FEB + \angle BEM = \angle FEB + \cdots$?

336. 这和上一个练习本质上一样.

337. 重叠在这里有帮助.

338. 会发现 $\angle C^*B^*P^* = \angle B^*C^*P^*$. 怎么处理内心?

339. 面积.

340. 证明 $\angle AA_1C_1$ 被 $\overline{A_1A_2}$ 平分,于是 P 是 $\triangle A_1BC_1$ 的旁心.

341. 为什么有 $\angle AD^*B^* = \frac{1}{2}\angle AP^*B^*$?

342. 因为 $\angle M_CTA = \angle STM_B$,所以就直接导角.

343. 为什么只需证 $\frac{b}{c}\left(\frac{c-a}{b-a}\right)^2$ 是实数?

344. 可以马上去掉 A. 也就是说,可以把整道题目看成四边形 $BGCE$ 中的量的关系.

345. 用导角可以完全去掉 H, L.

346. 导角,证明 $\triangle MKL$ 和 $\triangle APQ$ 相似. 为什么就够了?

347. 若 E, F 是内切圆的切点, X 是 $\overline{AD}$ 和内切圆的第二个交点,证明四边形 $DEXF$ 调和.

348. 注意到 $M_B M_C$ 的长是 BC 一半,比例是 -2.

349. 先设定 $A = (au : bv : cw)$, $C = (avw : bwu : cuv)$,然后证明 $PA = PC$ 当且仅当有一个公共圆.

350. 位似,证明 $O_B O_C = 2\left(\frac{1}{2}BC\right) = BC$.

351. 证明 $\overline{AD}$ 是 K 的极线.

352. 作射影变换,保持 Γ 是圆,有很多这样的变换会得到解答.

353. 第一次反演之后,我们要证 $\overline{F^*G^*}$ 经过 B.

354. 延长射线 IP 与直线 BC 交于 K. 只需证明 $(K, D; B, C) = -1$.

355. 怎么用 $AD = \frac{1}{2}AB$ 这个条件?

356. 设 K' 是外接圆和角平分线的交点.

357. 等价于 $\frac{a-b}{p-q} : \frac{k-l}{a-c} \in \mathbb{R}$. 利用引理6.30 并展开.

358. Q 是密克点.

359. 从 HMMT 题目中借用一些想法.

360. 有一个位似把中点三角形变成 $\triangle ABC$ 自己,可从相对边平行得到.

361. 先找到圆心.

362. 先考虑 QI 与 (ABC) 的另一个交点 X,然后去掉 Q.

363. 注意 $A_2 A = PA$,其中 P 是 l 的切点.

364. 证明根轴平分 $\angle PBC$.

365. 利用 $IE = x\sin C = \frac{ca}{2R}$ 以及托勒密定理来完成.

366. 根轴会给出共点.

367. 考虑以 $\overline{BC}, \overline{CA}, \overline{AB}$ 为直径的圆.

368. 在图中找到隐藏的引理1.45.

369. 用等截共轭点然后反射 X, Y, Z,可以完全消去 A, B, C.

370. 不难得到 $\tan\angle ZEP = \tan\angle ZCE = \frac{EZ}{ZC}$. 所以我们只需证明 $\frac{EZ}{CZ} = \frac{PE}{MC}$.

371. 首先用定理6.17 计算 d, e. 难点是计算 o_1. 需要一个相似三角形.

372. 当然需要想到引理1.18.

373. 证明都等于 $90° - B$.

374. 圆心在哪里?

375. 用导角找到一个密克点.

376. 哪个四边形共圆?

377. 若 $K = \overline{BB_1} \cap \overline{CC_1}$,证明 B, K, A, C 共圆.

378. 对 $AABBCC$ 用帕斯卡定理.

379. 题中有类似中线.

380. 为什么 $\frac{1}{\sqrt{3}}(\cos 30° + \mathrm{i} \sin 30°)$ 会有用?

381. 条件"ML 和 (HMN) 相切"有点麻烦,用一些变换化简.

382. M 是把 $\overline{YZ}$ 变成 $\overline{BC}$ 的旋转相似中心.

383. 用塞瓦定理的三角形式和正弦定理完成.

384. 关于 A 反演.

385. 想想什么构型有很多垂线?

386. 复制粘贴!

387. 明确点,猜猜 A_2, B_2, C_2 是什么?

388. 用导角很容易发现这些三角形相似,寻找一些被两个三角形共享的量.

389. 证明 T^*, L^* 在 Γ^* 上是对径点.

390. 就是导角.

391. 可以用 $\triangle ABC$ 计算 $P_A Q_A$.

392. I 是 $\triangle BFC$ 的垂心.

393. 会发现 $K = (a^2 : b^2 : c^2), L = (0 : S_C : S_B), M = (a^2 : S_C : S_B)$.

394. 把 K, L 伸缩一下然后变成一个行列式.

395. 应引理6.19,然后计算一下.

396. 题中的"反射"是一个误称,画个准确的图就可以看出为什么这么说.

397. 加一个点作出一个圆内接四边形.

398. 反演.

399. $\triangle BQM \sim \triangle NQC$,然后用 $BM : NC = AB : AC$.

400. 因为 $\overline{K^*M} \parallel \overline{AQ}$,只需证明 $K^*A = K^*Q$.

401. 用了和习题1.40类似的想法.

402. 注意到九点圆和外接圆的对偶.

403. 关于 $\overline{AB}$ 为直径的圆反演是这道题的主要步骤.

404. 作一个根心.

405. 把垂心反射.

406. 先在 $AGEEBC$ 上用帕斯卡定理.

407. 正弦定理.

408. $(1 + xi)(1 + yi)(1 + zi)$ 的辐角是多少? 用两种方式回答.

409. H 是根心.

410. 反射垂心.

411. $(A, B; X, Y) = -1 \implies (X, Y; A, B) = -1$.

412. 更多的西姆松线性质.

413. 用引理9.17 导出很多的调和点列. 会用到很多次圆幂.

414. 回忆定理2.25, Pitot 定理.

415. 假设 $AB < AC$, 证明 $\angle PQE = 90°$.

416. 考虑以 $\overline{AB}, \overline{CD}$ 为直径的圆的根轴.

417. 在 $\triangle ABD, \triangle ACD$ 上用正弦定理.

418. 最后用位似把九点圆圆心变到 $\triangle AST$ 的重心, 再用位似变到 M.

419. 第一部分从定理4.22 得到.

420. 西姆松线, 引理4.4 可以搞定.

421. 先在 $AABCCD$ 上用帕斯卡定理, 发现 $\overline{AA} \cap \overline{CC}$ 和 $P = \overline{AB} \cap \overline{CD}, Q = \overline{BC} \cap \overline{DA}$ 共线.

422. 要处理点 T, 用引理4.40.

423. 增加内心 I.

424. 西姆松线.

425. 等价于证明 A, E, S 共线, 其中 S, E 分别是 T, D 的反射. 这为什么可以从引理4.40 得到?

426. 你需要一个位似把其中一个点变到另一个.

427. 和反射有什么关系?

428. 重新用一下斯坦纳线的证明.

429. 用余弦定理证明四边形内接于圆, 然后用定理5.10.

430. 定点是垂心, 反射整个三角形.

431. 证明 $\frac{p - (o_1 + o_3)}{\overline{p} - (\overline{o_1} + \overline{o_3})}$ 关于 a, b, c, d 对称, 先算分母最简单.

432. A, I, X 共线, 因此我们只需证明 $\overline{YZ} \perp \overline{AX}$ 和类似的条件.

433. 证明直线 NP 经过 $\triangle ABC$ 的外心.

434. 引理1.45.

435. 怎么理解角度关系?

436. 条件 $BC = DA, BE = DF$ 可以减弱为 $\frac{BE}{BC} = \frac{DF}{DA}$.

437. 实际上, 不需要 ID, IE, 答案是否定的.

438. 最后用引理4.14.

439. 所有的圆经过一个点.

440. 证明 P 是期望的内心.

441. 可以化简 $\sin x + \sin 60°$ 来抵消分母中的一些项.

442. 首先用引理4.14 去掉高的中点,谁会用高的中点呢?

443. 在四边形 $ABCD$, $AGCH$ 上用布洛卡定理,K 是三个圆的根心.

444. 条件 A, E, D, C 共圆是一个外来条件,这会让我们能做什么?

445. 需要把外心计算为 $\frac{(a+b+c)(b^2+c^2)}{b^2+bc+c^2}$.

446. 塞瓦定理和快速导角.

447. 先计算 K, G, T,然后用对称性.

448. 在五个三角形上用正弦定理,然后重新匹配抵消.

449. 取 A-旁切圆的切点为 Q_1,消去 Q.

450. 设 $\overline{KI_A}$(I_A 是 A-旁心) 与 $\overline{BC}$ 的垂直平分线交于 T. 证明 B, N, C, T 共圆.

451. 通过 E 透视.

452. 重复应用正弦定理和点的幂.

453. 哪四点共圆?

454. 注意引理1.17 帮助处理 $\overline{HM}$.

455. 怎样从中点得到角度信息?

456. 把点 $\overline{AB} \cap \overline{XY}$, $\overline{BC} \cap \overline{YZ}$ 映射到无穷远.

457. 先计算 PK, QL.

458. 在图4.2A 中,考虑 $\overline{II_A}$ 的中点.

459. 哪个四边形共圆?

460. $\angle FKB = \angle 12\angle ACB = \angle ECI$.

461. 利用定理7.25 来处理外心.

462. 写作 $[ABC] = [AIB] + [BIC] + [CIA]$,$I$ 是内心.

463. 答案是 $(c^2 : b^2 : c^2)$,差一个常数倍.

464. 看你能否猜到定点. (取方便的 P.)

465. 用引理8.10.

466. 用康威公式 (定理7.22).

467. 把不相等的切线求和.

468. 点到圆的幂.

469. 类似中线.

470. 注意 $\overline{AI}$ 平分 $\angle B'AC'$.

471. 证明 $(A, D; M, N) = -1$.

472. 纯导角.

473. 应用两次后,发现 $\overline{AA} \cap \overline{CC}, \overline{BB} \cap \overline{DD}, P, Q$ 共线.

474. 设 T 是 A, K 处切线的交点,证明 A, T, K, M 共圆然后 $TK = TA$.

475. 几种形式的计算工作,不过还有非常简洁的做法.

476. 先用 X 处的角度计算 $\angle CYX$,最后得到的结果依赖于如何选择变量.

477. 托勒密定理.

478. 用塞瓦定理证明 AP 平分对边.

479. 答案是 $30°$ 和 $150°$.

480. 给出一对相似三角形.

481. 公共点是四边形 $ADBC$ 的密克点 M.

482. 这些垂直平分线就给出了外心.

483. 图中的一些长度可以计算,设 $AC = 3$ 然后计算一些长度.

484. 引理1.45.

485. 把外心 O 加上.

486. 用相似三角形计算 BP, CP, BQ, CQ 的长度,然后直接计算所有的点.

487. M 是把 $\overline{AB}$ 变到 $\overline{CD}$ 的旋转相似中心,所以也把 O_1 变到 O_2.

488. 行列式可以重新写,所有的项都是二次的.

489. 上面的加上一些导角.

490. 不用重心坐标证明塞瓦线共点,把公共点标出.

491. 比例 $\frac{1}{2}$ 的位似.

492. 根据布洛卡定理,$\overline{EF} \cap \overline{BC}$ 的极线是 $\overline{AH}$.

493. 把 $\overline{AD}$ 变成 $\overline{BC}$ 的旋转相似把 E 变到 F.

494. 只需证明 $\overline{MN} /\!/ \overline{AD}$.(为什么?)

495. 有一个根轴.

496. 现在只要用引理1.48.

497. 在 $CG'GEBB$ 上用帕斯卡定理,G' 是反射.

498. 这个引理使得哪些技巧现在可以用了?

499. 完全四边形 $FACE$ 的密克点是什么?

500. 只要 $A < 60°$ 就成立,证明之.

501. 增加 $\triangle AST$ 的一个九点圆!

502. 有三个直角,会得到三个共圆四边形,加上 $(ABPC)$. 利用它们.

503. 设 T 是直线 EF 和 $\overline{CD}$ 的交点,证明 T 在 (ABM) 上.

504. 证明 D, P, E 共线,导角.

505. I 是 $\triangle BHC$ 的垂心,用引理4.6.

506. 假设要证 $\angle BOC = 2\angle BAC$. 把 A, B, C 放在单位圆上.

507. 用引理1.45 来处理九点圆.

508. $\triangle ABC$ 到 $AB'C'$ 的位似把 E 变成 X.

509. 怎样漂亮地计算 A_2?

510. 用引理1.44

511. 有三个圆共点,能提醒你做什么?

512. 设 X,Y 分别是 $\overline{BD},\overline{CE}$ 的中点. 证明直线 IM 垂直于高斯线 XY.

513. 设 $s = b + c - abc$ 等,应用定理6.15.

514. 有一个位似把 $\triangle I_A I_B I_C$ 变成 $\triangle DEF$.

515. 会得到 $a^2 - ac + c^2 = \frac{(ab+cd)(ad+bc)}{ac+bd}$.

516. H 在哪里?

517. 通过 (ADM) 和 (ABC) 寻找旋转相似.

518. 用参考 $\triangle PBC$.

519. 直接应用引理4.4,用比例 2 的位似.

520. 注意四边形 $ABCD$ 调和, 所以 $(A,C;B,D) = -1$;通过 E 透视给出 $(A,C;\overline{BE} \cap \overline{AC}, P_\infty) = -1$,其中 P_∞ 是直线 AC 上的无穷远点.

521. 根据引理1.17 这很显然.

522. 用余弦定理和三角计算,PO 可以在 $\triangle PCO$ 上应用余弦定理得到.

523. 取四边形 $WXYZ$ 和 $WX = a, XY = c, YZ = b, ZW = d$,求 WY.

524. 用参考 $\triangle ACD$.

525. Q 是四边形 $DXAP$ 的密克点.

526. 考虑四个切点 W,X,Y,Z 然后用这些点解决题目.

527. 根心是 N.

528. 等角共轭.

529. 隐藏的对称性.

530. 设 A_1 是 A 在圆上的对径点.

531. 第一部分用导角比较简单,第二部分用复数比较方便.

532. 经过 G_1, I 的直线是什么?

533. 集中看 $\triangle AST$;点 P,Q 不是特别重要.

534. 具体的,作 $\overline{AB} \cap \overline{CD}$ 和 $\overline{BC} \cap \overline{DA}$,看到什么了吗?

535. 一个解答是附录A.1 中的线性代数例子.

536. 在反演图中作一个位似后,看起来是不是熟悉了?

537. 如果四个点不共圆,那么 (PRS) 和 (QRS) 的根轴必然经过什么?

538. K 是 $\triangle LED$ 的内心.

539. 当等号成立,A,B,C,D 共圆时,A^*, B^*, C^* 看起来像什么?

540. 对每个角单独处理.

541. 只用导角即可.

542. 用位似.

543. 先回忆引理4.17.

544. 条件 $OP = OQ$ 等价于 $R^2 - OP^2 = R^2 - OQ^2$.

545. 利用 $AG = 2GM$.

546. 对得出的问题用重心坐标.

547. 刻画别的三角形的欧拉线的最好方法是什么?

548. 公共点还是一个根心.

549. 避免二次曲线的交点,找一个更好的方法.

550. 怎么用外接圆半径 R 表示 $OA_1 \cdot OA_2$.

551. $\triangle CIK$ 的垂心是什么?

552. 每个都可以计算.

553. 找第二个点对所有的圆有相同的幂,然后说明共轴,为什么就得到了结论?

554. 用 $\triangle AOD \backsim \triangle DCO_1$ 得到 $\frac{o_1 - d}{c - d} = \frac{o - d}{a - d}$,然后计算 o_1.

555. 作一个四边形.

556. 用旋转相似得到 $\angle PMR = \angle SMQ = \angle CHB = \angle BAC$,而根据密克点有 $\angle BAC = \angle PHQ = \angle PHS = \angle PMS$.

557. 点 P 到圆的切线切点在过 X 的一条直线上,现在用相似三角形或者圆幂.

558. $\triangle O_A O_B O_C$ 的重心在 $\frac{o_A + o_B + o_C}{3}$. 注意到本题我们不需要单位圆.

559. 三角即可,还有比较漂亮的纯几何做法.

560. 只要证明 $A*, B*, C*$ 都在九点圆上.

561. A_1^* 是 $\overline{EF}$ 的中点,等等. 三个圆全等,所以 C_1^* 平行于 $\overline{EF}$.

562. 聚焦条件 $BC = DA$ 和 $BE = DF$. (这些条件还可以减弱.)

563. 从 $(A, Z; K, L) = -1$ 开始,以 M 是 $\overline{PQ}$ 的中点结束,这里 Z 是 $\overline{EF}, \overline{KL}, \overline{XY}$ 的公共点.

564. 只是导角.

565. 用两种方法写出 BC^2.

566. 关于内切圆反演.

567. 还有剩下的自由度,怎么处理?

568. 找隐藏的圆.

569. 利用例1.4.

570. 证明 $HM \cdot HP = HN \cdot HQ$.

571. 在点 C 透视.

572. 完成的一个方法: 设 $T = \overline{AD} \cap \overline{CE}$, 将 $\overline{BT} \cap \overline{AC}$ 变到 Γ 的圆心.

573. 把四边形变成完全的. (三角也可以.)

574. 点 M, N 可以用归一坐标计算, 然后用 $M = 2P - A$.

575. 加入圆心 O, 哪个四边形共圆?

576. 只需证明 $\overline{MN} /\!/ \overline{AD}$.

577. 反演后图形是一个矩形.

578. 关于 (DEF) 再反演一次, 再利用引理8.11.

579. 我们不知道 O^* 去哪里了, 但是我们只关心 $(A^*B^*C^*)$ 的圆心在切触三角形的欧拉线上, 这个圆心和 I, O 共线. 为什么是显然的?

580. 旋转相似成对出现.

581. 还是用反演去掉奇怪的角度条件.

582. 找包含 T、直线 XY 和 BC 的调和点列.

583. 关于 M 把 B 反射.

584. 这个和 (d) 结合来证明 N 是中点.

585. 画一个准确的图, 有东西马上显现出来了.

586. 经过 $\triangle AIB$ 的外心和重心的直线.

587. 四边形变成完全四边形.

588. 用引理7.23.

589. 考虑 $(1 + x_1 \mathrm{i})(1 + x_2 \mathrm{i}) \cdots (1 + x_n \mathrm{i})$.

590. 重复应用布洛卡定理.

591. $\dfrac{\sin \angle BAD}{\sin \angle CAD}$ 是什么?

592. 有一个共圆梯形, 因此是等腰的.

593. 哪个四边形是共圆的?

594. 类似中线是中线的等角线.

595. 把 $\triangle ABC$ 变成等边三角形, P 是重心, 用引理9.8.

596. 怎么处理垂直平分线条件?

597. 哪个根轴经过 A?

598. 不妨设 B, C 在直线同一侧, 设 M 是 $\overline{BC}$ 的中点.

599. 这只是一个到 OH 的距离有关的命题, 不要管面积.

600. 我们怎么处理反射?

601. 观察到 $\overline{AB}$ 和 (PRS) 相切.

602. 想要的公共点是 Nagel 点的等角共轭点. 计算可以很干净.

603. 用余弦定理.

604. 用点 X 处的旋转相似处理中点, 把 N 变到 M. 然后导角计算 $\angle NMX$.

605. $\triangle BIC$ 的面积是 $\frac{1}{2}ar$.

606. 用 $\frac{BC_1}{CB_1}$ 当作桥梁.

607. 注意到 $ABCD$ 是调和四边形.

608. 直接计算 $|p-x||p-xy|$, 答案是 BC^2.

609. 想要 $\overline{PH}$ 经过 I 到 $\overline{EF}$ 的投影, 很多点现在就是多余的了.

610. 设 $x = ID = BD = CD$, IE 是什么?

611. 还是根心.

612. 会有等腰三角形.

613. 我们想用塞瓦定理的三角形式证明结论, 因为 $\overline{AD} \cap \overline{BC}$ 看起来很突兀.

614. 证明 A, B, C, D 共圆.

615. Q 是密克点.

616. 设 $\overline{PQ}$ 与 ω 交于点 X, Y, 利用引理9.17 和命题9.24.

617. 先去掉 S, T.

618. 三角形内的正方形很奇怪, 能不能处理得更漂亮?

619. 在极限情形 $\angle A + \angle COP = 90°$ 时发生什么? 注意到了吗?

620. $\triangle A_1 A_2 A_3$ 的反演是以 $\overline{ID}, \overline{IE}, \overline{IF}$ 为直径的圆, 其中 D, E, F 是切点.

621. 用 $T = a^2 qr + b^2 rp + c^2 pq$ 来化简计算.

622. 因为所有东西在一个圆中, 有很多直角, 所以三角、正弦定理有用. 有两个自由度.

623. $(\frac{1}{2}, \frac{1}{2}, 0)$, 或者等价的 $(1:1:0)$. 后者计算时更容易用.

624. 这时用几个位似.

625. 考虑以 $\overline{BC}$ 为直径的圆.

626. 关于 C 反演.

627. 证明直线 EF, GH, AB, CD 形成的四边形内接于圆 (用 $\overline{AB} \cap \overline{CD}$ 点的幂).

628. 证明 (b) 的一个更一般的情形.

629. 有三个圆和一个有用的根心.

630. 证明把 $\overline{BD}$ 变到 $\overline{CE}$ 的旋转相似中心是 M.

631. 塞瓦定理的三角形式.

632. 把布洛卡定理构型弄完整, 在点 T 透视.

633. 在点 H 的旋转相似.

634. 从引理4.14 和引理4.33 开始.

635. 结论等价于什么?

636. 注意到 $\overline{AP}$ 是中线, 所以希望证明 $\overline{AQ}$ 是类似中线.

637. 能找到一个办法用等腰三角形吗?

638. 关于 A 反演.

639. 证明九点圆心在 A 为圆心的一个圆上移动.

640. K 是什么?

641. 用参考 $\triangle PDB$ 来处理共轭.

642. M 是 B 关于 $\overline{CH}$ 的反射.

643. 这个 O 之前哪里出现过?

644. 这就是行列式中用列操作.

645. $\angle DAB = \angle DAC + \angle CAB, \angle BCD = \angle BCA + \angle ACD$.

646. 从引理4.40 的 (d) 开始.

647. 条件 $\angle BAG = \angle CAX$ 只是说明定点具有形式 $(k : b^2 : c^2)$(类似中线),利用这个.

648. 作关于 A 的反演得到什么?

649. 应该是 1,现在证明 $(a-b)(c-e)(d-f) + (d-e)(f-b)(a-c) = 0$.

650. 复数 $1 + \mathrm{i}\tan\theta$ 的辐角是 θ.

651. 找一个参考三角形使圆看起来比较好.

652. 所有的点有封闭表达式,计算行列式.

653. 要证定点具有形式 $(m : 1 : 1)$. 利用这个计算 m 然后证明它不依赖于 u, v.

654. 哪个点对两个圆的幂相同?

655. 加上外心 O.

656. 余下的就是计算,一个设定是 $\alpha = \angle CXY = \angle AXB, \beta = \angle BXY$.

657. 设 $D = (0 : u : v), u + v = a$ 然后直接计算这些圆.

658. 找更多的平分角.

659. 哪个四边形共圆?

660. 证明四边形 $PEDQ, QFER, PFDR$ 都内接于圆.

661. 考察从 Y 得到的两条西姆松线可能有用. 另外的解法是,先计算目标角度 $\angle PQY + \angle SRY - \angle QYR$.

662. 把条件 $MB \cdot MD = MC^2$ 变形.

663. 九点圆.

664. 找一条角平分线,然后用重心坐标证明,从这里完成.

665. 作位似把正方形变到外面.

666. 就是 $\frac{XA}{XB}$ (有向的),可以从 $\frac{P_\infty A}{P_\infty B} = 1$ 得到.

667. 纯射影几何.

668. 计算 $\frac{b-a}{f-a} \cdot \frac{d-c}{b-c} \cdot \frac{f-e}{d-e}$.

669. 角度追踪和相似三角形能成功.

670. 找到共圆四边形后, 应用引理1.18.

671. 重心是奇怪的部分, 怎么处理?

672. 回忆引理4.33, $\overline{ZM}$ 怎么和圆联系到一起?

673. 关于 H 的一个负反演把九点圆变到外接圆.

674. 先注意到四边形 $HBYC$ 是平行四边形 (因为中点).

675. 把 B 的对径点加上后, 用帕斯卡定理.

676. 引理4.33, 以及延长 AO 交 Γ 于另一点.

677. 想办法得到平行线, 不是切线.

678. 利用 $\frac{1}{2}ab\sin C$ 公式.

679. 关于 B 反演看起来最好 (很多直线经过 B).

680. 再找一对相似三角形, 导角结束.

681. 西姆松线.

682. 有一个特定的构型在这里很有用.

683. 塞瓦定理结合引理2.15.

684. 你会需要半角, 不要用有向角, 如果是 A,C,B,D 的顺序, 那么题目是错的.

685. 设 $\triangle A_1B_1C_1$ 是所决定的三角形, T 是切点. 你怎么证明两个圆相切.

686. 只需证明这个旋转相似把 X 变到 P, 证明 $\angle MXY = \angle MPB$.

687. 中点和平行线.

688. 代入 $A = (1,0,0)$ 得到 $u = 0$, 然后对 B,C 同样做.

689. 设 $\overline{AD}$ 和内切圆相交于另一点 X, 你能找到调和四边形吗?

690. 证明 E 在以 $\overline{DF}$ 为直径的圆上.

691. 画一个好图, A_2, B, C 和 (ABC) 的关系是什么?

692. 完全四边形 $BEDC$ 的斯坦纳线.

693. 设 O 是 $\triangle ABD$ 的外心, 证明四边形 $ODCF$ 是平行四边形, 然后注意到 $OA = OB = OD = 1$.

694. 证明关于半径 $\sqrt{BH \cdot BE}$ 的圆, P,Q 互为反演.

附录 C 习题选解

C.1 第 1-4 章习题解答

1.36

证明 观察到 $\angle BAE = 90°$ 和 $\angle BOE = 90°$. 于是四边形 $ABOE$ 内接于圆. $\angle OAE = \angle OBE = 45°$, $\angle BAO = \angle BEO = 45°$. 于是 $\angle OAE = \angle BAO = 45°$, 得到了所需的结论.

$ABCDE$ 是凸五边形的条件可以保证 A 和 O 在 $\overline{BE}$ 的不同侧, 所以不需要担心构型问题, 只用标准的角度计算即可.　　　　□

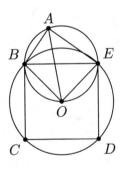

图 C.1.1: 习题 1.36

1.39

证明 在引理 1.18 中, O 在直线 AI 上. 现在 AI 是角平分线, 而且 $AD = AE$, 所以 $\triangle ADO \cong \triangle AEO$, 然后 $\angle ADO = \angle AEO$, 进而 $\angle ODB = \angle OEC$.　　　　□

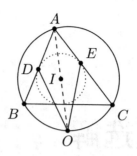

图 C.1.2: 习题 1.39

1.43

证明 设 M 是 $\overline{BE}$ 和 $\overline{AC}$ 的交点, 我们想要证明 $\overline{OM} \perp \overline{AC}$. 因为 $\angle PBO = \angle PDO = 90°$, 所以点 P, B, D, O 共圆.

根据 $\overline{DE} \parallel \overline{AC}$ 和切线准则 (命题1.31), 有

$$\angle BMP = \angle BED = \angle BDP.$$

因此 M 也在过 P, B, D, O 的圆上, 于是 $\angle OMP = \angle OBP = 90°$, 证毕. □

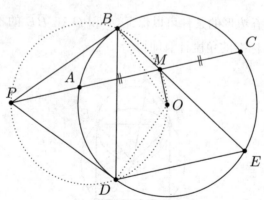

图 C.1.3: 习题 1.43

1.46

证明 取 O' 使得 $DAO'O$ 是平行四边形. 因为 $OO' = DA = BC$ 而且三条直线平行, 所以 $CBO'O$ 也是平行四边形. 进一步, 因为 $\overline{AO'} \parallel \overline{DO}$, $\overline{BO'} \parallel \overline{CO}$, 所以 $\angle AO'B = \angle DOC$. 于是, $\angle AO'B + \angle AOB = 180°$ 得到 $AO'BO$ 共圆 (注意 O 在平行四边形内, 而 O' 必然在平行四边形外, 没有其他的构型). 实际上, 可以证明 $\triangle O'AB \cong \triangle OBC$. 最后, $\angle OBC = \angle BOO' = \angle BAO' = \angle CDO$, 证毕. □

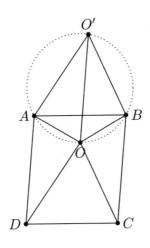

图 C.1.4: 习题 1.46

1.48

证明 发现所有的高给出共圆四边形: P 在三个圆 $(YZA),(ZXB),(XYC)$ 上. 因此我们可以直接计算得到

$$\angle PYZ = \angle PAZ = \angle PAB = \angle PCB = \angle PCX = \angle PYX.$$

说明 X,Y,Z 共线. □

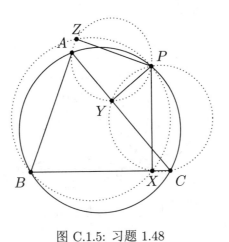

图 C.1.5: 习题 1.48

1.50

证明 设 P 是 ω_1,ω_2 的第二个交点. 根据引理1.27,可知 P 在 (AMN) 上. 再根据引理1.14,这个圆直径为 $\overline{AH}$,因此 $\angle APH = 90°$.

现在,注意到根据 XW 是 ω_1 的直径,$\angle XPW = 90°$. 于是发现 X, H, P 共线. 类似地,Y, H, P 也共线. 因此 X, Y, H 共线. □

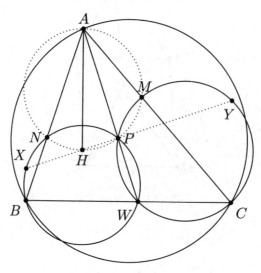

图 C.1.6: 习题 1.50

2.26

证明 设 A' 是 A 到 $\overline{BC}$ 的投影,注意 A' 在题目中的两个圆上. 我们可以直接应用定理2.9. 根心是三角形的垂心. □

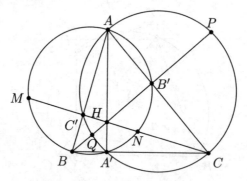

图 C.1.7: 习题 2.26

2.29

证明 设 D, E, F 分别是 $\Gamma_A, \Gamma_B, \Gamma_C$ 的圆心.

我们先证明 B_1, B_2, C_1, C_2 共圆. 根据定理2.9,只需证明 A 在圆 Γ_B 和 Γ_C 的根轴上.

设 X 是 Γ_B, Γ_C 的另一个交点. 显然 $\overline{XH}$ 垂直于两个圆心的连线, 即 $\overline{EF}$. 但是 $\overline{EF} /\!/ \overline{BC}$, 因此 $\overline{XH} \perp \overline{BC}$. 因为也有 $\overline{AH} \perp \overline{BC}$, 所以 A, X, H 共线.

现在 B_1, B_2, C_1, C_2 共圆, 它们的外心是 $\overline{C_1 C_2}$, $\overline{B_1 B_2}$ 的垂直平分线的交点, 就是 $\triangle ABC$ 的外心. 因此我们得到了 $OB_1 = OB_2 = OC_1 = OC_2$. 类似地可以得到 $OA_1 = OA_2 = OB_1 = OB_2$, 证毕. □

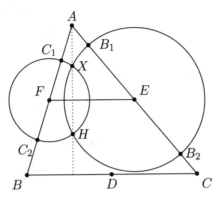

图 C.1.8: 习题 2.29

2.34

证明 因为 $\angle AWP = \angle AZP = 90°$, 有 A, W, P, Z 共圆. 类似地, B, W, P, X 共圆. 因此

$$\angle ZWP = \angle ZAP = \angle DAC = \angle DBC = \angle PBX = \angle PWX.$$

于是 P 在 $\angle XWZ$ 的角平分线上. 类似地, 它也在 $\angle WZY, \angle ZYX, \angle YXW$ 的角平分线上. 因此 P 到四边形 $WXYZ$ 的每一边的距离相同, 以 P 为圆心可作四边形 $WXYZ$ 的内切圆. 题目结论然后可从定理2.25得到. □

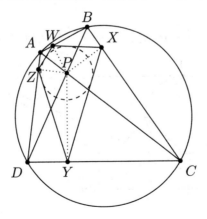

图 C.1.9: 习题 2.34

2.36

证明 设 H 是 $\triangle ABC$ 的垂心. 设 $\omega_A, \omega_B, \omega_C$ 分别表示 $(AOD), (BOE), (COF)$. 设 X 是 ω_A, ω_B 的第二个交点. 显然 ω_A 和 ω_B 的根轴是直线 XO.

考虑以 $\overline{BC}, \overline{CA}, \overline{AB}$ 为直径的圆, H 是这三个圆的根心, 因此 $AH \cdot HD = BH \cdot HE = CH \cdot HF$. 这样又表示 H 对三个圆 $\omega_A, \omega_B, \omega_C$ 的幂相同. 而 H, O 不同, O 对三个圆 $\omega_A, \omega_B, \omega_C$ 的幂均为零, 所以直线 OH 是 $\omega_A, \omega_B, \omega_C$ 的公共根轴, 也就是 XO.

在这条公共根轴上, 根据作法 X 关于 ω_A, ω_B 的幂为零, 所以 X 关于 ω_C 的幂也为零, 即 X 是三个圆 $\omega_A, \omega_B, \omega_C$ 不同于 O 的交点. $\qquad\square$

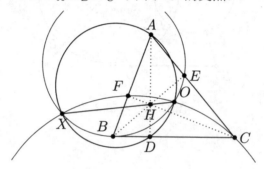

图 C.1.10: 习题 2.36

2.38

证明 设 ω 是 $\triangle AEF$ 的外接圆, 回忆引理1.44, $\overline{TA}, \overline{MF}, \overline{ME}$ 都与 ω 相切. 现在考虑 ω 和以 M 为圆心的半径为零的圆 Γ_0. 因为 $\mathrm{Pow}_\omega(K) = KE^2 = KM^2 = \mathrm{Pow}_{\Gamma_0}(K)$, 所以 K 在 ω 和 Γ_0 的根轴上. 类似地, L 也在根轴上. 因此 KL 就是这个根轴.

然后 $TA^2 = \mathrm{Pow}_\omega(T) = \mathrm{Pow}_{\Gamma_0}(T) = TM^2$, 所以 $TA = TM$. $\qquad\square$

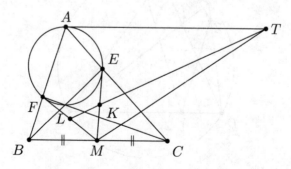

图 C.1.11: 习题 2.38

3.17

证明 设 X, Y 关于 $\overline{BC}$ 的反射是 X', Y'. 因为我们将垂心关于边反射了,根据引理1.17,我们发现 X', Y' 在四边形 $ABCD$ 的外接圆 ω 上.

因此有 $X'Y' = XY$, 还显然有 $\overline{AX'} \parallel \overline{DY'}$. 因此,我们有一个共圆梯形 $AX'Y'D$,然后 $X'Y' = AD$,进而 $AD = XY$.

现在我们有 $\overline{AX} \parallel \overline{DY}$ 和 $AD = XY$, $AXYD$ 是平行四边形或者等腰梯形. 实际上,因为 $\overline{AD}$ 是 $\overline{X'Y'}$ 关于 ω 平行于 $\overline{BC}$ 的直径的反射,而 $\overline{XY}$ 是 $\overline{X'Y'}$ 关于 $\overline{BC}$ 的反射,这种情况下我们必然有一个平行四边形. □

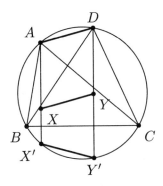

图 C.1.12: 习题 3.17

3.19

证明 设 X 是对角线 $\overline{AC}$ 和 $\overline{BD}$ 的交点. Y 是 $\overline{AD}$ 和 $\overline{CE}$ 的交点.

所给条件说明 $\triangle ABC \backsim \triangle ACD \backsim \triangle ADE$. 从这里得出四边形 $ABCD$ 和 $ACDE$ 相似. 特别地,$\frac{AX}{XC} = \frac{AY}{YD}$.

现在让射线 AP 和 $\overline{CD}$ 交于 M,然后塞瓦定理应用到 $\triangle ACD$ 给出 $\frac{AX}{XC} \cdot \frac{CM}{MD} \cdot \frac{DY}{YZ} = 1$,因此 $CM = MD$. □

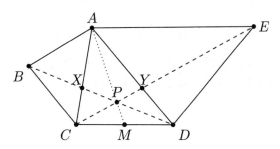

图 C.1.13: 习题 3.19

3.22

证明 如图C.1.14,设三个圆的圆心为 A, B, C,半径为 r_a, r_b, r_c. 设圆 B 圆 C 的外公切线交于 X,类似地定义 Y, Z.

不难检验 X 在线段 $\overline{BC}$ 外,考虑如图C.1.15的相似直角三角形.

我们看到 $\left|\frac{XB}{XC}\right| = \frac{r_b}{r_c}$. 因此,在梅涅劳斯定理的记号下,有 $\frac{BX}{XC} = -\frac{r_b}{r_c}$. 类似地,有 $\frac{CY}{YA} = -\frac{r_c}{r_a}$ 和 $\frac{AZ}{ZB} = -\frac{r_a}{r_b}$,因此

$$\frac{BX}{CX} \cdot \frac{CY}{YA} \cdot \frac{AZ}{ZB} = -1. \qquad \square$$

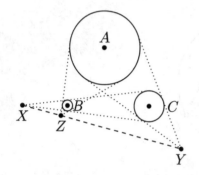

图 C.1.14: 习题 3.22A

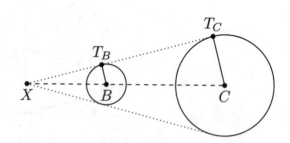

图 C.1.15: 习题 3.22B

3.23

证明 使用图3.7B,根据正弦定理,有

$$\frac{\sin \angle BAD}{\sin \angle CAD} = \frac{\frac{ZD}{ZA}\sin \angle ADZ}{\frac{YD}{YA}\sin \angle ADY} = \frac{ZD}{YD} \cdot \frac{YA}{ZA}.$$

根据塞瓦定理的三角形式,只需证明

$$\left(\frac{ZD}{YD} \cdot \frac{YA}{ZA}\right)\left(\frac{XE}{ZE} \cdot \frac{ZB}{XB}\right)\left(\frac{YF}{XF} \cdot \frac{XC}{YC}\right) = 1.$$

但是分别注意到在 $\triangle XYZ, \triangle ABC$ 上的塞瓦定理,有

$$\frac{ZD}{YD} \cdot \frac{YF}{XF} \cdot \frac{XE}{ZE} = \frac{ZB}{ZA} \cdot \frac{YA}{YC} \cdot \frac{XC}{XB} = 1. \qquad \square$$

3.26

证明 设射线 DA 交 $\overline{BE}$ 于 M. 考虑 $\triangle EBD$. A 在中线 $\overline{EC}$ 上,$EA = 2AC$,因此 A 是 $\triangle EBD$ 的重心. 于是 M 是 $\overline{BE}$ 的中点. 进一步 $MA = \frac{1}{2}AD = \frac{1}{2}BE$,因此

$MA = MB = ME$,然后 $\triangle ABE$ 内接于以 $\overline{BE}$ 为直径的圆. 现在 $\angle BAE = 90°$, 因而 $\angle BAC = 90°$. $\qquad\square$

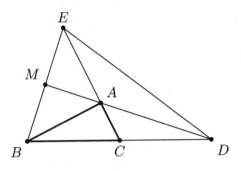

图 C.1.16: 习题 3.26

3.29

证明 题目的主要点是证明 M, N, P, Q 共圆. 然后我们可以应用根轴到 (AMN), $(ABC), (MNPQ)$ 来得出它们的根心是题目中描述的 R (图中没有标出)

假设把 $\triangle ABC$ 的九点圆变到 (ABC) 的位似把 M, N 分别变到 (ABC) 上的点 X, Y. 或者说,设 X, Y 分别是 H 关于 M, N 的反射. 根据点的幂,我们知道 $XH \cdot HP = YH \cdot HQ$.因为 $MH = \frac{1}{2}XH, NH = \frac{1}{2}YH$,得到 $MH \cdot HP = NH \cdot HQ$, 题目就解决了. $\qquad\square$

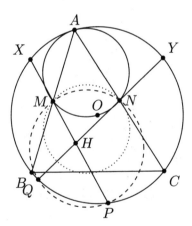

图 C.1.17: 习题 3.29

4.42

证明 设 ω 是 $\triangle ABC$ 的外接圆,根据引理1.18, $\triangle IAB$ 的外心在 ω 上. $\triangle IBC$, $\triangle ICA$ 的外心也是一样. 因此 ω 是所要求的圆. $\qquad\square$

4.44

证明 如图C.1.18，我们将证明定点是 $\triangle ABC$ 的垂心 H. 我们知道 $\overline{BH} /\!/ \overline{XP}$，进一步，根据引理4.4, $\overline{RP}$ 平分 $\overline{XH}$. 这就足够得到 $HRXP$ 是平行四边形. 因此 l 就是直线 PH. □

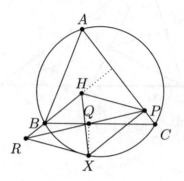

图 C.1.18: 习题 4.44

4.45

证明 答案是 1；我们证明 H 是 $\overline{QR}$ 的中点. 根据引理4.6, H 是 $\triangle DEF$ 的内心，A 是 D-旁心. 因此应用引理4.9，证毕. □

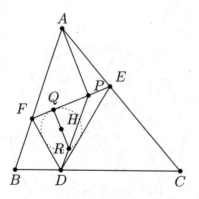

图 C.1.19: 习题 4.45

4.50

证明 设 I_A, I_B, I_C 是旁心. 根据引理4.14，直线 A_0D 是 I_AD, 对 B_0E, C_0F 有类似情况. 由于 $\triangle DEF$ 对应边与 $\triangle I_AI_BI_C$ 对应边平行，于是有一个位似把 $\triangle DEF$ 变到 $\triangle I_AI_BI_C$. 这说明直线 A_0D, B_0E, C_0F 相交于位似中心 X.

设 O' 是 $\triangle I_AI_BI_C$ 的外心. 因为 IO 是 $\triangle I_AI_BI_C$ 的欧拉线 (O 是九点圆圆

心, I 是垂心), 所以它经过 O'. 位似把 $\triangle DEF$ 的外心 I 变成 $\triangle I_A I_B I_C$ 的外心 O', 因此 X 在 $\overline{IO'}$ 上. $\square$

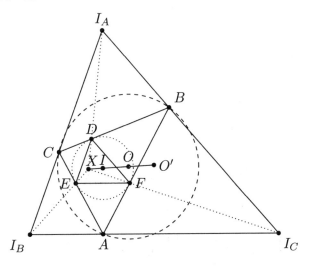

图 C.1.20: 习题 4.50

4.52

证明 我们将证明 $\overline{AF}$ 是类似中线, 于是其他的都会得到. 设 L 是 H 关于 M 的反射. 根据引理1.17, AL 是直径, 因此 $\angle MEA = \angle LEA = 90°$, 于是 M, D, E, A 共圆.

现在计算 $\angle MAC + \angle CAE = \angle MAE = \angle MDE = \angle BDE$, 但是

$$\angle BDE = \angle BED + \angle DBE = \angle BEF + \angle CBE = \angle BAF + \angle CAE$$

因此 $\angle BAF = \angle MAC$, 证毕. $\square$

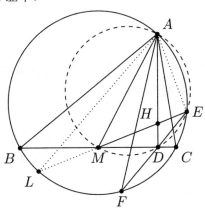

图 C.1.21: 习题 4.52

C.2　第 5-7 章习题解答

5.16

证明　根据 $\triangle A_i A_{i+1} X_{i+3}$ 内的正弦定理,有

$$\frac{A_i X_{i+3}}{A_{i+1} X_{i+3}} = \frac{\sin \angle A_i A_{i+1} X_{i+3}}{\sin \angle A_{i+1} A_i X_{i+3}}.$$

但是我们有 $\angle A_{i+1} A_i X_{i+3} = \angle A_{i-1} A_i X_{i+2}$,因此

$$\frac{A_i X_{i+3}}{A_{i+1} X_{i+3}} = \frac{\sin \angle A_i A_{i+1} X_{i+3}}{\sin \angle A_{i-1} A_i X_{i+2}}.$$

因此

$$\prod_{i=1}^{5} \frac{A_i X_{i+3}}{A_{i+1} X_{i+3}} = \prod_{i=1}^{5} \frac{\sin \angle A_i A_{i+1} X_{i+3}}{\sin \angle A_{i-1} A_i X_{i+2}} = 1. \qquad \square$$

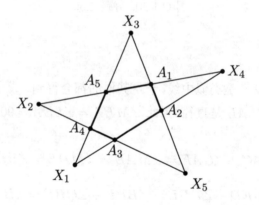

图 C.2.1: 习题 5.16

5.21

证明　答案是否定的,我们证明 AB, AC, CI, IB 不可能都是整数. 容易根据例1.4 看出,$\angle BIC = 135°$. 因此根据余弦定理

$$BC^2 = BI^2 + CI^2 - 2BI \cdot CI \cos \angle BIC$$
$$= BI^2 + CI^2 - BI \cdot CI \cdot \sqrt{2}$$

然而 $BC^2 = AB^2 + AC^2$,因此

$$\sqrt{2} = \frac{AB^2 + AC^2 - BI^2 - CI^2}{BI \cdot CI}.$$

因为 $\sqrt{2}$ 是无理数, 所以 BI, CI, AB, AC 不可能都是整数. $\qquad\square$

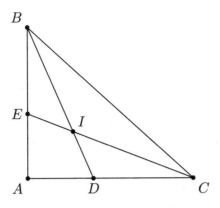

图 C.2.2: 习题 5.21

5.22

证明 设 $x = DB = DI = DC$ (还是用引理1.18). 这样, 因为 $\angle IDE = \angle ADB = \angle ACB$, 所以我们有

$$IE = ID \cdot \sin \angle IDE = x \sin C = x \cdot \frac{c}{2R}.$$

类似地, $IF = x \cdot \frac{b}{2R}$. 另一方面, 根据四边形 $ABDC$ 上的托勒密定理, $AD \cdot a = x \cdot (b+c)$, 因此 $AD = \frac{x(b+c)}{a}$. 综合起来, 我们有

$$\frac{1}{2}\frac{x(b+c)}{a} = IE + IF = \frac{x}{2R}(b+c).$$

因此我们发现 $a = R$.

然后, $\sin A = \frac{a}{2R} = \frac{1}{2}$ 是充要条件. 于是 $\angle A = 30°$ 或 $\angle A = 150°$. $\qquad\square$

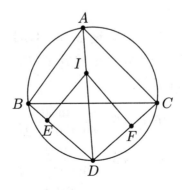

图 C.2.3: 习题 5.22

5.27

证明 设 M 是 $\overline{BC}$ 的中点. 首先, 我们要证明 $\angle A < 60°$. 设 $\alpha = \angle A$, 然后 $\angle BOC = 2\angle BAC = 2\alpha$. 而且

$$\angle B'OC' = \frac{1}{2}\left(360° - \angle B'LC'\right) = 180° - \frac{1}{2}\left(180° - \angle B'AC'\right) = 90° + \frac{1}{2}\alpha.$$

我们知道 $\angle B'OC' > \angle BOC$; 因此 $90° + \frac{\alpha}{2} > 2\alpha$, 说明 $\alpha < 60°$. 最后, 只需证明 $OL > \frac{1}{2}R$, 其中 R 是 $\triangle ABC$ 的外接圆半径. 但是

$$OL \geqslant OM = R \cdot \cos(\alpha) > R\cos(60°) = \frac{1}{2}R. \qquad \square$$

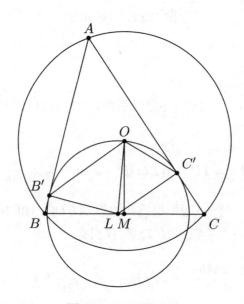

图 C.2.4: 习题 5.27

5.29

证明 答案是 $\angle B = 80°$, $\angle C = 40°$. 设 $x = \angle ABQ = \angle QBC$, 所以 $\angle QCB = 120° - 2x$. 我们发现 $\angle AQB = 120° - x$ 然后 $\angle APB = 150° - 2x$.

现在根据正弦定理, 我们计算

$$BP = AB \cdot \frac{\sin 30°}{\sin(150° - 2x)}$$

$$AQ = AB \cdot \frac{\sin x}{\sin(120° - x)}$$

$$QB = AB \cdot \frac{\sin 60°}{\sin(120° - x)}.$$

所以,关系式 $AB + BP = AQ + QB$ 就是

$$1 + \frac{\sin 30°}{\sin(150° - 2x)} = \frac{\sin x + \sin 60°}{\sin(120° - x)}.$$

此时,我们的题目完全变成了一个代数方程,基本上不像一道 IMO 第五题的难度. 现在有很多可能的解法,我们只给出其中之一.

首先,我们写

$$\sin x + \sin 60° = 2\sin\left(\frac{1}{2}(x + 60°)\right)\cos\left(\frac{1}{2}(x - 60°)\right).$$

其次,$\sin(120° - x) = \sin(x + 60°)$ 而且

$$\sin(x + 60°) = 2\sin\left(\frac{1}{2}(x + 60°)\right)\cos\left(\frac{1}{2}(x + 60°)\right)$$

所以

$$\frac{\sin x + \sin 60°}{\sin(120° - x)} = \frac{\cos\left(\frac{1}{2}x - 30°\right)}{\cos\left(\frac{1}{2}x + 30°\right)}.$$

简记 $y = \frac{1}{2}x$,然后

$$\begin{aligned}
\frac{\cos(y - 30°)}{\cos(y + 30°)} - 1 &= \frac{\cos(y - 30°) - \cos(y + 30°)}{\cos(y + 30°)} \\
&= \frac{2\sin(30°)\sin y}{\cos(y + 30°)} \\
&= \frac{\sin y}{\cos(y + 30°)}.
\end{aligned}$$

所以题目就是

$$\frac{\sin 30°}{\sin(150° - 4y)} = \frac{\sin y}{\cos(y + 30°)}.$$

等价地

$$\begin{aligned}
\cos(y + 30°) &= 2\sin y\sin(150° - 4y) \\
&= \cos(5y - 150°) - \cos(150° - 3y) \\
&= -\cos(5y + 30°) + \cos(3y + 30°).
\end{aligned}$$

现在我们快解决了,因为 $3y + 30°$ 是 $y + 30°$ 和 $5y + 30°$ 的均值,因此

$$\frac{\cos(y + 30°) + \cos(5y + 30°)}{2} = \cos(3y + 30°)\cos(2y).$$

因此

$$\cos(3y + 30°)(2\cos(2y) - 1) = 0.$$

回忆

$$y = \frac{1}{2}x = \frac{1}{4}\angle B < \frac{1}{4}(180° - \angle A) = 30°.$$

因此不可能有 $\cos 2y = \frac{1}{2}$，能取到这个值的 y 的最小正角度就是 $y = 30°$，不在允许范围内．所以 $\cos(3y + 30°) = 0$．唯一可能的 y 值是 $y = 20°$，给出 $\angle B = 80°$，$\angle C = 40°$． □

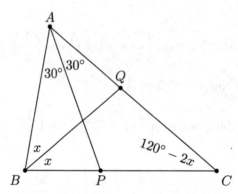

图 C.2.5: 习题 5.29

5.30

证明 题目条件等价于

$$ac + bd = (b + d)^2 - (a - c)^2$$

或者

$$a^2 - ac + c^2 = b^2 + bd + d^2.$$

我们作四边形 $WXYZ$，满足 $WX = a, XY = c, YZ = b, ZW = d$，而且

$$WY = \sqrt{a^2 - ac + c^2} = \sqrt{b^2 + bd + d^2}.$$

然后根据余弦定理，我们得到 $\angle WXY = 60°, \angle WZY = 120°$．因此四边形共圆．

根据定理5.10，我们发现

$$WY^2 = \frac{(ab + cd)(ad + bc)}{ac + bd}.$$

现在用反证法，假设 $ab + cd$ 是一个素数 p．回忆我们假设了 $a > b > c > d$．于是，比如说根据排序不等式，得到

$$p = ab + cd > ac + bd > ad + bc.$$

设 $y = ac + bd$, $x = ad + bc$, 关键是, 若 p 是素数, $x < y < p$, 则 $p \cdot \frac{x}{y}$ 永远不是整数 (为什么?). 但是 $WY^2 = a^2 - ac + c^2$ 显然是整数, 这样给出矛盾.

因此 $ab + cd$ 不是素数. □

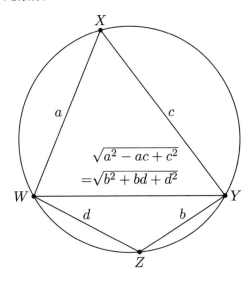

图 C.2.6: 习题 5.30

6.30

证明 我们有 P 在 $\overline{AB}$ 上当且仅当 $\frac{p-a}{p-b} = \overline{\left(\frac{p-a}{p-b}\right)}$. 利用 $\bar{a} = \frac{1}{a}$, $\bar{b} = \frac{1}{b}$, 进一步得到 $\frac{\bar{p}-\bar{a}}{\bar{p}-\bar{b}} = \frac{\bar{p}-\frac{1}{a}}{\bar{p}-\frac{1}{b}}$. 通分, 我们发现条件等价于

$$
\begin{aligned}
0 &= (p-a)\left(\bar{p} - \frac{1}{b}\right) - (p-b)\left(\bar{p} - \frac{1}{a}\right) \\
&= (b-a)\bar{p} - \left(\frac{1}{b} - \frac{1}{a}\right)p + \frac{a}{b} - \frac{b}{a} \\
&= (b-a)\bar{p} - \frac{a-b}{ab}p + \frac{a^2 - b^2}{ab} \\
&= \frac{b-a}{ab}(ab\bar{p} + p - (a+b)).
\end{aligned}
$$

因为 $a \neq b$, 我们发现条件是 $ab\bar{p} + p - (a+b) = 0$, 恰好是我们要证明的. □

6.32

证明 设 W, X, Y, Z 是四边形 $ABCD$ 的内切圆在 $\overline{AB}, \overline{BC}, \overline{CD}, \overline{DA}$ 上的切点. M 是 $\overline{AC}$ 的中点, N 是 $\overline{BD}$ 的中点.

我们应用复数，把 $(WXYZ)$ 当作单位圆；我们的自由变量是 w, x, y, z. 利用引理6.19，得到

$$a = \frac{2zw}{z+w}, b = \frac{2wx}{w+x}, c = \frac{2xy}{x+y}, d = \frac{2yz}{y+z}.$$

于是

$$m = \frac{a+c}{2} = \frac{1}{2}\left(\frac{2zw}{z+w} + \frac{2xy}{x+y}\right)$$
$$= \frac{zw(x+y) + xy(z+w)}{(z+w)(x+y)}$$
$$= \frac{wxy + xyz + yzw + zwx}{(z+w)(x+y)}.$$

类似地

$$n = \frac{b+d}{2} = \frac{wxy + xyz + yzw + zwx}{(w+x)(y+z)}.$$

要证明它们和内心 I 共线，而 I 的坐标为零，我们只需证明商 $\frac{m-0}{n-0}$ 是一个实数. 这个商是

$$\frac{m}{n} = \frac{(w+x)(y+z)}{(z+w)(x+y)}.$$

其共轭为

$$\overline{\left(\frac{m}{n}\right)} = \frac{\left(\frac{1}{w} + \frac{1}{x}\right)\left(\frac{1}{y} + \frac{1}{z}\right)}{\left(\frac{1}{z} + \frac{1}{w}\right)\left(\frac{1}{x} + \frac{1}{y}\right)} = \frac{\frac{w+x}{wx} \cdot \frac{y+z}{yz}}{\frac{z+w}{zw} \cdot \frac{x+y}{xy}} = \frac{(w+x)(y+z)}{(z+w)(x+y)}.$$

因此 $\frac{m}{n}$ 等于它的共轭，它是实数，证毕[1].

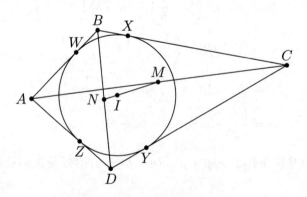

图 C.2.7: 习题 6.32

---

[1]还可以根据定理6.15，将 $\frac{m}{n}$ 看成对 $w, y, -x, -y$ 四点共圆的判定式来证明其为实数——译者注

6.35

证明 放在复平面单位圆上,$a = -1, b = 1, z = -\frac{1}{2}$. 设 s, t 在圆上,我们将证明 z 是圆心. 根据引理6.11,$x = \frac{1}{2}(s + t - 1 + \frac{s}{t})$. 于是

$$4\operatorname{Re} x + 2 = s + t + \frac{1}{s} + \frac{1}{t} + \frac{s}{t} + \frac{t}{s}$$

只依赖于 P, Q,不依赖于 x. 但是

$$4\left| z - \frac{s+t}{2} \right|^2 = |s + t + 1|^2 = 3 + (4\operatorname{Re} x + 2)$$

说明 $\frac{1}{2}(s + t)$ 到 z 的距离为定值,证毕. □

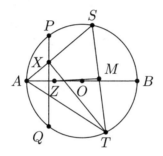

图 C.2.8: 习题 6.35

6.36

证明 我们把 (ABC) 设成单位圆,进一步,我们旋转一下,使得 $\overline{AD}, \overline{BE}, \overline{CF}$ 都垂直于实轴. 这样就会得到 $d = \bar{a}, e = \bar{b}, f = \bar{c}$.

根据引理6.11,容易看到

$$s = b + c - bc\bar{d} = b + c - abc.$$

类似地

$$t = c + a - abc, \quad u = a + b - abc.$$

我们现在想要应用定理6.15 来导出 S, T, U, H 共圆. 计算

$$\frac{u - h}{t - h} : \frac{u - s}{t - s} = \frac{-c - abc}{-b - abc} : \frac{a - c}{a - b} = \frac{c(a - b)(ab - 1)}{b(a - c)(ac - 1)}.$$

我们只要检验这个表达式是一个实数即可[1]. 它的共轭是

$$\frac{\frac{1}{c}\left(\frac{1}{a} - \frac{1}{b}\right)\left(\frac{1}{ab} - 1\right)}{\frac{1}{b}\left(\frac{1}{a} - \frac{1}{c}\right)\left(\frac{1}{ac} - 1\right)} = \frac{\frac{1}{c} \cdot \frac{b-a}{ab} \cdot \frac{1-ab}{ab}}{\frac{1}{b} \cdot \frac{c-a}{ac} \cdot \frac{1-ac}{ac}} = \frac{c(b - a)(1 - ab)}{b(c - a)(1 - ac)} = \frac{c(a - b)(ab - 1)}{b(a - c)(ac - 1)}.$$

---

[1]另一个方法是上式中间表达式可以看成对 $-abc, a, b, c$ 四点共圆的判定——译者注

证毕. □

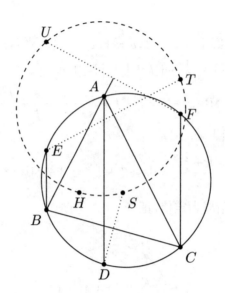

图 C.2.9: 习题 6.36

6.38

证明 我们应用复数, 以 (ABC) 为单位圆. 注意到 $x + y = 0$ 和 $xy + bc = 0$ (后者可以通过例6.10 看到). 进一步, 条件 $\triangle DPO \backsim \triangle PEO$ 就是

$$\frac{d-p}{p-0} = \frac{p-e}{e-0} \iff p^2 - pe = de - pe \iff p^2 = de.$$

现在可以计算

$$\begin{aligned}
(PX \cdot PY)^2 &= |p-x|^2 |p-y|^2 = (p-x)(\bar{p}-\bar{x})(p-y)(\bar{p}-\bar{y}) \\
&= \left(p^2 - (x+y)p + xy\right)\left(\bar{p}^2 - (\bar{x}+\bar{y})\bar{p} + \overline{xy}\right) \\
&= \left(p^2 + xy\right)\left(\bar{p}^2 + \overline{xy}\right) \\
&= (de - bc)\left(\overline{de} - \overline{bc}\right) = |de - bc|^2.
\end{aligned}$$

因此 $PX \cdot PY = |de - bc|$. 现在我们可以用引理6.11 计算, $d = a + c - \frac{ac}{b}$, $e = a + b - \frac{ab}{c}$. 于是

$$\begin{aligned}
de &= \left(a + c - \frac{ac}{b}\right)\left(a + b - \frac{ab}{c}\right) \\
&= a^2 + ab + ac + bc - \frac{a^2c}{b} - ac - \frac{a^2b}{c} - ab + a^2 \\
&= 2a^2 - \frac{a^2c}{b} - \frac{a^2b}{c} + bc.
\end{aligned}$$

然后

$$PX \cdot PY = |de - bc| = \left| 2a^2 - \frac{a^2c}{b} - \frac{a^2b}{c} \right|$$
$$= \left| -\frac{a^2}{bc}(b-c)^2 \right| = \left| -\frac{a^2}{bc} \right| |b-c|^2 = BC^2.$$

根据 $\tan A = \frac{3}{4}$ 我们得到 $\cos A = \frac{4}{5}$,所以余弦定理给出

$$BC^2 = 13^2 + 25^2 - 2 \cdot 13 \cdot 25 \cdot \frac{4}{5} = 274,$$

就是最后的答案. $\qquad\square$

6.39

证明 首先,看到一般情况下,若 $z = a + bi$,则 $\tan(\arg z) = \frac{b}{a}$,当 $a = 0$ 时是无定义的. 这就是复数的几何含义.

设 $\alpha = 1 + xi, \beta = 1 + yi, \Gamma = 1 + zi$. 则 $\arg \alpha = A, \arg \beta = B, \arg \Gamma = C$. 然后 $\arg(\alpha\beta\Gamma)$ 等于 $A + B + C$(所有的辐角模 $360°$ 考虑). 但是还可以检验

$$\alpha\beta\Gamma = 1 + (x + y + z)i + (xy + yz + zx)i^2 + xyzi^3$$
$$= (1 - (xy + yz + zx)) + (x + y + z - xyz)i.$$

因此

$$\frac{x + y + z - xyz}{1 - (xy + yz + zx)} = \tan\arg(\alpha\beta\Gamma) = \tan(A + B + C).$$

推广到多个变量,重复上面的计算,可以得到下面的公式,若 $x_i = \tan\theta_i$, $i = 1, 2, \cdots, n$,则有

$$\tan(\theta_1 + \cdots + \theta_n) = \frac{e_1 - e_3 + e_5 - e_7 + \cdots}{1 - e_2 + e_4 - e_6 + \cdots}$$

其中 e_m 是所有可能的 m 个不同的 x_i 的乘积 (共 $\binom{n}{m}$ 个) 的求和. 上面的结果是 $n = 3$ 的情形. $\qquad\square$

6.42

证明 设 $\overline{BE}, \overline{CF}$ 是 $\triangle ABC$ 的高.

首先,我们先证明 M 是 B 关于 F 的反射. 实际上,我们有

$$\angle BMH = \angle AMH = \angle ACH = \angle ECF = \angle EBF = \angle HBM$$

推出 $\triangle MHB$ 是等腰的. 结合 $\overline{HF} \perp \overline{MB}$, 就证明了上面的说法. 类似地, 我们可以看出 N 是 C 关于 E 的反射.

现在我们可以用 (ABC) 当作单位圆, 用复数计算. 我们有 $f = \frac{1}{2}(a+b+c-ab\bar{c})$ (用引理6.11), 然后

$$m = 2f - b = a + c - ab\bar{c}.$$

类似地,

$$n = a + b - ac\bar{b}.$$

现在我们想要计算 $\triangle HMN$ 的外心, 其中 $h = a+b+c$. 设点 M' 对应于 $m - h = -b - ab\bar{c}$, N' 对应于 $n - h = -c - ac\bar{b}$, 注意到 H' 对应于 $h - h = 0$. 因此 $\triangle M'N'H'$ 的外心对应于 $x - h$. 但是我们还可以用引理6.24 计算 $\triangle M'N'H'$ 的外心, 是

$$
\begin{aligned}
x - h &= \frac{(m-h)(n-h)\left(\overline{(m-h)} - \overline{(n-h)}\right)}{\overline{(m-h)}(n-h) - (m-h)\overline{(n-h)}} \\
&= \frac{\left(-b - \frac{ab}{c}\right)\left(-c - \frac{ac}{b}\right)\left(\left(-\frac{1}{b} - \frac{c}{ab}\right) - \left(-\frac{1}{c} - \frac{b}{ac}\right)\right)}{\left(-\frac{1}{b} - \frac{c}{ab}\right)\left(-c - \frac{ac}{b}\right) - \left(-b - \frac{ab}{c}\right)\left(-\frac{1}{c} - \frac{b}{ac}\right)} \\
&= -\frac{\left(b + \frac{ab}{c}\right)\left(c + \frac{ac}{b}\right)\left(\left(\frac{1}{b} + \frac{c}{ab}\right) - \left(\frac{1}{c} + \frac{b}{ac}\right)\right)}{\left(\frac{1}{b} + \frac{c}{ab}\right)\left(c + \frac{ac}{b}\right) - \left(b + \frac{ab}{c}\right)\left(\frac{1}{c} + \frac{b}{ac}\right)}.
\end{aligned}
$$

分子分母乘以 ab^2c^2,

$$
\begin{aligned}
x - h &= -\frac{bc(a+b)(a+c)(c(a+c) - b(a+b))}{c^3(a+b)(a+c) - b^3(a+b)(a+c)} \\
&= -\frac{bc\left(c^2 - b^2 + a(c-b)\right)}{c^3 - b^3} \\
&= -\frac{bc(c-b)(a+b+c)}{(c-b)(b^2 + bc + c^2)} \\
&= -\frac{bc(a+b+c)}{b^2 + bc + c^2}.
\end{aligned}
$$

所以

$$x = h - \frac{bc(a+b+c)}{b^2 + bc + c^2} = h\left(1 - \frac{bc}{b^2 + bc + c^2}\right).$$

最后, 要证 X, H, O 共线, 我们只需证明 $\frac{x}{h} = 1 - \frac{bc}{b^2+bc+c^2}$ 是实数. 这等价于要证 $\frac{bc}{b^2+bc+c^2}$ 是实数, 而它的共轭是

$$\overline{\left(\frac{bc}{b^2 + bc + c^2}\right)} = \frac{\frac{1}{bc}}{\frac{1}{b^2} + \frac{1}{bc} + \frac{1}{c^2}} = \frac{bc}{b^2 + bc + c^2},$$

证毕. □

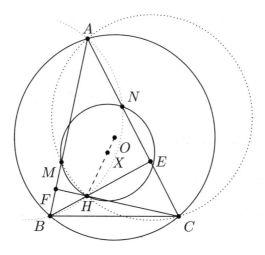

图 C.2.10: 习题 6.42

6.44

证明 把 $(ABCD)$ 当作单位圆用复数计算,问题等价于要证

$$\frac{\frac{1}{2}p - \frac{1}{2}(o_1 + o_3)}{\frac{1}{2}\overline{p} - \frac{1}{2}(\overline{o_1} + \overline{o_3})} = \frac{\frac{1}{2}p - \frac{1}{2}(o_2 + o_4)}{\frac{1}{2}\overline{p} - \frac{1}{2}(\overline{o_2} + \overline{o_4})}.$$

首先,我们计算

$$o_1 = \begin{vmatrix} a & a\overline{a} & 1 \\ b & b\overline{b} & 1 \\ p & p\overline{p} & 1 \end{vmatrix} \div \begin{vmatrix} a & \overline{a} & 1 \\ b & \overline{b} & 1 \\ p & \overline{p} & 1 \end{vmatrix} = \begin{vmatrix} a & 1 & 1 \\ b & 1 & 1 \\ p & p\overline{p} & 1 \end{vmatrix} \div \begin{vmatrix} a & \frac{1}{a} & 1 \\ b & \frac{1}{b} & 1 \\ p & \overline{p} & 1 \end{vmatrix}$$

$$= \begin{vmatrix} a & 0 & 1 \\ b & 0 & 1 \\ p & p\overline{p}-1 & 1 \end{vmatrix} \div \begin{vmatrix} a & \frac{1}{a} & 1 \\ b & \frac{1}{b} & 1 \\ p & \overline{p} & 1 \end{vmatrix}$$

$$= \frac{(p\overline{p}-1)(b-a)}{\frac{a}{b} - \frac{b}{a} + p(\frac{1}{a} - \frac{1}{b}) + \overline{p}(b-a)} = \frac{p\overline{p}-1}{\frac{p}{ab} + \overline{p} - \frac{a+b}{ab}}.$$

这个表达式的共轭写起来更简单,是

$$\overline{o_1} = \frac{p\overline{p}-1}{ab\overline{p} + p - (a+b)}.$$

类似地

$$\overline{o_3} = \frac{p\overline{p}-1}{cd\overline{p} + p - (c+d)}.$$

接下来的计算，我们记 $s_1 = a + b + c + d$，$s_2 = ab + bc + cd + da + ac + bd$，$s_3 = abc + bcd + cda + dab$，$s_4 = abcd$，于是

$$\overline{o_1} + \overline{o_3} - \overline{p}$$

$$= (p\overline{p} - 1)\left(\frac{1}{ab\overline{p} + p - (a+b)} + \frac{1}{cd\overline{p} + p - (c+d)}\right) - \overline{p}$$

$$= \frac{(p\overline{p} - 1)(2p + (ab + cd)\overline{p} - s_1)}{(ab\overline{p} + p - (a+b))(cd\overline{p} + p - (c+d))} - \overline{p}.$$

考虑上面的展开，可以验证分母展开成

$$\mathcal{D} = s_4\overline{p}^2 + (ab + cd)p\overline{p} + p^2 - s_3\overline{p} - s_1 p + (ac + ad + bc + bd).$$

而分子等于

$$\mathcal{N} = (2p - s_1)(p\overline{p} - 1) + (ab + cd)\overline{p}(p\overline{p} - 1).$$

因此

$$\overline{o_1} + \overline{o_3} - \overline{p} = \frac{\mathcal{N} - \overline{p}\mathcal{D}}{\mathcal{D}}.$$

我们说明，$\mathcal{N} - \overline{p}\mathcal{D}$ 关于 a, b, c, d 对称。为此，我们只看 $\mathcal{N}$ 和 $\mathcal{D}$ 中关于 a, b, c, d 不对称的项，分别是 $(ab + cd)\overline{p}(p\overline{p} - 1)$ 和 $(ab + cd)p\overline{p} + (ac + ad + bd + bc)$。将后者的 $\overline{p}$ 倍从前者中减去得到 $-s_2\overline{p}$。因此 $\mathcal{N} - \overline{p}\mathcal{D}$ 关于 a, b, c, d 对称[1]。现在我们可以写 $\mathcal{S} = \mathcal{N} - \overline{p}\mathcal{D}$。

因此

$$\frac{o_1 + o_3 - p}{\overline{o_1} + \overline{o_3} - \overline{p}} = \frac{\frac{\overline{\mathcal{S}}}{\overline{\mathcal{D}}}}{\frac{\mathcal{S}}{\mathcal{D}}} = \frac{\overline{\mathcal{S}}}{\mathcal{S}} \cdot \frac{\mathcal{D}}{\overline{\mathcal{D}}}$$

$$= \frac{\overline{\mathcal{S}}}{\mathcal{S}} \cdot \frac{(ab\overline{p} + p - (a+b))(cd\overline{p} + p - (c+d))}{\left(\frac{1}{ab}p + \overline{p} - \frac{1}{a} - \frac{1}{b}\right)\left(\frac{1}{cd}p + \overline{p} - \frac{1}{c} - \frac{1}{d}\right)}$$

$$= \frac{\overline{\mathcal{S}}}{\mathcal{S}} \cdot abcd.$$

因此我们得到

$$\frac{o_1 + o_3 - p}{\overline{o_1} + \overline{o_3} - \overline{p}}$$

关于 a, b, c, d 对称。因此如果我们重复上述步骤来计算 $\frac{o_2 + o_4 - p}{\overline{o_2} + \overline{o_4} - \overline{p}}$，我们就会得到完全相同的结果，证毕。 □

---

[1]实际上，如果真的想要算出来，那么可以验证 $\mathcal{N} - \overline{p}\mathcal{D} = -s_4\overline{p}^3 + p^2\overline{p} + s_3\overline{p}^2 - s_2\overline{p} + \overline{p} + 2p + s_1$。但是我们这里不需要这个具体的表达式，只要知道它是对称的。

6.45

证明 我们用复数做,题目条件所给的形式不太友好. 设 a 表示点 A 对应的复数,等等. 考虑量

$$\frac{b-a}{f-a} \cdot \frac{d-c}{b-c} \cdot \frac{f-e}{d-e}.$$

根据第一个条件,这个复数的辐角是 $360°$,因此是一个正实数. 第二个条件说明它的模长为 1. 因此它就是 1.

所以,我们所给的条件是

$$0 = (a-b)(c-d)(e-f) + (b-c)(d-e)(f-a)$$

而要证明的是

$$|(a-b)(c-e)(d-f)| = |(d-e)(f-b)(a-c)|.$$

现在看到

$$((a-b)(c-d)(e-f) + (b-c)(d-e)(f-a)) -$$
$$((a-b)(c-e)(d-f) + (d-e)(f-b)(a-c))$$
$$=((c-d)(e-f) - (c-e)(d-f))(a-b) +$$
$$((b-c)(f-a) - (f-b)(a-c))(d-e)$$
$$=(f-c)(d-e)(a-b) + (f-c)(b-a)(d-e) = 0.$$

所以实际上 $(a-b)(c-e)(d-f) = -(d-e)(f-b)(a-c)$,结论显然. $\quad\square$

7.33

证明 容易用相似三角形看出 $PB = \frac{c^2}{a}$. 因此 $P = \left(0, 1 - \frac{c^2}{a^2}, \frac{c^2}{a^2}\right)$. 因此,

$$M = \left(-1, 2 - \frac{2c^2}{a^2}, \frac{2c^2}{a^2}\right) = \left(-a^2 : 2a^2 - 2c^2 : 2c^2\right).$$

类似地,$N = \left(-a^2 : 2b^2 : 2a^2 - 2b^2\right)$. 因此,$\overline{BM}$ 和 $\overline{CN}$ 相交于 $\left(-a^2 : 2b^2 : 2c^2\right)$,显然在外接圆上. $\quad\square$

7.34

证明 容易计算 $D = (0, -1, 2), E = (3, 0, -2)$,因此

$$\overrightarrow{AD} = (-1, -1, 2), \overrightarrow{BE} = (3, -1, -2).$$

应用距离公式, 条件 $AD = BE$ 变成

$$- a^2(-1)(2) - b^2(2)(-1) - c^2(-1)(-1)$$
$$= - a^2(-1)(-2) - b^2(-2)(3) - c^2(3)(-1)$$

说明

$$2a^2 + 2b^2 - c^2 = -2a^2 + 6b^2 + 3c^2.$$

移项得到 $a^2 = b^2 + c^2$, 证毕. □

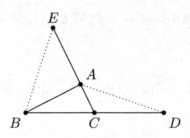

图 C.2.11: 习题 7.34

7.36

证明 我们还是取 $\triangle ABC$ 为参考三角形, 回忆 $s = \frac{1}{2}(a + b + c)$.

因为 $AK = s$ 得到 $BK = s - c$, 我们有 $K = (-(s-c) : s : 0)$. 而且, $J = (-a : b : c)$, $M = (0 : s-b : s-c)$. 点 G 在 $\overline{CJ}$ 上, 所以可以设 $G = (-a : b : t)$ 然后计算 G, M, K 共线对应的行列式, 即

$$0 = \begin{vmatrix} -a & b & t \\ 0 & s-b & s-c \\ c-s & s & 0 \end{vmatrix}.$$

展开得到

$$0 = -a(-s(s-c)) - (s-c)(b(s-c) - t(s-b))$$

然后得到 $t = \frac{b(s-c) - as}{s-b}$. 因此

$$G = (-a(s-b) : b(s-b) : b(s-c) - as).$$

所以

$$T = (0 : b(s-b) : b(s-c) - as).$$

但是 $b(s-b) + b(s-c) - as = ba - as = -a(s-b)$,所以

$$T = \left(0, -\frac{b}{a}, 1 + \frac{b}{a}\right).$$

因此 $CT = b$. 类似地,$BS = c$. 现在就很容易得到 $MT = MS$. □

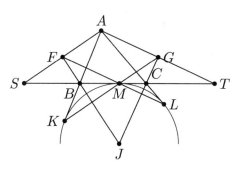

图 C.2.12: 习题 7.36

7.38

证明 设 $P = (0, s, t)$,$s + t = 1$. 可以看到 $Q = (s, 0, t)$. 事实上,因为 $[AQB] = [APB]$,所以 P, Q 两点的归一化重心坐标的 z 分量必然相同.类似地,$R = (t, s, 0)$. 设 $\triangle AQR$ 的外接圆方程是

$$-a^2yz - b^2zx - c^2xy + (x + y + z)(ux + vy + wz) = 0$$

其中 u, v, w 是实数. 代入 A 得到 $u = 0$. 代入 Q 得到 $wt = b^2st$,所以 $w = b^2s$. 代入 R 得到 $vs = c^2st$,所以 $v = c^2t$. 然后外接圆方程是

$$-a^2yz - b^2zx - c^2xy + (x + y + z)(c^2ty + b^2sz) = 0.$$

现在考虑 A-类似中线和这个圆的交点,记为 $X = (k : b^2 : c^2)$. 我们想要说明 k 的值不依赖于 s, t. 代入得到

$$-a^2b^2c^2 - 2b^2c^2k + (k + b^2 + c^2)(b^2c^2)(s + t) = 0.$$

由于 $s + t = 1$,方程关于 k 线性,可唯一解出 k. 证明到这里就完成了,不需要计算出 k 的明确值. (实际上 $k = -a^2 + b^2 + c^2$.) □

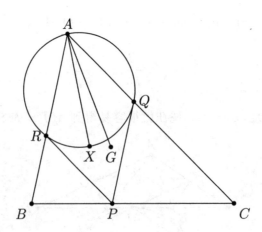

图 C.2.13: 习题 7.38

7.42

证明　设 X_A 是 A-旁切圆与 $\overline{BC}$ 的切点, 则 $X_A = (0 : s - b : s - c)$, 引理4.40 说明 $\overline{AX_A}$ 和 $\overline{AT_A}$ 是等角线. 因为 $\overline{AX_A}, \overline{BX_B}, \overline{CX_C}$ 相交于 Nagel 点 $(s - a : s - b : s - c)$, 所以塞瓦线 $\overline{AT_A}, \overline{BT_B}, \overline{CT_C}$ 相交于 Nagel 点的等角共轭点, 其坐标为 $\left(\frac{a^2}{s-a} : \frac{b^2}{s-b} : \frac{c^2}{s-c} \right)$.

我们想要证明这个点在直线 IO 上, 利用 $I = (a : b : c), O = (a^2 S_A : b^2 S_B : c^2 S_C)$, 等价于要证

$$0 = \begin{vmatrix} \frac{a^2}{s-a} & \frac{b^2}{s-b} & \frac{c^2}{s-c} \\ a^2 S_A & b^2 S_B & c^2 S_C \\ a & b & c \end{vmatrix}.$$

直接展开看起来比较困难, 我们先提出一些公因式得到

$$\frac{(abc)^2}{\frac{K^2}{s}} \begin{vmatrix} (s-b)(s-c) & (s-c)(s-a) & (s-a)(s-b) \\ S_A & S_B & S_C \\ \frac{1}{a} & \frac{1}{b} & \frac{1}{c} \end{vmatrix}$$

或者

$$\frac{abc}{\frac{16K^2}{s}} \begin{vmatrix} 4(s-b)(s-c) & 4(s-c)(s-a) & 4(s-a)(s-b) \\ 2S_A & 2S_B & 2S_C \\ 2bc & 2ca & 2ab \end{vmatrix}$$

其中 $\frac{K^2}{s}$ 是 $(s - a)(s - b)(s - c)$. 现在

$$4(s-b)(s-c) = a^2 - (b-c)^2 = a^2 + 2bc - b^2 - c^2 = -2S_A + 2bc.$$

马上得到行列式为零 (第一行是后两行的差), 证毕.　　　　　　　　□

7.44

证明 我们用重心坐标，设 $A = (1,0,0)$, $B = (0,1,0)$, $C = (0,0,1)$. 记 $a = BC$, $b = CA$, $c = AB$. 我们将证明，公共点坐标是

$$K = \left(a^2 - b^2 + c^2 : b^2 - a^2 + c^2 : -c^2\right).$$

(后面的证明译者根据原解答思路修改了错误.)

设 $C_1 = (u : v : 0)$, 其中 $u = BC_1, v = AC_1$. 根据 $\angle AC_1B_1 = \angle ACB$, B, C, B_1, C_1 四点共圆 (这个共圆不受构型影响，即 B_1 在线段 AC 内部时也有共圆条件). 因此根据点的幂，有 $AB_1 = \frac{vc}{b}$, 进而得到

$$B_1 = (b - \frac{vc}{b} : 0 : \frac{vc}{b}) = (b^2 - vc : 0 : vc).$$

类似地得到

$$A_1 = (0 : a^2 - uc : uc).$$

因此计算 $C_2 = \overline{AA_1} \cap \overline{BB_1}$ 的坐标为

$$C_1 = \left(u(b^2 - vc) : v(a^2 - uc) : uvc\right).$$

现在要证 C_1, C_2, K 共线，展开行列式

$$
\begin{vmatrix}
u(b^2 - vc) & v(a^2 - uc) & uvc \\
a^2 - b^2 + c^2 & b^2 - a^2 + c^2 & -c^2 \\
u & v & 0
\end{vmatrix}
$$

$$
= \begin{vmatrix}
ub^2 & va^2 & uvc \\
a^2 - b^2 & b^2 - a^2 & -c^2 \\
u & v & 0
\end{vmatrix}
$$

$$= -c^2(uva^2 - vub^2) + uvc((a^2 - b^2)v - (b^2 - a^2)u)$$

$$= -uvc^2(a^2 - b^2) + uvc(a^2 - b^2)(u + v) = 0$$

说明 C_1, C_2, K 共线，证毕. $\qquad\square$

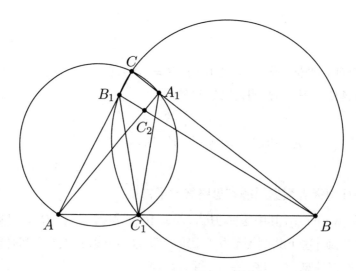

图 C.2.14: 习题 7.44

7.47

证明 设 ω_i 是以 O_i 为圆心，r_i 为半径的圆．设 $A_1 = (1,0,0)$，$A_2 = (0,1,0)$，$A_3 = (0,0,1)$，然后 $a = A_2A_3$，等等．设 $A_4 = (p,q,r)$，$p+q+r = 1$．设 $T = a^2qr + b^2rp + c^2pq$．

$\triangle A_2A_3A_4$ 的外接圆方程是

$$-a^2yz - b^2zx - c^2xy + (x+y+z)\left(\frac{T}{p}x\right) = 0.$$

根据引理7.23，我们有

$$O_1A_1^2 - r_1^2 = (1+0+0) \cdot \frac{T}{p} \cdot 1 = \frac{T}{p}.$$

类似地

$$O_2A_2^2 - r_2^2 = \frac{T}{q}, O_3A_3^2 - r_3^2 = \frac{T}{r}.$$

最后，通过把 A_4 代入 $(A_1A_2A_3)$ 方程，我们得到 $O_4A_4^2 - r_4^2 = -T$．这样，因为 $p+q+r = 1$，我们的表达式左端为

$$\frac{p}{T} + \frac{q}{T} + \frac{r}{T} - \frac{1}{T} = 0. \qquad \square$$

7.49

证明 设 $D = (0:1:t)$，$E = (0:t:1)$．设 Q 是 P 的等角共轭点，显然 Q 在 $\overline{AE}$ 上，所以 $Q = (k:t:1)$，k 是实数．进一步，$P = \left(\frac{a^2}{k} : \frac{b^2}{t} : c^2\right)$．所以条件 $\overline{PD}/\!/\overline{AE}$

说明 P, D 和 AE 上的无穷远点 $(-(1+t):t:1)$ 共线,于是有

$$0 = \begin{vmatrix} \frac{a^2}{k} & \frac{b^2}{t} & c^2 \\ 0 & 1 & t \\ -(1+t) & t & 1 \end{vmatrix}$$

可以变形为

$$0 = \begin{vmatrix} \frac{a^2}{k} & \frac{b^2}{t} & c^2 \\ 0 & 1 & t \\ -(1+t) & 1+t & 1+t \end{vmatrix} = (1+t) \begin{vmatrix} \frac{a^2}{k} & \frac{b^2}{t} & c^2 \\ 0 & 1 & t \\ -1 & 1 & 1 \end{vmatrix}.$$

展开行列式,得到

$$0 = a^2(1-t) + k(c^2 - b^2)$$

现在应用引理7.19 得到 $BQ = QC$. 所以 $\angle QBC = \angle QCB$, 推出 $\angle PBA = \angle PCA$. □

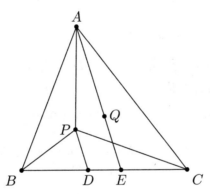

图 C.2.15: 习题 7.49

7.52

证明 我们会在 $\triangle PBD$ 上用重心坐标. 设 $P = (1, 0, 0), B = (0, 1, 0), D = (0, 0, 1)$. 设 $A = (au : bv : cw)$. 因为 C 是 A 关于 $\triangle PBD$ 的等角共轭点, $C = \left(\frac{a}{u} : \frac{b}{v} : \frac{c}{w}\right)$.

简洁起见,我们记

$$S = au + bv + cw, \quad T = au^{-1} + bv^{-1} + cw^{-1}$$

这样,

$$A = \left(\frac{au}{S}, \frac{bv}{S}, \frac{cw}{S}\right), \quad C = \left(\frac{au^{-1}}{T}, \frac{bv^{-1}}{T}, \frac{cw^{-1}}{T}\right).$$

因此有位移向量

$$\overrightarrow{AP} = \left(1 - \frac{au}{S}, -\frac{bv}{S}, -\frac{cw}{S}\right) = \left(\frac{bv+cw}{S}, -\frac{bv}{S}, -\frac{cw}{S}\right)$$

然后可以根据定理7.14计算其长度平方为

$$PA^2 = \frac{1}{S^2}\left(-a^2(bc)(cw) + b^2(cw)(bv+cw) + c^2(bv)(bv+cw)\right)$$

$$= \frac{bc}{S^2}\left(-a^2vw + (bw+cv)(bv+cw)\right).$$

用 C 进行类似地计算得到

$$PC^2 = \frac{bc}{T^2}\left(-a^2(vw)^{-1} + \left(bw^{-1}+cv^{-1}\right)\left(bv^{-1}+cw^{-1}\right)\right)$$

$$= \frac{bc}{T^2(vw)^2}\left(-a^2vw + (bw+cv)(bv+cw)\right).$$

我们想要从 $PA^2 = PC^2$ 的两边去掉相同的因子 $-a^2vw + (bw+cv)(bv+cw)$，但是先要确认这个因子非零。这可以从 P 在四边形 $ABCD$ 的内部，所以 $PA \neq 0, PC \neq 0$ 得到。因此 $PA^2 = PC^2$ 当且仅当 $S^2 = T^2(vw)^2$。

另一方面，A, B, C, D 共圆当且仅当存在常数 Γ 满足

$$-a^2yz - b^2zx - c^2xy + (x+y+z)(\Gamma x) = 0$$

经过点 A 和 C (这组圆自动经过点 B 和 D)。代入 $A = (au : bv : cw)$, $C = (au^{-1} : bv^{-1} : cw^{-1})$，条件等价于

$$\Gamma = \frac{-a^2(bv)(cw) - b^2(cw)(au) - c^2(au)(bv)}{au \cdot S}$$

$$= \frac{-a^2(bv^{-1})(cw^{-1}) - b^2(cw^{-1})(au^{-1}) - c^2(au^{-1})(bv^{-1})}{au^{-1}T}.$$

可以重写为

$$-abc\frac{uvwT}{auS} = -abc \cdot \frac{(uvw)^{-1}S}{au^{-1}T}$$

显然等价于 $S^2 = T^2(vw)^2$。 $\qquad\square$

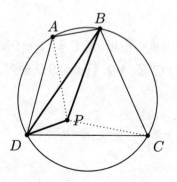

图 C.2.16: 习题 7.52

C.3 第 8-10 章习题解答

8.24

证明 考虑关于点 A 的反演,我们想要证明 B^*, C^*, D^* 共线. 反演给出如图C.3.1, 包括两条平行线和两个相切的圆.

设 O_1, O_2 是图中两个圆的圆心,使得 B^* 在圆心 O_1 的圆上,D^* 在圆心 O_2 的圆上. 我们知道 O_1, C^*, O_2 共线. 进一步,$B^*O_1 = C^*O_1, D^*O_2 = C^*O_2$. 最后,因为 $\overline{B^*O_1} \parallel \overline{D^*O_2}$ 我们有 $\angle B^*O_1C^* = \angle C^*O_2D^*$. 因此,$\triangle B^*O_1C^*$ 和 $\triangle C^*O_2D^*$ 相似. 于是有 B^*, C^*, D^* 共线,证毕. □

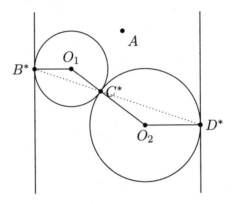

图 C.3.1: 习题 8.24

8.27

证明 我们考虑关于半圆的反演,保持了 A, B, C, D 不动. 进一步,K^* 是直线 AC 和 BD 的交点. 最后,M^* 是 $\overline{AB}$ 和 (OCD) 的交点. 我们想要证明 $\angle K^*M^*O = 90°$. 这可以从 (OCD) 实际上是 $\triangle K^*AB$ 的九点圆得到. □

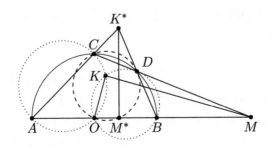

图 C.3.2: 习题 8.27

8.30

证明 设射线 QP 和外接圆交于另一点 X. 我们有 $\angle IXA = \angle QXA = 90°$,所以 X 在 $(AFIE)$ 上.

考虑关于内切圆的反演, A^*, B^*, C^* 分别是切触三角形的三边的中点,外接圆变为 $\triangle DEF$ 的九点圆. 进一步,因为 X^* 在直线 EF 和 XI 上,我们得到 $P = X^*$,所以 P 也在九点圆 $(A^*B^*C^*)$ 上. 因此 P 是 D 出发的高的垂足. □

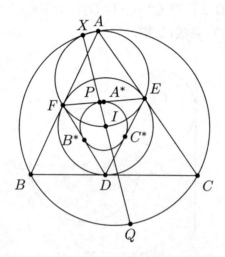

图 C.3.3: 习题 8.30

8.31

证明 首先,我们延长 $\overline{AQ}$ 与 $\overline{BC}$ 相交于 Q_1. 根据位似,我们看到 Q_1 是 A-旁切圆与 $\overline{BC}$ 的切点.

现在我们关于中心 A 和半径 $\sqrt{AB \cdot AC}$ 作反演,然后接着一个关于角平分线的反射,记这个映射为 Φ. 根据引理8.16, Φ 固定 B, C. 进一步,它把 $\overline{BC}$ 和 (ABC) 交换. 因此,这个映射把 A-旁切圆和 A-伪内切圆 ω 交换. 因此 Φ 交换 P, Q_1. 所以 $\overline{AP}$ 和 $\overline{AQ_1}$ 是关于 $\angle BAC$ 的等角线,即 $\angle BAP = \angle CAQ_1$. 由于 $\angle CAQ = \angle CAQ_1$,我们就完成了证明. □

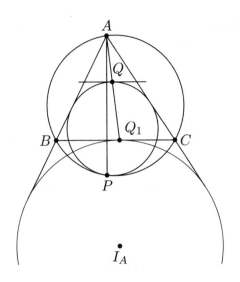

图 C.3.4: 习题 8.31

8.36

证明 设 N, T 分别是 $\overline{HQ}, \overline{AH}$ 的中点, 记 Γ 的圆心为 O. 设 L 在九点圆上, 满足 $\angle HML = 90°$. 在点 H 把 Γ 和九点圆交换的负反演把 A 映射到 F, K 到 L, Q 到 M. 因为 $\overline{LM} /\!/ \overline{AQ}$, 我们只需证明 $LA = LQ$. 但是 $\overline{MT}$ 是直径, 因此四边形 $LTNM$ 是矩形, 然后 $\overline{LT}$ 经过 O (因为九点圆圆心是 $\overline{OH}$ 的中点). $\qquad\square$

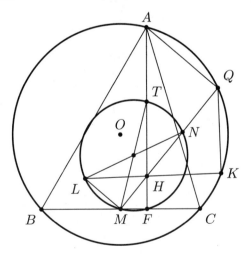

图 C.3.5: 习题 8.36

8.37

证明 (英文版实际上只证明了 P 在 $\overline{AB}$ 上的特殊情况, 这里给出译者根据原解答

279

思想修正的证明. 同时也修改了一些提示. 另外在 ArtofProblemSolving 网站上还能看到用调和点列的证明, 需要用到第 9 章的知识, 这里没采用——译者注)

记 P 为 ω_2 的圆心.

首先, 考虑关于 ω_1 的反演, 将 F 变到 F^*, G 到 G^*. 因为这个反演保持 ω_2 不变, 所以过 A, O, F 的圆变成过 A, F^* 与 ω_2 相切的直线, 因此切点就是 F^*. 同理 AG^* 与 ω_2 相切于 G^*. 因此过 O, F, G 的圆的反演是直线 $\overline{F^*G^*}$. 而 B 反演不变, 我们只需证明 B 在 $\overline{F^*G^*}$ 上, 然后就可以得到 O, F, G, B 四点共圆.

设 M 是 F^*G^* 的中点. 因为 ω_1 和 ω_2 正交, 所以 P 到圆 ω_1 的幂等于 ω_2 半径的平方, 即 PF^* 的平方. 又由射影定理, $PF^{*2} = PA \cdot PM$, 因此 M 在 ω_1 上. 根据 AB 是 ω_1 直径, 有 $\angle AMB = 90°$, 这就证明了 B 在线段 F^*G^* 上. $\qquad \square$

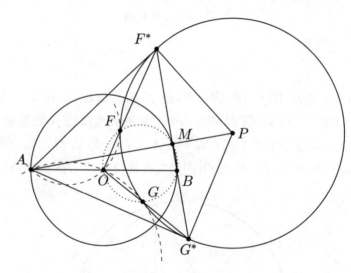

图 C.3.6: 习题 8.37

9.40

证明 设 X 是 $\overline{AD}$ 与内切圆的另一个交点.

由于 $\overline{AF}, \overline{AE}$ 是内切圆的切线, 我们发现四边形 $XFDE$ 是调和四边形 (引理9.9). 现在 K 是直线 EF 和点 D 切线的交点, 四边形 $XFDE$ 调和说明 $\overline{KX}$ 也和内切圆相切. 因此 $\overline{KI} \perp \overline{AD}$; 实际上, K 是直线 XD 的极点. $\qquad \square$

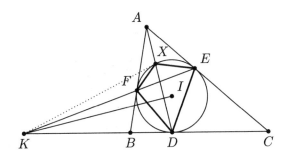

图 C.3.7: 习题 9.40

9.44

证明 设直线 EF 和 BC 交于 X. 进一步,直线 AH 和 EF 交于 Y.

在 $\triangle ABC$ 上用引理9.11,我们得到 $(X, D; B, C) = -1$;在点 A 透视得到 $(X, Y; E, F) = -1$. (或者还可以对 $\triangle AEF$ 应用引理9.11.) 不管怎样,因为我们有 $\angle XDY = 90°$,应用引理9.18 说明 $\overline{DH}$ 平分 $\angle FDE$. □

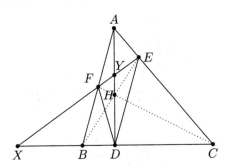

图 C.3.8: 习题 9.44

9.46

证明 这就是引理9.40 的一个延伸. 用 K 表示射线 IP 和 $\overline{BC}$ 的交点,X 表示 AD 和内切圆的另一个交点,E, F 是内切圆在另外两条边上的切点. AE, AF 是内切圆切线说明四边形 $XEDF$ 是调和四边形,于是 X, D 处切线和 EF 共点,就是 K.

引理9.40 中,我们证明了 $(K, D; B, C) = -1$(这也可以直接应用引理9.11 到塞瓦线 $\overline{AD}, \overline{BE}, \overline{CF}$ 来得到). 现在看到 $\angle KPD = 90°$,所以引理9.18 说明了 $\overline{PD}$ 平分 $\angle BPC$. □

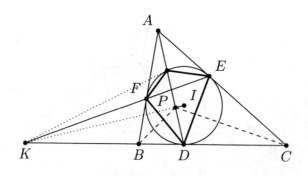

图 C.3.9: 习题 9.46

9.47

证明 设 $\overline{BM}$ 与三角形外接圆相交于另一点 X.

角度条件说明点 B 处 (ABC) 的切线和 $\overline{AP}$ 平行. 设 P_∞ 是直线 AP 上的无穷远点,则 $-1 = (A, M; P, P_\infty) \overset{B}{=} (A, X; B, C)$. 类似地,若 $\overline{CN}$ 和外接圆相交于 Y,则也有 $(A, Y; B, C) = -1$. 因此 $X = Y$,这给出了题目结论. $\quad\square$

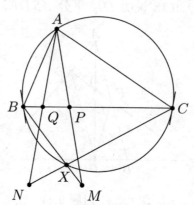

图 C.3.10: 习题 9.47

9.49

证明 如图C.3.11,设 M 是 $\overline{AB}$ 的中点. 设 Z 是 I 到 $\overline{CM}$ 的投影,注意到 C, B', I, Z, A' 都在以 $\overline{CI}$ 为直径的圆上. 设 K' 在直线 $A'B'$ 上,满足 $\overline{K'C} /\!/ \overline{AB}$. 我们要证 $\angle K'ZL$ 是直角,这会给出 $K' = K$.

注意到 $(A, B; M, P_\infty)$ 调和,其中 P_∞ 是 $\overline{AB}$ 上的无穷远点. 从点 C 透视到直线 $A'B'$,我们看到 $(B', A'; L, K')$ 调和.

现在考虑点 Z. 我们知道 $\angle CZB' = \angle CIB' = \angle A'IC = \angle A'ZC$,所以 $\overline{ZC}$ 平分 $\angle A'ZB'$. 因此引理9.18应用后得到 $\angle LZK' = 90°$. $\quad\square$

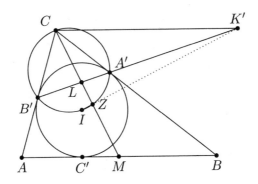

图 C.3.11: 习题 9.49

9.50

证明 如图9.9A. 在 $AGEEBC$ 上应用帕斯卡定理看出 $\overline{BC} \cap \overline{GE}$ 在 d 上. 设 G' 是 G 关于 $\overline{AB}$ 的反射,然后在 $CG'GEBB$ 上应用帕斯卡定理说明 $\overline{CG'} \cap \overline{BE}$ 在 d 上,所以交点必然是 F. □

9.54

证明 设 $T = \overline{AD} \cap \overline{CE}, O = \overline{BT} \cap \overline{AC}, K = \overline{LH} \cap \overline{GM}$. 我们要忽略条件 A, D, E, C 共圆 (因为在射影变换中,圆变成圆锥曲线,只能要求一个圆还保持是圆,其他的圆都不能要求——译者注).

现在我们可以作一个射影变换,保持 (ABC) 不变,把 O 变到圆心. 此时,$\overline{AC}$ 是直径,T 在 $\triangle ABC$ 的 B-中线上,因此 $\overline{DE} /\!/ \overline{AC}$.

从这里我们推出四边形 $ALMC$ 是矩形. 现在我们看到四边形 $ALHE$ 和四边形 $DGMC$ 都内接于圆. 然后我们可以用导角来计算 $\angle HKG$ 为

$$\angle HKG = \angle LKM = -\angle KML - \angle MLK = -\angle GMD - \angle ELH$$

$$= -\angle GCD - \angle EAH = -\angle GCB - \angle BAH = -\angle GAB - \angle BAH$$

$$= -\angle GAH = -\angle GBH = \angle HBG.$$

因此 H, B, K, G 共圆,证毕. □

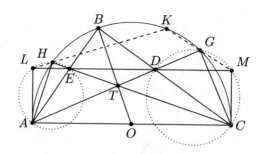

图 C.3.12: 习题 9.54

9.56

证明 设 K 是 $\omega, \omega_1, \omega_2$ 的根心, 于是 K 是 AG, CH, EF 的交点. 设 $R = \overline{AC} \cap \overline{GH}$. 题目要证 R 在 $\overline{BD}$ 上. 因此根据在四边形 $ABCD$ 上用布洛卡定理, 只需证明 R 的极线是 EF.

在四边形 $ACGH$ 上用布洛卡定理, 我们发现 R 的极线是经过 $\overline{AC}$ 的极点和 $K = \overline{AG} \cap \overline{CH}$ 的直线. 但是 $\overline{AC}$ 的极点根据四边形 $ABCD$ 上的布洛卡定理, 在 $\overline{EF}$ 上. 进一步, K 根据构造也在 $\overline{EF}$ 上. 因此 R 的极线就是 $\overline{EF}$, 证毕. $\qquad \square$

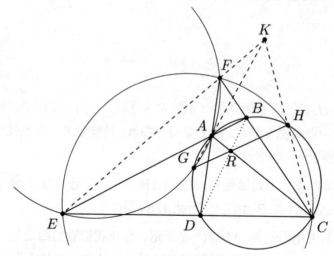

图 C.3.13: 习题 9.56

10.19

证明 考虑以 $\overline{AB}$ 为直径的圆 ω_1 和以 $\overline{CD}$ 为直径的圆 ω_2. 进一步, 设 ω 是 $\overline{ABCD}$ 的外接圆.

我们已经在定理10.5 的证明中看到, 两个垂心在 ω_1 和 ω_2 的根轴上 (也就是四边形 $ADBC$ 的斯坦纳线上). 因此如果我们能证明 F 也在这个根轴上, 那么题

目就解决了. F 实际上是 $\omega_1, \omega_2, \omega$ 的根心, 题目证毕. □

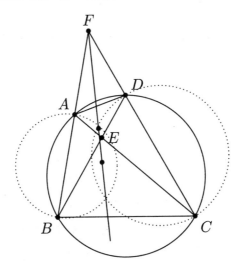

图 C.3.14: 习题 10.19

10.20

证明 设 Y' 是射线 QX 与 ω_1 的另一个交点. 我们证明 $\overline{PY'} \parallel \overline{BD}$, 这就会推出 Q, X, Y 共线. (点 Z 类似地处理.)

所给的条件说明 Q 是完全四边形 $DXAP$ 的密克点. 因此四边形 $CQDX$ 和 $BQXA$ 内接于圆, 然后

$$\angle QY'P = \angle QCP = \angle QCD = \angle QXD = \angle QXB$$

说明了 $\overline{PY'} \parallel \overline{BX}$. □

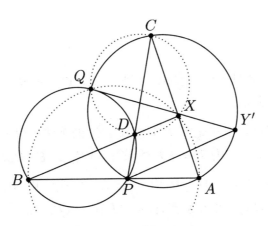

图 C.3.15: 习题 10.20

10.22

证明 设 K 是 $\overline{BB_1}$ 和 $\overline{CC_1}$ 的交点. 根据导角法, 我们可以验证

$$\angle BKC = \frac{1}{2}(180° - \angle BTC) = \angle BAC.$$

所以 B, K, A, C 共圆.

在四边形 B_1BCC_1 上考虑定理10.12, 我们知道: A 在 (KBC) 上; $\angle TAS = 90°$; $\angle BAC < 90°$, 所以 A 在四边形 B_1BCC_1 外.

如果我们固定四边形 B_1BCC_1, 容易看出这些条件唯一地决定点 A. 但是四边形 B_1BCC_1 的密克点也满足三个条件. 因此 A 就是这个密克点, 现在马上就能得出 $\triangle ABC$ 和 $\triangle AB_1C_1$ 相似. $\square$

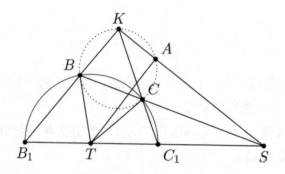

图 C.3.16: 习题 10.22

10.23

证明 设 M 是完全四边形 $ADBC$ 的密克点; 也就是说, 设 M 是 (APD) 和 (BPC) 的另一个交点.

由于 $\frac{AF}{AD} = \frac{CE}{CB}$, M 也是把 $\overline{FA}$ 变到 $\overline{EC}$ 的旋转相似中心, 因此是完全四边形 $FACE$ 的密克点. 因为 $R = \overline{FE} \cap \overline{AC}$, 我们得到 $FARM$ 是圆内接四边形.

现在观察完全四边形 $AFQP$, 由于 M 在 (DFQ) 和 (RAF) 上, 可以得到 M 也是完全四边形 $AFQP$ 的密克点, 因此 M 在 (PQR) 上.

这样, M 就是我们要找的不动点. $\square$

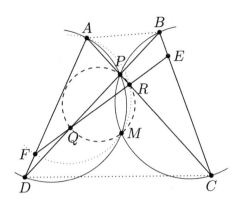

图 C.3.17: 习题 10.23

10.26

证明 题目的关键是证明 $\overline{MN} /\!/ \overline{AD}$. 首先,设 X 是 (ABC) 上 L 的对径点.

因为 $\angle XAD = \angle XMD = 90°$,有 A, M, D, X 共圆. 所以 X 是完全四边形 $PQBC$ 的密克点,也是将 $\overline{QP}$ 变到 $\overline{BC}$ 的旋转相似中心. 它也是把 $\overline{NP}$ 变到 $\overline{MC}$ 的旋转相似中心. 等价地说,X 是把 $\overline{NM}$ 变到 $\overline{PC}$ 的旋转相似中心.

这就说明 $\triangle XNM$ 和 $\triangle XPC$ 同向相似,然后

$$\angle NMX = \angle PCX = \angle ACX = \angle ALX$$

说明 $\overline{MN} /\!/ \overline{AL}$. 因此,$\angle HNM = \angle HDL = \angle HML$,证毕. □

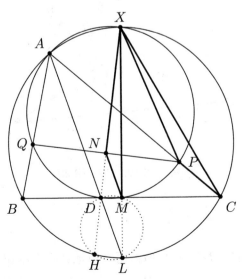

图 C.3.18: 习题 10.26

10.29

证明 设 M 是 $\overline{EF}$ 的中点，则 M, G, H 都在完全四边形 $ADBC$ 的高斯线上．设 $P = \overline{AB} \cap \overline{CD}$，直线 EF 分别和 $\overline{AB}, \overline{CD}$ 交于 E, F．

现在有调和点列

$$(X, Y; E, F) = (P, X; A, B) = (P, Y; D, C) = -1.$$

利用引理9.17，我们有

$$PX \cdot PG = PA \cdot PB = PD \cdot PC = PY \cdot PH.$$

因此 X, Y, G, H 共圆．

现在应用引理9.17 于 $(F, E; X, Y) = -1$ 得到

$$ME^2 = MX \cdot MY = MG \cdot MH$$

给出了想要的结论. □

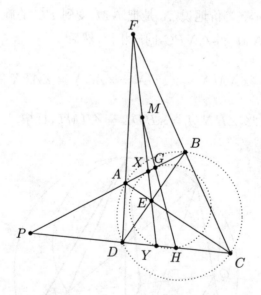

图 C.3.19: 习题 10.29

10.30

证明 我们要证明 $\angle AC_3B_3 = \angle A_2BC$，而类似地计算会给出 $\angle BC_3A_3 = \angle B_2AC$，然后 $\angle A_3C_3B_3 = \angle A_3C_3A + \angle AC_3B_3 = \angle A_3C_3B + \angle AC_3B_3$，进而得到 $\angle CAB_2 + \angle A_2BC = \angle A_2C_2C + \angle CC_2B_2 = \angle A_2C_2B_2$，就证明了题目.

根据 A_2 处的旋转相似,我们得到 $\triangle A_2C_1B \backsim \triangle A_2B_1C$. 因此

$$\frac{A_2B}{A_2C} = \frac{A_2C_1}{A_2B_1} = \frac{C_1B}{B_1C} = \frac{AC_3}{AB_3}.$$

进一步,$\angle BA_2C = \angle BAC = \angle C_3AB_3$. 我们可以检验,因为 B_1, C_1 要求在三角形的边上,A_2 和 A 在 $\overline{BC}$ 的同一侧. 所以我们可以得到 $\angle C_3AB_3 = \angle BA_2C$,这给出 $\triangle A_2BC \backsim \triangle AC_3B_3$. 因此 $\angle AC_3B_3 = \angle A_2BC$,完成了证明. □

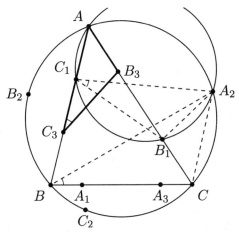

图 C.3.20: 习题 10.30

C.4 第 11 章习题解答

11.1

证明 设 $P = \overline{AD} \cap \overline{BC}, Q = \overline{AB} \cap \overline{CD}$. 现在 $2\angle ADB = \angle CBD = \angle BPD + \angle PDB$,说明 $\angle BPD = \angle BDP, BP = BD$. 类似地,$BQ = BD$. 现在 $BP = BQ$ 和 $BC = BA$ 给出 $\triangle QBC \cong \triangle PBA$;现在解答就很明显了. □

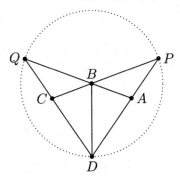

图 C.4.1: 习题 11.1

11.2

证明 首先,注意到 $\angle EDF = 180° - \angle BOC = 180° - 2\angle A$,所以 $\angle FDE = 2\angle A$. 观察到还有 $\angle FKE = 2\angle A$,因此 K, F, D, E 共圆,然后

$$\angle KDB = \angle KDF + \angle FDB = \angle KEF + (90° - \angle DBO)$$

$$= (90° - \angle A) + (90° - (90° - \angle A)) = 90°. \qquad \Box$$

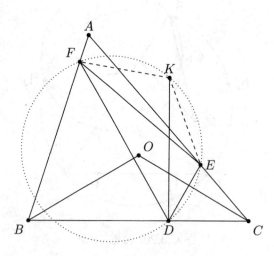

图 C.4.2: 习题 11.2

11.3

解一 导角给出 $\angle DCA = \angle ACE = \angle DBA = \angle ABE$.

首先,我们先证明 $BE = BR = BC$. 实际上,构造以 $BE = BR$ 为半径,B 为圆心的圆,注意到 $\angle ECR = \frac{1}{2}\angle EBR$,说明 C 在这个圆上.

现在 CA 平分 $\angle ECD$,DB 平分 $\angle EDC$,所以 R 是 $\triangle CDE$ 的内心. 然后,K 是 $\triangle LED$ 的内心,因此

$$\angle ELK = \frac{1}{2}\angle ELD = \frac{1}{2}\left(\frac{\widehat{ED} + \widehat{BC}}{2}\right) = \frac{1}{2}\frac{\widehat{BED}}{2} = \frac{1}{2}\angle BCD. \qquad \Box$$

解二 因为

$$\angle EBA = \angle ECA = \angle SCR = \angle SBR = \angle ABR,$$

$\overline{BA}$ 平分 $\angle EBR$. 然后根据对称性 $\angle BEA = \angle BRA$,所以

$$\angle BCR = \angle BCA = \angle BEA = -\angle BRA = -\angle BRC$$

然后就得到 $BE = BR = RC$. 现在和解一同样处理即可. □

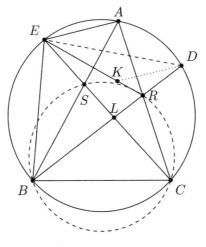

图 C.4.3: 习题 11.3

11.4

证明 因为 $MA = MB = MC$，A_1 和 C_1 分别是 $\overline{AB}$, $\overline{BC}$ 的中点，特别地 $\overline{A_1C_1} /\!/ \overline{AC}$. 进一步，$\angle AA_1A_2 = \angle AA_2A_1 = \angle C_1A_1A_2$，所以 $\overline{A_1A_2}$ 是 $\triangle A_1BC_1$ 中 $\angle A_1$ 的外角平分线. 类似地，$\overline{C_1C_2}$ 是 $\angle C_1$ 的外角平分线. 因此二者相交于 B-旁心，在三角形的 B-角平分线上. □

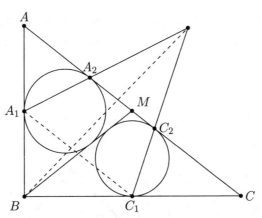

图 C.4.4: 习题 11.4

11.5

证明 如图 C.4.5，所画的不是按比例的准确图形，只是示意图. 设 I 是 $\triangle ABD$ 的内心，然后因为 $\angle DIB = 90° + \frac{1}{2}\angle DAB = 145°$，四边形 $IBCD$ 内接于圆. 因此

$\angle IBD = \angle ICD = 180° - (55° + 105°) = 20°$,然后 $\angle ABD = 40°$. □

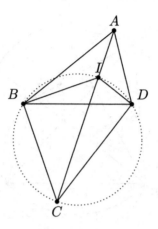

图 C.4.5: 习题 11.5

11.6

证明 当然 H 在 Γ 上 (引理1.17). 现在考虑在点 B, 半径为

$$\sqrt{BH \cdot BE} = \sqrt{BF \cdot BA} = \sqrt{BD \cdot BC}$$

的反演. 这个反演分别把 A 与 F, D 与 C, H 与 E 交换. 说明它把圆 Γ 和直线 EF 交换, 把圆 ω 和直线 DF 交换. 因此 P 和 Q 交换, 证毕. □

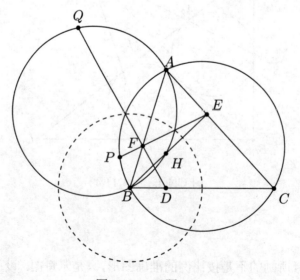

图 C.4.6: 习题 11.6

11.7

证明 设 K 是 $\overline{BC}$ 的中点，A_1 是 A 关于 K 的反射. 因为 F 是 D 关于 $\overline{BC}$ 的垂直平分线的反射，我们发现四边形 DFA_1A 是等腰梯形. 然后，

$$\angle MED = \angle TED = \angle TFD = \angle AFD = \angle AA_1D = \angle MA_1D.$$

因此，M, D, A_1, E 共圆. 现在，根据圆幂，我们看到

$$AD \cdot AE = AM \cdot AA_1 = 2AM \cdot AK = AN \cdot AK.$$

因此，D, K, E, N 共圆，证毕. □

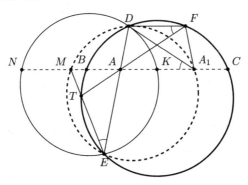

图 C.4.7: 习题 11.7

11.8

证明 设 M 是 $\overline{BC}$ 的中点. 根据引理1.44，$\overline{ME}$ 和 $\overline{MF}$ 与 ω 相切 (也就和 ω_1, ω_2 相切)，因此 M 是 $\omega, \omega_1, \omega_2$ 的根心. 现在考虑 ω_1 和 ω_2 的根轴，它经过 D 和 M，因此是直线 BC，证毕. □

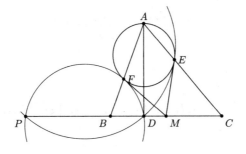

图 C.4.8: 习题 11.8

11.9

证明 设 $AB = 2x, CD = 2y$,不妨设 $x < y$. 设 L 是 $\overline{BC}$ 的中点,记 $BC = 2l$. 设 P 是 $\overline{QR}$ 的中点,T 是 B 到 $\overline{DC}$ 的投影.

因为 N 是 $\triangle ABD$ 斜边的中点,因此 $AN = BN$. 而 $\overline{MN} /\!/ \overline{AB}$,我们看到 $\overline{MN}$ 和 (ABN) 相切. 类似地,它和 (DCM) 相切.

注意到 $LM = \frac{1}{2}AB$,我们得到

$$LR \cdot LC = LM^2 = \left(\frac{1}{2}AB\right)^2 = x^2 \implies LR = \frac{x^2}{l}.$$

类似地,$LQ = \frac{y^2}{l}$. 然后,

$$PL = \frac{LQ - LR}{2} = \frac{y^2 - x^2}{2l}, KL = \frac{ML + NL}{2} = x + y.$$

然后发现

$$\frac{KL}{PL} = \frac{\frac{y^2-x^2}{2l}}{x+y} = \frac{y-x}{2l} = \frac{TC}{BC}.$$

结合 $\angle KLP = \angle BCT$,得到 $\triangle KLP \backsim \triangle BCT$. 因此,$\angle KPL = \angle BTC = 90°$. 但是 P 是 $\overline{QR}$ 的中点,所以 $KQ = KR$. $\square$

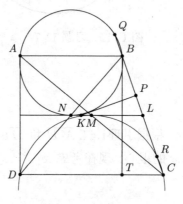

图 C.4.9: 习题 11.9

11.10

证明 构造平行四边形 $XCAB, YABC, ZBCA$. 根据 $\triangle ABC$ 中点 P 的塞瓦定理的三角形式,我们知道

$$\frac{\sin\angle BAP \sin\angle CBP \sin\angle ACP}{\sin\angle PAC \sin\angle PBA \sin\angle PCB} = 1.$$

但是因为劣弧 A_1C 和 A_2C 相同,$\angle PAC = \angle A_1AC = \angle CXA_2$,所以上面的式子变成

$$\frac{\sin\angle BXA_2}{\sin\angle CXA_2}\frac{\sin\angle CYB_2}{\sin\angle AYB_2}\frac{\sin\angle AZC_2}{\sin\angle BZC_2} = 1.$$

所以射线 XA_2, YB_2, ZC_2 共点,记为 Q。

设 H 是 $\triangle ABC$ 的垂心。我们将证明 H 是这个固定点,实际上 A_2, B_2, C_2 在 $\overline{HQ}$ 为直径的圆上。我们注意到 A_2 在 (ABC) 关于 $\overline{BC}$ 的反射圆上,这是以 $\overline{HX}$ 为直径的圆,因此 $\angle HA_2X = \angle HA_2Q = 90°$,证毕。□

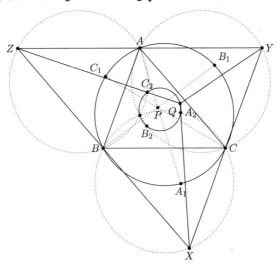

图 C.4.10: 习题 11.10

11.11

证明　简单的导角给出

$$\angle B_2A_2C_2 = \angle ABA_2 + \angle BAA_2 = \angle BAC.$$

类似地计算给出 $\triangle A_1B_1C_1 \backsim \triangle A_2B_2C_2 \backsim \triangle ABC$。

现在,设 O 是 $\triangle ABC$ 的外心。则 O 在直线 B_2C_2, B_1C_1 形成的角的角平分线上,也就是经过 O 和 $\overline{BC}$ 垂直的直线。(注意到 $\angle B_1BC = \angle C_2CB$,给出一个等腰三角形。) 设 d_a 表示从 O 到 B_2C_2, B_1C_1 的公共距离,类似地定义 d_b, d_c。

由于 $\triangle A_1B_1C_1$ 和 $\triangle A_2B_2C_2$ 相似,我们看到 O 关于 $\triangle A_1B_1C_1$ 和 $\triangle A_2B_2C_2$ 有相同的重心坐标,即

$$(d_a \cdot B_1C_1 : d_b \cdot C_1A_1 : d_c \cdot A_1B_1)$$

$$=(d_a \cdot B_2C_2 : d_b \cdot C_2A_2 : d_c \cdot A_2B_2)$$

所以 O 对应于两个三角形中的同一个点, O 到两个三角形的边上的投影形成的垂足三角形全等, 说明了 $\triangle A_1 B_1 C_1$ 和 $\triangle A_2 B_2 C_2$ 全等. $\quad\square$

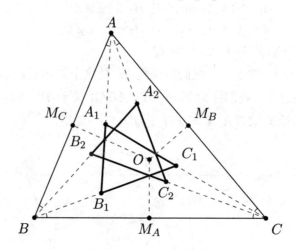

图 C.4.11: 习题 11.11

11.12

证明 不妨设 $AB < AC$. 设 B_1 是 B 关于 M 的反射 (在 $\overline{AC}$ 上), 而 P_∞ 是 $\overline{BM} /\!/ \overline{CN}$ 方向的无穷远点. 显然

$$-1 = (B_1, B; M, P_\infty) \overset{C}{=} (A, D; M, N).$$

但是 $\angle MYN = \angle MXN = 90°$, 所以根据引理 9.18, 我们发现 M 是 $\triangle AXY$ 的内心; 因此 $\angle XAM = \angle YAM$, 然后 $\angle BAX = \angle CAY$, 证毕. $\quad\square$

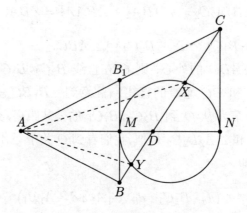

图 C.4.12: 习题 11.12

11.13

证明 不妨设 $AB < AC$,我们将证明 $\angle PQE = 90°$.

我们先证明 D, P, E 共线. 设 N 是 $\overline{AB}$ 的中点. 如引理1.45, 设 P' 是 $\overline{MN}$、$\overline{DE}$、射线 AI 的公共点. 那么 P' 在 $\triangle ABC$ 内, $\triangle DP'M \backsim \triangle DEC$, 所以 $MP' = MD$. 这就说明 $P' = P$, 证明了 D, P, E 共线.

设 S 是内接圆上 D 的对径点, 也是 $\overline{AQ}$ 与内接圆的另一个交点. 设 $T = \overline{AQ} \cap \overline{BC}$, 则 T 是 A-旁切圆的切点 (引理4.9); 因此 $MD = MP = MT$, 我们得到一个以 $\overline{DT}$ 为直径的圆. 因为 $\angle DQT = \angle DQS = 90°$, 我们知道 Q 也在这个圆上.

因为 $\overline{SD}$ 与以 $\overline{DT}$ 为直径的圆相切, 我们得到 $\angle PQD = \angle PDS = \angle EDS = \angle EQS$. 因为 $\angle DQS = 90°$, 所以也有 $\angle PQE = 90°$. □

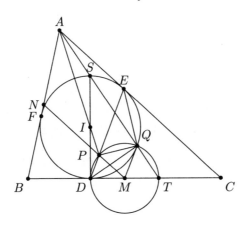

图 C.4.13: 习题 11.13

11.14

证明 显然 D, E 分别是 C, B 关于 $\overline{BI}, \overline{CI}$ 的反射. 设 X, Y 分别是 $\overline{BD}, \overline{CE}$ 的中点, P 是 $\overline{BC}$ 的中点. 因为这些反射对称性, $IX = IP = IY$.

接下来考虑 (ABC) 和 (ADE) 的另一个交点 T, 它是把 $\overline{BD}$ 映射到 $\overline{CE}$ 的旋转相似中心. 因为 $BD = CE$, 这实际上是一个全等, 因此 $TB = TC$. 因为 T 在 (ABC) 上, 而且我们要求 $\triangle TBD$ 和 $\triangle TCE$ 同向相似, 因此有 $T = M$. 然后 $MX = MY$, $\overline{MI}$ 是 $\overline{XY}$ 的垂直平分线.

现在 $\overline{XY}$ 是完全四边形 $BEDC$ 的高斯线. 因为 I 是 $\triangle FBC$ 的垂心, $\overline{MI}$ 是斯坦纳线 (因为斯坦纳线和高斯线垂直), 根据定义经过 H. □

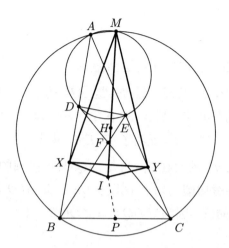

图 C.4.14: 习题 11.14

11.15

证明 设 M' 是 $\overline{AC}$ 的中点,O' 是 $\triangle ABC$ 的外心. 则 K, M, L, M' 共圆 (九点圆),A, M, O', M' 也共圆 (因为 $\angle MO'A = \angle MM'A = 45°$). 进一步 $\angle BO'A = 90°$,所以 O' 在以 $\overline{AB}$ 为直径的圆上. 于是 N 是这三个圆的根心,A, N, O' 共线.

现在应用布洛卡定理到四边形 $BLAO'$,我们发现 M 是 $\triangle OPH'$ 的垂心,其中 $H' = \overline{LA} \cap \overline{BO'}$. 因此 H' 是 $\triangle MOP$ 的垂心,然后 $H = H' = \overline{AC} \cap \overline{BO'}$.

现在我们知道

$$\frac{AH}{HC} = \frac{c^2(a^2 + b^2 - c^2)}{a^2(b^2 + c^2 - a^2)}$$

其中比例按梅涅劳斯定理中的约定看成有向长度的比例. 约去因子 280^2,我们计算得到

$$\frac{AH}{HC} = \frac{c^2(a^2 + b^2 - c^2)}{a^2(b^2 + c^2 - a^2)} = \frac{338(576 + 98 - 338)}{576(98 + 338 - 576)} = -\frac{169}{120}.$$

因此

$$\frac{AC}{HC} = 1 + \frac{AH}{HC} = -\frac{49}{120}$$
$$\implies |HC| = \frac{120}{49} \cdot 1\,960\sqrt{2} = 4\,800\sqrt{2}.$$

现在在 $\triangle KCH$ 中应用余弦定理, $\angle KCH = 135°$, 给出

$$
\begin{aligned}
HK^2 &= KC^2 + CH^2 - 2KC \cdot CH \cdot \cos 135° \\
&= 1\,960^2 + \left(4\,800\sqrt{2}\right)^2 - 2(1\,960)\left(4\,800\sqrt{2}\right)\left(-\frac{1}{\sqrt{2}}\right) \\
&= 40^2\left(49^2 + 2 \cdot 120^2 + 2 \cdot 49 \cdot 120\right) \\
&= 1\,600 \cdot 42\,961 \\
&= 68\,737\,600.
\end{aligned}
$$

$\square$

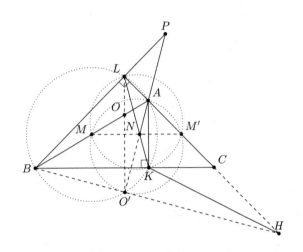

图 C.4.15: 习题 11.15

11.16

证明 发现我们可以直接计算 $P_A Q_A$. 我们关于 A, 以 $s - a$ 为半径反演 (因此会保持内切圆不变) 然后作一个关于 $\angle BAC$ 角平分线的反射. 设这个变换把一个点 X 先变到 X^*, 然后变到 X^+. 我们把反演后的图和原图重叠.

设 $P_A Q_A$ 与 ω_A 交于另一点 P, 与 S_A 交于另一点 Q. 现在观察到 ω_A^* 是平行于 S^* 的直线, 也就是说, 垂直于 $\overline{PQ}$. 进一步, 它还和 $\omega^* = \omega$ 相切.

现在经过反射, 我们发现 $\omega^+ = \omega^* = \omega$, 但是直线 $\overline{PQ}$ 原来经过外心 O(和垂心是等角共轭点), 因此变成 A 到 $\overline{BC}$ 的垂线. 这说明 ω_A^* 就是 $\overline{BC}$, 因此 P^+ 实际上是 A 到 $\overline{BC}$ 的投影.

类似的工作, 可以发现 Q^+ 是 $\overline{AP^+}$ 上的点, 满足 $P^+ Q^+ = 2r$.

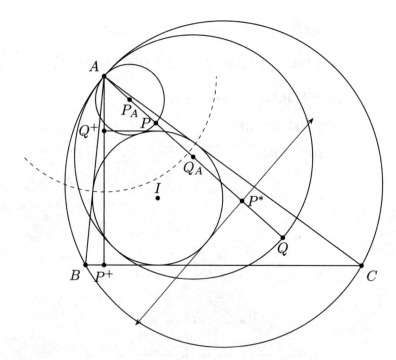

图 C.4.16: 习题 11.16

我们现在直接计算所有的长度,有

$$AP_A = \frac{1}{2}AP = \frac{(s-a)^2}{2AP^+} = \frac{1}{2}(s-a)^2 \cdot \frac{1}{h_a}$$

$$AQ_A = \frac{1}{2}AQ = \frac{(s-a)^2}{2AQ^+} = \frac{1}{2}(s-a)^2 \cdot \frac{1}{h_a - 2r}$$

其中 $h_a = \frac{2K}{a}$ 是 A 引出的高,K 是 $\triangle ABC$ 的面积. 现在得到

$$P_A Q_A = \frac{1}{2}(s-a)^2 \left(\frac{2r}{h_a(h_a - 2r)} \right).$$

可以化简为

$$h_a - 2r = \frac{2K}{a} - \frac{2K}{s} = 2K \cdot \frac{s-a}{as}.$$

因此

$$P_A Q_A = \frac{a^2 r s(s-a)}{4K^2} = \frac{a^2(s-a)}{4K}.$$

现在问题变为要证明

$$a^2 b^2 c^2 (s-a)(s-b)(s-c) \leqslant 8(RK)^3.$$

300

利用 $abc = 4RK$ 和 $(s-a)(s-b)(s-c) = \frac{1}{s}K^2 = rK$,我们发现这个不等式变成

$$2(s-a)(s-b)(s-c) \leqslant RK \iff 2r \leqslant R,$$

最后的不等式直接从引理2.22 得到. 或者,还可以把上面的不等式写成舒尔不等式的形式

$$abc \geqslant (-a+b+c)(a-b+c)(a+b-c). \qquad \square$$

11.17

证明 设内接圆与 $\overline{BC}$ 相切于 A_0. 首先,注意到根据引理1.45,B_1,C_1 在 $\overline{B_0C_0}$ 上. 然后,由于 $\overline{BI}$ 是内角平分线,而且 $QA = QL$,所以 Q 在 (ABL) 上 (这是引理1.18). 类似地,P 在 (ACL) 上.

我们先证明 $\triangle A_0B_0C_0$ 和 $\triangle LQP$ 位似. 因为 $\overline{B_0C_0}$ 和 $\overline{PQ}$ 都和 $\overline{AL}$ 垂直,有 $\overline{B_0C_0} /\!/ \overline{PQ}$. 又有 $\angle C_0A_0B = \frac{180° - \angle B}{2}$ 和

$$\angle PLB = \angle PAC = \angle PAL + \angle LAC = \frac{1}{2}\angle C + \frac{1}{2}\angle A = \frac{180° - \angle B}{2},$$

说明了 $\overline{C_0A_0} /\!/ \overline{PL}$. 类似地,$\overline{B_0A_0} /\!/ \overline{LQ}$,证明了 $\triangle A_0B_0C_0$ 和 $\triangle LQP$ 位似.

设 K 是位似中心,因为 $K \in \overline{LA_0} = \overline{BC}$,所以 $\overline{QB_0}$,$\overline{PC_0}$,$\overline{BC}$ 共点.

还需要证明 $\overline{KC_1}$ 经过 O_1. 设 O_1' 是 $\overline{PQ}$ 和 $\overline{C_1K}$ 的交点,则 O_1' 是 C_1 在位似下的像. 因为 $B_0C_1 = A_0C_1$,可得 $QQ_1' = LO_1'$. 但是 $\overline{PQ}$ 是 $\overline{AL}$ 的垂直平分线,所以实际上 $O_1'A = O_1'Q = O_1'L$. 因此 O_1' 是 (AQL) 的圆心,也就是说 $O_1 = O_1'$. 类似地,$O_2 = O_2'$,证毕. $\qquad \square$

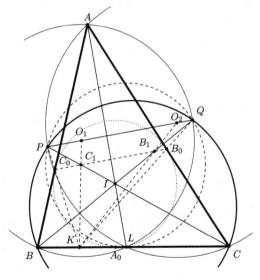

图 C.4.17: 习题 11.17

11.18

证明 设 AX 和 $\overline{M_B M_C}$ 交于 D, X 关于 $\overline{M_B M_C}$ 的中点的反射是 X', 类似地定义 Y', Z', E, F. 根据嵌套塞瓦定理 (定理3.23), 只需证明 $\overline{M_A D}, \overline{M_B E}, \overline{M_C F}$ 共点. 作等截共轭, 回忆 $\triangle M_A M_B A M_C$ 是平行四边形, 我们看到只需证明 $\overline{M_A X'}$, $\overline{M_B Y'}, \overline{M_C Z'}$ 共点即可.

我们现在用参考三角形 $M_A M_B M_C$ 上的重心坐标计算, 设

$$S = \left(a^2 S_A + t : b^2 S_B + t : c^2 S_C + t\right)$$

(若 S 是重心, 则 $t = \infty$). 设 $v = b^2 S_B + t, w = c^2 S_C + t$. 于是

$$X = \left(-a^2 vw : (b^2 w + c^2 v)v : (b^2 w + c^2 v)w\right),$$
$$X' = \left(a^2 vw : -a^2 vw + (b^2 w + c^2 v)w : -a^2 vw + (b^2 w + c^2 v)v\right).$$

计算

$$b^2 w + c^2 v = (bc)^2(S_B + S_C) + (b^2 + c^2)t = (abc)^2 + 2t,$$
$$-a^2 v + b^2 w + c^2 v = (b^2 + c^2) + (abc)^2 - (ab)^2 S_B - a^2 t = S_A(ab + t).$$

然后得到

$$X' = \left(a^2 vw : S_A(b^2 S_B + t)(ab + t) : S_A(c^2 S_C + t)(ac + t)\right).$$

类似地

$$Y' = \left(S_B(a^2 S_A + t)(ba + t) : b^2 wu : S_B(c^2 S_C + t)(bc + t)\right)$$
$$Z' = \left(S_C(a^2 S_A + t)(ca + t) : S_C(b^2 S_B + t)(cb + t) : c^2 uv\right).$$

现在应用塞瓦定理就完成了. $\qquad\square$

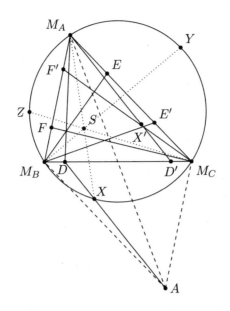

图 C.4.18: 习题 11.18

11.19

证明 设 N 是 $\overline{EF}$ 的中点，$B_1 = \overline{EF} \cap \overline{HC}$，$C_1 = \overline{EF} \cap \overline{HB}$. 重点关注 $\triangle DB_1C_1$.

根据引理1.45, $\triangle DB_1C_1$ 是 $\triangle HBC$ 的垂足三角形. 进一步，N 是 $\triangle DB_1C_1$ 的内切圆在 $\overline{B_1C_1}$ 上的切点. 进一步，H 是 D-旁心 (引理4.6). 然后引理4.14 说明 P,N,H 共线. □

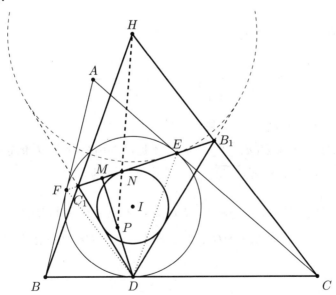

图 C.4.19: 习题 11.19

11.20

证明 这道题很难,有很多漂亮的解答. 下面的解答不算很漂亮,但是在考试中不会很难得到,所需要的关键步骤是构造 A_2, B_2, C_2.

我们把 ω 当成单位圆, P 是 l 上切点, 设 $p = 1$, 然后用复数计算. 设 $A_1 = l_B \cap l_C$, 设 $a_2 = a^2$ (也就是说 A_2 是 P 关于 ω 经过 A 的直径的反射). 类似地定义点 B_1, C_1, B_2, C_2.

我们先证明 $\overline{A_1 A_2}, \overline{B_1 B_2}, \overline{C_1 C_2}$ 相交于 Γ 上一点.

我们先找到 A_1. 把点 $1 + \mathrm{i}$ 和 $1 - \mathrm{i}$ 关于 $\overline{AB}$ 反射, 得到点 Z_1, Z_2, 满足 $z_1 = a + b - ab(1 - \mathrm{i}), z_2 = a + b - ab(1 + \mathrm{i})$, 因此

$$z_1 - z_2 = 2ab\mathrm{i}, \quad \overline{z_1}z_2 - \overline{z_2}z_1 = -2\mathrm{i}\left(a + b + \frac{1}{a} + \frac{1}{b} - 2\right).$$

现在 l_C 是直线 $\overline{Z_1 Z_2}$, 类似地可以得到 l_B 的方程 (用定理6.17 中的完整公式):

$$a_1 = \frac{-2\mathrm{i}\left(a + b + \frac{1}{a} + \frac{1}{b} - 2\right)(2ac\mathrm{i}) + 2\mathrm{i}\left(a + c + \frac{1}{a} + \frac{1}{c} - 2\right)(2ab\mathrm{i})}{\left(-\frac{2}{ab}\mathrm{i}\right)(2ac\mathrm{i}) - \left(-\frac{2}{ac}\mathrm{i}\right)(2ab\mathrm{i})}$$

$$= \frac{(c - b)a^2 + \left(\frac{c}{b} - \frac{b}{c} - 2c + 2b\right) + (c - b)}{\frac{c}{b} - \frac{b}{c}}$$

$$= a + \frac{(c - b)\left(a^2 - 2a + 1\right)}{\frac{(c-b)(c+b)}{bc}} = a + \frac{bc}{b + c}(a - 1)^2.$$

然后 $\overline{A_1 A_2}$ 和 ω 的第二个交点是

$$\frac{a_1 - a_2}{1 - a_2 \overline{a_1}} = \frac{a + \frac{bc}{b+c}(a - 1)^2 - a^2}{1 - a - a^2 \cdot \frac{(1 - 1/a)^2}{b + c}} = \frac{a + \frac{bc}{b+c}(1 - a)}{1 - \frac{1}{b+c}(1 - a)} = \frac{ab + bc + ca - abc}{a + b + c - 1}.$$

因此证明了 $\overline{A_1 A_2}, \overline{B_1 B_2}, \overline{C_1 C_2}$ 共点.

最后, 只需证明 $\overline{A_1 B_1} /\!/ \overline{A_2 B_2}$. 当然, 还是可以用复数来做, 但是直接用导角更简单[1]. 设 $\overline{BC}$ 和 l 交于 K, $\overline{B_2 C_2}$ 和 l 交于 L. 显然

$$-\angle B_2 L P = \angle L P B_2 + \angle P B_2 L = 2\angle K P B + \angle P B_2 C_2$$

$$= 2\angle K P B + 2\angle P B C = -2\angle P K B = \angle P K B_1.$$

证毕. □

---

[1] 也可以用鲁棒的记号 $\angle(l_1, l_2)$ 来表示有向角 $\angle X_1 O X_2$, 其中 O 是直线 l_1 和 l_2 的交点, X_1, X_2 分别是直线 l_1, l_2 的另外一点.

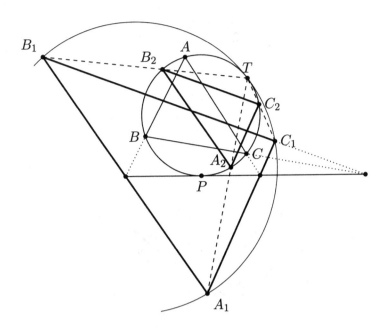

图 C.4.20: 习题 11.20

11.21

证明 我们从引理4.40 知道, 直线 TI 经过包含 A 的弧 $\overparen{BC}$ 的中点, 记此点为 L.

设 $\triangle DEF$ 是 $\triangle ABC$ 的切触三角形. 设 K_1, K_2 是点 M 引出切线的切点 (使得 X_1 在 $\overline{MK_1}$ 上, X_2 在 $\overline{MK_2}$ 上), 然后关于内切圆作反演. 我们还是把反演像用上标星号标记. 现在 A^*, B^*, C^* 分别是 $\overline{EF}, \overline{FD}, \overline{DE}$ 的中点, 然后 $\Gamma^* = (A^*B^*C^*)$ 是 $\triangle DEF$ 的九点圆.

显然 M^* 是 Γ^* 上任意一点; 进一步, 它是 $\overline{K_1K_2}$ 的中点. 现在我们来确定 T^* 的位置. 我们看到 L^* 也是 Γ^* 上某点, 而且 $\angle IL^*A^* = -\angle IAL = 90°$. 因为 L, I, T 共线, 所以 L^*, I^*, T^* 也共线, 然后 $\angle T^*L^*A^* = \angle I^*L^*A^* = 90°$, 所以 T^* 是 Γ^* 上 A^* 的对径点. 也说明了 T^* 是 $\overline{DH}$ 的中点, 其中 H 是 $\triangle DEF$ 的垂心.

现在可以证明 M^*, X_1^*, X_2^*, T^* 四点共圆. 在点 D 作 2 倍的放大, 等价于要证 D', K_1, K_2, H 共圆, 其中 D' 是 D 关于 M^* 的反射. 关于 M^* 再反射, 等价于要证 D, K_2, K_1, H' 共圆.

但是 (DK_2K_1) 就是 Γ^*. 进一步, 通常的关于九点圆 Γ^* 和内切圆的位似说明 H' 也在 Γ^* 上. 所以 D, K_2, K_1, H' 都在 Γ^* 上, 进而 M, X_1, X_2, T 共圆, 证毕. □

305

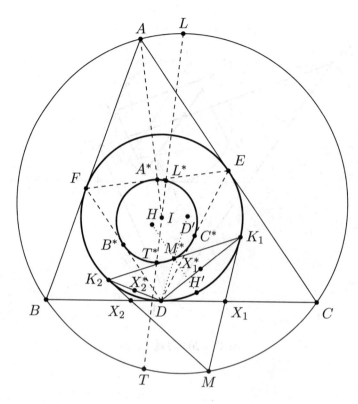

图 C.4.21: 习题 11.21

11.22

证明 设 D 是从 I 到 $\overline{BC}$ 的投影，X,Y 分别是 B,C 到 $\overline{CI},\overline{BI}$ 的投影. 根据引理1.45，点 X,Y 在直线 EF 上. 设 M 是 $\overline{BC}$ 的中点，则 $\triangle BIC$ 的九点圆是外接圆 $(DMXY)$，记为 ω. 根据引理9.27，问题转化成要证 T 在 S 关于 ω 的极线上.

设 $K = \overline{AM} \cap \overline{EF}$，根据引理4.17，点 K,I,D 共线. 设 N 是 $\overline{EF}$ 的中点，$L = \overline{KS} \cap \overline{BC}$. 从

$$-1 = (A,I;N,S) \overset{K}{=} (T,L;M,D)$$

和

$$-1 = (T,D;B,C) \overset{I}{=} (T,K;Y,X)$$

我们发现 $T = \overline{MD} \cap \overline{YX}$ 是 $\overline{KL}$ 关于 ω 的极点，这样就完成了证明. □

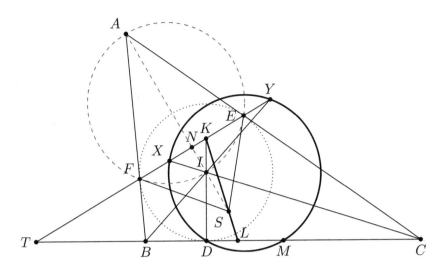

图 C.4.22: 习题 11.22

附录 D 比赛名称缩写

APMO 亚太数学奥林匹克竞赛. 始于 1989 年, 参加者包括亚洲国家、太平洋周边国家、美国和其他国家的学生. 比赛形式为一天, 4 小时, 5 道题目.

BAMO 湾区数学奥林匹克竞赛. 旧金山湾区几百名学生参加, 比赛形式和 APMO 相同.

CGMO 中国女子数学奥林匹克竞赛. 始于 2002 年, 比赛形式为两天, 每天 4 小时, 每天 4 道题目.

EGMO 欧洲女子数学奥林匹克竞赛. 始于 2012 年, 比赛形式和 IMO 相同, 每个国家的代表队最多 4 名女学生.

ELMO 是每年在 MOP 举行的比赛. 由过去的 MOP 成员出题给第一次参加 MOP 的成员做. 所有的题目都是学生编撰、整理、筛选的. 缩写所代表的含义每年都改变, 最开始是 "林肯数学实验赛 (Experimental Lincoln Math Olympiad)", 然后很快就被创造出各种含义, 有 "不止看运气的数学比赛 (Exceeding Luck-Based Math Olympiad)" "前数学实验赛 (Ex-experimental Math Olympiad)" "$e^{\log}$ 数学比赛 ($e^{\log}$ Math Olympiad)" "最后的字母没了 (End Letter Missing)" "完全合法的数学比赛 (Entirely Legitimate (Junior) Math Olympiad)" "赚大钱 (Earn Lots of MOney)" "轻松愉快的数学比赛 (Easy Little Math Olympiad)" "有错就完蛋 (Every Little Mistake $\implies$ 0)" "每人一条命 (Everybody Lives at Most Once)" "英语大师公开赛 (English Language Master's Open)".

ELMO 预选题 就像 IMO 预选题, 是提供给 ELMO 比赛供筛选的题目.

IMO 国际数学奥林匹克竞赛. 中学数学的最高阶段比赛. 始于 1959 年, 是最古老的国际科学赛事. 每年有超过 100 个国家、地区的学生参加, 在 7 月份举

行 (2020 年因故推迟至 9 月份). 每个国家至多有 6 名学生参加, 考试形式为两天, 每天 4.5 小时, 完成 3 道题目——每题最高分 7 分, 所以满分是 42[1].

IMO 预选题 国际数学奥林匹克竞赛预选题. 各国提供给 IMO 的题目一般超过 100 道, 从中选出大约 30 题, 是所谓的预选题 (Shortlist). 然后各国领队经过几天的投票, 从预选题中选出正式比赛的题目. 由于很多国家会使用预选题作为国家队选拔考试题目, 因此在第 N 年 IMO 的预选题会在第 $N+1$ 年 IMO 结束后公布.

JMO USAJMO 的简称.

NIMO 全国网络数学奥林匹克竞赛. 由一个学生小团体举办. 其中的冬季比赛 (本书选用了其中的题目) 形式为 1 小时, 8 道题目, 每队最多 4 人参加.

OMO 线上数学公开赛. 是另一个线上比赛, 由美国一些顶尖学生管理举办. 每个队至多 4 名学生参加, 用大约一周的时间回答几道简答题, 题目难度从非常简单到非常难均有.

MOP 数学奥林匹克夏令营是美国国家队的训练营, 根据学生在美国数学奥林匹克 (或更低一级的竞赛) 中的表现筛选. 到 2014 年之前, 夏令营一般都在内布拉斯加州的林肯县举行, 一般在 6 月份, 时间长达三周半. 夏令营期间会定期有每次 4 小时的测试, 本书的一些题目就是选自这些测试题.

Sharygin 沙雷金几何奥林匹克竞赛是国际性的数学比赛, 题目都是几何题. 本书所用的沙雷金题目选自这个比赛的通讯赛, 期间学生用一段时间来提交几道题目的解答. 通讯赛的胜者可以到俄罗斯的杜布纳参加决赛的口试.

TST 国家队选拔考试. 各个国家都会用 TST 当作选拔参加 IMO 比赛的国家队员的最后一个步骤.

USAJMO 和美国数学奥林匹克同期举行的更简单的比赛, 供 10 年级或更低的学生参加, 比赛形式和 USAMO 相同.

USAMO 美国数学奥林匹克竞赛. 每年大约 250 人参加, 是选拔参加 IMO 的美国国家队的一个步骤, 比赛优胜者获得邀请函参加 MOP, 比赛形式和 IMO 相同.

---

[1] 正好是《银河系漫游指南》所提到的生命、宇宙和一切的终极答案——译者注

USATST 美国国家队选拔考试, 到 2011 年为止, USATST 每次举行三天, 分别对应 IMO 的每一天[1]. 从 2011 年开始, TST 的形式更加灵活, 只邀请上一年 MOP 中成绩最好的 18 名学生参加.

USATSTST 这个拗口的缩写含义可以理解为 "国家队选拔考试的筛选考试", 在每年 MOP 的最后举行, 会选择 18 名学生 (相当于中国的集训队), 他们会在接下来的一年中参加进一步的考试. 这个考试包括两到三天, 形式分别对应 IMO 比赛的每一天.

加拿大 加拿大数学奥林匹克竞赛. 只有国家名均指相应国家相当于 CMO 级别的比赛.

预选题 专指 IMO 的预选题.

---

[1]IMO 只有两天考试, 奇怪——译者注

参考文献

[1] Nathan Altshiller-Court. College Geometry. Dover Publications, 2nd edition, April 2007.

[2] Titu Andreescu and Răzvan Gelca. Mathematical Olympiad Challenges. Birkhäuser, 2nd edition, December 2008.

[3] Evan Chen and Max Schindler. Barycentric Coordinates in Olympiad Geometry, 2011. Online at http://www.aops.com/Resources/Papers/Bary_full.pdf.

[4] H. S. M. Coxeter and Samuel L. Greitzer. Geometry Revisited. The Mathematical Association of America, 1st edition, 1967.

[5] Kiran S. Kedlaya. Geometry Unbound, January 2006. Online at http://www.kskedlaya.org/geometryunbound/

[6] Alred S. Posamentier and Charles T. Salkind. Challenging Problems in Geomtry. Dover Publications, 2nd edition, May 1996.

[7] Viktor Prasolov. Problems in Plane and Solid Geometry. Online at http://students.imsa.edu/~tliu/Math/planegeo.pdf.

[8] Alex Remorov. Projective Geometry. Canadian IMO Training, Summer 2010.

[9] Alex Remorov. Projective Geometry: Part 2. Canadian IMO Training, Summer 2010.

[10] Gerard A. Venema. Exploring Advanced Euclidean Geometry with GeoGebra. Mathematical Association of America, May 2013.

[11] Paul Zeitz. The Art and Craft of Problem Solving. Wiley, 2nd edition, August 2006.

[12] Yufei Zhao. Cyclic Quadrilaterals: The Big Picture. Canadian IMO Training, Winter 2009.

[13] Yufei Zhao. Lemmas in Euclidean Geometry. Canadian IMO Training, Summer 2007.

索引

　　本书是美国著名数学竞赛专家陈谊廷（Evan Chen）所编写的有关数学竞赛几何知识的教材,书中涵盖了导角、圆、长度比例关系、基本构型等平面几何解题基础技巧,还有解析法、复数法、重心坐标等计算技巧,以及反演、射影几何等进阶技巧.书后习题均有提示,其中有四分之一的习题有完整答案.

　　本书适合热爱数学的广大教师和学生使用,特别是从事数学竞赛相关事业的人员.

　　平面几何是数学竞赛中的一个重头戏,难度能难倒一切不服的人.著名数学家陈省身先生曾表示过:若比平面几何证明,他比不过中学生.所以平面几何也是竞赛辅导的一个热点.

　　平面几何是中学数学教育中的一个重要版块,全球都是如此.虽然千年以来争议不断,但最终还是达成了共识.中间出现过几次比较大的波折,最为剧烈的一次波动出现在20世纪60年代.

　　1959年11月在德国莱雅蒙召开了一次关于数学教育的大会,参会者是欧洲经济共同体的各成员国.会议主要研究各国数学教育的现状,以便提出革新的方案.法国著名数学家、布尔巴基学派主要撰稿人之一的迪厄多内在大会上提出了"欧几里得滚蛋"的惊人口号,引起了不小的争论.实际上他是反对在初中教给学生欧几里得几何体系的.之后,1964年他在《线性代数和初等几何》中以向量空间思想作为基础,建立了欧几里得几何.但是随着布尔巴基学派的式微,弱化平面几何教学的弊端日渐凸显.人们认识到平面几何在中学数学课程中是不可或缺的.

在传统社会做一个"市井小民",数学可以不学,初通算术即可.但是你若是欲受高等教育,初等数学甚至是简单的微积分都是要掌握的.有人会说我就想做一个现代社会的普通人,不学平面几何行不行?答案是不行,因为在现代社会要求一个公民必须要懂逻辑和推理,而它们似乎只有平面几何才能提供.还是举两个例子,一个是爱因斯坦,他曾回忆说:

> 当我还是一个四五岁的小孩,在父亲给我看一个罗盘的时候,就经历过这种惊奇.这只指南针以如此确定的方式行动,根本不符合那些在无意识的概念世界中能找到位置的事物的本性(同直接"接触"有关的作用).我现在还记得,至少相信我还记得,这种经验给我一个深刻而持久的印象.我想一定有什么东西深深地隐藏在事情后面.凡是人从小就看到的事情,不会引起这种反应;他对于物体下落,对于风和雨,对于月亮或者对于月亮不会掉下来,对于生物和非生物之间的区别等都不感到惊奇.

> 在 12 岁时,我经历了另一种性质完全不同的惊奇:这是在一个学年开始时,当我得到一本关于欧几里得平面几何的小书时所经历的.这本书里有许多断言,比如,三角形的三个高交于一点,它们本身虽然并不是显而易见的,但是可以很可靠地加以证明,以致任何怀疑似乎都不可能.这种明晰性和可靠性给我造成了一种难以形容的印象.至于不用证明就得承认公理,这件事并没有使我不安.如果我能依据一些其有效性在我看来是不容置疑的命题来加以证明,那么我就完全心满意足了.比如,我记得在这本神圣的几何学小书到我手中以前,有位叔叔曾经把毕达哥拉斯定理告诉了我.经过艰巨的努力以后,我根据三角形的相似性成功地"证明了"这条定理;在这样做的时候,我觉得,直角三角形各个边的关系"显然"完全决定于它的一个锐角.在我看来,只有在类似方式中不是表现得很"显然"的东西,才需要证明.而且,几何学研究的对象,同那些"能被看到和摸到的"感官知觉的对象似乎是同一类型的东西.这种原始观念的根源,自然是由于不知不觉地存在着几何概念同直接经验对象(刚性杆、截段,等等)的关系,这种原始观念大概也就是康德提出那个著名的关于"先验综合判断"可能性问题的根据.

另外一个是一位伟大的数学家,他没有接受过大学数学教育.按今天的说法,他是一个自学成才者.他也是在 12 岁时不仅精通了平面几何,甚至还自己发现了三角学.

1932 年,维纳证明了一个著名的定理:如果一个不取零值的函数可以展开成绝对收敛的傅里叶级数,那么它的倒数也可以.维纳给出的证明是极其烦琐的,篇幅甚至长达十余页.而到了 1939 年,有位苏联的年轻数学家在他的博士论文里再次证明了这个定理,用了仅仅 5 行字.证明一出,引起了数学界的震动,许多数学家开始对这个年轻人创造的一套新理论来了兴趣.这位年轻人就是我们今天的主人公,莫斯科泛函分析学派的领袖盖尔芳德.

盖尔芳德(I. M. Gelfand),苏联数学家、生物学家,1913 年出生于乌克兰,19 岁时就被录取为莫斯科大学的研究生,师从柯尔莫戈洛夫,1940 年创建了巴拿赫代数理论,获得博士学位,1953 年当选为苏联科学院通讯院士,1984 年当选为院士.在苏联国内,他也获得了一次列宁奖,两次国家奖,而 1978 年首次颁发沃尔夫奖时,他与西格尔一起荣获数学奖.他是历史上 5 位做过三次以上全会报告的数学家之一.他的研究领域十分广泛,包括巴拿赫代数、调和分析、群表示论、积分几何、广义函数等.

盖尔芳德在他成名之后的回忆文章中写道:

> 我记得的第一件事发生在 12 岁左右,那时我已明白,有些几何题目是不能用代数方法求解的.每隔 5 度我求出弦长与弧长之比,制成了表格.很久以后我才明白存在着三角(非代数的)函数,实际上我是制作了三角函数表.

在国内教育领域,中考和高考中平面几何都逐渐被"边缘化".而真正令其大放异彩的地方是奥数.以近日爆红网络的奥数传奇韦东奕为例,韩京俊博士说:

> "韦神"与竞赛界其他高手的与众不同点在于,他从未参加过任何培训,在此之前是个不出世的天才,许多解题方法都是自创的,往往比标准解答更简洁,被誉为"韦方法".一些出自他手的神奇证明,让人有天外飞仙之感,这或许也是数学的魅力所在.整个国家集训队教练组无人不惊叹于"韦神"的数学天赋,冷岗松教授曾用"力拔山兮气盖世"来形容"韦神"解题宛如战场上勇冠三军的英雄.
>
> 2008 年的国际数学奥林匹克竞赛(IMO)难度最大的是压轴的平面几何题,而"韦神"的方法居然是纯代数的,解答长达 4 页.据传当年的国家队副领队用时三小时才了解"韦神"的证明,他的读后感是"山重水复疑无路,柳暗花明又一村"."韦神"也不负众望获得了 2008 年 IMO 的满分金牌,那年全世界仅三个满分,"韦神"一出世即站上了世界之巅.

韩京俊博士亦非等闲之辈,光环绕身:高中毕业于复旦大学附属中学,北京大学数学科学学院 2009 级本科生、2013 级博士研究生,北京大学学生个人最高荣誉 —— 第十一届北京大学"学生五·四奖章"获得者,现为美国约翰霍普金斯大学博士后并任西尔维斯特助理教授.

韩京俊提到的这道超难的平面几何问题是由俄罗斯命题的,题目为:

> 在凸四边形 $ABCD$ 中,$BA \neq BC$.ω_1 和 ω_2 分别是 $\triangle ABC$ 和 $\triangle ADC$ 的内切圆.假设存在一个圆 ω 与射线 BA 相切(切点不在线段 BA 上),与射线 BC 相切(切点不在线段 BC 上),且与直线 AD 和直线 CD 都相切.
>
> 证明:圆 ω_1 和 ω_2 的两条外公切线的交点在圆 ω 上.
>
> **证明** 先证两个引理:
>
> **引理 1** 设 $ABCD$ 是凸四边形,圆 ω 与射线 BA(不包括线段 BA)相切,

与射线 BC(不包括线段 BC) 相切,且与直线 AD 和直线 CD 都相切. 则
$$AB + AD = CB + CD$$

引理1的证明 设直线 AB,BC,CD,DA 分别与圆 ω 相切于点 P,R,Q,S,如图1,则
$$AB + AD = CB + CD \Leftrightarrow$$
$$AB + (AD + DS) = CB + (CD + DQ) \Leftrightarrow$$
$$AB + AS = CB + CQ \Leftrightarrow$$
$$AB + AP = CB + CR \Leftrightarrow$$
$$BP = BR$$

从而引理1得证.

引理2 设三个圆:圆 O_1、圆 O_2、圆 O_3 的半径两两不等,则它们的外位似中心共线.

引理2的证明 设 X_3 是圆 O_1 与圆 O_2 的外位似中心,X_2 是圆 O_1 与圆 O_3 的外位似中心,X_1 是圆 O_2 与圆 O_3 的外位似中心,r_i 是圆 $O_i(i = 1,2,3)$ 的半径. 由位似的性质知
$$\frac{\overline{O_1X_3}}{\overline{X_3O_2}} = -\frac{r_1}{r_2}$$

这里的 $\overline{O_1X_3}$ 表示有向线段 O_1X_3,如图2所示. 同理
$$\frac{\overline{O_2X_1}}{\overline{X_1O_3}} = -\frac{r_2}{r_3}, \frac{\overline{O_3X_2}}{\overline{X_2O_1}} = -\frac{r_3}{r_1}$$

所以
$$\frac{\overline{O_1X_3}}{\overline{X_3O_2}} \cdot \frac{\overline{O_2X_1}}{\overline{X_1O_3}} \cdot \frac{\overline{O_3X_2}}{\overline{X_2O_1}} = \left(-\frac{r_1}{r_2}\right)\left(-\frac{r_2}{r_3}\right)\left(-\frac{r_3}{r_1}\right) = -1$$

由梅涅劳斯定理知,X_1,X_2,X_3 三点共线.

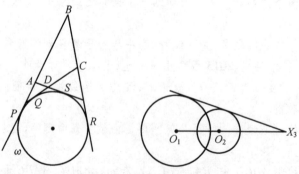

图1   图2

设 U,V 分别是 ω_1 和 ω_2 与 AC 的切点,如图3,则
$$AV = \frac{AD + AC - CD}{2} = \frac{AC}{2} + \frac{AD - CD}{2}$$
$$= \frac{AC}{2} + \frac{CB - AB}{2} = \frac{AC + CB - AB}{2}(由引理1) = CU$$

所以，$\triangle ABC$ 的关于顶点 B 的旁切圆 ω_3 与边 AC 的切点亦为 V. 因此，ω_2 与 ω_3 内切于点 V，即 V 为 ω_2 与 ω_3 的外位似中心. 设 K 是 ω_1 与 ω_2 的外位似中心（即两条外公切线的交点），由引理 2 知，K,V,B 三点共线.

完全类似地可得 K,D,U 三点共线.

因为
$$BA \neq BC$$
所以，$U \neq V$（否则，由 $AV = CU$ 知，$U = V$ 是边 AC 的中点，与 $BA \neq BC$ 矛盾）.

所以，直线 BV 与 DU 不重合，故
$$K = BV \cap DU$$
于是只需证明直线 BV 与 DU 的交点在圆 ω 上.

作圆 ω 的一条平行于 AC 的切线 l（靠近边 AC 的那条），设 l 与圆 ω 相切于点 T，下证 B,V,T 三点共线.

如图 4，设 l 与射线 BA,BC 分别交于点 A_1,C_1，则圆 ω 是 $\triangle BA_1C_1$ 的关于顶点 B 的旁切圆，T 是它与 A_1C_1 的切点，而圆 ω_3 是 $\triangle BAC$ 关于点 B 的旁切圆，圆 ω_3 与 AC 相切于点 V. 则由
$$A_1C_1 \parallel AC$$
知，$\triangle BAC$ 与 $\triangle BA_1C_1$ 以 B 为中心位似，而 V,T 分别是对应旁切圆与对应边的切点，因此，V,T 是这一对位似形中心的对应点，而 B 是位似中心，故 B,V,T 共线. 从而命题得证.

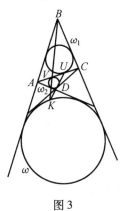
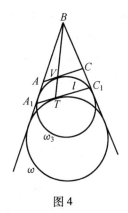

图 3　　　　　　　图 4

此解答是后来就读于哈佛大学的牟晓生博士得到的.

据传那年的 IMO，"韦神"还小小的击败了"特仑苏陶大神"——陶哲轩. 那是第五十届 IMO，作为数学竞赛史上传奇的陶哲轩受邀出席，2009 年 IMO 最难的依旧是压轴第六题，作为解题高手，在考场之外，"陶神"也想一显身手，据悉"陶神"与"韦神"解决第六题的时间比是 7：1（"陶神"耗时 7 小时）.

陶哲轩是天生的天才，据说智商高达 230，要知道我们普通人的智商大多数在 85 到 120 之间，他是我们的两倍！

幼儿园开始自学全部小学数学,小学也开始学习微积分,学习大学数学.

八岁做高考数学题,满分 800 分得了 760 分.

十岁开始参加比赛,十二岁获得国际奥林匹克数学大赛金牌.

十四岁上大学.

十六岁就完成大学课程,获得理科学位.

十七岁获得硕士学位.

二十一岁获得博士学位.

二十四岁时被加利福尼亚大学洛杉矶分校聘为正教授!

这种开挂的人生让我们望尘莫及,而且这还没完,三十一岁时陶哲轩获得了菲尔兹奖,这个奖可以说是数学界最高的奖项,如果诺贝尔奖设有数学奖的话,那么一定会在获得菲尔兹奖的数学家中选择.

LIFE AND TIMES OF TERENCE TAO

Age 7: Begins high school.

9: Begins university.

10,11,12: Competes in the International Mathematical Olympiads winning bronze, silver and gold medals.

16: Honours degree from Flinders University.

17: Masters degree from Flinders University.

21: PhD from Princeton University.

24: Professorship at University of California in Los Angeles.

31: Fields Medal, the mathematical.

如今的陶哲轩在调和分析、偏微分方程、解析数论、代数数论等接近 10 个重要数学研究领域里都有着巨大的成就.

本书内容十分全面,除了通常我们所说的纯几何方法,还单有一章介绍复数方法.复数方法在证明平面几何问题时有独特的作用,举一个例子:

例1 叮当在平面上画了一个凸 2 020 边形 $A = A_1 A_2 \cdots A_{2\,020}$,每个顶点按顺时针排列,随后他选择了 2 020 个角 $\theta_1, \theta_2, \cdots, \theta_{2\,020} \in (0, \pi)$,且其和为 1 010π. 然后他在凸 2 020 边形 A 的外侧构造了 2 020 个点 $B_1, B_2, \cdots, B_{2\,020}$,使得 $B_i A_i = B_i A_{i+1}$,$\angle A_i B_i A_{i+1} = \theta_i (A_{2\,021} = A_1)$. 接下来,叮当擦除了这个凸 2 020 边形 A 以及点 B_1. 如果叮当告诉米多这 2 020 个角 $\theta_1, \theta_2, \cdots, \theta_{2\,020}$ 分别是多少,请证明米多一定能够根据其余 2 019 个点的位置找出点 B_1 的位置.

(2020 年哈佛 – 麻省数学竞赛春季团体赛试题)

证明 任意建立一个复平面,并用每个点的字母表示它的位置.

因为 $\triangle A_1 B_1 A_2$ 是顶角为 θ_1 的等腰三角形,所以 $\dfrac{B_1 - A_1}{B_1 - A_2} = \mathrm{e}^{-\mathrm{i}\theta_1}$. 于是

$$A_2 e^{-i\theta_1} = B_1(e^{-i\theta_1} - 1) + A_1$$

同理可得

$$A_{k+1} e^{-i\theta_k} = B_k(e^{-i\theta_k} - 1) + A_k, k = 2, 3, \cdots, 2\,020$$

所以

$$\sum_{k=1}^{2\,020} A_{k+1} e^{-i(\theta_1 + \theta_2 + \cdots + \theta_k)} = \sum_{k=1}^{2\,020} \left[B_k(e^{-i\theta_k} - 1) + A_k \right] e^{-i(\theta_1 + \theta_2 + \cdots + \theta_{k-1})}$$

$$= \sum_{k=1}^{2\,020} B_k(e^{-i\theta_k} - 1) e^{-i(\theta_1 + \theta_2 + \cdots + \theta_{k-1})} + $$

$$\sum_{k=1}^{2\,020} A_k e^{-i(\theta_1 + \theta_2 + \cdots + \theta_{k-1})}$$

可得

$$A_1 e^{-i(\theta_1 + \theta_2 + \cdots + \theta_{2\,020})} = \sum_{k=1}^{2\,020} B_k(e^{-i\theta_k} - 1) e^{-i(\theta_1 + \theta_2 + \cdots + \theta_{k-1})} + A_1$$

又由于 $\theta_1 + \theta_2 + \cdots + \theta_{2\,020} = 1\,010\pi$，所以

$$\sum_{k=1}^{2\,020} B_k(e^{-i\theta_k} - 1) e^{-i(\theta_1 + \theta_2 + \cdots + \theta_{k-1})} = 0$$

此式子表明：B_1 的位置由 $B_2, B_3, \cdots, B_{2\,020}, \theta_1, \theta_2, \cdots, \theta_{2\,020}$ 给定. 结论得证.

对于复数方法，我国早在 20 世纪 50 ~ 60 年代就开始重视了. 曾肯成教授在《数学通报》上就介绍过这样的题目.

例 2 在平面上给定了一个半径为 1 的圆和另外某 n 个点（可以在圆内、圆外，也可以在圆周上）$P_1, P_2, \cdots, P_n$. 证明：在圆周上一定可以找到一个点 M 使得

$$\overline{MP_1} \cdot \overline{MP_2} \cdot \cdots \cdot \overline{MP_N} \geqslant 1$$

证明 为了证明这一事实，我们先证明一个公式：设

$$\xi = e^{\frac{2\pi i}{N}} \quad (N \text{ 为自然数})$$

那么对任意整数 $0 < d < N$ 来说

$$1 + \xi^d + \xi^{2d} + \cdots + \xi^{(N-1)d} = 0$$

事实上，如果 $0 < d < N$，则

$$\xi^d = e^{\frac{2d\pi i}{N}} \neq 1$$

但

$$(\xi^d)^N = e^{2d\pi i} = 1$$

故有

$$(\xi^d)^N - 1 = (\xi^d - 1)(\xi^{(N-1)d} + \cdots + \xi^{2d} + \xi^d + 1) = 0$$

即

$$1 + \xi^d + \xi^{2d} + \cdots + \xi^{(N-1)d} = 0$$

现在我们在平面上以所给圆的圆心为原点引入一个坐标系. 设 $P_1, P_2, \cdots, P_n$

的坐标为 $z_1, z_2, \cdots, z_n$，命圆周上一点 M 的坐标为 z，那么

$$P = \overline{MP_1} \cdot \overline{MP_2} \cdot \cdots \cdot \overline{MP_n} = |z - z_1| \cdot |z - z_2| \cdot \cdots \cdot |z - z_n|$$

由于当 z 在单位圆周上时 $|z| = 1$，故上式又可写成

$$P = |z||z - z_1| \cdot |z - z_2| \cdot \cdots \cdot |z - z_n|$$
$$= |z(z - z_1)(z - z_2) \cdots (z - z_n)| = |f(z)|$$

其中

$$f(z) = z(z - z_1)(z - z_2) \cdots (z - z_n) = z^{n+1} + a_1 z^n + a_2 z^{n-1} + \cdots + a_n z$$

我们的任务是要证明在单位圆周上能找到一点 z，使得 $|f(z)| \geq 1$. 为此目的，我们作一个内接于单位圆的正 $n + 1$ 边形，使得它的一个顶点为 1. 若令

$$\xi = e^{\frac{2\pi i}{n+1}}$$

则这个正 $n + 1$ 边形的顶点将是

$$1, \xi, \xi^2, \cdots, \xi^n$$

我们证明这 $n + 1$ 个点中必有一个点 ξ^k，满足条件

$$|f(\xi^k)| \geq 1$$

不然的话，我们将有

$$|f(1)| < 1, |f(\xi)| < 1, \cdots, |f(\xi^k)| < 1$$

但是

$$f(1) = 1 + a_1 \cdot 1 + a_2 \cdot 1 + \cdots + a_k \cdot 1 + \cdots + a_n \cdot 1$$
$$f(\xi) = 1 + a_1 \cdot \xi^n + a_2 \cdot \xi^{n-1} + \cdots + a_k \cdot \xi^k + \cdots + a_n \cdot \xi$$
$$f(\xi^2) = 1 + a_1 \cdot \xi^{2n} + a_2 \cdot \xi^{2(n-1)} + \cdots + a_k \cdot \xi^{2k} + \cdots + a_n \cdot \xi^2$$
$$\vdots$$
$$f(\xi^n) = 1 + a_1 \cdot \xi^{nn} + a_2 \cdot \xi^{n(n-1)} + \cdots + a_k \cdot \xi^{nk} + \cdots + a_n \cdot \xi^n$$

两边相加，并注意

$$1 + \xi^k + \xi^{2k} + \cdots + \xi^{nk} = 0, 1 \leq k \leq n$$

得

$$n + 1 = f(1) + f(\xi) + f(\xi^2) + \cdots + f(\xi^n)$$

两边取模，并利用前面提到过的不等式得

$$n + 1 = |f(1) + f(\xi) + f(\xi^2) + \cdots + f(\xi^n)|$$
$$\leq |f(1)| + |f(\xi)| + |f(\xi^2)| + \cdots + |f(\xi^n)|$$
$$< 1 + 1 + 1 + \cdots + 1 = n + 1$$

这就得出了矛盾. 这个矛盾说明，必有一个 k，使得

$$|f(\xi^k)| \geq 1$$

从这道题的解法中我们还可以得出下面这样一个有趣的定理，这个定理在高等数学中有很重要的推广.

定理 如果多项式

$$P(z) = a_m z^m + a_{m-1} z^{m-1} + \cdots + a_0$$

的次数 $m < n$，则 $P(z)$ 在任意圆内接正 n 边形的各个定点的值的平均等于它

在圆心的值.

证明 设圆心为 a ,圆的半径为 R (图5). 首先我们证明, 多项式 $P(z)$ 可改写成

$$P(z) = a_m(z-a)^m + b_{m-1}(z-a)^{m-1} + \cdots + b_0 \qquad (1)$$

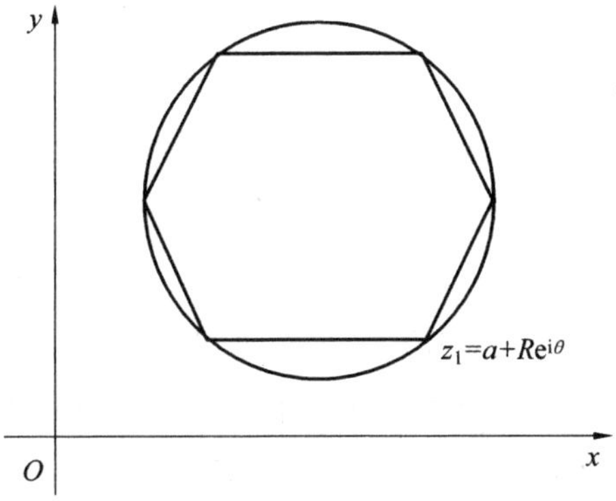

图 5

的形式. 这一点可用数学归纳法来证. 当 $m=0$ 时,这是显然的. 如果对于次数不大于 k 的多项式这一事实成立,那么对任意 $k+1$ 次多项式

$$P(z) = a_{k+1}z^{k+1} + a_k z^k + \cdots + a_0$$

我们有

$$P(z) - a_{k+1}(z-a)^{k+1} = Q(z)$$

其中, $Q(z)$ 为次数不大于 k 的多项式. 根据归纳假设

$$Q(z) = b_k(z-a)^k + \cdots + b_0$$

因此

$$P(z) = a_{k+1}(z-a)^{k+1} + b_k(z-a)^k + \cdots + b_0$$

这就证明了我们的断言. 注意当 $P(z)$ 写成式(1) 那种形式时,它在圆心的值是

$$P(a) = b_0$$

现在假设圆内接正 n 边形的一个顶点为

$$z_1 = a + Re^{i\theta}$$

那么它的全部顶点将是

$$z_1 = a + Re^{i\theta}$$
$$z_2 = a + Re^{i\left(\theta+\frac{2\pi}{n}\right)}$$
$$\vdots$$
$$z_n = a + Re^{i\left(\theta+\frac{2(n-1)\pi}{n}\right)}$$

为了求得 $P(z)$ 在这 n 个点上的值的平均,只要分别求出式(1) 中每项在这 n 个点的值的平均就行了. 注意当 $1 \leqslant k \leqslant m$ 时, k 次项 $a_k(z-a)^k$ 的平均值是

$$M_k = \frac{a_k}{n}\left[(z_1-a)^k + (z_2-a)^k + \cdots + (z_n-a)^k\right]$$

$$= \frac{a_k R}{n} \left[1 + e^{\frac{2k\pi i}{n}} + e^{\frac{4k\pi i}{n}} + \cdots + e^{\frac{2(n-1)k\pi i}{n}} \right] e^{ik\theta} = 0$$

而零次项 b_0 的平均值仍是 b_0，故有

$$\frac{P(z_1) + P(z_2) + \cdots + P(z_n)}{n} = b_0 = P(a)$$

其实最为"恐怖"的是俄罗斯人，他们将这一方法发挥到了极致. 正巧我们工作室刚出版了一本他们的习题集，我们不妨摘录几道，看看这种方法多有威力：

例 3 设 $\overrightarrow{BCA_1A_2}$，$\overrightarrow{CAB_1B_2}$，$\overrightarrow{ABC_1C_2}$ 是有相同定向的正方形，是在 $\triangle ABC$ 的边 BC，CA，AB 上作出的，$\triangle ABC$ 的垂心为 H. 以 $\odot(O) = \odot(ABC)$ 表示通过点 A，B，C 的圆. 令 P，Q，R 分别为正方形 $\overrightarrow{A_1B_2C'C''}$，$\overrightarrow{B_1C_2A'A''}$，$\overrightarrow{C_1A_2B'B''}$ 的中心，与前三个正方形有相同定向. 以 P_1，P_2，P_3 表示点 P 在 $\triangle ABC$ 的边 BC，CA，AB 上的正投影，以 Q_1，Q_2，Q_3 表示点 Q 在相同的边上的正投影，以 R_1，R_2，R_3 表示点 R 在 $\triangle ABC$ 的边 BC，CA，AB 上的正投影. 求证：各个力之和

$$\overrightarrow{PP_1} + \overrightarrow{PP_2} + \overrightarrow{PP_3} + \overrightarrow{QQ_1} + \overrightarrow{QQ_2} + \overrightarrow{QQ_3} + \overrightarrow{RR_1} + \overrightarrow{RR_2} + \overrightarrow{RR_3} \tag{1}$$

等于向量 $\overrightarrow{OH'}$，其中 H' 是一个三角形的垂心，此三角形的顶点是已知 $\triangle ABC$ 的高线足.

求证：这些力[①]的合力所在的直线通过有向线段 $4\overrightarrow{OH}$ 的端点.

现在，若第 2 组 3 个正方形的定向与第 1 组的 3 个正方形相反，则力之和 (1) 属于直线 OH'.

建立这 2 条直线的方程，取 $\odot(O) = \odot(ABC)$ 为单位圆（图 6）.

证明 $1°$. 令 a，b，c 是点 A，B，C 的附标. 求点 P，Q，R 的附标 p，q，r. 以 a_1，b_1，c_1，a_2，b_2，c_2 分别表示点 A_1，B_1，C_1，A_2，B_2，C_2 的附标，我们有

$$\begin{cases} b_2 = c + \overrightarrow{CB_2} = c + i\overrightarrow{CA} = c + i(a - c) = ia + (1 - i)c \\ a_1 = c + \overrightarrow{CA_1} = c - i\overrightarrow{CB} = c - i(b - c) = (1 + i)c - ib \end{cases} \tag{2}$$

也有

$$p = b_2 + \frac{1}{2}\overrightarrow{B_2A_1} - \frac{i}{2}\overrightarrow{B_2A_1}$$

$$= b_2 + \frac{1}{2}(a_1 - b_2) - \frac{i}{2}(a_1 - b_2)$$

$$= b_2 + \frac{1}{2}a_1 - \frac{1}{2}b_2 - \frac{ia_1}{2} + \frac{ib_2}{2}$$

$$= \frac{1 + i}{2}b_2 + \frac{1 - i}{2}a_1$$

---

① 力是滑动向量.

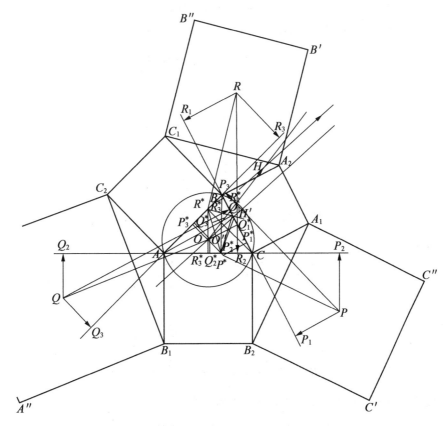

图 6

考虑到式(2),我们有

$$p = \frac{1+i}{2}[ia + (1-i)c] + \frac{1-i}{2}[(1+i)c - ib] = 2c + \frac{i-1}{2}a - \frac{1+i}{2}b$$

$$(3)$$

类似地(我们可以实行字母 a,b,c 的环排列),可以求出

$$\begin{cases} q = 2a + \dfrac{i-1}{2}b - \dfrac{1+i}{2}c \\ r = 2b + \dfrac{i-1}{2}c - \dfrac{1+i}{2}a \end{cases}$$

$$(4)$$

注意这里由式(3)与(4)得出

$$p + q + r = a + b + c = \sigma_1$$

因此 $\triangle ABC$ 与 $\triangle PQR$ 有共同的重心(中线交点).

现在从直线 BC 与 PP_1 的方程

$$z - b = -bc(\bar{z} - \bar{b})$$

$$z - p = bc(\bar{z} - \bar{p})$$

或

$$z + bc\bar{z} = b + c$$

$$z - bc\bar{z} = p - bc\bar{p}$$

我们求出点 P_1 的附标 p_1, 即

$$p_1 = \frac{1}{2}(b + c + p - bc\bar{p})$$

因此

$$\overrightarrow{PP_1} = p_1 - p = \frac{1}{2}(b + c + p - bc\bar{p}) - p = \frac{1}{2}(b + c - p - bc\bar{p})$$

类似地

$$\overrightarrow{PP_2} = p_2 - p = \frac{1}{2}(c + a - p - ca\bar{p})$$

$$\overrightarrow{PP_3} = p_3 - p = \frac{1}{2}(a + b - p - ab\bar{p})$$

从而

$$\overrightarrow{PP_1} + \overrightarrow{PP_2} + \overrightarrow{PP_3} = \sigma_1 - \frac{3}{2}p - \frac{1}{2}\sigma_2\bar{p}$$

类似地, 有

$$\overrightarrow{QQ_1} + \overrightarrow{QQ_2} + \overrightarrow{QQ_3} = \sigma_1 - \frac{3}{2}q - \frac{1}{2}\sigma_2\bar{q}$$

$$\overrightarrow{RR_1} + \overrightarrow{RR_2} + \overrightarrow{RR_3} = \sigma_1 - \frac{3}{2}r - \frac{1}{2}\sigma_2\bar{r}$$

把这些方程逐项相加, 可以求出合力的主向量

$$h' = \overrightarrow{PP_1} + \overrightarrow{PP_2} + \overrightarrow{PP_3} + \overrightarrow{QQ_1} + \overrightarrow{QQ_2} + \overrightarrow{QQ_3} + \overrightarrow{RR_1} + \overrightarrow{RR_2} + \overrightarrow{RR_3}$$

$$= 3\sigma_1 - \frac{3}{2}(p + q + r) - \frac{1}{2}\sigma_2(\bar{p} + \bar{q} + \bar{r})$$

$$= 3\sigma_1 - \frac{9}{2}\frac{p + q + r}{3} - \frac{3}{2}\sigma_2\frac{\bar{p} + \bar{q} + \bar{r}}{3}$$

$$= 3\sigma_1 - \frac{9}{2}\frac{a + b + c}{3} - \frac{3}{2}\sigma_2\frac{\bar{a} + \bar{b} + \bar{c}}{3}$$

$$= 3\sigma_1 - \frac{9}{2}g - \frac{3}{2}\sigma_2\bar{g}$$

$$= 3\left(\sigma_1 - \frac{3}{2}g - \frac{1}{2}\sigma_2\bar{g}\right)$$

其中

$$g = \frac{a + b + c}{3}$$

是 $\triangle ABC$ 重心的附标(或者同样地, 是 $\triangle PQR$ 的重心的附标).

但是, 因为 $a + b + c = \sigma_1$, 所以和 h' 可以变换如下

$$h' = 3\left(\sigma_1 - \frac{3}{2}\frac{\sigma_1}{3} - \frac{1}{2}\sigma_2\frac{\bar{\sigma}_1}{3}\right) = 3\left(\frac{\sigma_1}{2} - \frac{\sigma_2\bar{\sigma}_1}{6}\right) = \frac{1}{2}(3\sigma_1 - \sigma_2\bar{\sigma}_1)$$

我们现在证明, h' 是 $\triangle A_h B_h C_h$ 的垂心附标, 此三角形是由已知三角形的

高线足构成的. BC 的方程与从点 A 到 BC 的高线方程有以下形式

$$z + bc\bar{z} = b + c$$

$$z - bc\bar{z} = a - \frac{bc}{a}$$

相加,求出点 A_h 的附标 a_h,即

$$a_h = \frac{1}{2}\left(\sigma_1 - \frac{bc}{a}\right)$$

类似地,有

$$b_h = \frac{1}{2}\left(\sigma_1 - \frac{ca}{b}\right), c_h = \frac{1}{2}\left(\sigma_1 - \frac{ab}{c}\right)$$

则直线 $B_h C_h$ 的斜率是

$$\frac{b_h - c_h}{\bar{b}_h - \bar{c}_h} = \frac{\dfrac{ab}{c} - \dfrac{ac}{b}}{\dfrac{c}{ab} - \dfrac{b}{ac}} = \frac{\dfrac{a(b^2 - c^2)}{bc}}{\dfrac{c^2 - b^2}{abc}} = -a^2$$

从顶点 A_h 到边 $B_h C_h$ 的高线方程是

$$z - \frac{1}{2}\left(\sigma_1 - \frac{bc}{a}\right) = a^2\left[\bar{z} - \frac{1}{2}\left(\bar{\sigma}_1 - \frac{a}{bc}\right)\right]$$

或

$$z - a^2\bar{z} = \frac{1}{2}\sigma_1 - \frac{bc}{2a} - \frac{1}{2}a^2\bar{\sigma}_1 + \frac{a^3}{2bc}$$

或

$$z - a^2\bar{z} = \frac{1}{2}\sigma_1 - \frac{1}{2}a^2\bar{\sigma}_1 + \frac{a^4 - b^2 c^2}{2\sigma_3} \tag{5}$$

可以用类似方法写下从点 B_h 到 $C_h A_h$ 的高线方程

$$z - b^2\bar{z} = \frac{1}{2}\sigma_1 - \frac{1}{2}b^2\bar{\sigma}_1 + \frac{b^4 - c^2 a^2}{2\sigma_3} \tag{6}$$

从式(5) 逐项减去式(6),得

$$(b^2 - a^2)\bar{z} = \frac{1}{2}(b^2 - a^2)\bar{\sigma}_1 - \frac{b^4 - a^4 + c^2(b^2 - a^2)}{2\sigma_3}$$

或者消去 $b^2 - a^2$,得

$$\begin{aligned}
\bar{z} = \bar{h}' &= \frac{1}{2}\bar{\sigma}_1 - \frac{a^2 + b^2 + c^2}{2\sigma_3} \\
&= \frac{1}{2}\bar{\sigma}_1 - \frac{\sigma_1^2 - 2\sigma_2}{2\sigma_3} \\
&= \frac{1}{2}\bar{\sigma}_1 - \frac{\sigma_1^2}{2\sigma_3} + \frac{\sigma_2}{\sigma_3} \\
&= \frac{1}{2}\bar{\sigma}_1 - \frac{\bar{\sigma}_2\sigma_1}{2} + \bar{\sigma}_1 \\
&= \frac{3}{2}\bar{\sigma}_1 - \frac{\bar{\sigma}_2\sigma_1}{2}
\end{aligned}$$

$$= \frac{1}{2}(3\bar{\sigma}_1 - \sigma_1\bar{\sigma}_2)$$

因此

$$h' = \frac{1}{2}(3\sigma_1 - \bar{\sigma}_1\sigma_2)$$

我们现在可以建立这样求出的合力所属的直线方程. 因为所指出的 9 个力中有 3 个力同时从一点出发,所以它们的合力等于 3 个力之和,即

$$\overrightarrow{PP'} = \overrightarrow{PP_1} + \overrightarrow{PP_2} + \overrightarrow{PP_3}$$

$$\overrightarrow{QQ'} = \overrightarrow{QQ_1} + \overrightarrow{QQ_2} + \overrightarrow{QQ_3}$$

$$\overrightarrow{RR'} = \overrightarrow{RR_1} + \overrightarrow{RR_2} + \overrightarrow{RR_3}$$

这些力分别从点 P,Q,R 出发. 由关系式

$$p' - p = \sigma_1 - \frac{3}{2}p - \frac{1}{2}\sigma_2\bar{p}$$

我们求出点 P' 的附标 p',类似地可求出点 Q' 与 R' 的附标,即

$$p' = \sigma_1 - \frac{1}{2}p - \frac{1}{2}\sigma_2\bar{p}$$

$$q' = \sigma_1 - \frac{1}{2}q - \frac{1}{2}\sigma_2\bar{q}$$

$$r' = \sigma_1 - \frac{1}{2}r - \frac{1}{2}\sigma_2\bar{r}$$

注 若在平面(引入直角坐标系,把平面看作定向平面) 上有已知力 $\overrightarrow{A_kB_k}$ 的集合($k = 1,2,\cdots,n$),则它们合力的主向量可以作为自由向量之和求出,即

$$\boldsymbol{K} = \sum_{k=1}^{n} \overrightarrow{A_kB_k}$$

各力之和所属的直线是满足

$$\sum_{k=1}^{n} \mathrm{mom}_M \overrightarrow{A_kB_k} = 0$$

的点 M 的轨迹. 因为在平面上,自然把向量积

$$\mathrm{mom}_M\boldsymbol{F} = (\overrightarrow{MT},\boldsymbol{F})$$

看作力 $\boldsymbol{F}$ 的力矩,其中 T 是力 $\boldsymbol{F}$ 的作用点,由此推出一组力 $\overrightarrow{A_kB_k}$ 的合力所属的直线方程有形式

$$\sum_{k=1}^{n} \begin{vmatrix} x & y & 1 \\ a_k & a'_k & 1 \\ b_k & b'_k & 1 \end{vmatrix} = 0 \tag{7}$$

其中

$$(a_k, a'_k) = A_k, (b_k, b'_k) = B_k$$

方程(7) 一般是一次方程;因此一般说来,方程(7) 是直线方程(当且仅

当一组力的主向量为零时,方程(7)的左边的项消失了).

引入点 A_k 与 B_k 的附标 a_k 与 b_k,可以把包含各力和 $\overrightarrow{A_kB_k}$ 的直线方程写成另一形式,即

$$\sum_{k=1}^{n} \begin{vmatrix} z & \bar{z} & 1 \\ a_k & \bar{a}_k & 1 \\ b_k & \bar{b}_k & 1 \end{vmatrix} = 0 \tag{8}$$

把此方程应用于本题,我们有

$$\begin{vmatrix} z & \bar{z} & 1 \\ p & \bar{p} & 1 \\ p' & \bar{p}' & 1 \end{vmatrix} = \begin{vmatrix} z & p & \sigma_1 - \frac{1}{2}p - \frac{1}{2}\sigma_2\bar{p} \\ \bar{z} & \bar{p} & \bar{\sigma}_1 - \frac{1}{2}\bar{p} - \frac{1}{2}\bar{\sigma}_2 p \\ 1 & 1 & 1 \end{vmatrix} = \begin{vmatrix} z & p & \sigma_1 - \frac{1}{2}\sigma_2\bar{p} \\ \bar{z} & \bar{p} & \bar{\sigma}_1 - \frac{1}{2}\bar{\sigma}_2 p \\ 1 & 1 & \frac{3}{2} \end{vmatrix}$$

$$= z\left(\frac{3}{2}\bar{p} - \bar{\sigma}_1 + \frac{1}{2}\bar{\sigma}_2 p\right) + \bar{z}\left(-\frac{3}{2}p + \sigma_1 - \frac{1}{2}\sigma_2\bar{p}\right) +$$

$$p\bar{\sigma}_1 - \bar{p}\sigma_1 + \frac{1}{2}\sigma_2\bar{p}^2 - \frac{1}{2}\bar{\sigma}_2 p^2$$

把类似的 3 个表示式相加,这些表示式是由上式以 q 代替 p,其次以 r 代替 q 的结果,使这个和等于零,我们得出所要求的直线方程的以下形式(也要注意 $d + q + r = a + b + c = \sigma_1$)

$$z\left(\frac{3}{2}\bar{\sigma}_1 - 3\bar{\sigma}_1 + \frac{1}{2}\bar{\sigma}_2\sigma_1\right) + \bar{z}\left(-\frac{3}{2}\sigma_1 + 3\sigma_1 - \frac{1}{2}\sigma_2\bar{\sigma}_1\right) +$$

$$\frac{1}{2}\sigma_2(\bar{p}^2 + \bar{q}^2 + \bar{r}^2) - \frac{1}{2}\bar{\sigma}_2(p^2 + q^2 + r^2) = 0$$

或

$$\left(-\frac{3}{2}\bar{\sigma}_1 + \frac{1}{2}\sigma_1\bar{\sigma}_2\right)z + \left(\frac{3}{2}\sigma_1 - \frac{1}{2}\bar{\sigma}_1\sigma_2\right)\bar{z} +$$

$$\frac{1}{2}\sigma_2(\bar{p}^2 + \bar{q}^2 + \bar{r}^2) - \frac{1}{2}\bar{\sigma}_2(p^2 + q^2 + r^2) = 0$$

或

$$(3\bar{\sigma}_1 - \sigma_1\bar{\sigma}_2)z - (3\sigma_1 - \bar{\sigma}_1\sigma_2)\bar{z} + \bar{\sigma}_2(p^2 + q^2 + r^2) - \sigma_2(\bar{p}^2 + \bar{q}^2 + \bar{r}^2) = 0$$

于是我们求出

$$p^2 = 4c^2 - \frac{ia^2}{2} + \frac{ib^2}{2} + 2ac(i-1) - 2cb(i+1) + ab$$

$$q^2 = 4a^2 - \frac{ib^2}{2} + \frac{ic^2}{2} + 2ba(i-1) - 2ac(i+1) + bc$$

$$r^2 = 4b^2 - \frac{ic^2}{2} + \frac{ia^2}{2} + 2cb(i-1) - 2ba(i+1) + ca$$

因此

$$p^2 + q^2 + r^2 = 4(\sigma_1^2 - 2\sigma_2) - 3\sigma_2 = 4\sigma_1^2 - 11\sigma_2$$

由此得

$$\bar{p}^2 + \bar{q}^2 + \bar{r}^2 = 4\bar{\sigma}_1^2 - 11\bar{\sigma}_2$$

直线方程表示为形式

$$(3\bar{\sigma}_1 - \sigma_1\bar{\sigma}_2)z - (3\sigma_1 - \bar{\sigma}_1\sigma_2)\bar{z} + \bar{\sigma}_2(4\sigma_1^2 - 11\sigma_2) - \sigma_2(4\bar{\sigma}_1^2 - 11\bar{\sigma}_2) = 0$$

或

$$(3\bar{\sigma}_1 - \sigma_1\bar{\sigma}_2)z - (3\sigma_1 - \sigma_2\bar{\sigma}_1)\bar{z} + 4(\sigma_1^2\bar{\sigma}_2 - \sigma_2\bar{\sigma}_1^2) = 0 \qquad (9)$$

如果代替 z,我们用有向线段 $4\overrightarrow{OH}$ 的端点附标,即 $4\sigma_1$ 代入(9) 的左边,则得

$$4(3\bar{\sigma}_1 - \sigma_1\bar{\sigma}_2)\sigma_1 - 4(3\sigma_1 - \sigma_2\bar{\sigma}_1)\bar{\sigma}_1 + 4\sigma_1^2\bar{\sigma}_2 - 4\sigma_2\bar{\sigma}_1^2$$

$$= 12\bar{\sigma}_1\sigma_1 - 4\sigma_1^2\bar{\sigma}_2 - 12\sigma_1\bar{\sigma}_1 + 4\sigma_2\bar{\sigma}_1^2 + 4\sigma_1^2\bar{\sigma}_2 - 4\sigma_2\bar{\sigma}_1^2 \equiv 0$$

即合力的承载线通过有向线段 $4\overrightarrow{OH}$ 的端点.

2°. 现在设正方形 $\overrightarrow{A_1B_2C'C''}$, $\overrightarrow{B_1C_2A'A''}$, $\overrightarrow{C_1A_2B'B''}$ 的定向相同,但是与正方形 $\overrightarrow{BCA_1A_2}$, $\overrightarrow{CAB_1B_2}$, $\overrightarrow{ABC_1C_2}$ 中每个定向相反.

为了保持图 6 尽可能简单,只要作出正方形 $\overrightarrow{A_1B_2C'C''}$, $\overrightarrow{B_1C_2A'A''}$, $\overrightarrow{C_1A_2B'B''}$ 的中心 P^*, Q^*, R^*;点 P^*, Q^*, R^* 与对应点 P, Q, R 关于 A_1B_2, B_1C_2, C_1A_2 对称. 图 6 只显示出 9 个力中的 3 个力;即作出以下 3 个力: $\overrightarrow{P^*P_1^*}$, $\overrightarrow{P^*P_2^*}$, $\overrightarrow{P^*P_3^*}$,其中 P_1^*, P_2^*, P_3^* 是点 P^* 在边 BC, CA, AB 上的正投影.

点 P^* 的附标 p^* 是

$$p^* = b_2 + \frac{1}{2}\overrightarrow{B_2A_1} + \frac{i}{2}\overrightarrow{B_2A_1}$$

$$= b_2 + \frac{1}{2}(a_1 - b_2) + \frac{i}{2}(a_1 - b_2)$$

$$= \frac{1+i}{2}a_1 + \frac{1-i}{2}b_2$$

$$= \frac{1+i}{2}[(1+i)c - ib] + \frac{1-i}{2}[ia + (1-i)c]$$

$$= \frac{1-i}{2}b + \frac{1+i}{2}a$$

类似地

$$q^* = \frac{1-i}{2}c + \frac{1+i}{2}b$$

$$r^* = \frac{1-i}{2}a + \frac{1+i}{2}c$$

其中 q^* 与 r^* 是点 Q^* 与 R^* 的附标. 注意在这种情形中也有

$$p^* + q^* + r^* = a + b + c = \sigma_1$$

现在从直线 BC 与 $P^*P_1^*$ 的方程

$$z + bc\bar{z} = b + c$$

$$z - bc\bar{z} = p^* - bc\bar{p}^*$$

我们求出点 P_1^* 的附标 p_1^* ,即

$$p_1^* = \frac{1}{2}(b + c + p^* - bc\bar{p}^*)$$

因此

$$\overrightarrow{P^*P_1^*} = p_1^* - p^* = \frac{1}{2}(b + c - p^* - bc\bar{p}^*)$$

类似地

$$\overrightarrow{P^*P_2^*} = \frac{1}{2}(c + a - p^* - ca\bar{p}^*)$$

$$\overrightarrow{P^*P_3^*} = \frac{1}{2}(a + b - p^* - ab\bar{p}^*)$$

因此

$$\overrightarrow{P^*P_1^*} + \overrightarrow{P^*P_2^*} + \overrightarrow{P^*P_3^*} = \sigma_1 - \frac{3}{2}p^* - \frac{1}{2}\sigma_2\bar{p}^*$$

与

$$\overrightarrow{Q^*Q_1^*} + \overrightarrow{Q^*Q_2^*} + \overrightarrow{Q^*Q_3^*} = \sigma_1 - \frac{3}{2}q^* - \frac{1}{2}\sigma_2\bar{q}^*$$

$$\overrightarrow{R^*R_1^*} + \overrightarrow{R^*R_2^*} + \overrightarrow{R^*R_3^*} = \sigma_1 - \frac{3}{2}r^* - \frac{1}{2}\sigma_2\bar{r}^*$$

于是,9 个力 $\overrightarrow{P^*P_1^*}$,$\overrightarrow{P^*P_2^*}$,$\cdots$ 之和的主向量等于

$$\zeta = 3\sigma_1 - \frac{3}{2}(p^* + q^* + r^*) - \frac{1}{2}\sigma_2(\bar{p}^* + \bar{q}^* + \bar{r}^*)$$

$$= 3\sigma_1 - \frac{3}{2}\sigma_1 - \frac{1}{2}\sigma_2\bar{\sigma}_1$$

$$= \frac{3}{2}\sigma_1 - \frac{1}{2}\sigma_2\bar{\sigma}_1$$

$$= \frac{1}{2}(3\sigma_1 - \sigma_2\bar{\sigma}_1) = h'$$

其中 h' 是 $\triangle A_h B_h C_h$ 的垂心附标.

与 1° 项的情形一样,我们现在考虑 9 个力之和中同时取 3 个力

$$\overrightarrow{P^*P'^*} = \overrightarrow{P^*P_1^*} + \overrightarrow{P^*P_2^*} + \overrightarrow{P^*P_3^*}$$

$$\overrightarrow{Q^*Q'^*} = \overrightarrow{Q^*Q_1^*} + \overrightarrow{Q^*Q_2^*} + \overrightarrow{Q^*Q_3^*}$$

$$\overrightarrow{R^*R'^*} = \overrightarrow{R^*R_1^*} + \overrightarrow{R^*R_2^*} + \overrightarrow{R^*R_3^*}$$

我们来求点 P'^* 的附标

$$\overrightarrow{P^*P'^*} = p'^* - p^* = \sigma_1 - \frac{3}{2}p^* - \frac{1}{2}\sigma_2\bar{p}^*$$

由此求出 p'^* ,类似地求出 q'^* 与 p'^* ,即

$$p'^* = \sigma_1 - \frac{1}{2}p^* - \frac{1}{2}\sigma_2\bar{p}^*$$

$$q'^* = \sigma_1 - \frac{1}{2}q^* - \frac{1}{2}\sigma_2\bar{q}^*$$

$$r'^* = \sigma_1 - \frac{1}{2}r^* - \frac{1}{2}\sigma_2\bar{r}^*$$

承载着合力的直线方程有形式

$$\begin{vmatrix} z & p^* & p'^* \\ \bar{z} & \bar{p}^* & \bar{p}'^* \\ 1 & 1 & 1 \end{vmatrix} + \begin{vmatrix} z & q^* & q'^* \\ \bar{z} & \bar{q}^* & \bar{q}'^* \\ 1 & 1 & 1 \end{vmatrix} + \begin{vmatrix} z & r^* & r'^* \\ \bar{z} & \bar{r}^* & \bar{r}'^* \\ 1 & 1 & 1 \end{vmatrix} = 0$$

我们有

$$\begin{vmatrix} z & p^* & p'^* \\ \bar{z} & \bar{p}^* & \bar{p}'^* \\ 1 & 1 & 1 \end{vmatrix} = \begin{vmatrix} z & p^* & \sigma_1 - \frac{1}{2}p^* - \frac{1}{2}\sigma_2\bar{p}^* \\ \bar{z} & \bar{p}^* & \bar{\sigma}_1 - \frac{1}{2}\bar{p}^* - \frac{1}{2}\bar{\sigma}_2 p^* \\ 1 & 1 & 1 \end{vmatrix} = \begin{vmatrix} z & p^* & \sigma_1 - \frac{1}{2}\sigma_2\bar{p}^* \\ \bar{z} & \bar{p}^* & \bar{\sigma}_1 - \frac{1}{2}\bar{\sigma}_2 p^* \\ 1 & 1 & \frac{3}{2} \end{vmatrix}$$

$$= \left(\frac{3}{2}\bar{p}^* - \bar{\sigma}_1 + \frac{1}{2}\bar{\sigma}_2 p^*\right)z + \left(\sigma_1 - \frac{1}{2}\sigma_2\bar{p}^* - \frac{3}{2}p^*\right)\bar{z} +$$

$$p^*\bar{\sigma}_1 - \bar{p}^*\sigma_1 + \frac{1}{2}\sigma_2\bar{p}^{*2} - \frac{1}{2}\bar{\sigma}_2 p^{*2}$$

若我们写下2个其他类似表示式,把它们相加,使结果等于零,则得出2°项情形中的直线方程

$$\left(\frac{3}{2}\bar{\sigma}_1 - 3\bar{\sigma}_1 + \frac{1}{2}\bar{\sigma}_2\sigma_1\right)z + \left(3\sigma_1 - \frac{1}{2}\sigma_2\bar{\sigma}_1 - \frac{3}{2}\sigma_1\right)\bar{z} + \sigma_1\bar{\sigma}_1 - \sigma_1\bar{\sigma}_1 +$$

$$\frac{1}{2}\sigma_2(\bar{p}^{*2} + \bar{q}^{*2} + \bar{r}^{*2}) - \frac{1}{2}\bar{\sigma}_2(p^{*2} + q^{*2} + r^{*2}) = 0$$

或

$$(3\bar{\sigma}_1 - \sigma_1\bar{\sigma}_2)z - (3\sigma_1 - \bar{\sigma}_1\sigma_2)\bar{z} + \bar{\sigma}_2(p^{*2} + q^{*2} + r^{*2}) -$$

$$\sigma_2(\bar{p}^{*2} + \bar{q}^{*2} + \bar{r}^{*2}) = 0$$

此外

$$p^{*2} + q^{*2} + r^{*2}$$

$$= \left(\frac{1-i}{2}b + \frac{1+i}{2}a\right)^2 + \left(\frac{1-i}{2}c + \frac{1+i}{2}b\right)^2 + \left(\frac{1-i}{2}a + \frac{1+i}{2}c\right)^2$$

$$= -\frac{i}{2}(a^2 + b^2 + c^2) + ab + bc + ca + \frac{i}{2}(a^2 + b^2 + c^2)$$

$$= \sigma_2$$

$$\bar{\sigma}_2(p^{*2} + q^{*2} + r^{*2}) = \bar{\sigma}_2\sigma_2$$

因此

$$\sigma_2(\bar{p}^{*2} + \bar{q}^{*2} + \bar{r}^{*2}) = \sigma_2\bar{\sigma}_2$$

这表示我们的方程取形式

$$(3\bar{\sigma}_1 - \sigma_1\bar{\sigma}_2)z - (3\sigma_1 - \bar{\sigma}_1\sigma_2)\bar{z} = 0$$

例 4 令 P,Q,R 是点 M 在 $\triangle ABC$ 的边 BC,CA,AB 上的正投影(图 7). 以 A',B',C' 表示线段 MA,MB,MC 的中点 A_0,B_0,C_0 关于反演圆 $\odot(PQR)$ 作反演得出的点,以 A'',B'',C'' 表示由点 A_0,B_0,C_0 的极线构成的三角形关于同一圆 $\odot(PQR)$ 作反演得出的点. 求证

$$(A'B'C')^2 = \frac{1}{4}(A''B''C'') \cdot (PQR)$$

为使 $\triangle \overrightarrow{A'B'C'}$ 与 $\triangle \overrightarrow{PQR}$ 有相反定向的充要条件是什么?

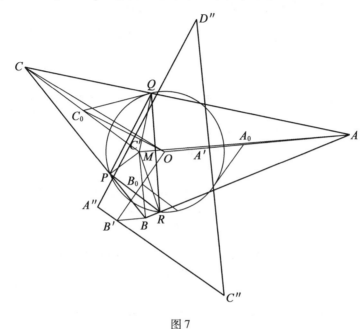

图 7

证明 我们取 $\odot(PQR)$ 为单位圆. 令 z_1,z_2,z_3 是点 P,Q,R 的附标,令 μ 是点 M 的附标.

直线 MP 的斜率是

$$\frac{\mu - z_1}{\bar{\mu} - \bar{z}_1}$$

从而直线 BC 的斜率是

$$-\frac{\mu - z_1}{\bar{\mu}_1 - \bar{z}_1}$$

直线 BC 的方程有形式

$$z - z_1 = -\frac{\mu - z_1}{\bar{\mu} - \bar{z}_1}(\bar{z} - \bar{z}_1) \tag{1}$$

类似地,直线 CA 的方程是

$$z - z_2 = -\frac{\mu - z_2}{\bar{\mu} - \bar{z}_2}(\bar{z} - \bar{z}_2) \tag{2}$$

把方程(1)逐项减去方程(2),我们求出复数 $\bar{z} = \bar{c}$;它是点 C 的附标 c 的

共轭复数

$$z_2 - z_1 = \left(\frac{\mu - z_2}{\bar{\mu} - \bar{z}_2} - \frac{\mu - z_1}{\bar{\mu} - \bar{z}_1}\right)\bar{c} + \bar{z}_1 \frac{\mu - z_1}{\bar{\mu} - \bar{z}_1} - \bar{z}_2 \frac{\mu - z_2}{\bar{\mu} - \bar{z}_2}$$

或

$$z_2 - z_1 = \frac{(z_2 - z_1)\left(-\bar{\mu} - \dfrac{\mu}{z_1 z_2} + \dfrac{z_1 + z_2}{z_1 z_2}\right)}{(\bar{\mu} - \bar{z}_1)(\bar{\mu} - \bar{z}_2)}\bar{c} + \frac{(z_2 - z_1)\dfrac{\mu\bar{\mu} - 1}{z_1 z_2}}{(\bar{\mu} - \bar{z}_1)(\bar{\mu} - \bar{z}_2)}$$

消去 $z_2 - z_1$，并把两项乘以 $(\bar{\mu} - \bar{z}_1)(\bar{\mu} - \bar{z}_2)$，我们得

$$(\bar{\mu} - \bar{z}_1)(\bar{\mu} - \bar{z}_2) = \left(-\bar{\mu} - \frac{\mu}{z_1 z_2} + \frac{z_1 + z_2}{z_1 z_2}\right)\bar{c} + \frac{\mu\bar{\mu} - 1}{z_1 z_2}$$

从而

$$\left(-\bar{\mu} - \frac{\mu}{z_1 z_2} + \frac{z_1 + z_2}{z_1 z_2}\right)\bar{c} = (\bar{\mu} - \bar{z}_1)(\bar{\mu} - \bar{z}_2) - \bar{z}_1\bar{z}_2(\mu\bar{\mu} - 1)$$

或

$$\left(-\bar{\mu} - \mu\bar{z}_1\bar{z}_2 + \bar{z}_1 + \bar{z}_2\right)\bar{c} = \bar{\mu}^2 - \bar{\mu}(\bar{z}_1 + \bar{z}_2) + (2 - \mu\bar{\mu})\bar{z}_1\bar{z}_2$$

这表示

$$\bar{c} = \frac{\bar{\mu}^2 - \bar{\mu}(\bar{z}_1 + \bar{z}_2) + (2 - \mu\bar{\mu})\bar{z}_1\bar{z}_2}{-\bar{\mu} - \mu\bar{z}_1\bar{z}_2 + \bar{z}_1 + \bar{z}_2}$$

因此

$$c = \frac{\mu^2 - \mu(z_1 + z_2) + (2 - \mu\bar{\mu})z_1 z_2}{-\mu - \bar{\mu}z_1 z_2 + z_1 + z_2}$$

或

$$c = \frac{-\mu^2 + \mu(z_1 + z_2) + (\mu\bar{\mu} - 2)z_1 z_2}{\mu + \bar{\mu}z_1 z_2 - z_1 - z_2}$$

线段 MC 中点的附标是

$$c_0 = \frac{1}{2}\left[\mu + \frac{-\mu^2 + \mu(z_1 + z_2) + (\mu\bar{\mu} - 2)z_1 z_2}{\mu + \bar{\mu}z_1 z_2 - (z_1 + z_2)}\right] = \frac{(\mu\bar{\mu} - 1)z_1 z_2}{\mu + \bar{\mu}z_1 z_2 - z_1 - z_2}$$

点 C_0 关于反演圆 $\odot(PQR)$ 作反演得出的点 C' 的附标 c' 是

$$c' = \frac{1}{\bar{c}_0} = \frac{\bar{\mu} + \mu\bar{z}_1\bar{z}_2 - \bar{z}_1 - \bar{z}_2}{(\mu\bar{\mu} - 1)\bar{z}_1\bar{z}_2} = \frac{\mu + \bar{\mu}z_1 z_2 - z_1 - z_2}{\mu\bar{\mu} - 1}$$

我们用类似方法求出点 A' 与 B' 的附标 a' 与 b'，即

$$a' = \frac{\mu + \bar{\mu}z_2 z_3 - z_2 - z_3}{\mu\bar{\mu} - 1}$$

$$b' = \frac{\mu + \bar{\mu}z_3 z_1 - z_3 - z_1}{\mu\bar{\mu} - 1}$$

现在求出

$$(A'B'C') = \frac{\mathrm{i}}{4}\begin{vmatrix} a' & \bar{a}' & 1 \\ b' & \bar{b}' & 1 \\ c' & \bar{c}' & 1 \end{vmatrix}$$

$$= \frac{i}{4(\mu\bar{\mu}-1)^2} \begin{vmatrix} \mu + \bar{\mu}z_2z_3 - z_2 - z_3 & \bar{\mu} + \mu\bar{z}_2\bar{z}_3 - \bar{z}_2 - \bar{z}_3 & 1 \\ \mu + \bar{\mu}z_3z_1 - z_3 - z_1 & \bar{\mu} + \mu\bar{z}_3\bar{z}_1 - \bar{z}_3 - \bar{z}_1 & 1 \\ \mu + \bar{\mu}z_1z_2 - z_1 - z_2 & \bar{\mu} + \mu\bar{z}_1\bar{z}_2 - \bar{z}_1 - \bar{z}_2 & 1 \end{vmatrix}$$

$$= \frac{i}{4(\mu\bar{\mu}-1)^2} \begin{vmatrix} \bar{\mu}z_2z_3 - z_2 - z_3 & \mu\bar{z}_2\bar{z}_3 - \bar{z}_2 - \bar{z}_3 & 1 \\ \bar{\mu}z_3z_1 - z_3 - z_1 & \mu\bar{z}_3\bar{z}_1 - \bar{z}_3 - \bar{z}_1 & 1 \\ \bar{\mu}z_1z_2 - z_1 - z_2 & \mu\bar{z}_1\bar{z}_2 - \bar{z}_1 - \bar{z}_2 & 1 \end{vmatrix}$$

$$= \frac{i}{4(\mu\bar{\mu}-1)^2} \begin{vmatrix} \bar{\mu}\sigma_3\bar{z}_1 - \sigma_1 + z_1 & \mu\bar{\sigma}_3z_1 - \bar{\sigma}_1 + \bar{z}_1 & 1 \\ \bar{\mu}\sigma_3\bar{z}_2 - \sigma_1 + z_2 & \mu\bar{\sigma}_3z_2 - \bar{\sigma}_1 + \bar{z}_2 & 1 \\ \bar{\mu}\sigma_3\bar{z}_3 - \sigma_1 + z_3 & \mu\bar{\sigma}_3z_3 - \bar{\sigma}_1 + \bar{z}_3 & 1 \end{vmatrix}$$

$$= \frac{i}{4(\mu\bar{\mu}-1)^2} \begin{vmatrix} \bar{\mu}\sigma_3\bar{z}_1 + z_1 & \mu\bar{\sigma}_3z_1 + \bar{z}_1 & 1 \\ \bar{\mu}\sigma_3\bar{z}_2 + z_2 & \mu\bar{\sigma}_3z_2 + \bar{z}_2 & 1 \\ \bar{\mu}\sigma_3\bar{z}_3 + z_3 & \mu\bar{\sigma}_3z_3 + \bar{z}_3 & 1 \end{vmatrix}$$

$$= \frac{i}{4(\mu\bar{\mu}-1)^2} \left[\mu\bar{\mu}\sigma_3\bar{\sigma}_3 \begin{vmatrix} \bar{z}_1 & z_1 & 1 \\ \bar{z}_2 & z_2 & 1 \\ \bar{z}_3 & z_3 & 1 \end{vmatrix} + \begin{vmatrix} z_1 & \bar{z}_1 & 1 \\ z_2 & \bar{z}_2 & 1 \\ z_3 & \bar{z}_3 & 1 \end{vmatrix} \right]$$

$$= \frac{i(1-\mu\bar{\mu})}{4(1-\mu\bar{\mu})^2} \begin{vmatrix} z_1 & \bar{z}_1 & 1 \\ z_2 & \bar{z}_2 & 1 \\ z_3 & \bar{z}_3 & 1 \end{vmatrix}$$

$$= \frac{(PQR)}{1-\mu\bar{\mu}}$$

此外,直线 OA_0 的斜率是

$$\chi_{OA_0} = \frac{(\mu\bar{\mu}-1)z_2z_3}{\mu + \bar{\mu}z_2z_3 - z_2 - z_3} : \frac{(\mu\bar{\mu}-1)\bar{z}_2\bar{z}_3}{\bar{\mu} + \mu\bar{z}_2\bar{z}_3 - \bar{z}_2 - \bar{z}_3}$$

$$= \frac{(\mu\bar{\mu}-1)z_2z_3}{\mu + \bar{\mu}z_2z_3 - z_2 - z_3} : \frac{\mu\bar{\mu}-1}{\mu + \bar{\mu}z_2z_3 - z_2 - z_3}$$

$$= z_2z_3$$

由此容易求出点 A_0 与 B_0 关于 $\odot(PQR)$ 的极方程;这是分别通过点 A' 与 B' 且垂直于直线 OA' 与 OB' 的直线,即

$$z - \frac{\mu + \bar{\mu}z_2z_3 - z_2 - z_3}{\mu\bar{\mu}-1} = -z_2z_3\left(\bar{z} - \frac{\bar{\mu} + \mu\bar{z}_2\bar{z}_3 - \bar{z}_2 - \bar{z}_3}{\mu\bar{\mu}-1}\right)$$

与

$$z - \frac{\mu + \bar{\mu}z_3z_1 - z_3 - z_1}{\mu\bar{\mu}-1} = -z_3z_1\left(\bar{z} - \frac{\bar{\mu} + \mu\bar{z}_3\bar{z}_1 - \bar{z}_3 - \bar{z}_1}{\mu\bar{\mu}-1}\right)$$

这些直线的交点 C'' 的附标 $z'' = c''$ 可以由以下方程求出

$$-\frac{1}{z_2z_3}\left(z - \frac{\mu + \bar{\mu}z_2z_3 - z_2 - z_3}{\mu\bar{\mu}-1}\right) + \frac{\bar{\mu} + \mu\bar{z}_2\bar{z}_3 - \bar{z}_2 - \bar{z}_3}{\mu\bar{\mu}-1}$$

$$= -\frac{1}{z_3 z_1}\left(z - \frac{\mu + \bar{\mu}z_3 z_1 - z_3 - z_1}{\mu\bar{\mu} - 1}\right) + \frac{\bar{\mu} + \mu\bar{z}_3\bar{z}_1 - \bar{z}_3 - \bar{z}_1}{\mu\bar{\mu} - 1} -$$

$$\frac{z}{z_2 z_3} + 2\frac{\mu + \bar{\mu}z_2 z_3 - z_2 - z_3}{z_2 z_3(\mu\bar{\mu} - 1)}$$

$$= -\frac{z}{z_3 z_1} + 2\frac{\mu + \bar{\mu}z_3 z_1 - z_3 - z_1}{z_3 z_1(\mu\bar{\mu} - 1)}$$

$$\frac{(z_2 - z_1)z}{\sigma_3} = \frac{2}{\mu\bar{\mu} - 1}\left[\frac{\mu}{z_3}\left(\frac{1}{z_1} - \frac{1}{z_2}\right) + \frac{1}{z_2} - \frac{1}{z_1}\right]$$

从而

$$c'' = \frac{2}{\mu\bar{\mu} - 1}(\mu - z_3)$$

类似地

$$a'' = \frac{2}{\mu\bar{\mu} - 1}(\mu - z_1)$$

与

$$b'' = \frac{2}{\mu\bar{\mu} - 1}(\mu - z_2)$$

从而

$$(A''B''C'') = \frac{\mathrm{i}}{4}\frac{4}{(\mu\bar{\mu} - 1)^2}\begin{vmatrix} \mu - z_1 & \bar{\mu} - \bar{z}_1 & 1 \\ \mu - z_2 & \bar{\mu} - \bar{z}_2 & 1 \\ \mu - z_3 & \bar{\mu} - \bar{z}_3 & 1 \end{vmatrix}$$

$$= \frac{4}{(\mu\bar{\mu} - 1)^2} \cdot \frac{\mathrm{i}}{4}\begin{vmatrix} z_1 & \bar{z}_1 & 1 \\ z_2 & \bar{z}_2 & 1 \\ z_3 & \bar{z}_3 & 1 \end{vmatrix}$$

$$= \frac{4}{(\mu\bar{\mu} - 1)^2}(PQR)$$

于是

$$(A'B'C') = \frac{(PQR)}{1 - \mu\bar{\mu}}, (A''B''C'') = \frac{4}{(1 - \mu\bar{\mu})^2}(PQR)$$

从而

$$(A'B'C')^2 = \frac{(PQR)^2}{(1 - \mu\bar{\mu})^2} = \frac{1}{4}(A''B''C'') \cdot (PQR)$$

为使 $\triangle\overrightarrow{A'B'C'}$ 与 $\triangle\overrightarrow{PQR}$ 有相同定向,当且仅当 $1 - \mu\bar{\mu} > 0$,即点 M 对 $\odot(PQR)$ 的幂是负的;换言之,当且仅当点 M 在 $\odot(PQR)$ 内.在图 7 中,点 M 在 $\odot(PQR)$ 内,实际上 $\triangle\overrightarrow{A'B'C'}\downarrow\downarrow\triangle\overrightarrow{PQR}$.

例 5 已知 $\triangle ABC$,通过 $\triangle ABC$ 外接圆 $\odot(ABC)$ 上任一点 M 作直线平行于边 BC,CA,AB. 令 A',B',C' 分别为这些直线与 $\odot(ABC)$ 的第 2 个交点. 以 A'',B'',C'' 表示点 A,B,C 关于直线 $B'C',C'A',A'B'$ 的对称点.

1°. 求证：$\triangle \overrightarrow{ABC} \cong \triangle \overrightarrow{A''B''C''}$，但有相反定向；

2°. 求证：$OO'' = PH$，其中 O 与 O'' 分别是 $\odot(ABC)$ 与 $\odot(A''B''C'')$ 的圆心，H 是 $\triangle ABC$ 的垂心（图 8）.

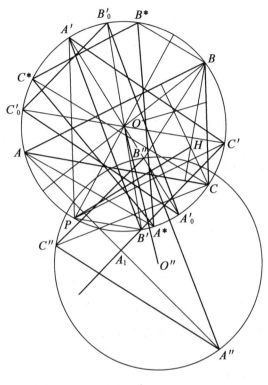

图 8

证明 第 1 种证法. 1°. 取 $\odot(ABC)$ 为单位圆，指定点 P 的附标为 1（即令 P 是单位点），则点 A'，B'，C' 的附标 a'，b'，c' 分别为

$$a' = z_2 z_3, b' = z_3 z_1, c' = z_1 z_2$$

其中 z_1，z_2，z_3 是三角形顶点 A，B，C 的附标. 直线 $B'C'$ 的斜率为

$$\frac{z_1 z_2 - z_1 z_3}{\bar{z}_1 \bar{z}_2 - \bar{z}_1 \bar{z}_3} = \frac{z_1(z_2 - z_3)}{\dfrac{1}{z_1}\left(\dfrac{1}{z_2} - \dfrac{1}{z_3}\right)} = -z_1^2 z_2 z_3 = -z_1 \sigma_3$$

于是直线 $B'C'$ 的方程有形式

$$z - z_1 z_3 = -z_1 \sigma_3 (\bar{z} - \bar{z}_1 \bar{z}_3)$$

或

$$z + z_1 \sigma_3 \bar{z} = z_1 z_2 + z_1 z_3 \tag{1}$$

从点 A 到 $B'C'$ 的垂线方程为

$$z - z_1 = z_1 \sigma_3 (\bar{z} - \bar{z}_1)$$

或

$$z - z_1 \sigma_3 \bar{z} = z_1 - \sigma_3 \tag{2}$$

把方程(1)与(2)逐项合并,我们求出点 A 在直线 $B'C'$ 上的正投影 A_1 的附标 $z = a_1$,即

$$a_1 = \frac{1}{2}(z_1 + z_1 z_2 + z_1 z_3 - \sigma_3) = \frac{1}{2}(z_1 - z_2 z_3 + \sigma_2 - \sigma_3)$$

与点 A 关于 $B'C'$ 对称的点 A'' 的附标 a'' 可由以下关系式求出

$$\frac{z_1 + a''}{2} = a_1$$

从而

$$a'' = 2a_1 - z_1 = \sigma_2 - \sigma_3 - z_2 z_3$$

我们用类似方法求出点 B'' 与 C'' 的附标 b'' 与 c'',即

$$b'' = \sigma_2 - \sigma_3 - z_3 z_1, c'' = \sigma_2 - \sigma_3 - z_1 z_2$$

由这些关系式得出, $\odot(A''B''C'')$ 的圆心 O'' 有附标

$$o'' = \sigma_2 - \sigma_3$$

半径为 1,因为

$$| a'' - o'' | = | b'' - o'' | = | c'' - o'' | = 1$$
$$(| - z_2 z_3 | = | - z_3 z_1 | = | - z_1 z_2 | = 1)$$

我们考虑 $\triangle \overrightarrow{A'_0 B'_0 C'_0}$,它的顶点的附标分别为 $- z_2 z_3$, $- z_3 z_1$, $- z_1 z_2$. $\triangle \overrightarrow{A'_0 B'_0 C'_0}$ 与 $\triangle \overrightarrow{A'B'C'}$ 关于点 O 对称,因此 $\triangle \overrightarrow{A''B''C''}$ 是 $\triangle \overrightarrow{A'_0 B'_0 C'_0}$ 通过有向线段 $\overrightarrow{OT}$ 平移得出的,其中点 T 的附标为 $\sigma_2 - \sigma_3$.

此外,有

$$- z_2 z_3 = - \frac{\sigma_3}{z_1} = - \sigma_3 \bar{z}_1, \quad - z_3 z_1 = - \sigma_3 \bar{z}_2, \quad - z_1 z_2 = - \sigma_3 \bar{z}_3$$

因此, $\triangle \overrightarrow{A'_0 B'_0 C'_0}$ 是由 $\triangle \overrightarrow{A^*B^*C^*}$ (它的顶点的附标为 $\bar{z}_1, \bar{z}_2, \bar{z}_3$)绕 O 旋转一角 $\arg(- \sigma_3)$ 得出的. $\triangle \overrightarrow{A^*B^*C^*}$ 与 $\triangle \overrightarrow{ABC}$ 关于直线 OP(实轴 Ox)对称. 因此 $\triangle \overrightarrow{ABC} \cong \triangle \overrightarrow{A^*B^*C^*}$ 且有相反定向. 但是 $\triangle \overrightarrow{A^*B^*C^*} \cong \triangle \overrightarrow{A'B'C'}$,有相同定向; $\triangle \overrightarrow{A_0 B_0 C_0} \cong \triangle \overrightarrow{A'B'C'}$,有相同定向,而 $\triangle \overrightarrow{A''B''C''} \cong \triangle \overrightarrow{A'_0 B'_0 C'_0}$,有相同定向. 因此

$$\triangle \overrightarrow{ABC} \downarrow \uparrow \triangle \overrightarrow{A''B''C''}, \triangle ABC \cong \triangle A''B''C''$$

2°. 点 O'' 的附标为 $o'' = \sigma_2 - \sigma_3$,由此

$$OO'' = | \sigma_2 - \sigma_3 | = | \sigma_3 | \left| \frac{\sigma_2}{\sigma_3} - 1 \right| = \left| \frac{\sigma_2}{\sigma_3} - 1 \right| = | \bar{\sigma}_1 - 1 | = | \sigma_1 - 1 | = PH$$

第 2 种证法. 1°. 取 $\odot(ABC)$ 为单位圆. 令 z_1, z_2, z_3, p 分别为点 A, B, C, P 的附标. 取 $\triangle ABC$ 的布坦因点为单位点,则 $\sigma_3 = 1$. 点 A', B', C' 的附标分别为

$$a' = \frac{z_2 z_3}{p}, b' = \frac{z_3 z_1}{p}, c' = \frac{z_1 z_2}{p}$$

或

$$a' = \bar{p}\bar{z}_1, b' = \bar{p}\bar{z}_2, c' = \bar{p}\bar{z}_3 \quad (\sigma_3 = 1)$$

直线 $B'C'$ 的斜率是

$$\frac{b' - c'}{\bar{b}' - \bar{c}'} = \frac{\bar{p}\bar{z}_2 - \bar{p}\bar{z}_3}{pz_2 - pz_3} = -\frac{1}{z_2 z_3 p^2} = -\frac{z_1}{p^2} \quad (\sigma_3 = 1)$$

直线 $B'C'$ 的方程有形式

$$z - \bar{p}\bar{z}_2 = -z_1\bar{p}^2(\bar{z} - pz_2)$$

或

$$z + z_1\bar{p}^2\bar{z} = \bar{p}\bar{z}_2 + \bar{p}\bar{z}_3 \tag{3}$$

从点 A 到直线 $B'C'$ 的垂线方程为

$$z - z_1 = z_1\bar{p}^2(\bar{z} - \bar{z}_1)$$

或

$$z - z_1\bar{p}^2\bar{z} = z_1 - \bar{p}^2 \tag{4}$$

把方程 (3) 与 (4) 逐项合并，我们求出点 A 在直线 $B'C'$ 上的投影 A_1 的附标 $z = a_1$，即

$$a_1 = \frac{1}{2}(z_1 + \bar{p}\bar{z}_2 + \bar{p}\bar{z}_3 - \bar{p}^2)$$

与点 A 关于 $B'C'$ 对称的点 A' 的附标由以下关系式求出

$$\frac{z_1 + a''}{2} = a_1$$

从而

$$a'' = 2a_1 - z_1 = \bar{p}\bar{z}_2 + \bar{p}\bar{z}_3 - \bar{p}^2$$

类似地

$$b'' = \bar{p}\bar{z}_3 + \bar{p}\bar{z}_1 - \bar{p}^2$$

我们现在求出

$$a'' - b'' = \bar{p}(\bar{z}_2 - \bar{z}_1)$$

$$\bar{a}'' - \bar{b}'' = p(z_2 - z_1)$$

因此

$$A''B''^2 = (a'' - b'')(\bar{a}'' - \bar{b}'') = p\bar{p}(z_2 - z_1)(\bar{z}_2 - \bar{z}_1) = AB^2$$

即

$$A''B'' = AB$$

用类似方法可以证明

$$B''C'' = BC, C''A'' = CA$$

即

$$\triangle ABC \cong \triangle A''B''C''$$

为了证明 $\triangle ABC$ 与 $\triangle A''B''C''$ 有相反定向，只要证明下式即可

$$\Delta = \begin{vmatrix} z_1 & \bar{a}'' & 1 \\ z_2 & \bar{b}'' & 1 \\ z_3 & \bar{c}'' & 1 \end{vmatrix} = 0$$

我们有

$$\Delta = \begin{vmatrix} z_1 & p(z_2 + z_3) - p^2 & 1 \\ z_2 & p(z_3 + z_1) - p^2 & 1 \\ z_3 & p(z_1 + z_2) - p^2 & 1 \end{vmatrix} = \begin{vmatrix} z_1 & p(\sigma_1 - z_1) & 1 \\ z_2 & p(\sigma_1 - z_2) & 1 \\ z_3 & p(\sigma_1 - z_3) & 1 \end{vmatrix} = \begin{vmatrix} z_1 & -pz_1 & 1 \\ z_2 & -pz_2 & 1 \\ z_3 & -pz_3 & 1 \end{vmatrix} = 0$$

因此

$$\triangle ABC \cong \triangle A''B''C''$$

与

$$\triangle \overrightarrow{ABC} \downarrow \uparrow \triangle \overrightarrow{A''B''C''}$$

2°. 由公式

$$a'' = \bar{p}\bar{z}_2 + \bar{p}\bar{z}_3 - \bar{p}^2 = \bar{p}(\bar{\sigma}_1 - \bar{z}_1) - \bar{p}^2 = -\bar{p}\bar{z}_1 + \bar{p}\bar{\sigma}_1 - \bar{p}^2$$

$$b'' = -\bar{p}\bar{z}_2 + \bar{p}\bar{\sigma}_1 - \bar{p}^2$$

$$c'' = -\bar{p}\bar{z}_3 + \bar{p}\bar{\sigma}_1 - \bar{p}^2$$

推出 $\odot(A''B''C'')$ 的圆心 O'' 的附标是

$$o'' = \bar{p}\bar{\sigma}_1 - \bar{p}^2$$

半径等于 $1(| -\bar{p}\bar{z}_1 | = | -\bar{p}\bar{z}_2 | = | -\bar{p}\bar{z}_3 | = 1)$，从而

$$OO'' = | o'' | = | \bar{p}\bar{\sigma}_1 - \bar{p}^2 | = | \bar{p} | | \bar{\sigma}_1 - \bar{p} | = | \bar{\sigma}_1 - \bar{p} | = | \sigma_1 - p | = PH$$

注 从关系式 $o'' = \bar{p}(\bar{\sigma}_1 - \bar{p})$ 得出，有向线段 $\overrightarrow{OO''}$ 等价于一条有向线段，此有向线段是有向线段 PH 在 x 轴上作对称且通过角 $\arg p$ 旋转得出的(x 轴是通过点 O 与布坦因点的直线).

例6 在 $\triangle ABC$ 的边 BC, CA, AB 上作 $\triangle \overrightarrow{A'BC}, \triangle \overrightarrow{B'CA}, \triangle \overrightarrow{C'AB}$，它们相似，有相同定向. 令 P 是 $\odot(O) = \odot(ABC)$ 上任一点. 有向线段 $\overrightarrow{OA'}, \overrightarrow{OB'}, \overrightarrow{OC'}$ 绕点 O 分别旋转角 $(\overrightarrow{OP}, \overrightarrow{OA}), (\overrightarrow{OP}, \overrightarrow{OB}), (\overrightarrow{OP}, \overrightarrow{OC})$ (这些角是相向的). 令 $\overrightarrow{OA''}, \overrightarrow{OB''}, \overrightarrow{OC''}$ 分别是被旋转的线段. 求证: $\triangle A''B''C''$ 的重心 G'' 与 $\triangle ABC$ 的重心关于 $\odot(O)$ 的直径对称，它的直径平行于点 P 关于 $\triangle ABC$ 的西姆森直线.

证明 我们取 $\odot(O) = \odot(ABC)$ 为单位圆，点 P 为单位点. 令 z_1, z_2, z_3 为点 A, B, C 的附标. 以 a', b', c' 分别表示点 A', B', C' 的附标. 因为

$$\triangle \overrightarrow{A'BC} \backsim \triangle \overrightarrow{B'CA} \backsim \triangle \overrightarrow{C'AB}$$

且有相同定向，设

$$\varphi = (\overrightarrow{CB}, \overrightarrow{CA'}), \rho = \frac{CA'}{CB}$$

所以得出

$$a' = z_3 + \rho(\cos\varphi + i\sin\varphi)(z_2 - z_3) = \alpha z_2 + (1 - \alpha)z_3$$

其中

$$\alpha = \rho(\cos\varphi + i\sin\varphi)$$

且具有相同 α 值的 b' 与 c' 类似的表示式为

$$b' = \alpha z_3 + (1 - \alpha)z_1$$

$$c' = \alpha z_1 + (1 - \alpha)z_2$$

点 A'', B'', C'' 的附标 a'', b'', c'' 分别为

$$a'' = z_1 a', b'' = z_2 b', c'' = z_3 c'$$

即

$$a'' = z_1 z_2 \alpha + (1 - \alpha)z_1 z_3$$
$$b'' = z_2 z_3 \alpha + (1 - \alpha)z_2 z_1$$
$$c'' = z_3 z_1 \alpha + (1 - \alpha)z_3 z_2$$

由此我们求出 $\triangle A''B''C''$ 的重心附标 g'', 即

$$g'' = \frac{a'' + b'' + c''}{3} = \frac{\sigma_2}{3}$$

其中

$$\sigma_2 = z_1 z_2 + z_2 z_3 + z_3 z_1$$

$\odot(O)$ 的直径平行于单位点 P 关于 $\triangle ABC$ 所作的西姆森直线, 此直径方程有形式(见例 3)

$$z - \sigma_3 \bar{z} = 0$$

这条直径的端点有附标 $\sqrt{\sigma_3}$ ($\sqrt{\sigma_3}$ 有两个值; 它们每个值都满足方程 $z - \sigma_3 \bar{z} = 0$).

为了证明点 G 与 G' 关于直径 $z - \sigma_3 \bar{z} = 0$ 对称, 只要证明 $\triangle ODG \backsim \triangle ODG''$, 但有相反定向即可(D 是直径 $z - \sigma_3 \bar{z} = 0$ 的端点之一), 即

$$\Delta = \begin{vmatrix} 0 & 0 & 1 \\ g & \bar{g}'' & 1 \\ \sqrt{\sigma_3} & \overline{\sqrt{\sigma_3}} & 1 \end{vmatrix} = 0$$

(对于 $\sqrt{\sigma_3}$, 可以取两值之一; $\overline{\sqrt{\sigma_3}}$ 与此值共轭). 于是我们有

$$\Delta = \overline{\sqrt{\sigma_3}} g - \sqrt{\sigma_3} \bar{g}''$$

$$= \overline{\sqrt{\sigma_3}}(g - \sigma_3 \bar{g}'')$$

$$= \overline{\sqrt{\sigma_3}}\left(\frac{\sigma_1}{3} - \frac{\sigma_3 \bar{\sigma}_2}{3}\right)$$

$$= \frac{1}{3}\overline{\sqrt{\sigma_3}}\left(\sigma_1 - \sigma_3 \frac{\sigma_1}{\sigma_3}\right)$$

$$= 0$$

例 7 任一 $\triangle ABC$ 的各高与 $\odot(O) = \odot(ABC)$ 相交于点 A_1, B_1, C_1; A', B', C' 是 $\odot(O)$ 上一点 P 关于直线 OA, OB, OC 的对称点; A'', B'', C'' 是点 P 关于直线 OA', OB', OC' 的对称点; α, β, γ 是点 A'', B'', C'' 关于直线 OP 的对称点. 求证: 若点 A_2, B_2, C_2 与点 α, β, γ 关于 $\odot(O)$ 在点 A_1, B_1, C_1 处的切线对称, 则 A_2, B_2, C_2 构成 $\triangle A_2 B_2 C_2$ 与 $\triangle A_1 B_1 C_1$ 位似, 位似比为 2; 这个位似变换的中心 Q 属于 $\odot(O)$.

证明 取 $\odot(O) = \odot(ABC)$ 为复平面上的单位圆，P 为单位点. 令 z_1, z_2, z_3 分别为点 A, B, C 的附标.

直线 BC 的方程有形式

$$z + z_2 z_3 \bar{z} = z_2 + z_3$$

从顶点 A 到直线 BC 上的高的方程是

$$z - z_1 = z_2 z_3 (\bar{z} - \bar{z}_1)$$

解此方程与单位圆方程 $z\bar{z} = 1$，我们得

$$z - z_1 = z_2 z_3 \left(\frac{1}{z} - \frac{1}{z_1} \right)$$

或

$$z - z_1 = - z_2 z_3 \frac{z - z_1}{z_1 z}$$

这个方程的一根为

$$z = z_1$$

（点 A 的附标）；另一根为

$$z = a_1 = - \frac{z_2 z_3}{z_1}$$

（点 A_1 的附标）. 类似地

$$b_1 = - \frac{z_3 z_1}{z_2}, c_1 = - \frac{z_1 z_2}{z_3}$$

直线 OA 的方程是

$$z - z_1^2 \bar{z} = 0$$

从点 P 到同一直线的垂线方程是

$$z - 1 = - z_1^2 (\bar{z} - 1)$$

解此方程与单位圆方程 $z\bar{z} = 1$，得

$$z - 1 = - z_1^2 \left(\frac{1}{z} - 1 \right)$$

即

$$z - 1 = z_1^2 \frac{z - 1}{z}$$

这个方程的一根为 $z = 1$（点 P 的附标），另一根为点 A 的附标 a'，即

$$z = a' = z_1^2$$

类似地，有

$$b' = z_2^2, c' = z_3^2$$

分别是点 B' 与 C' 的附标.

直线 OA' 的方程是

$$z - z_1^4 \bar{z} = 0$$

通过点 P 且垂直于直线 OA' 的直线方程是

$$z - 1 = - z_1^4 (\bar{z} - 1)$$

由此方程与单位圆方程 $z\bar{z}=1$, 我们求出点 A'' 的附标 a'', 即

$$z - 1 = -z_1^4\left(\frac{1}{z} - 1\right)$$

即

$$z - 1 = z_1^4 \frac{z-1}{z}$$

这个方程的一根为

$$z = 1$$

(点 P 的附标); 另一根为

$$z = a'' = z_1^4$$

类似地, 有

$$b'' = z_2^4, c'' = z_3^4$$

其中 b'' 与 c'' 分别是点 B'' 与 C'' 的附标.

直线 OP 的斜率为 1, 因此通过点 A'' 且垂直于直线 OP 的直线方程有形式

$$z - a'' = -(\bar{z} - \bar{a}'')$$

解此方程与单位圆方程 $z\bar{z}=1$, 我们求出点 α 的附标 λ, 即

$$z - a'' = -\left(\frac{1}{z} - \frac{1}{a''}\right)$$

或

$$z - a'' = \frac{z - a''}{a''z}$$

此方程的一根为

$$z = a''$$

(点 A'' 的附标); 另一根为

$$z = \lambda = \frac{1}{a''} = \frac{1}{z_1^4}$$

它是点 α 的附标. 我们用类似方法可求出点 β 与 γ 的附标 μ 与 ν, 即

$$\mu = \frac{1}{z_2^4}, \nu = \frac{1}{z_3^4}$$

直线 OA_1 的斜率是

$$\frac{a_1}{\bar{a}_1} = a_1^2 = \frac{z_2^2 z_3^2}{z_1^2}$$

因此单位圆 $\odot(O)$ 在点 A_1 处的切线方程有形式

$$z + \frac{z_2 z_3}{z_1} = -\frac{z_2^2 z_3^2}{z_1^2}\left(\bar{z} + \frac{z_1}{z_2 z_3}\right)$$

或

$$z + \frac{z_2^2 z_3^2}{z_1^2}\bar{z} = -2\frac{z_2 z_3}{z_1} \tag{1}$$

从点 α 到这条切线的垂线方程有形式

$$z - \frac{1}{z_1^4} = \frac{z_2^2 z_3^2}{z_1^2}(\bar{z} - z_1^4)$$

或

$$z - \frac{z_2^2 z_3^2}{z_1^2}\bar{z} = \frac{1}{z_1^4} - \sigma_3^2 \qquad (2)$$

把方程(1)与(2)逐项合并,我们求出点 α 在切线上的投影附标 a_2^*,即

$$z = a_2^* = -\frac{z_2 z_3}{z_1} - \frac{\sigma_3^2}{2} + \frac{1}{2z_1^4}$$

点 A_2 与点 α 关于单位圆在点 A_1 处的切线对称,A_2 的附标 a_2 由以下关系式求出

$$\frac{\lambda_1 + a_2}{2} = a_2^*$$

从而

$$a_2 = 2a_2^* - \lambda_1 = -2\frac{z_2 z_3}{z_1} - \sigma_3^2 + \frac{1}{z_1^4} - \frac{1}{z_1^4} = -2\frac{z_2 z_3}{z_1} - \sigma_3^2$$

我们用类似方法可求出点 B_2 与 C_2 的附标 b_2 与 c_2,即

$$b_2 = -2\frac{z_3 z_1}{z_2} - \sigma_3^2, \quad c_2 = -2\frac{z_1 z_2}{z_3} - \sigma_3^2$$

由此关系式推出直线 $A_1 A_2$ 通过附标为

$$q = \sigma_3^2$$

的点 Q,因为直线 $A_2 Q$ 有附标

$$\frac{a_2 + q}{2} = -\frac{z_3 z_2}{z_1} = a_1$$

这说明 $A_2 Q$ 的中点与点 A_1 重合. 点 Q 在单位圆上,因为 $|q| = 1$.

我们用类似方法可以证明,点 B_1 与 C_1 分别为线段 $B_2 Q$ 与 $C_2 Q$ 的中点. 因此

$$\frac{\overrightarrow{QA_2}}{\overrightarrow{QA_1}} = \frac{\overrightarrow{QB_2}}{\overrightarrow{QB_1}} = \frac{\overrightarrow{QC_2}}{\overrightarrow{QC_1}} = 2$$

即 $\triangle A_2 B_2 C_2$ 是 $\triangle A_1 B_1 C_1$ 在位似变换下的像,此变换的中心 Q 在 $\odot(ABC)$ 上,位似比为 2.

例8 1°. 通过定向平面上 $\triangle A_1 A_2 A_3$ 的顶点 A_1, A_2, A_3 作平行线交已知直线 Δ 于点 P_1, P_2, P_3;注意由直线 Δ 与直线 $A_1 P_1, A_2 P_2, A_3 P_3$ 构成的角等于 α(图9).

通过点 P_1, P_2, P_3 作直线 l_1, l_2, l_3 分别与边 $A_2 A_3, A_3 A_1, A_1 A_2$ 相交;注意,从直线 $A_2 A_3, A_3 A_1, A_1 A_2$ 计算到直线 l_1, l_2, l_3 的角都等于 β. 求证:直线 l_1, l_2, l_3 构成 $\triangle Q_1 Q_2 Q_3$,它与 $\triangle A_1 A_2 A_3$ 相似;比例因子为

$$\left| \frac{\sin(\alpha + \beta)}{\sin \alpha} \right|$$

考虑以下特殊情形：

2°. $\beta = \pi - \alpha$.

3°. $\beta = 0$.

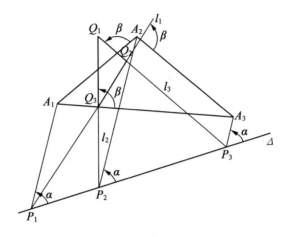

图 9

证明 1°. 取 $\odot(O) = \odot(A_1A_2A_3)$ 为单位圆. 令 z_1, z_2, z_3 为点 A_1, A_2, A_3 的附标, 令

$$az + \bar{a}\bar{z} = b$$

是直线 Δ 的方程 ($a \neq 0$ 与 b 是实数).

设

$$\lambda = \cos 2\alpha + i\sin 2\alpha, \mu = \cos 2\beta + i\sin 2\beta$$

直线 A_1P_1 的方程可以写成形式

$$a(z - z_1) + \lambda\bar{a}(\bar{z} - \bar{z}_1) = 0 \tag{1}$$

实际上, 直线 Δ 的斜率是

$$x = -\frac{\bar{a}}{a}$$

直线 (1) 的斜率是

$$x' = -\frac{\lambda\bar{a}}{a}$$

因此

$$\frac{x'}{x} = \lambda$$

于是

$$\sqrt{\frac{x'}{x}} = \sqrt{\lambda} = \cos\alpha + i\sin\alpha$$

即直线 Δ 与直线 (1) 所成的角为 α.

若我们取 $\sqrt{\lambda}$ 的另一个值, 即

$$\sqrt{\lambda} = -(\cos\alpha + i\sin\alpha) = \cos(\alpha + \pi) + i\sin(\alpha + \pi)$$

则直线 Δ 与直线 (1) 所成的角变为 $\pi + \alpha$，它同余于 $\alpha \pmod{\pi}$. 由直线 Δ 与 $A_1 P_1$ 的方程组，即由以下方程组

$$\begin{cases} az + \bar{a}\bar{z} = b \\ az + \lambda \bar{a}\bar{z} = az_1 + \lambda \bar{a}\bar{z}_1 \end{cases}$$

我们求出点 P_1 的附标，即

$$z = p_1 = \frac{1}{1 - \lambda}\Big(z_1 - \frac{\lambda b}{a} + \frac{\lambda \bar{a}\bar{z}_1}{a}\Big)$$

由此

$$\bar{p}_1 = \frac{1}{1 - \bar{\lambda}}\Big(\bar{z}_1 - \frac{\bar{\lambda} b}{\bar{a}} + \bar{\lambda}\frac{a z_1}{\bar{a}}\Big)$$

$$= \frac{\lambda}{\lambda - 1}\Big(\frac{1}{z_1} - \frac{b}{\lambda \bar{a}} + \frac{a z_1}{\lambda \bar{a}}\Big)$$

$$= \frac{\lambda}{1 - \lambda}\Big(-\frac{1}{z_1} + \frac{b}{\lambda \bar{a}} - \frac{a z_1}{\lambda \bar{a}}\Big)$$

点 P_2 与 P_3 的附标 p_2 与 p_3 有类似的表示式

$$p_2 = \frac{1}{1 - \lambda}\Big(z_2 - \frac{\lambda b}{a} + \lambda \frac{\bar{a}\bar{z}_2}{a}\Big)$$

$$p_3 = \frac{1}{1 - \lambda}\Big(z_3 - \frac{\lambda b}{a} + \lambda \frac{\bar{a}\bar{z}_3}{a}\Big)$$

此外，直线 $A_2 A_3$ 的方程有形式

$$z - z_2 = -z_2 z_3(\bar{z} - \bar{z}_2)$$

因此直线 l_1 的方程可以写成形式

$$z - p_1 = -\mu z_2 z_3(\bar{z} - \bar{p}_1)$$

或

$$z - \frac{1}{1 - \lambda}\Big(z_1 - \frac{\lambda b}{a} + \frac{\lambda \bar{a}}{a z_1}\Big) = -\mu z_2 z_3\Big[\bar{z} - \frac{\lambda}{1 - \lambda}\Big(-\frac{1}{z_1} + \frac{b}{\lambda \bar{a}} - \frac{a z_1}{\lambda \bar{a}}\Big)\Big]$$

或

$$(1 - \lambda)(z + \mu z_2 z_3 \bar{z}) = z_1 - \frac{\lambda b}{a} + \frac{\lambda \bar{a}}{a z_1} - \frac{\lambda \mu z_2 z_3}{z_1} + \frac{\mu b z_2 z_3}{\bar{a}} - \frac{\mu a \sigma_3}{\bar{a}} \quad (2)$$

直线 l_2 与 l_3 的方程可以写成类似的形式

$$(1 - \lambda)(z + \mu z_3 z_1 \bar{z}) = z_2 - \frac{\lambda b}{a} + \frac{\lambda \bar{a}}{a z_2} - \frac{\lambda \mu z_3 z_1}{z_2} + \frac{\mu b z_3 z_1}{\bar{a}} - \frac{\mu a \sigma_3}{\bar{a}} \quad (3)$$

$$(1 - \lambda)(z + \mu z_1 z_2 \bar{z}) = z_3 - \frac{\lambda b}{a} + \frac{\lambda \bar{a}}{a z_3} - \frac{\lambda \mu z_1 z_2}{z_3} + \frac{\mu b z_1 z_2}{\bar{a}} - \frac{\mu a \sigma_3}{\bar{a}} \quad (4)$$

方程 (2) 的两边乘以 $-z_1$，方程 (3) 的两边乘以 z_2，并逐项相加，我们得

$$(1 - \lambda)(z_2 - z_1)z = z_2^2 - z_1^2 - \frac{\lambda b}{a}(z_2 - z_1) + z_3(z_2 - z_1)\lambda \mu -$$

$$\mu\frac{a}{\bar{a}}(z_2 - z_1)\sigma_3$$

从而得出点 Q_3 的附标 q_3，Q_3 是直线 l_1 与 l_2 的交点，即

$$z = q_3$$

$$= \frac{z_1 + z_2 - \dfrac{\lambda b}{a} + \lambda \mu z_3 - \mu \dfrac{a}{\bar{a}} \sigma_3}{1 - \lambda}$$

$$= \frac{\sigma_1 - \dfrac{\lambda b}{a} - \mu \dfrac{a}{\bar{a}} \sigma_3 + (\lambda \mu - 1) z_3}{1 - \lambda}$$

点 Q_1 与 Q_2 的附标 q_1 与 q_2 有类似的表示式

$$q_1 = \frac{\sigma_1 - \dfrac{\lambda b}{a} - \mu \dfrac{a}{\bar{a}} \sigma_3 + (\lambda \mu - 1) z_1}{1 - \lambda}$$

$$q_2 = \frac{\sigma_1 - \dfrac{\lambda b}{a} - \mu \dfrac{a}{\bar{a}} \sigma_3 + (\lambda \mu - 1) z_2}{1 - \lambda}$$

由最后 3 个关系式得，点 Q_1, Q_2, Q_3 是由点 A_1, A_2, A_3 用第一种线性变换得出的，即

$$q = mz + n$$

其中

$$m = \frac{\lambda \mu - 1}{1 - \lambda}$$

$$n = \frac{\sigma_1 - \dfrac{\lambda b}{a} - \mu \dfrac{a}{\bar{a}} \sigma_3}{1 - \lambda}$$

因此

$$\triangle \overrightarrow{A_1 A_2 A_3} \backsim \triangle \overrightarrow{Q_1 Q_2 Q_3}$$

且有相同定向（图 9）：n 是点 O' 的附标，点 O 在变换下变为 O'；换言之，$\odot(O') = \odot(Q_1 Q_2 Q_3)$。比例因子为

$$|m| = \left| \frac{\lambda \mu - 1}{1 - \lambda} \right| = \frac{|\cos(2\alpha + 2\beta) + i\sin(2\alpha + 2\beta) - 1|}{|1 - \cos 2\alpha - i\sin 2\alpha|}$$

$$= \frac{|2\sin^2(\alpha + \beta) - 2i\sin(\alpha + \beta)\cos(\alpha + \beta)|}{|2\sin^2\alpha - 2i\sin\alpha\cos\alpha|}$$

$$= \frac{|\sin(\alpha + \beta)|}{|\sin\alpha|} \frac{|\sin(\alpha + \beta) - i\cos(\alpha + \beta)|}{|\sin\alpha - i\cos\alpha|}$$

$$= \left| \frac{\sin(\alpha + \beta)}{\sin\alpha} \right|$$

2°. 若 $\beta = \pi - \alpha$（或 $\beta = -\alpha$），则 $\triangle Q_1 Q_2 Q_3$ 退化为一点。我们有以下定理：若首先通过定向平面上 $\triangle A_1 A_2 A_3$ 的顶点 A_1, A_2, A_3 作平行线交已知直线 Δ 于点 P_1, P_2, P_3，使直线 Δ 与直线 $A_1 P_1, A_2 P_2, A_3 P_3$ 所成的角为 α；其次通过点 P_1, P_2, P_3 作直线 l_1, l_2, l_3 与边 $A_2 A_3, A_3 A_1, A_1 A_2$ 相交，使直线 $A_2 A_3, A_3 A_1, A_1 A_2$

分别与 l_1,l_2,l_3 所成的角为 α ,则直线 l_1,l_2,l_3 通过一点(图 10).

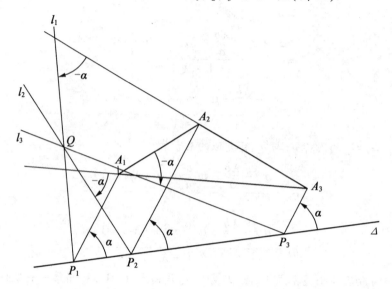

图 10

在 $\alpha=\dfrac{\pi}{2},\beta=\dfrac{\pi}{2}$ 的特殊情形中,我们得出直线关于三角形的正交极定理:若 P_1,P_2,P_3 是 $\triangle A_1A_2A_3$ 的顶点 A_1,A_2,A_3 在已知直线 Δ 上的正投影,则通过点 P_1,P_2,P_3 且分别垂直于直线 A_2A_3,A_3A_1,A_1A_2 的直线相交于一点 Q(称为直线 Δ 关于 $\triangle A_1A_2A_3$ 的正交极,图 11).

3°.设 $\beta=0$,则我们得出以下定理:若首先通过 $\triangle A_1A_2A_3$ 的顶点 A_1,A_2,A_3 作平行线交已知直线 Δ 于点 P_1,P_2,P_3 ;其次通过点 P_1,P_2,P_3 作直线 l_1,l_2,l_3 分别平行于 A_2A_3,A_3A_1,A_1A_2 ,则直线 l_1,l_2,l_3 构成 $\triangle \overrightarrow{Q_1Q_2Q_3}$,它全等于 $\triangle \overrightarrow{A_1A_2A_3}$,且有相同定向(图 12).

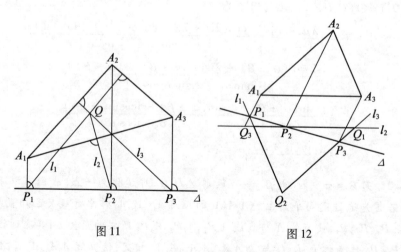

图 11   图 12

例9 令 $A_1A_2A_3A_4$ 是 $\odot(O)$ 的内接凸四边形. 以 A_{12},A_{23},A_{34},A_{41} 分别表示边 A_1A_2,A_2A_3,A_3A_4,A_4A_1 的中点. 令 δ 是 $\odot(O)$ 的某一直径. 以 α_{12},α_{23},α_{34},α_{41} 分别表示点 A_{12},A_{23},A_{34},A_{41} 在直径 δ 上的正投影. 通过点 α_{12},α_{23},α_{34},α_{41} 作直线 β_{34},β_{14},β_{12},β_{23} 分别垂直于直线 A_3A_4,A_4A_1,A_1A_2,A_2A_3. 求证:直线 β_{34},β_{14},β_{12},β_{23} 构成四边形 $\overrightarrow{B_1B_2B_3B_4}$,它与已知四边形相似,但与四边形 $\overrightarrow{A_1A_2A_3A_4}$ 有相反定向(B_1 是直线 β_{23} 与 β_{34} 的交点,B_2 是直线 β_{14} 与 β_{34} 的交点,B_3 是直线 β_{12} 与 β_{14} 的交点,B_4 是直线 β_{12} 与 β_{23} 的交点,图13).

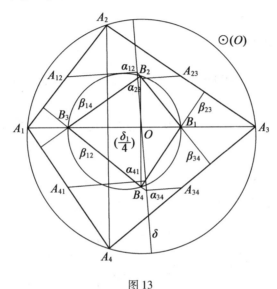

图 13

证明 把 $\odot(O)$ 看作单位圆,取直径 δ 在 x 轴上. 令 z_1,z_2,z_3,z_4 分别为点 A_1,A_2,A_3,A_4 的附标. 线段 A_1A_2 的中点 A_{12} 有附标

$$a_{12} = \frac{z_1 + z_2}{2}$$

它在直线 δ(x 轴)上的投影 α_{12} 有附标

$$\tau_{12} = \frac{a_{12} + \bar{a}_{12}}{2} = \frac{z_1 + z_2 + \dfrac{1}{z_1} + \dfrac{1}{z_2}}{4} = \frac{(1 + z_1z_2)(z_1 + z_2)}{4z_1z_2}$$

从点 α_{12} 到直线 A_3A_4 的垂线 β_{24} 的方程有形式(A_3A_4 的斜率为 $-z_3z_4$)

$$z - \tau_{12} = z_3z_4(\bar{z} - \bar{\tau}_{12})$$

或

$$z - \frac{(1 + z_1z_2)(z_1 + z_2)}{4z_1z_2} = z_3z_4\left[\bar{z} - \frac{(1 + z_1z_2)(z_1 + z_2)}{4z_1z_2}\right]$$

或

$$z - z_3z_4\bar{z} = \frac{(z_1 + z_2)(1 + z_1z_2)(1 - z_3z_4)}{4z_1z_2} \tag{1}$$

类似地,从点 α_{14} 到直线 A_2A_3 的垂线 β_{23} 的方程有形式

$$z - z_2 z_3 \bar{z} = \frac{(z_1 + z_4)(1 + z_1 z_4)(1 - z_2 z_3)}{4 z_1 z_4} \qquad (2)$$

方程(1)的两边同时乘以 z_2，方程(2)的两边同时乘以 $-z_4$，然后逐项相加，我们得出点 B_1 的附标 $z = b_1$，B_1 是直线 β_{34} 与 β_{23} 的交点，即

$$(z_2 - z_4) b_1 = \frac{(z_1 + z_2)(1 + z_1 z_2)(1 - z_3 z_4) - (z_1 + z_4)(1 + z_1 z_4)(1 - z_2 z_3)}{4 z_1}$$

$$= \frac{1}{4 z_1}(z_1 + z_2 + z_1^2 z_2 + z_2^2 z_1 - z_1 z_3 z_4 - z_2 z_3 z_4 - z_1^2 z_2 z_3 z_4 - z_2^2 z_1 z_3 z_4 -$$

$$z_1 - z_4 - z_1 z_4^2 - z_4 z_1^2 + z_1 z_2 z_3 + z_2 z_3 z_4 + z_4^2 z_1 z_2 z_3 + z_1^2 z_2 z_3 z_4)$$

$$= \frac{1}{4 z_1}[z_2 - z_4 + z_1^2(z_2 - z_4) + z_1 z_3(z_2 - z_4) +$$

$$z_1(z_2^2 - z_4^2) - z_1 z_2 z_3 z_4(z_2 - z_4)]$$

从而

$$b_1 = \frac{1 + z_1^2 + z_1 z_3 + z_1 z_2 + z_1 z_4 - z_1 z_2 z_3 z_4}{4 z_1} = \frac{1 - \sigma_4}{4 z_1} + \frac{\sigma_1}{4}$$

其中

$$\sigma_1 = z_1 + z_2 + z_3 + z_4, \sigma_4 = z_1 z_2 z_3 z_4$$

类似地，我们求出点 B_2, B_3, B_4 的附标 b_2, b_3, b_4，即

$$b_2 = \frac{1 - \sigma_4}{4 z_2} + \frac{\sigma_1}{4}$$

$$b_3 = \frac{1 - \sigma_4}{4 z_3} + \frac{\sigma_1}{4}$$

$$b_4 = \frac{1 - \sigma_4}{4 z_4} + \frac{\sigma_1}{4}$$

总结起来

$$b_k = \frac{\sigma_1}{4} + \frac{1 - \sigma_4}{4} \bar{z}_k \quad (k = 1, 2, 3, 4)$$

由此关系式得出，点 B_1, B_2, B_3, B_4 在 $\odot(B_1 B_2 B_3 B_4)$ 上，它的圆心附标为 $\dfrac{\sigma_1}{4}$，半径为 $\dfrac{|1 - \sigma_4|}{4}$. 因为 $|\sigma_4| = 1$，所以得出半径可以从 0 变到 $\dfrac{1}{2}$（σ_4 可以假定值为 ± 1）.

于是，若 $\sigma_4 = 1$，即四边形的布坦因点是单位点，则四边形 $B_1 B_2 B_3 B_4$ 收缩为一点：所有直线 $\beta_{34}, \beta_{14}, \beta_{12}, \beta_{23}$ 通过点系 A_1, A_2, A_3, A_4 的重心 $G\left(\dfrac{\sigma_1}{4}\right)$，假定每点有相等质量.

若 $\sigma_1 = 0$，即若四点 A_1, A_2, A_3, A_4 的重心与 $\odot(A_1 A_2 A_3 A_4) = \odot(O)$ 的圆心 O 重合，则 $\odot(A_1 A_2 A_3 A_4)$ 与 $\odot(B_1 B_2 B_3 B_4)$ 是同心圆.

最后，若单位点不与四边形 $A_1 A_2 A_3 A_4$ 的 4 个布坦因点中任一点重合（这

些布坦因点构成 $\odot(O)$ 的内接正方形的顶点),则四边形 $\overrightarrow{B_1B_2B_3B_4}$ 不退化. 它是四边形 $A_1A_2A_3A_4$ 在第 2 种相似变换下的像,即

$$\mu = \frac{1-\sigma_4}{4}\bar{z} + \frac{\sigma_1}{4}$$

我们首先取点 A'_1,A'_2,A'_3,A'_4 分别与点 A_1,A_2,A_3,A_4 关于 x 轴对称;其次把四边形 $\overrightarrow{A'_1A'_2A'_3A'_4}$ 绕点 O 旋转一角 $\arg\dfrac{1-\sigma_4}{4}$,被旋转四边形 $A''_1A''_2A''_3A''_4$ 受到中心为 O、位似比为 $\dfrac{1-\sigma_4}{4}$ 的位似变换;我们得四边形 $\overrightarrow{A'''_1A'''_2A'''_3A'''_4}$;最后,最后的四边形受到有向线段 $\overrightarrow{OG}$ 确定的平移,其中点 G 的附标为 $\dfrac{\sigma_1}{4}$(G 是四点系 A_1,A_2,A_3,A_4 的重心,指定每点有相同质量). 我们得出四边形 $\overrightarrow{B_1B_2B_3B_4}$.

所有这些变换中,只有第 1 种(关于 x 轴的对称)改变定向,因此

$$\overrightarrow{A_1A_2A_3A_4} \downarrow \uparrow \overrightarrow{B_1B_2B_3B_4}$$

四边形 $A_1A_2A_3A_4 \backsim$ 四边形 $B_1B_2B_3B_4$

例 10 $\triangle ABC$ 内接于圆心为 O 的圆;A_0,B_0,C_0 是 $\odot(OBC),\odot(OCA),\odot(OAB)$ 的圆心;A_1,B_1,C_1 分别为点 A_0,B_0,C_0 关于 BC,CA,AB 的对称点. 求证:$\triangle ABC$ 的垂心 H 是与直线 B_1C_1,C_1A_1,A_1B_1 相切的各 $\odot(S)$ 之一的圆心,$\odot(S)$ 通过 $\triangle ABC$ 的欧拉圆圆心,并求证:$\odot(S)$ 的半径等于 $\dfrac{1}{2}OH$.

证明 设 $\odot(ABC)$ 是单位圆. 在点 A,B,C 处作 $\odot(ABC)$ 的切线,它们构成 $\triangle A_2B_2C_2$. 当 $\triangle ABC$ 是锐角三角形时,$\odot(ABC) = \odot(O)$ 内切于 $\triangle ABC$;当 $\triangle ABC$ 是钝角三角形时,$\odot(ABC) = \odot(O)$ 旁切于 $\triangle ABC$. 例如,若 $\angle C$ 是钝角,则 $\odot(O)$ 是 $\triangle A_2B_2C_2$ 中 $\angle C_2$ 的旁切圆.

在四边形 OBA_2C 中 $\angle B = \angle C = \dfrac{\pi}{2}$,于是圆可以外接于它;线段 OA_2 变为此圆的直径,因此它的圆心是线段 OA_2 的中点. 但是 $\odot(OBC)$ 自然与 $\odot(OBA_2C)$ 重合;因此 $\odot(OBC)$ 的圆心是线段 OA_2 的中点 A_0.

令 z_1,z_2,z_3 是点 A,B,C 的附标,则线段 BC 的中点 A_3 的附标 a_3 是

$$a_3 = \frac{z_2+z_3}{2}$$

因为点 A_2 是由点 A_3 用反演圆 $\odot(ABC)$ 作反演得出的,所以得出点 A_2 的附标 a_2 是

$$a_2 = \frac{1}{\bar{a}_3} = \frac{2}{\bar{z}_2+\bar{z}_3}$$

因此点 A_0 的附标 a_0 将是

$$a_0 = \frac{1}{\bar{z}_2+\bar{z}_3}$$

点 A_1 与点 A_0 关于直线 BC 对称,A_1 的附标 a_1 由以下关系式求出

$$\frac{a_0 + a_1}{2} = a_3$$

从而

$$a_1 = 2a_3 - a_0 = z_2 + z_3 - \frac{1}{\bar{z}_2 + \bar{z}_3} = z_2 + z_3 - \frac{z_2 z_3}{z_2 + z_3}$$

$$= \sigma_1 - \frac{z_2 z_3}{z_2 + z_3} - z_1 = \sigma_1 - \frac{\sigma_2}{z_2 + z_3}$$

点 B_1 与 C_1 的附标 b_1 与 c_1 在形式上是类似的,因此

$$a_1 = \sigma_1 - \frac{\sigma_2}{z_2 + z_3} = \sigma_1 - \frac{1}{2}\sigma_2 \bar{a}_2$$

$$b_1 = \sigma_1 - \frac{\sigma_2}{z_3 + z_1} = \sigma_1 - \frac{1}{2}\sigma_2 \bar{b}_2$$

$$c_1 = \sigma_1 - \frac{\sigma_2}{z_1 + z_2} = \sigma_1 - \frac{1}{2}\sigma_2 \bar{c}_2$$

由此得出,$\triangle A_1 B_1 C_1$ 是由 $\triangle A_2 B_2 C_2$ 用相似变换

$$\mu = \sigma_1 - \frac{1}{2}\sigma_2 \bar{z}$$

得到的. 这是第 2 种相似变换:首先对称变换是关于 x 轴进行的($z \to \bar{z}$);其次是绕点 O 旋转一角 $\arg(-\sigma_2)$;再次是以中心 O 与位似比 $\dfrac{|\sigma_2|}{2} = \dfrac{|\sigma_1|}{2}$ 的位似变换;最后是以有向线段 $\overrightarrow{OH}$ 确定的平移(因为 σ_1 是点 H 的附标).

作为这些变换的结果,$\triangle \overrightarrow{A_2 B_2 C_2}$ 变为 $\triangle \overrightarrow{A_1 B_1 C_1}$,它与 $\triangle \overrightarrow{A_2 B_2 C_2}$ 相似,但有相反定向.

此外,因为在变换

$$\mu = \sigma_1 - \frac{1}{2}\sigma_2 \bar{z}$$

下,$\odot(ABC)$(此图与 $\triangle A_2 B_2 C_2$ 的边相切)的圆心 O 变为 $\triangle ABC$ 的垂心 H,所以得出,$\odot(O)$ 变成的 $\odot(S)$ 将与 $\triangle A_1 B_1 C_1$ 相切($\triangle A_2 B_2 C_2$ 变为 $\triangle A_1 B_1 C_1$),点 H 将是 $\odot(S)$ 的圆心.

在产生变换

$$\mu = \sigma_1 - \frac{1}{2}\sigma_2 \bar{z}$$

的一系列变换下,$\odot(ABC)$ 的半径只在位似变换$(0, \dfrac{|\sigma_1|}{2})$ 下才改变;因此 $\odot(S)$ 的半径等于

$$\frac{|\sigma_1|}{2} = \frac{1}{2}OH$$

因为 $\odot(ABC)$ 的半径等于 1.

例 11 令 $A_1 A_2 A_3 A_4$ 是任一 $\odot(O)$ 的内接四边形,令 P 是任一点,点 P_{12},

$P_{13}, P_{14}, P_{23}, P_{24}, P_{34}$ 分别是点 P 关于直线 $A_1A_2, A_1A_3, A_1A_4, A_2A_3, A_2A_4, A_3A_4$ 的对称点. 令 R, S, T 分别为线段 $P_{12}P_{34}, P_{13}P_{24}, P_{14}P_{23}$ 的中点, 令 O' 是 $\odot(O)$ 的圆心 O 关于四点组 A_1, A_2, A_3, A_4 的重心(对每点指定相等质量, 图 14).

求证: 点 R, S, T, O' 在一直线上.

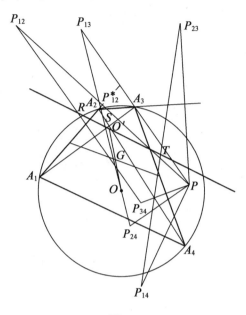

图 14

证明 设 $\odot(O)$ 为单位圆. 令 z_1, z_2, z_3, z_4 分别为点 A_1, A_2, A_3, A_4 的附标. 以 $\sigma_1, \sigma_2, \sigma_3, \sigma_4$ 表示复数 $z_i (i = 1, 2, 3, 4)$ 的基本对称多项式

$$\sigma_1 = z_1 + z_2 + z_3 + z_4$$
$$\sigma_2 = z_1z_2 + z_1z_3 + z_1z_4 + z_2z_3 + z_2z_4 + z_3z_4$$
$$\sigma_3 = z_2z_3z_4 + z_1z_3z_4 + z_1z_2z_4 + z_1z_2z_3$$
$$\sigma_4 = z_1z_2z_3z_4$$

点系 A_1, A_2, A_3, A_4 的重心 G 的附标 g 为 $\dfrac{\sigma_1}{4}$, 因此, 与点 O 关于点 G 对称的点 O' 的附标 o' 为

$$o' = \frac{\sigma_1}{2}$$

直线 A_1A_2 的方程为

$$z + z_1z_2\bar{z} = z_1 + z_2 \tag{1}$$

从点 P 到直线 A_1A_2 的垂线方程有形式

$$z - p = z_1z_2(\bar{z} - \bar{p})$$

或

$$z - z_1z_2\bar{z} = p - z_1z_2\bar{p} \tag{2}$$

其中 p 是点 P 的附标. 把方程(1)与(2)逐项相加, 我们求出点 P 在直线 A_1A_2

上的投影 P_{12}^* 的附标 $z = p_{12}^*$

$$p_{12}^* = \frac{1}{2}(z_1 + z_2 + p - z_1 z_2 \bar{p})$$

点 P_{12} 与点 P 关于直线 $A_1 A_2$ 对称, 点 P_{12} 的附标 p_{12} 由以下关系式求出

$$\frac{p + p_{12}}{2} = p_{12}^*$$

从而

$$p_{12} = 2p_{12}^* - p = z_1 + z_2 - z_1 z_2 \bar{p} \tag{3}$$

点 P_{34} 与点 P 关于直线 $A_3 A_4$ 对称, 点 P_{34} 的附标 p_{34} 有类似形式

$$p_{34} = z_3 + z_4 - z_3 z_4 \bar{p} \tag{4}$$

由式 (3) 与 (4) 我们求出线段 $P_{12} P_{34}$ 的中点 R 的附标 r

$$r = \frac{1}{2}\big[\sigma_1 - (z_1 z_2 + z_3 z_4)\bar{p}\big] \tag{5}$$

直线 $O'R$ 的斜率为

$$\chi = \frac{\dfrac{\sigma_1}{2} - r}{\dfrac{\bar{\sigma}_1}{2} - \bar{r}} = \frac{\dfrac{\sigma_1}{2} - \dfrac{1}{2}\big[\sigma_1 - (z_1 z_2 + z_3 z_4)\bar{p}\big]}{\dfrac{\bar{\sigma}_1}{2} - \dfrac{1}{2}\Big[\bar{\sigma}_1 - \Big(\dfrac{1}{z_1 z_2} + \dfrac{1}{z_3 z_4}\Big)p\Big]} = \frac{\bar{p}}{p}\sigma_4$$

因此直线 $O'R$ 的方程为

$$z - \frac{\sigma_1}{2} = \frac{\bar{p}}{p}\sigma_4\Big(\bar{z} - \frac{\sigma_3}{2\sigma_4}\Big)$$

此方程可以这样改写

$$2pz - 2\bar{p}\sigma_4\bar{z} + \sigma_3\bar{p} - p\sigma_1 = 0 \tag{6}$$

因为此方程是包含点 A_1, A_2, A_3, A_4 的附标 z_1, z_2, z_3, z_4 的对称多项式, 所以直线 $O'S, O'T$ 的方程将与方程 (6) 相同, 即点 O', S, T, R 在一直线上. 顺便指出, 我们可以直接看出点 S 与 T 的附标 s 与 t, 即

$$s = \frac{1}{2}\big[\sigma_1 - (z_1 z_3 + z_2 z_4)\bar{p}\big]$$

$$t = \frac{1}{2}\big[\sigma_1 - (z_1 z_4 + z_2 z_3)\bar{p}\big]$$

满足方程 (6).

注 因为当 p 换为 λp 时, 其中 λ 是任一实数, 方程 (6) 变为等价方程, 所以得出, 当点 P 画出一条通过 $\odot(O)$ 的圆心 O 的直线时 (当然假定点 O 不在此直线上), 直线 (6) 不改变.

例 12 令 A_1, B_1, C_1 是 $\triangle ABC$ 的顶点 A, B, C 在 $\odot(ABC)$ 的直径 δ 上的投影. 以 A_2, B_2, C_2 分别表示点 A_1, B_1, C_1 关于 $\triangle ABC$ 边 BC, CA, AB 的中垂线的对称点, 令 A_3, B_3, C_3 是线段 BC, CA, AB 的中点, 令 A_4, B_4, C_4 是线段 $A_2 A_3$, $B_2 B_3, C_2 C_3$ 的中点. 求证: $\triangle \overrightarrow{ABC} \backsim \triangle \overrightarrow{A_4 B_4 C_4}$, 且有相反定向. 求证: 若 $\odot(S) = \odot(A_4 B_4 C_4)$ 的直径 δ 绕点 O 旋转, 则 $\odot(S) = \odot(A_4 B_4 C_4)$ 的圆心 S

画出 $\odot(\Omega)$，它与 $\odot(ABC)$ 是同心圆，且是反方向旋转. $\odot(S)$ 的半径等于 $\frac{1}{4}OH$，其中 H 是 $\triangle ABC$ 的垂心. $\odot(\Omega)$ 的半径等于 $\frac{R}{4}$，其中 R 是 $\odot(ABC)$ 的半径(图 15).

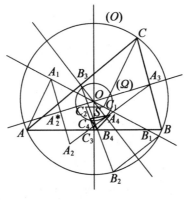

图 15

证明　取 $\odot(O) = \odot(ABC)$ 为单位圆，令直径 δ 所在直线为 x 轴. 令 z_1, z_2, z_3 是点 A, B, C 的附标. 点 A 在直线 δ 上的投影 A_1 的附标 a_1 是

$$a_1 = \frac{z_1 + \bar{z}_1}{2}$$

因为直线 BC 的斜率为 $-z_2 z_3$，所以得出直线 OA_3 的方程有形式

$$z = z_2 z_3 \bar{z}$$

从点 A_1 到直线 OA_3 的垂线方程为

$$z - \frac{z_1 + \bar{z}_1}{2} = -z_2 z_3 \left(\bar{z} - \frac{z_1 + \bar{z}_1}{2} \right)$$

由方程组

$$\begin{cases} z - z_2 z_3 \bar{z} = 0 \\ z + z_2 z_3 \bar{z} = \dfrac{z_1 + \bar{z}_1}{2}(1 + z_2 z_3) \end{cases} \tag{1}$$

我们求出点 A_1 在线段 BC 的中垂线 OA_3 上的投影 A_2^* 的附标 $z = a_2^*$

$$a_2^* = \frac{z_1 + \bar{z}_1}{4}(1 + z_2 z_3)$$

点 A_2 的附标 a_2 由下式求出

$$\frac{a_1 + a_2}{2} = a_2^*$$

从而

$$a_2 = 2a_2^* - a_1 = \frac{z_1 + \bar{z}_1}{2}(1 + z_2 z_3) - \frac{z_1 + \bar{z}_1}{2} = \frac{z_1 + \bar{z}_1}{2} z_2 z_3$$

线段 $A_2 A_3$ 的中点 A_4 的附标 a_4 是

$$a_4 = \frac{a_2 + a_3}{2}$$

其中 a_3 是线段 BC 的中点 A_3 的附标,即

$$a_3 = \frac{z_2 + z_3}{2}$$

总结起来

$$a_4 = \frac{1}{2}\left(\frac{z_1 + \bar{z}_1}{2}z_2z_3 + \frac{z_2 + z_3}{2}\right) = \frac{1}{4}\left(\sigma_3 + \frac{z_2z_3}{z_1} + z_2 + z_3\right) = \frac{1}{4}\left(\sigma_3 + \frac{\sigma_2}{z_1}\right)$$

点 B_4 与 C_4 的附标 b_4 与 c_4 有类似形式,我们有

$$\begin{cases} a_4 = \dfrac{\sigma_3}{4} + \dfrac{\sigma_2}{4z_1} \\[2mm] b_4 = \dfrac{\sigma_3}{4} + \dfrac{\sigma_2}{4z_2} \\[2mm] c_4 = \dfrac{\sigma_3}{4} + \dfrac{\sigma_2}{4z_3} \end{cases} \tag{2}$$

由此推出,点 A_4, B_4, C_4 是由点 A, B, C 用第 2 种相似变换

$$u = \frac{\sigma_3}{4} + \frac{\sigma_2}{4}\bar{z}$$

得出的,因此

$$\triangle \overrightarrow{ABC} \backsim \triangle \overrightarrow{A_4B_4C_4}$$

且有相反定向.

由关系式 (2) 也推出,点 A_4, B_4, C_4 在圆心为 S 的 $\odot(S)$ 上,S 的附标 s 是

$$s = \frac{\sigma_3}{4}$$

$\odot(S)$ 的半径等于

$$\rho = \frac{|\sigma_2|}{4} = \frac{|\sigma_1|}{4} = \frac{1}{4}OH$$

从 $\odot(A_4B_4C_4)$ 的圆心 S 到 $\odot(O) = \odot(ABC)$ 的圆心 O 的距离是

$$d = \frac{|\sigma_3|}{4} = \frac{1}{4} = \frac{R}{4} \quad (R = 1)$$

这表示,当直径 δ 绕点 O 旋转时,$\odot(A_4B_4C_4)$ 的圆心 S 画出 $\odot(\Omega)$,它的半径为 $\dfrac{R}{4}$,其中 R 是 $\odot(ABC)$ 的半径. 若直径 δ 旋转一角 α,则当半径为 1 时它的端点的附标为 $\beta = \cos\alpha + \mathrm{i}\sin\alpha$;若把附标为 β 的这一点取为新的单位点,则点 A, B, C 的新附标将为 $\dfrac{z_1}{\beta}, \dfrac{z_2}{\beta}, \dfrac{z_3}{\beta}$,新 $\odot(A_4^*B_4^*C_4^*)$ 的圆心 S^* 的附标将为 $\dfrac{\sigma_3}{\beta^3}$.

这表示在初始方程组中,点 S^* 的附标将为 $\dfrac{\sigma_3}{\beta^3}$. 由此得出 $\odot(\Omega)$ 的半径 OS 将旋转与直径 δ 相反的方程,OS 的旋转角速度是 δ 的旋转角速度的 2 倍.

注 我们也求出比 $\dfrac{(A_4B_4C_4)}{(ABC)}$,我们有

$$(A_4 B_4 C_4) = \frac{\mathrm{i}}{4} \begin{vmatrix} \dfrac{\sigma_3}{4} + \dfrac{\sigma_2}{4z_1} & \dfrac{\bar{\sigma}_3}{4} + \dfrac{\bar{\sigma}_2}{4} & z_1 & 1 \\[2mm] \dfrac{\sigma_3}{4} + \dfrac{\sigma_2}{4z_2} & \dfrac{\bar{\sigma}_3}{4} + \dfrac{\bar{\sigma}_2}{4} & z_2 & 1 \\[2mm] \dfrac{\sigma_3}{4} + \dfrac{\sigma_2}{4z_3} & \dfrac{\bar{\sigma}_3}{4} + \dfrac{\bar{\sigma}_2}{4} & z_3 & 1 \end{vmatrix}$$

$$= \frac{\mathrm{i}}{4} \begin{vmatrix} \dfrac{\sigma_2}{4z_1} & \dfrac{\bar{\sigma}_2}{4} & z_1 & 1 \\[2mm] \dfrac{\sigma_2}{4z_2} & \dfrac{\bar{\sigma}_2}{4} & z_2 & 1 \\[2mm] \dfrac{\sigma_2}{4z_3} & \dfrac{\bar{\sigma}_2}{4} & z_3 & 1 \end{vmatrix}$$

$$= \frac{\mathrm{i}}{4} \cdot \frac{\sigma_2 \bar{\sigma}_2}{16} \begin{vmatrix} \bar{z}_1 & z_1 & 1 \\ \bar{z}_2 & z_2 & 1 \\ \bar{z}_3 & z_3 & 1 \end{vmatrix}$$

$$= -\frac{|\sigma_2|^2}{16}(ABC)$$

$$= -\frac{|\sigma_1|^2}{16}(ABC)$$

$$= -\frac{OH^2}{16}(ABC) \qquad (3)$$

从而

$$\frac{(A_4 B_4 C_4)}{(ABC)} = -\frac{OH^2}{16}$$

由此也推出

$$\triangle \overrightarrow{A_4 B_4 C_4} \downarrow \uparrow \triangle \overrightarrow{ABC}$$

例 13 已知 $\triangle T$,使存在直线 τ 与它的各边相交所成的角等于三角形的各内角,即[①]

---

① 符号 (p,q) 用来表示从直线 p 到直线 q 的有向角(p 与 q 在定向平面上). 若 α 是角 (p,q) 的一个值,则此角的所有值由以下公式给出

$$(p,q) = \alpha + k\pi$$

其中 k 取所有整数值;用不同方式表示

$$(p,q) \equiv \alpha \pmod{\pi}$$

在定向平面上的三直线 p,q,r 的查斯纳斯定理成立,即

$$(p,q) + (q,r) = (p,r) \pmod{\pi}$$

关系式(1)被理解如下:(CA,τ) 的一值为 C,(AB,BC) 的一值为 B,等等.

$$\begin{cases} (AB,\tau) = (AC,AB) = A \\ (BC,\tau) = (BA,BC) = B \\ (CA,\tau) = (CB,CA) = C \end{cases} \qquad (1)$$

$1°$. 求 $\triangle T$ 的各角.

$2°$. 通过点 A,B,C 作各直线平行于直线 τ, 以 A_1,B_1,C_1 分别表示这些直线与直线 BC,CA,AB 的交点. 求证

$$\triangle \overrightarrow{ACB} \backsim \triangle \overrightarrow{B_1C_1A_1}$$

其中

$$A \leftrightarrow B_1, C \leftrightarrow C_1, B \leftrightarrow A_1$$

并证明它们有相反定向.

$3°$. 用作 $\triangle ABC$ 的横断线 τ 的相同方法, 作 $\triangle B_1C_1A_1$ 的横断线 τ'. 令分别通过点 A_1,B_1,C_1 且平行于直线 τ_1 的各直线分别交直线 B_1C_1,C_1A_1,A_1B_1 于点 A_2,B_2,C_2.

求证: $\triangle \overrightarrow{ABC}$ 与 $\triangle \overrightarrow{C_2B_2A_2}$ 位似, 且有相同定向, 即求证: 直线 AC_2,BB_2, CA_2 通过同一点 S 且 $AB /\!/ C_2B_2, BC /\!/ A_2B_2, CA /\!/ A_2C_2$.

$4°$. 求证: 通过点 S 的 $\odot(ABC)$ 的直径与直线 τ 垂直(图 16).

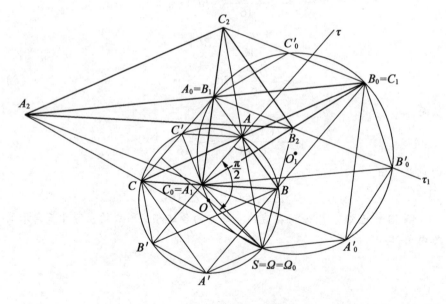

图 16

解 $1°$. 设 $C < B < A$, 由查斯纳斯定理, 我们求出

$$B = (BA,BC) = (BA,\tau) + (\tau,BC) = A - B$$

从而

$$A = 2B$$

此外

$$C = (CB,CA) = (CB,\tau) + (\tau,CA) = B - C$$

从而
$$B = 2C$$

于是
$$A = 2B = 4C$$

因此
$$C = \frac{\pi}{7}, B = \frac{2\pi}{7}, C = \frac{4\pi}{7}$$

2°. 设 $\odot(ABC)$ 是单位圆，A 是单位点. $\triangle ABC$ 的顶点 A, B, C 是 $\odot(ABC)$ 内接正六边形 $AC'CB'A'\Omega B$ 的顶点. 设 $\alpha = \cos\frac{2\pi}{7} + \mathrm{i}\sin\frac{2\pi}{7}$，我们求出此六边形顶点的附标 $a, c', c, b', a', \omega, b$，即

$$a = 1, c' = \alpha(=\alpha'), c = \alpha^2, b' = \alpha^3, a' = \alpha^4, \omega = \alpha^5, b = \alpha^6$$

四边形 $AC'CA_1$ 是菱形，因为我们可以取直线 AB 作为直线 τ（于是本例陈述的所有关系式(1)被满足），因此由作图，我们有

$$\tau = AA_1 \;/\!/\; CC', CB \;/\!/\; AC', C'C = C'A$$

四边形 $CA'BB_1$ 也是菱形，因为它的对边平行：$A'B \;/\!/\; \tau \;/\!/\; CB_1, BB_1 \;/\!/\; A'C$，$A'C = A'B$. 类似地，我们看出四边形 $B'BC_1A$ 也是菱形.

由此我们求出点 A_1, B_1, C_1 的附标；因为

$$\overrightarrow{A_1C} + \overrightarrow{A_1A} = \overrightarrow{A_1C'}$$

所以
$$c - a_1 + a - a_1 = c' - a_1$$

从而
$$a_1 = c + a - c' = \alpha^2 + 1 - \alpha$$

此外，由关系式
$$\overrightarrow{A'C} + \overrightarrow{A'B} = \overrightarrow{A'B_1}$$

我们求出
$$c - a' + b - a' = b_1 - a'$$

因此
$$b_1 = c + b - a' = \alpha^2 + \alpha^6 - \alpha^4$$

最后，由关系式
$$\overrightarrow{B'A} + \overrightarrow{B'B} = \overrightarrow{B'C_1}$$

我们求出
$$a - b' + b - b' = c_1 - b'$$
$$c_1 = a + b - b' = 1 + \alpha^6 - \alpha^3$$

总结起来
$$a_1 = 1 - \alpha + \alpha^2$$
$$b_1 = \alpha^2 - \alpha^4 + \alpha^6$$

$$c_1 = 1 - \alpha^3 + \alpha^6$$

为使 $\triangle \overrightarrow{ACB} \backsim \triangle \overrightarrow{B_1C_1A_1}$，且有相反定向，当且仅当行列式

$$\Delta = \begin{vmatrix} \bar{a} & b_1 & 1 \\ \bar{c} & c_1 & 1 \\ \bar{b} & a_1 & 1 \end{vmatrix} = 0$$

我们有

$$\Delta = \begin{vmatrix} 1 & \alpha^2 - \alpha^4 + \alpha^6 & 1 \\ \bar{\alpha}^2 & 1 - \alpha^3 + \alpha^6 & 1 \\ \bar{\alpha}^6 & 1 - \alpha + \alpha^2 & 1 \end{vmatrix}$$

$$= \begin{vmatrix} 1 & \alpha^2 - \alpha^4 + \alpha^6 & 1 \\ \alpha^5 & 1 - \alpha^3 + \alpha^6 & 1 \\ \alpha & 1 - \alpha + \alpha^2 & 1 \end{vmatrix}$$

$$= 1 - \alpha^3 + \alpha^6 + \alpha^5 - \alpha^6 + \alpha^7 + \alpha^3 - \alpha^5 + \alpha^7 -$$
$$\alpha + \alpha^4 - \alpha^7 - 1 + \alpha - \alpha^2 - \alpha^7 + \alpha^9 - \alpha^{11}$$

$$\equiv 0$$

现在我们求出了 $\triangle \overrightarrow{ACB}$ 与 $\triangle \overrightarrow{B_1C_1A_1}$ 的相似中心①. 我们考虑第 2 种相似变换，在此变换下，点 A_1 与 B_1 变为 B 与 A(于是点 C_1 变为 C). 令 z 是平面上任一点 M 的附标，令 $M'(u)$ 是它在上述相似变换下的像，则

$$\begin{vmatrix} z & \bar{u} & 1 \\ b_1 & 1 & 1 \\ a_1 & \alpha & 1 \end{vmatrix} = 0$$

或

$$\bar{u}(a_1 - b_1) + z(1 - \alpha) + \alpha b_1 - a_1 = 0$$

或

$$\bar{u}(1 - \alpha + \alpha^4 - \alpha^6) + z(1 - \alpha) + \alpha^3 - \alpha^5 + \alpha^7 - 1 + \alpha - \alpha^2 = 0$$

从而消去 $1 - \alpha$，我们有

$$\bar{u}(\alpha^5 + \alpha^4 + 1) + z + \alpha(\alpha^3 + \alpha^2 + 1) = 0$$

相似变换的定点满足条件

$$\bar{z}(\alpha^5 + \alpha^4 + 1) + z + \alpha^4 + \alpha^3 + \alpha = 0 \tag{2}$$

从而(求共轭复数)我们有

$$z(\bar{\alpha}^5 + \bar{\alpha}^4 + 1) + \bar{z} + \bar{\alpha}^4 + \bar{\alpha}^3 + \bar{\alpha} = 0$$

或者，左边乘以 $\alpha^7 = 1$，有

$$z(\alpha^2 + \alpha^3 + 1) + \bar{z} + \alpha^3 + \alpha^4 + \alpha^6 = 0$$

---

① 2 个镜相似三角形(即具有相反定向的相似三角形)的相似中心指的是第 2 种相似变换的定点，此变换把这些三角形之一变为另一个三角形.

由最后的关系式求出
$$\bar{z} = -z(\alpha^2 + \alpha^3 + 1) - \alpha^3 - \alpha^4 - \alpha^6$$

方程(2)取形式
$$-z(\alpha^2 + \alpha^3 + 1)(\alpha^5 + \alpha^4 + 1) - (\alpha^5 + \alpha^4 + 1)(\alpha^3 + \alpha^4 + \alpha^6) +$$
$$z + \alpha^3 + \alpha^4 + \alpha = 0$$

或
$$z(1 - \alpha^7 - \alpha^6 - \alpha^2 - \alpha^8 - \alpha^7 - \alpha^3 - \alpha^5 - \alpha^4 - 1)$$
$$= \alpha^8 + \alpha^9 + \alpha^{11} + \alpha^7 + \alpha^8 + \alpha^{10} + \alpha^3 + \alpha^4 + \alpha^6 - \alpha^3 - \alpha^4 - \alpha$$

或
$$z(-\alpha^6 - \alpha^5 - \alpha^4 - \alpha^3 - \alpha^2 - \alpha - 2) = \alpha^6 + \alpha^4 + \alpha^3 + \alpha^2 + \alpha + 1$$

但是 $\alpha^7 = 1$,因为 $\alpha - 1 \neq 0$,所以得出
$$\alpha^6 + \alpha^5 + \alpha^4 + \alpha^3 + \alpha^2 + \alpha + 1 = 0$$

最后的关系式取形式
$$-z = -\alpha^5$$

从而
$$z = \alpha^5$$

即第 2 种相似变换把 $\triangle \overrightarrow{B_1 C_1 A_1}$ 变为 $\triangle \overrightarrow{ABC}$,此变换的定点是点 Ω.

设
$$\alpha^5 + \alpha^4 + 1 = \lambda, \alpha^3 + \alpha^2 + 1 = \mu$$

我们求出关系式
$$\lambda \bar{\mu} + z + \alpha \mu = 0 \tag{3}$$

它把平面上任一点 M 的附标 z 与它在上述相似变换下的像 M' 的附标 u 联系起来. 在此相似变换下,点 B_1 与 A_1 变为点 A 与 B,于是
$$\bar{a} = -\frac{b_1 + \alpha \mu}{\lambda}, \bar{b} = -\frac{a_1 + \alpha \mu}{\lambda}$$

从而
$$\bar{a} - \bar{b} = \frac{a_1 - b_1}{\lambda}$$

这样
$$\frac{A_1 B_1}{AB} = |\lambda|$$

但是
$$\alpha^5 + \alpha^4 + 1 = \alpha^{-2} + \alpha^{-3} + 1$$
$$\overline{\alpha^5 + \alpha^4 + 1} = \alpha^2 + \alpha^3 + 1$$

因此
$$|\lambda|^2 = (\alpha^5 + \alpha^4 + 1)(\alpha^2 + \alpha^3 + 1)$$
$$= \alpha^7 + \alpha^8 + \alpha^5 + \alpha^6 + \alpha^7 + \alpha^4 + \alpha^2 + \alpha^3 + 1$$
$$= 2 + \alpha^6 + \alpha^5 + \alpha^4 + \alpha^3 + \alpha^2 + \alpha + 1$$
$$= 2$$

由此

$$\frac{A_1B_1}{AB} = \sqrt{2}, \frac{AB}{A_1B_1} = \frac{1}{\sqrt{2}} = \frac{\sqrt{2}}{2}$$

是把 $\triangle \overrightarrow{B_1C_1A_1}$ 变为 $\triangle \overrightarrow{ABC}$ 的比例因子,即它等于 $\frac{\sqrt{2}}{2}$.

3°. 令 O_1 是 $\odot(A_1B_1C_1)$ 的圆心. 点 O_1 是点 O 在上述相似变换(2°项)下的像. 因此,点 O_1 的附标 o_1 由方程(3)令 $\mu = 0$ 求出,即

$$o_1 = -\alpha(\alpha^3 + \alpha^2 + 1)$$

我们考虑 $\odot(A_1B_1C_1)$ 的内接正六边形,其顶点以如下顺序排列

$$A_0 C_0 \Omega_0 A'_0 B'_0 B C'_0$$

其中

$$A_0 = B_1, B_0 = C_1, C_0 = A_1$$

这样的正六边形是存在的,因为 $\triangle B_1A_1C_1$ 的各角是

$$B_1 = \frac{4\pi}{7}, A_1 = \frac{2\pi}{7}, C_1 = \frac{\pi}{7}$$

因此 A_1B_1 是六边形的一边,C_1 是它的第三个顶点. 六边形各顶点的附标是

$$o_1 + (a_0 - o_1)\alpha^{k-1} \quad (k = 1,2,3,4,5,6,7)$$

展开上式,它们是

$$a_0 = b_1 = \alpha^2 - \alpha^4 + \alpha^6$$
$$c_0 = a_1 = \alpha^2 - \alpha + 1$$
$$b_0 = c_1 = \alpha^6 - \alpha^3 + 1$$
$$\omega_0 = -\alpha^4 - \alpha^3 - \alpha + (\alpha^2 + \alpha^6 + \alpha^3 + \alpha)\alpha^2$$
$$= -\alpha^4 - \alpha^3 - \alpha + \alpha^4 + \alpha^8 + \alpha^5 + \alpha^3 = \alpha^5$$
$$a'_0 = -\alpha^4 - \alpha^3 - \alpha + (\alpha^2 + \alpha^6 + \alpha^3 + \alpha)\alpha^3$$
$$= -\alpha^4 - \alpha^3 - \alpha + \alpha^5 + \alpha^9 + \alpha^6 + \alpha^4$$
$$= \alpha^6 + \alpha^5 - \alpha^3 + \alpha^2 - \alpha$$
$$b'_0 = -\alpha^4 - \alpha^3 - \alpha + (\alpha^2 + \alpha^6 + \alpha^3 + \alpha)\alpha^4$$
$$= -\alpha^4 - \alpha^3 - \alpha + \alpha^6 + \alpha^{10} + \alpha^7 + \alpha^5$$
$$= \alpha^6 + \alpha^5 - \alpha^4 - \alpha + 1$$
$$c'_0 = -\alpha^4 - \alpha^3 - \alpha + (\alpha^2 + \alpha^6 + \alpha^3 + \alpha)\alpha^6$$
$$= -\alpha^4 - \alpha^3 - \alpha + \alpha^8 + \alpha^{12} + \alpha^9 + \alpha^7$$
$$= \alpha^5 - \alpha^4 - \alpha^3 + \alpha^2 + 1$$

由此得

$$\Omega_0 = \Omega$$

此点是相似变换的中心,在此变换下,$\triangle \overrightarrow{C_2A_2B_2}$ 变为 $\triangle \overrightarrow{B_1C_1A_1}$. 这些三角形相似且有相反定向是由以下事实推出的:在 $\triangle \overrightarrow{B_1C_1A_1}$ 的基础上作 $\triangle \overrightarrow{C_2A_2B_2}$ 的方法恰好与在 $\triangle \overrightarrow{ACB}$ 的基础上作 $\triangle \overrightarrow{B_1C_1A_1}$ 的方法相同;所考虑的 $\triangle ABC$ 与 $\triangle A_1B_1C_1$ 的两个外接圆图形与所有相应三角形分别相似.

此外,因为 $C_0A_2A_0B'_0$ 是菱形,所以

$$a_2 - c_0 = a_0 - b'_0$$

则

$$
\begin{aligned}
a_2 &= a_0 + c_0 - b'_0 \\
&= \alpha^2 - \alpha^4 + \alpha^6 + \alpha^2 - \alpha + 1 - \alpha^6 - \alpha^5 + \alpha^4 + \alpha - 1 \\
&= 2\alpha^2 - \alpha^5
\end{aligned}
$$

从而 $B_2A_0C'_0B_0$ 也是菱形,于是

$$a_0 - b_2 = c'_0 - b_0$$

则

$$
\begin{aligned}
b_2 &= a_0 + b_0 - c'_0 \\
&= \alpha^2 - \alpha^4 + \alpha^6 + \alpha^6 - \alpha^3 + 1 - \alpha^5 + \alpha^4 + \alpha^3 - \alpha^2 - 1 \\
&= 2\alpha^6 - \alpha^5
\end{aligned}
$$

最后因为 $C_2C_0A'_0B_0$ 是菱形,所以得

$$c_0 - c_2 = a'_0 - b_0$$

从而

$$
\begin{aligned}
c_2 &= c_0 + b_0 - a'_0 \\
&= \alpha^2 - \alpha + 1 + \alpha^6 - \alpha^3 + 1 - \alpha^6 - \alpha^5 + \alpha^3 - \alpha^2 + \alpha \\
&= 2 - \alpha^5
\end{aligned}
$$

于是

$$
\begin{aligned}
a_2 &= 2\alpha^2 - \alpha^5 \\
b_2 &= 2\alpha^6 - \alpha^5 \\
c_2 &= 2 - \alpha^5
\end{aligned}
$$

因此,$\triangle \overrightarrow{C_2B_2A_2}$ 是由 $\triangle \overrightarrow{ABC}$(它的顶点的附标为 $1, \alpha^6, \alpha^2$) 通过位似变换得出的,此变换的重心为 Ω,比为 2,因为

$$\frac{c_2 - \omega}{a - \omega} = \frac{2 - \alpha^5 - \alpha^5}{1 - \alpha^5} = 2$$

$$\frac{b_2 - \omega}{b - \omega} = \frac{2\alpha^6 - \alpha^5 - \alpha^5}{\alpha^6 - \alpha^5} = 2$$

$$\frac{a_2 - \omega}{c - \omega} = \frac{2\alpha^2 - 2\alpha^5}{\alpha^2 - \alpha^5} = 2$$

4°. 直线 $O\Omega$ 的斜率为

$$\frac{\alpha^5}{\bar{\alpha}^5} = \alpha^{10} = \alpha^3$$

直线 τ 通过点 A 与 B',于是它的斜率为

$$\frac{1 - \alpha^3}{1 - \bar{\alpha}^3} = \frac{1 - \alpha^3}{1 - \dfrac{1}{\alpha^3}} = -\alpha^3$$

直线 $O\Omega$ 与 τ 的斜率之和为 0,因此

$$O\Omega \perp \tau$$

例 14 1°. 在六边形 $A_1A_2A_3A_4A_5A_6$ 的各边上作等边三角形

$$\triangle \overrightarrow{A_1A_2A'_1}, \triangle \overrightarrow{A_2A_3A'_2}, \triangle \overrightarrow{A_3A_4A'_3}, \triangle \overrightarrow{A_4A_5A'_4}, \triangle \overrightarrow{A_5A_6A'_5}, \triangle \overrightarrow{A_6A_1A'_6} \quad (1)$$

它们有相同定向. 求证:若有向线段 $\overrightarrow{OP'_1}, \overrightarrow{OP'_3}, \overrightarrow{OP'_5}$($O$ 是任一点)分别与有向线段 $\overrightarrow{A'_1A'_4}, \overrightarrow{A'_3A'_6}, \overrightarrow{A'_5A'_2}$ 相等,则 $\overrightarrow{OP'_1}, \overrightarrow{OP'_2}, \overrightarrow{OP'_3}$ 的终点构成等边 $\triangle T = \triangle P'_1P'_3P'_5$,它与式(1)中任意一个三角形有相反定向. 特别地,$\triangle T$ 可以退化为一点.

2°. 求证逆命题:若在平面上取任一等边 $\triangle T = \triangle P'_1P'_2P'_3$ 与点 O,并作出有向线段 $\overrightarrow{A'_1A'_4}, \overrightarrow{A'_3A'_6}, \overrightarrow{A'_5A'_2}$ 分别与有向线段 $\overrightarrow{OP'_1}, \overrightarrow{OP'_3}, \overrightarrow{OP'_5}$ 相等(有向线段 $\overrightarrow{A'_1A'_4}, \overrightarrow{A'_3A'_6}, \overrightarrow{A'_5A'_2}$ 的位置是另一种任意选择的),则选择任意的另一点 A_1,可以作出点 A_2, A_3, A_4, A_5, A_6,使得用 1° 项所述作法,由六边形 $A_1A_2A_3A_4A_5A_6$ 得出六边形 $A'_1A'_2A'_3A'_4A'_5A'_6$. 求证:若在平面上改变点 A_1,则六边形 $A_1A_2A_3A_4A_5A_6$(它将随点 A_1 的改变而较大地改变)将绕三点 O_1, O_2, O_3 旋转. 怎样作出这些点呢?

3°. 这样作出等边三角形

$$\triangle \overrightarrow{A'_1A'_2A''_1}, \triangle \overrightarrow{A'_2A'_3A''_2}, \triangle \overrightarrow{A'_3A'_4A''_3}, \triangle \overrightarrow{A'_4A'_5A''_4}, \triangle \overrightarrow{A'_5A'_6A''_5}, \triangle \overrightarrow{A'_6A'_1A''_6}$$
$$(2)$$

使得它们都有相同定向,且其中任一个定向与式(1)中任意一个三角形相反. 求证

$$\overrightarrow{A_1A''_1} \equiv \overrightarrow{A_2A_3}, \overrightarrow{A_2A''_2} \equiv \overrightarrow{A_3A_4}, \overrightarrow{A_3A''_3} \equiv \overrightarrow{A_4A_5}$$
$$\overrightarrow{A_4A''_4} \equiv \overrightarrow{A_5A_6}, \overrightarrow{A_5A''_5} \equiv \overrightarrow{A_6A_1}, \overrightarrow{A_6A''_6} \equiv \overrightarrow{A_1A_2}$$

其中"$\equiv$"是有向线段相等的符号.

4°. 求证:G 是 $\triangle T^*$ 的重心,M_{14}, M_{36}, M_{52} 是有向线段 $\overrightarrow{OM_{14}}, \overrightarrow{OM_{36}}, \overrightarrow{OM_{52}}$ 的终点,此三线段是从任一点 O 画出的,且分别与有向线段 $\overrightarrow{A_1A_4}, \overrightarrow{A_3A_6}, \overrightarrow{A_5A_2}$ 相等.

5°. 求证:六边形 $A_1A_2A_3A_4A_5A_6$ 的主对角线 A_1A_4 的中点与点 K_{14} 重合,线段 $A''_1A''_2$ 与 $A''_4A''_5$ 相交于点 K_{14} 且被此点平分;A_3A_6 的中点与点 K_{36} 重合,线段 $A''_3A''_4$ 与 $A''_6A''_1$ 相交于点 K_{36} 且被此点平分;最后,A_5A_2 的中点与点 K_{52} 重合,线段 $A''_5A''_6$ 与 $A''_2A''_3$ 相交于点 K_{52} 且被此点平分(图 17).

证明 1°. 我们在平面上引入笛卡儿直角坐标系 xOy. 以 α 与 $\bar{\alpha}$ 表示方程 $x^3 + 1 = 0$ 的虚根,即

$$\alpha = \frac{1 + i\sqrt{3}}{2}, \bar{\alpha} = \frac{1 - i\sqrt{3}}{2}$$

令 $a_1, a_2, a_3, a_4, a_5, a_6, p'_1, p'_3, p'_5, a'_1, a'_2, a'_3, a'_4, a'_5, a'_6$ 分别表示点 $A_1, A_2, A_3, A_4, A_5, A_6, P'_1, P'_3, P'_5, A'_1, A'_2, A'_3, A'_4, A'_5, A'_6$ 的附标.

则

$$a_2 - a_1 = \alpha(a'_1 - a_1)$$
$$a_3 - a_2 = \alpha(a'_2 - a_2)$$
$$a_4 - a_3 = \alpha(a'_3 - a_3)$$

$$a_5 - a_4 = \alpha(a'_4 - a_4)$$
$$a_6 - a_5 = \alpha(a'_5 - a_5)$$
$$a_1 - a_6 = \alpha(a'_6 - a_6)$$

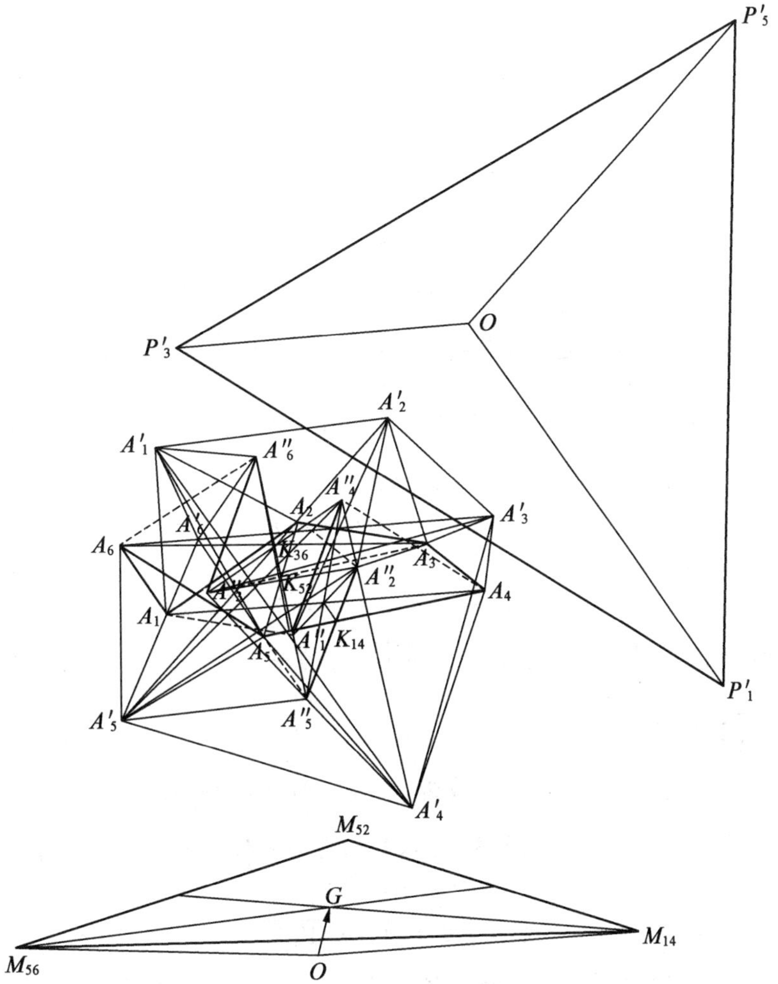

图 17

由此我们求出(注意,因为 $\alpha^2 - \alpha + 1 = 0$,所以得出 $\alpha - 1 + \bar{\alpha} = 0$,从而 $1 - \alpha = \bar{\alpha}$)

$$\begin{cases} a_2 = \alpha a'_1 + \bar{\alpha} a_1 \\ a_3 = \alpha a'_2 + \bar{\alpha} a_2 \\ a_4 = \alpha a'_3 + \bar{\alpha} a_3 \\ a_5 = \alpha a'_4 + \bar{\alpha} a_4 \\ a_6 = \alpha a'_5 + \bar{\alpha} a_5 \\ a_1 = \alpha a'_6 + \bar{\alpha} a_6 \end{cases} \qquad (3)$$

把这些关系式分别乘以 $\bar{\alpha}^5, \bar{\alpha}^4, \bar{\alpha}^3, \bar{\alpha}^2, \bar{\alpha}, 1$,并相加,我们得出(注意 $\alpha \bar{\alpha} = 1$,

$$\alpha^3 = \bar{\alpha}^3 = -1)$$

$$a'_2 - a'_5 = \alpha(a'_6 - a'_3) + \bar{\alpha}(a'_4 - a'_1)$$

因为

$$a'_4 - a'_1 = p'_1, a'_6 - a'_3 = p'_3, a'_2 - a'_5 = p'_5$$

所以得出

$$p'_5 = \alpha p'_3 + \bar{\alpha} p'_1$$

或

$$p'_5 = \alpha p'_3 + (1 - \alpha)p'_1$$

或

$$p'_5 - p'_1 = \alpha(p'_3 - p'_1) \tag{4}$$

由此得出 $\triangle P'_1 P'_3 P'_5$(设它未退化为一点)是等边三角形,因为从关系式(4)推出,有向线段 $\overrightarrow{P'_1 P'_5}$ 是由有向线段 $\overrightarrow{P'_1 P'_3}$ 旋转一角 $\dfrac{\pi}{3}$ 得出的($\alpha = \dfrac{1 + i\sqrt{3}}{2} = \cos\dfrac{\pi}{3} + i\sin\dfrac{\pi}{3}$),$\triangle \overrightarrow{P'_1 P'_3 P'_5}$ 的定向与式(1)中任意一个三角形相反;这由关系式(4)推出,例如由以下关系式推出

$$a_2 - a_1 = \alpha(a'_1 - a_1)$$

因为 $\alpha\bar{\alpha} = 1$,所以

$$a'_1 - a_1 = \bar{\alpha}(a_2 - a_1)$$

即有向线段 $\overrightarrow{A_1 A'_1}$ 是由有向线段 $\overrightarrow{A_1 A_2}$ 旋转一角 $-\dfrac{\pi}{3}$ 得出的($即 \bar{\alpha} = \cos(-\dfrac{\pi}{3}) + i\sin\left(-\dfrac{\pi}{3}\right)$).

$p'_1 = p'_3$ 的情形也可能;其次也有 $p'_1 = p'_5$,即 $\triangle P'_1 P'_3 P'_5$ 收缩为一点.为使这发生,当且仅当六边形 $A'_1 A'_2 A'_3 A'_4 A'_5 A'_6$ 的有向主对角线 $\overrightarrow{A'_1 A'_4}, \overrightarrow{A'_3 A'_6}, \overrightarrow{A'_5 A'_2}$ 相等,即

$$\overrightarrow{A'_1 A'_4} \equiv \overrightarrow{A'_3 A'_6} \equiv \overrightarrow{A'_5 A'_2}$$

2°. 令 $\triangle \overrightarrow{P'_1 P'_3 P'_5}$ 是平面上任意等边三角形,O 是平面上任一点;令 $\overrightarrow{A'_1 A'_4}, \overrightarrow{A'_3 A'_6}, \overrightarrow{A'_5 A'_2}$ 是任意有向线段,分别与线段 $\overrightarrow{OP'_1}, \overrightarrow{OP'_3}, \overrightarrow{OP'_5}$ 相等,即

$$\overrightarrow{OP'_1} \equiv \overrightarrow{A'_1 A'_4}, \overrightarrow{OP'_3} \equiv \overrightarrow{A'_3 A'_6}, \overrightarrow{OP'_5} \equiv \overrightarrow{A'_5 A'_2} \tag{5}$$

在平面上取任一点 A_1,作出以下有相同定向的等边三角形

$$\triangle \overrightarrow{A_1 A A'_1}, \triangle \overrightarrow{A_2 A_3 A'_2}, \triangle \overrightarrow{A_3 A_4 A'_3}, \triangle \overrightarrow{A_4 A_5 A'_4}, \triangle \overrightarrow{A_5 A_6 A'_5}, \triangle \overrightarrow{A_6 A_1 A'_6}$$

但与 $\triangle \overrightarrow{P'_1 P'_3 P'_5}$ 定向相反.根据1°项,利用1°项中的作法,不是选择点 $A'_1, A'_2, A'_3, A'_4, A'_5, A'_6$,而是选择 $\triangle P'_1 P'_3 P'_5$ 来作六边形 $A_1 A_2 A_3 A_4 A_5 A_6$.

3°. 点 $A'_1, A'_2, A'_3, A'_4, A'_5, A'_6$ 的附标 $a'_1, a'_2, a'_3, a'_4, a'_5, a'_6$ 与点 $A''_1, A''_2, A''_3, A''_4, A''_5, A''_6$ 的附标 $a''_1, a''_2, a''_3, a''_4, a''_5, a''_6$ 以式(3)中的关系式互相联系,在式(3)中只有 α 与 $\bar{\alpha}$ 的位置需要交换,即

$$a'_2 = \bar{\alpha} a''_1 + \alpha a'_1$$

$$a'_3 = \bar{\alpha}a''_2 + \alpha a'_2$$
$$a'_4 = \bar{\alpha}a''_3 + \alpha a'_3$$
$$a'_5 = \bar{\alpha}a''_4 + \alpha a'_4$$
$$a'_6 = \bar{\alpha}a''_5 + \alpha a'_5$$
$$a'_1 = \bar{\alpha}a''_6 + \alpha a'_6$$

由这些关系式与关系式(3) 我们求出

$$\bar{\alpha}a''_1 = a'_2 - \alpha a'_1 = a_3\bar{\alpha} - a_2\bar{\alpha} + a_1\bar{\alpha} = \bar{\alpha}a_3 - \bar{\alpha}a_2 + \bar{\alpha}a_1$$

于是

$$a''_1 = a_1 - a_2 + a_3$$

类似地,有

$$\begin{cases} a''_2 = a_2 - a_3 + a_4 \\ a''_3 = a_3 - a_4 + a_5 \\ a''_4 = a_4 - a_5 + a_6 \\ a''_5 = a_5 - a_6 + a_1 \\ a''_6 = a_6 - a_1 + a_2 \end{cases} \tag{6}$$

由这些关系式得出

$$\begin{cases} a''_1 - a_1 = a_3 - a_2 \\ a''_2 - a_2 = a_4 - a_3 \\ a''_3 - a_3 = a_5 - a_4 \\ a''_4 - a_4 = a_6 - a_5 \\ a''_5 - a_5 = a_1 - a_6 \\ a''_6 - a_6 = a_2 - a_1 \end{cases}$$

因此

$$\overrightarrow{A_1A''_1} \equiv \overrightarrow{A_2A_3}, \overrightarrow{A_2A''_2} \equiv \overrightarrow{A_3A_4}, \overrightarrow{A_3A''_3} \equiv \overrightarrow{A_4A_5}$$
$$\overrightarrow{A_4A''_4} \equiv \overrightarrow{A_5A_6}, \overrightarrow{A_5A''_5} \equiv \overrightarrow{A_6A_1}, \overrightarrow{A_6A''_6} \equiv \overrightarrow{A_1A_2}$$

4°. 由关系式(6) 也推出

$$a''_4 - a''_1 = a''_6 - a''_3 = a''_2 - a''_5 = a_4 - a_5 + a_6 - a_1 + a_2 - a_3 \tag{7}$$

因此

$$\overrightarrow{A''_1A'_4} \equiv \overrightarrow{A'_3A''_6} \equiv \overrightarrow{A''_5A''_2}$$

若我们作出有向线段

$$\overrightarrow{OM_{14}} \equiv \overrightarrow{A_1A_4}, \overrightarrow{OM_{36}} \equiv \overrightarrow{A_3A_6}, \overrightarrow{OM_{52}} \equiv \overrightarrow{A_5A_2}$$

则点 M_{14}, M_{36}, M_{52} 的附标 m_{14}, m_{36}, m_{52} 将是

$$m_{14} = a_4 - a_1, m_{36} = a_6 - a_3, m_{52} = a_2 - a_5$$

因此 $\triangle M_{14}M_{36}M_{52}$ 的重心附标 g 将是

$$g = \frac{a_4 - a_1 + a_6 - a_3 + a_2 - a_5}{3}$$

由此与关系式(7) 得

$$\overrightarrow{A''_1A''_4} \equiv \overrightarrow{A''_3A''_6} \equiv \overrightarrow{A''_5A''_2} \equiv 3\overrightarrow{OG}$$

5°. 线段 $A''_1A''_2, A''_4A''_5, A_1A_4$ 的中点有相同附标

$$\frac{a_1 + a_4}{2}$$

(见公式(6)),因此这些中点与点 K_{14} 重合. 5°项中的剩余命题可以用类似方法证明.

例 15 令 A_1, B_1, C_1 是点 P 在 $\triangle ABC$ 的边 BC, CA, AB 上的正投影. 我们作 $\triangle \overrightarrow{C_1B_1Q_1} \backsim \triangle \overrightarrow{BCP}$,但有相反定向. 令 A', B', C' 是直线 PA, PB, PC 与 $\odot(ABC) = \odot(O)$ 的第 2 个交点.

1°. 求证:$\triangle \overrightarrow{A_1C_1Q_1} \backsim \triangle \overrightarrow{CAP}$ 且有相反定向;

2°. 求证:$\triangle \overrightarrow{B_1A_1Q_1} \backsim \triangle \overrightarrow{ABP}$ 且有相反定向;

3°. 求证:$\triangle \overrightarrow{A_1B_1C_1} \backsim \triangle \overrightarrow{A'B'C'}$ 且有相同定向,求比例因子;

4°. 求证:点 Q 是线段 PP^* 的中点 T 作反演圆为 $\odot(A_1B_1C_1)$ 的反演(或在点 A_1, B_1, C_1 共线时,作关于直线 $A_1B_1C_1$ 的对称)得出的,其中 P^* 是点 P 在作反演圆为 $\odot(ABC)$ 的反演下的像;

5°. 若相似变换把 $\triangle \overrightarrow{A_1B_1C_1}$ 与 $\triangle \overrightarrow{A'B'C'}$ 之一变为另一个,求此变换的定点;

6°. 点 P 在什么位置时与点 Q_1 重合(图 18)?

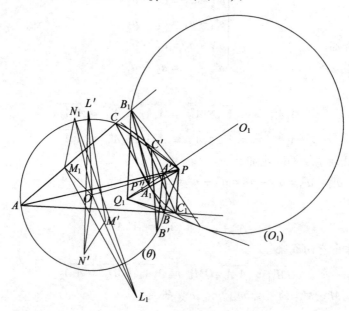

图 18

证明 1°. 取 $\odot(O) = \odot(ABC)$ 为单位圆. 令 z_1, z_2, z_3 分别为点 A, B, C 的附标. 直线 BC 的方程有形式

$$z - z_2 = -z_2z_3(\bar{z} - \bar{z}_2)$$

或

$$z + z_2z_3\bar{z} = z_2 + z_3 \tag{1}$$

从点 P 到直线 BC 的垂线方程为

$$z - p = z_2z_3(\bar{z} - \bar{p})$$

或

$$z - z_2z_3\bar{z} = p - z_2z_3\bar{p} \tag{2}$$

其中 p 是点 P 的附标.

把方程 (1) 与 (2) 逐项相加,我们求出点 A_1 的附标 $z = a_1$,即

$$a_1 = \frac{1}{2}(z_2 + z_3 + p - z_2z_3\bar{p})$$

类似地,可以求出点 B_1 与 C_1 的附标 b_1 与 c_1,即

$$b_1 = \frac{1}{2}(z_3 + z_1 + p - z_3z_1\bar{p})$$

$$c_1 = \frac{1}{2}(z_1 + z_2 + p - z_1z_2\bar{p})$$

因为已知 $\triangle \overrightarrow{BCP} \backsim \triangle \overrightarrow{C_1B_1Q_1}$,但有相反定向,所以得出,点 Q_1 的附标 q_1 可以由以下条件求出

$$\begin{vmatrix} \bar{b} & c_1 & 1 \\ \bar{c} & b_1 & 1 \\ \bar{p} & q_1 & 1 \end{vmatrix} = 0$$

或

$$\begin{vmatrix} \dfrac{1}{z_2} & \dfrac{1}{2}(z_1 + z_2 + p - z_1z_2\bar{p}) & 1 \\ \dfrac{1}{z_3} & \dfrac{1}{2}(z_3 + z_1 + p - z_3z_1\bar{p}) & 1 \\ \bar{p} & q_1 & 1 \end{vmatrix} = 0$$

或

$$\begin{vmatrix} \dfrac{1}{z_2} & z_1 + z_2 + p - z_1z_2\bar{p} & 1 \\ \dfrac{1}{z_3} & z_3 + z_1 + p - z_3z_1\bar{p} & 1 \\ \bar{p} & 2q_1 & 1 \end{vmatrix} = 0$$

从行列式的第 1 行减去第 2 行,得

$$\begin{vmatrix} \dfrac{z_3 - z_2}{z_2z_3} & z_2 - z_3 + (z_3 - z_2)\bar{p}z_1 & 0 \\ \dfrac{1}{z_3} & z_3 + z_1 + p - z_3z_1\bar{p} & 1 \\ \bar{p} & 2q_1 & 1 \end{vmatrix} = 0$$

消去 $z_3 - z_2 \neq 0$,得

$$\frac{1}{z_2 z_3}(z_3 + z_1 + p - z_3 z_1 \bar{p} - 2q_1) - \left(\frac{1}{z_3} - \bar{p}\right)(z_1 \bar{p} - 1) = 0$$

左边乘以 $z_2 z_3$，得

$$z_3 + z_1 + p - z_3 z_1 \bar{p} - 2q_1 - (z_2 - z_2 z_3 \bar{p})(z_1 \bar{p} - 1) = 0$$

或

$$z_3 + z_1 + p - z_3 z_1 \bar{p} - 2q_1 - z_2 z_1 \bar{p} + z_2 + \sigma_3 \bar{p}^2 - z_2 z_3 \bar{p} = 0$$

从而

$$q_1 = \frac{1}{2}(\sigma_3 \bar{p}^2 - \sigma_2 \bar{p} + p + \sigma_1)$$

$2°$. 右边关于 z_1, z_2, z_3 对称可以断定（$1°$ 项）$\triangle \overrightarrow{A_1 C_1 Q_1} \backsim \triangle \overrightarrow{CAP}$，且有相反定向；断定（$2°$ 项）$\triangle \overrightarrow{B_1 A_1 Q_1} \backsim \triangle \overrightarrow{ABP}$，且有相反定向. 同时我们求出点 Q_1 的附标 q_1.

$3°$. 复数

$$b_1 - a_1 = \frac{1}{2}[z_1 - z_2 + z_3(z_2 - z_1)\bar{p}] = \frac{1}{2}(z_2 - z_1)(z_3 \bar{p} - 1)$$

与有向线段 $\overrightarrow{A_1 B_1}$ 有联系. 我们来求点 A', B', C' 的附标 a', b', c'. 直线 PA 的方程有形式

$$z - z_1 = \frac{p - z_1}{\bar{p} - \bar{z}_1}(\bar{z} - \bar{z}_1)$$

解此方程与单位圆 $\odot(ABC)$ 的方程 $z\bar{z} = 1$，我们得

$$z - z_1 = \frac{p - z_1}{\bar{p} - \bar{z}_1}\left(\frac{1}{z} - \frac{1}{z_1}\right)$$

$$z - z_1 = -\frac{p - z_1}{\bar{p} - \bar{z}_1} \frac{z - z_1}{z z_1}$$

此方程的一根为 $z = z_1$（点 A 的附标）；另一根（点 A' 的附标 a'）由以下方程求出

$$1 = -\frac{p - z_1}{\bar{p} - \bar{z}_1} \frac{1}{z z_1}$$

从而

$$z = a' = -\frac{1}{z_1} \frac{p - z_1}{\bar{p} - \bar{z}_1}$$

b' 与 c' 有类似表示式，于是

$$a' = -\frac{1}{z_1} \frac{p - z_1}{\bar{p} - \bar{z}_1}$$

$$b' = -\frac{1}{z_2} \frac{p - z_2}{\bar{p} - \bar{z}_2}$$

$$c' = -\frac{1}{z_3} \frac{p - z_3}{\bar{p} - \bar{z}_3}$$

以下复数对应于有向线段 $\overrightarrow{A'B'}$

$$b' - a' = \frac{1}{z_1}\frac{p - z_1}{\bar{p} - \bar{z}_1} - \frac{1}{z_2}\frac{p - z_2}{\bar{p} - \bar{z}_2}$$

$$= \frac{z_2(p\bar{p} - z_1\bar{p} - \bar{z}_2 p + z_1\bar{z}_2) - z_1(p\bar{p} - \bar{z}_1 p - z_2\bar{p} + \bar{z}_1 z_2)}{z_1 z_2(\bar{p} - \bar{z}_1)(\bar{p} - \bar{z}_2)}$$

$$= \frac{z_2\bar{p}p - z_1 z_2\bar{p} - p + z_1 - z_1 p\bar{p} + p + z_1 z_2\bar{p} - z_2}{z_1 z_2(\bar{p} - \bar{z}_1)(\bar{p} - \bar{z}_2)}$$

$$= \frac{p\bar{p}(z_2 - z_1) - (z_2 - z_1)}{z_1 z_2(\bar{p} - \bar{z}_1)(\bar{p} - \bar{z}_2)} = \frac{(z_2 - z_1)(p\bar{p} - 1)}{z_1 z_2(\bar{p} - \bar{z}_1)(\bar{p} - \bar{z}_2)}$$

由此得

$$\frac{b' - a'}{b_1 - a_1} = \frac{2(p\bar{p} - 1)}{z_1 z_2(\bar{p} - \bar{z}_1)(\bar{p} - \bar{z}_2)(z_3\bar{p} - 1)}$$

$$= \frac{2(p\bar{p} - 1)}{\sigma_3(\bar{p} - \bar{z}_1)(\bar{p} - \bar{z}_2)(\bar{p} - \bar{z}_3)}$$

$$= \frac{2(p\bar{p} - 1)}{\sigma_3(\bar{p}^3 - \bar{\sigma}_1\bar{p}^2 + \bar{\sigma}_2\bar{p} - \bar{\sigma}_3)} \tag{3}$$

因此

$$\bar{\sigma}_1 = \frac{\sigma_2}{\sigma_3}, \bar{\sigma}_2 = \frac{\sigma_1}{\sigma_3}$$

所以得

$$\frac{b' - a'}{b_1 - a_1} = \frac{2(p\bar{p} - 1)}{\sigma_3\bar{p}^3 - \sigma_2\bar{p}^2 + \sigma_1\bar{p} - 1} \tag{4}$$

以 λ 表示右边,有

$$\lambda = \frac{2(p\bar{p} - 1)}{\sigma_3\bar{p}^3 - \sigma_2\bar{p}^2 + \sigma_1\bar{p} - 1}$$

于是得

$$b' - a' = \lambda(b_1 - a_1)$$

类似地(因为 λ 是 z_1, z_2, z_3 的对称函数),有

$$c' - b' = \lambda(c_1 - b_1)$$
$$a' - c' = \lambda(a_1 - c_1)$$

因此

$$\triangle \overrightarrow{A'B'C'} \backsim \triangle \overrightarrow{A_1 B_1 C_1}$$

且有相同定向.

由式(3),知比例因子可以写作

$$|\lambda| = \frac{2|OP^2 - R^2|}{|\bar{p} - \bar{z}_1||\bar{p} - \bar{z}_2||\bar{p} - \bar{z}_3|} = \frac{2|OP^2 - R^2|}{PA \cdot PB \cdot PC}$$

$4°.$ 我们考虑相似变换,它把 $\triangle \overrightarrow{A_1 B_1 C_1}$ 变为 $\triangle \overrightarrow{A'B'C'}$. 在此变换下,$\odot(A_1 B_1 C_1)$ 的圆心 O_1 变为 $\odot(A'B'C')$ 的圆心 $O' \equiv O$,把 $\triangle A_1 B_1 C_1$ 的垂心 H 变为 $\triangle A'B'C'$ 的垂心 H'. 因为上述相似变换有形式

$$z' = \lambda z_1 + \mu$$

因为在此变换下,有向线段 $\overrightarrow{O_1 A_1}$ 变为有向线段 $\overrightarrow{O'A'} \equiv \overrightarrow{OA'}$,所以得

$$a' = \lambda(a_1 - o_1) \tag{5}$$

其中 a', a_1, o_1 分别为点 A', A_1, O_1 的附标. 类似地, 有

$$\begin{cases} b' = \lambda(b_1 - o_1) \\ c' = \lambda(c_1 - o_1) \end{cases} \tag{6}$$

其中 b', c', b_1, c_1 分别为点 B', C', B_1, C_1 的附标. 由式(5)与(6)我们求出

$$a' + b' + c' = \lambda(a_1 + b_1 + c_1 - 3o_1)$$

现在利用早先得出的 a', b', c' 的表示式, 我们有

$$a' + b' + c' = -\frac{1}{z_1}\frac{p - z_1}{\bar{p} - \bar{z}_1} - \frac{1}{z_2}\frac{p - z_2}{\bar{p} - \bar{z}_2} - \frac{1}{z_3}\frac{p - z_3}{\bar{p} - \bar{z}_3}$$

$$= -\frac{1}{\sigma^3}\frac{X}{Y} \tag{7}$$

其中

$$X = z_2 z_3 (p - z_1)(\bar{p} - \bar{z}_2)(\bar{p} - \bar{z}_3) +$$
$$z_3 z_1 (p - z_2)(\bar{p} - \bar{z}_3)(\bar{p} - \bar{z}_1) +$$
$$z_1 z_2 (p - z_3)(\bar{p} - \bar{z}_1)(\bar{p} - \bar{z}_2)$$
$$Y = (\bar{p} - \bar{z}_1)(\bar{p} - \bar{z}_2)(\bar{p} - \bar{z}_3)$$

此外

$$z_2 z_3 (\bar{p} - \bar{z}_2)(\bar{p} - \bar{z}_3)(p - z_1)$$
$$= z_2 z_3 [\bar{p}^2 - (\bar{z}_2 + \bar{z}_3)p + \bar{z}_2 \bar{z}_3](p - z_1)$$
$$= [z_2 z_3 \bar{p}^2 - (z_2 + z_3)\bar{p} + 1](p - z_1)$$
$$= z_2 z_3 \bar{p}^2 p - (z_2 + z_3)p\bar{p} + p - \sigma_3 \bar{p}^2 + (z_1 z_2 + z_1 z_3)\bar{p} - z_1$$

式(7)分子中另两项有形式

$$z_3 z_1 \bar{p}^2 p - (z_3 + z_1)p\bar{p} + p - \sigma_3 \bar{p}^2 + (z_2 z_3 + z_2 z_1)\bar{p} - z_2$$
$$z_1 z_2 \bar{p}^2 p - (z_1 + z_2)p\bar{p} + p - \sigma_3 \bar{p}^2 + (z_3 z_1 + z_3 z_2)\bar{p} - z_3$$

把最后三个表示式相加, 得

$$X = p\bar{p}^2 \sigma_3 - 2\sigma_1 p\bar{p} + 3p - 3\sigma_3 \bar{p}^2 + 2\sigma_2 \bar{p} - \sigma_1$$

总结起来

$$a' + b' + c' = \frac{-p\bar{p}^2 \sigma_2 + 2\sigma_1 p\bar{p} - 3p + 3\sigma_3 \bar{p}^2 - 2\sigma_2 \bar{p} + \sigma_1}{\sigma_3(\bar{p} - \bar{z}_1)(\bar{p} - \bar{z}_2)(\bar{p} - \bar{z}_3)}$$

利用以上得出的 a_1, b_1, c_1 的表示式, 得

$$a_1 + b_1 + c_1 = \frac{1}{2}(2\sigma_1 + 3p - \sigma_2 \bar{p})$$

因为 $\lambda = \dfrac{2(p\bar{p} - 1)}{\sigma_3(\bar{p} - \bar{z}_1)(\bar{p} - \bar{z}_2)(\bar{p} - \bar{z}_3)}$, 所以得出关系式

$$a' + b' + c' = \lambda(a_1 + b_1 + c_1 - 3o_1)$$

或

$$-3o_1 = \frac{1}{\lambda}(a' + b' + c') - (a_1 + b_1 + c_1)$$

可以这样改写

$$-6o_1 = \frac{-p\bar{p}^2\sigma_2 + 2\sigma_1 p\bar{p} - 3p + 3\sigma_3\bar{p}^2 - 2\sigma_2\bar{p} + \sigma_1}{p\bar{p} - 1} - (2\sigma_1 + 3p - \sigma_2\bar{p})$$

$$= \frac{-3p^2\bar{p} + 3\sigma_3\bar{p}^2 - 3\sigma_2\bar{p} + 3\sigma_1}{p\bar{p} - 1}$$

因此

$$o_1 = \frac{p^2\bar{p} - \sigma_3\bar{p}^2 + \sigma_2\bar{p} - \sigma_1}{2(p\bar{p} - 1)}$$

由此得

$$q_1 - o_1$$

$$= \frac{\sigma_3\bar{p}^2 - \sigma_2\bar{p} + p + \sigma_1}{2} - \frac{p^2\bar{p} - \sigma_3\bar{p}^2 + \sigma_2\bar{p} - \sigma_1}{2(p\bar{p} - 1)}$$

$$= \frac{\sigma_3 p\bar{p}^3 - \sigma_2 p p\bar{p}^2 + p^2\bar{p} + \sigma_1 p\bar{p} - \sigma_3\bar{p}^2 + \sigma_2\bar{p} - p - \sigma_1 - p^2\bar{p} + \sigma_3\bar{p}^2 - \sigma_2\bar{p} + \sigma_1}{2(p\bar{p} - 1)}$$

$$= \frac{\sigma_3 p\bar{p}^3 - \sigma_2 p\bar{p}^2 + \sigma_1 p\bar{p} - p}{2(p\bar{p} - 1)}$$

$$= \frac{\sigma_3 p(\bar{p}^3 - \bar{\sigma}_1\bar{p}^2 + \bar{\sigma}_2\bar{p} - \bar{\sigma}_3)}{2(p\bar{p} - 1)}$$

$$= \frac{\sigma_3 p(\bar{p} - \bar{z}_1)(\bar{p} - \bar{z}_2)(\bar{p} - \bar{z}_3)}{2(p\bar{p} - 1)}$$

线段 PP^* 的中点 T 的附标 t 为

$$t = \frac{1}{2}\left(p + \frac{1}{\bar{p}}\right) = \frac{p\bar{p} + 1}{2\bar{p}}$$

我们有

$$t - o_1 = \frac{p\bar{p} + 1}{2\bar{p}} - \frac{p^2\bar{p} - \sigma_3\bar{p}^2 + \sigma_2\bar{p} - \sigma_1}{2(p\bar{p} - 1)}$$

$$= \frac{p^2\bar{p}^2 - 1 - p^2\bar{p}^2 + \sigma_3\bar{p}^3 - \sigma_2\bar{p}^2 + \sigma_1\bar{p}}{2\bar{p}(p\bar{p} - 1)}$$

$$= \frac{\sigma_3\bar{p}^3 - \sigma_2\bar{p}^2 + \sigma_1\bar{p} - 1}{2\bar{p}(p\bar{p} - 1)}$$

$$= \frac{\sigma_3(\bar{p} - \bar{z}_1)(\bar{p} - \bar{z}_2)(\bar{p} - \bar{z}_3)}{2\bar{p}(p\bar{p} - 1)}$$

从而

$$\overline{t - o_1} = \frac{\bar{\sigma}_3(p - z_1)(p - z_2)(p - z_3)}{2p(p\bar{p} - 1)}$$

因此

$$(q_1 - o_1)\overline{(t_1 - o_1)} = \frac{|p - z_1|^2 |p - z_2|^2 |p - z_3|^2}{4(p\bar{p} - 1)^2}$$

但是这表示点 T 与 Q 之一是由另一点用反演得出的,其反演圆的圆心为 O_1,
半径为

$$\rho = \frac{|\,p - z_1\,|\,|\,p - z_2\,|\,|\,p - z_3\,|}{2\,|\,p\bar{p} - 1\,|} = \frac{PA \cdot PB \cdot PC}{2\,|\,OP^2 - R^2\,|} \quad (R = 1)$$

$\odot(A_1 B_1 C_1) = \odot(O_1)$ 的半径可以用相似关系式 $z' = \lambda z_1 = \mu$ 求出，此相似变换把 $\odot(A_1 B_1 C_1)$ 变为 $\odot(A'B'C')$. 因为 $\odot(A'B'C')$ 的半径是 $R = 1$，所以得 $\odot(A_1 B_1 C_1)$ 的半径 R_1 为

$$R_1 = \frac{R}{|\,\lambda\,|} = \left|\frac{\sigma_3(\bar{p} - \bar{z}_1)(\bar{p} - \bar{z}_2)(\bar{p} - \bar{z}_3)}{2(p\bar{p} - 1)}\right| = \frac{PA \cdot PB \cdot PC}{2\,|\,OP^2 - R^2\,|} = \rho$$

$5°$. 相似变换把 $\triangle A_1 B_1 C_1$ 之一变为另一 $\triangle A'B'C'$，此变换的定点 Ω 的附标 ω 由以下推理求出：在此变换下，$\triangle O_1 A_1 \Omega$ 变为 $\triangle OA'\Omega$，以致

$$\begin{vmatrix} 0 & o_1 & 1 \\ a' & a_1 & 1 \\ \omega & \omega & 1 \end{vmatrix} = 0$$

从而

$$\omega = \frac{o_1 a'}{o_1 + a' - a_1}$$

此外

$$a' - a_1 = \frac{z_1 - p}{z_1 \bar{p} - 1} - \frac{z_2 + z_3 + p - z_2 z_3 \bar{p}}{2}$$

$$= \frac{2z_1 - 2p - z_1 z_2 \bar{p} - z_1 z_3 \bar{p} - z_1 p\bar{p} + \sigma_3 \bar{p}^2 + z_2 + z_3 + p - z_2 z_3 \bar{p}}{2(z_1 \bar{p} - 1)}$$

$$= \frac{z_1 - p + \sigma_1 - \sigma_2 \bar{p} - z_1 p\bar{p} + \sigma_3 \bar{p}^2}{2(z_1 \bar{p} - 1)}$$

$$o_1 + a' - a_1$$

$$= \frac{p^2 \bar{p} - \sigma_3 \bar{p}^2 + \sigma_2 \bar{p} - \sigma_1}{2(p\bar{p} - 1)} + \frac{z_1 - p + \sigma_1 - \sigma_2 \bar{p} - z_1 p\bar{p} + \sigma_3 \bar{p}^2}{2(z_1 \bar{p} - 1)}$$

$$= \frac{1}{2(p\bar{p} - 1)(z_1 \bar{p} - 1)}(p^2 \bar{p}^2 z_1 - \sigma_3 \bar{p}^3 z_1 + \sigma_2 z_1 \bar{p}^2 - \sigma_1 z_1 \bar{p} -$$

$$p^2 \bar{p} + \sigma_3 \bar{p}^2 - \sigma_2 \bar{p} + \sigma_1 + p\bar{p} z_1 - p^2 \bar{p} + p\bar{p}\sigma_1 - \bar{p}^2 p\sigma_2 -$$

$$z_1 p^2 \bar{p}^2 + \sigma_3 p\bar{p}^3 - z_1 + p - \sigma_1 + \bar{p}\sigma_2 + z_1 p\bar{p} - \sigma_3 \bar{p}^2)$$

$$= \frac{2p\bar{p}(z_1 - p) - (z_1 - p) + \sigma_2 \bar{p}^2(z_1 - p) - \sigma_1 \bar{p}(z_1 - p) - \sigma_3 \bar{p}^3(z_1 - p)}{2(p\bar{p} - 1)(z_1 \bar{p} - 1)}$$

$$= \frac{(z_1 - p)(2p\bar{p} - 1 + \sigma_2 \bar{p}^2 - \sigma_1 \bar{p} - \sigma_3 \bar{p}^3)}{2(p\bar{p} - 1)(z_1 \bar{p} - 1)}$$

因此

$$\omega = \frac{\dfrac{p^2 \bar{p} - \sigma_3 \bar{p}^2 + \sigma_2 \bar{p} - \sigma_1}{2(p\bar{p} - 1)} \cdot \dfrac{z_1 - p}{z_1 \bar{p} - 1}}{\dfrac{(z_1 - p)(2p\bar{p} - 1 + \sigma_2 \bar{p}^2 - \sigma_1 \bar{p} - \sigma_3 \bar{p}^3)}{2(p\bar{p} - 1)(z_1 \bar{p} - 1)}}$$

$$= \frac{p^2 \bar{p} - \sigma_3 \bar{p}^2 + \sigma_2 \bar{p} - \sigma_1}{2(p\bar{p} - 1) - (\sigma_3 \bar{p}^3 - \sigma_2 \bar{p}^2 + \sigma_1 \bar{p} - 1)}$$

但是

$$p^2\bar{p} - \sigma_3\bar{p}^2 + \sigma_2\bar{p} - \sigma_1 = 2o_1(p\bar{p} - 1)$$

$$\sigma_3\bar{p}^3 - \sigma_2\bar{p}^2 + \sigma_1\bar{p} - 1 = 2\bar{p}(p\bar{p} - 1)(t - o_1)$$

因此

$$\omega = \frac{2o_1(p\bar{p} - 1)}{2(p\bar{p} - 1) - 2\bar{p}(p\bar{p} - 1)(t - o_1)} = \frac{o_1}{1 - \bar{p}(t - o_1)}$$

6°. 为使点 P 与 Q_1 重合,当且仅当 $p = q_1$,即

$$p = \frac{1}{2}(\sigma_3\bar{p}^2 - \sigma_2\bar{p} + p + \sigma_1)$$

$$\sigma_3\bar{p}^2 - \sigma_2\bar{p} - p + \sigma_1 = 0 \tag{8}$$

由此

$$\bar{\sigma}_3p^2 - \bar{\sigma}_2p - \bar{p} + \bar{\sigma}_1 = 0$$

$$\frac{1}{\sigma_3}p^2 - \frac{\sigma_1}{\sigma_3}p - \bar{p} + \frac{\sigma_2}{\sigma_3} = 0$$

$$\bar{p} = \frac{p^2 - \sigma_1 p + \sigma_2}{\sigma_3}$$

式(8)取形式

$$\frac{1}{\sigma_3}(p^4 + \sigma_1^2 p^2 + \sigma_2^2 - 2\sigma_1 p^3 + 2p^2\sigma_2 - 2\sigma_1\sigma_2 p) -$$

$$\frac{1}{\sigma_3}(\sigma_2 p^2 - \sigma_1\sigma_2 p + \sigma_2^2) - p + \sigma_1 = 0$$

$$p^4 - 2\sigma_1 p^3 + (\sigma_1^2 + \sigma_2)p^2 - (\sigma_1\sigma_2 + \sigma_3)p + \sigma_1\sigma_3 = 0 \tag{9}$$

显然 $p = \sigma_1$ 是此方程的根.

式(9) 左边的多项式除以 $p - \sigma_1$,我们得

$$p^2 - \sigma_1 p^2 + \sigma_2 p - \sigma_3 = 0$$

$$(p - z_1)(p - z_2)(p - z_3) = 0$$

于是方程(9) 剩余的根是

$$p = z_1, p = z_2, p = z_3$$

设 p 不与已知三角形的任一顶点重合,我们断定,唯一可能性是 $p = \sigma_1$.于是,当且仅当 p 是已知 $\triangle ABC$ 的垂心时,点 P 与 Q_1 重合.

例 16 在 $\odot(ABC) = \odot(O)$ 上取任一点 P.令 A^* 是点 A 关于直线 OP 的对称点,令 A' 是点 P 关于直线 OA^* 的对称点.用类似方法作出点 B' 与 C'.以 A'', B'', C'' 分别表示点 A', B', C' 关于直线 BC, CA, AB 的对称点.

1°. 求证:$\triangle \overrightarrow{ABC} \backsim \triangle \overrightarrow{A''B''C''}$,且有相同定向.

2°. 求证:$\triangle ABC$ 内接于 $\triangle A''B''C''$,即三元点组 $A, B'', C''; B, C'', A''; C, A'',$

B'' 分别在一直线上.

3°. 求证：$\triangle ABC$ 的垂心 H 是 $\odot(A''B''C'')$ 的圆心.

4°. 若我们已知单位点在单位圆 $\odot(ABC)$ 上的位置与点 P 在此圆上的位置，求 $\odot(A''B''C'')$ 的半径 R''，并指出它的作图方法.

5°. R'' 的最大值是多少？点 P 的什么位置与 R'' 的这个最大值有联系？

6°. 对点 P 的什么位置，所有的点 A''，B''，C'' 与点 H 重合？

7°. 对点 P 的多少个位置与什么位置，使 $\triangle A''B''C'' \cong \triangle ABC$？

8°. 设 $\odot(ABC)$ 是单位圆，已知点 A，B，C，P 的附标分别为 a，b，c，p，求 $\triangle ABC$ 与 $\triangle A''B''C''$ 的相似变换中心的附标.

9°. 求证：若点 P 画出单位圆 $\odot(ABC)$，则 $\triangle ABC$ 与 $\triangle A''B''C''$ 的相似变换中心 Ω' 画出 $\triangle ABC$ 的正形心圆，即是以线段 GH 为直径作出的 $\odot(GH)$（H 是 $\triangle ABC$ 的垂心，G 是重心，因此成为正形心圆）.

10°. 对点 P 的多少个位置与什么位置，使点 G 与 Ω' 重合？

11°. 对点 P 的多少个位置与什么位置，使点 H 与 Ω' 重合？

12°. 当点 P 画出 $\odot(ABC)$ 时，$\triangle A''B''C''$ 的重心 G'' 画出什么线？

13°. 求证：$\triangle ABC$ 与 $\triangle A''B''C''$ 的相似变换中心 Ω' 的附标和 $\triangle A''B''C''$ 的重心 G'' 以线性分式关系式相联系，此关系式确定了平面的圆变换. 求证：这个变换在平面上留下了 $\triangle ABC$ 的正形心圆 $\odot(GH)$ 并求此变换的定点.

14°. 求证：$\triangle A''B''C''$ 的重心 G''（G'' 对应于 $\triangle ABC$ 与 $\triangle A''B''C''$ 的相似中心 Ω'_1）是直线 $O_1\Omega^*$ 与 $\odot(GH)$ 的第 2 个交点，其中 O_1 是点 O 关于线段 GH 的中点 K 的对称点，Ω^* 是点 Ω' 关于线段 GH 的中垂线的对称点.

解 1°. 我们取 $\odot(ABC)$ 为单位圆，取 $\triangle ABC$ 的布坦因点为单位点. 令 a，b，c，p，a'，b'，c'，a''，b''，c'' 分别为点 A，B，C，P，A'，B'，C'，A''，B''，C'' 的附标，则

$$\sigma_3 = abc = 1$$

通过点 A 且垂直于直线 OP 的直线方程有形式

$$z - a = -p^2(\bar{z} - \bar{a})$$

解此方程与单位圆方程 $z\bar{z} = 1$，我们得

$$z - a = p^2 \frac{z - a}{az}$$

此方程的一根 $z = a$ 是点 A 的附标，另一根是

$$z = a^* = \frac{p^2}{a}$$

它是点 A^* 的附标.

垂直于直线 OA^* 的直线斜率是

$$z - p = x(\bar{z} - \bar{p}), \quad -\frac{\dfrac{p^2}{a}}{\dfrac{p^2}{\bar{a}}} = -\frac{p^4}{a^2}$$

通过点 P 且垂直于 OA^* 的直线方程有形式

$$z - p = -\frac{p^4}{a^2}(\bar{z} - \bar{p})$$

解此方程与单位圆方程 $z\bar{z} = 1$，我们求出点 A' 的附标 a'，即

$$z - p = \frac{p^3}{a^2}\frac{z - p}{z}$$

此方程的一根自然是 $z = p$（点 P 的附标），另一根是点 A' 的附标，即

$$a' = \frac{p^3}{a^2}$$

我们用类似的方法求出点 B' 与 C' 的附标. 则我们有

$$a' = \frac{p^3}{a^2}, b' = \frac{p^3}{b^2}, c' = \frac{p^3}{c^2}$$

从而直线 BC 的方程是

$$z + bc\bar{z} = b + c$$

从点 A' 到直线 BC 的垂线方程是

$$z - \frac{p^3}{a^2} = bc\left(\bar{z} - \frac{\bar{p}^3}{\bar{a}^2}\right)$$

或

$$z - bc\bar{z} = \frac{p^3}{a^2} - bc\frac{a^2}{p^3}$$

把最后这些方程与直线 BC 的方程逐项相加，我们求出点 A' 在直线 BC 上的投影的附标 $z = a''_*$，即

$$a''_* = \frac{1}{2}\left(b + c + \frac{p^3}{a^2} - a\frac{\sigma_3}{p^3}\right)$$

从以下关系式求出点 A'' 的附标 a''

$$\frac{a' + a''}{2} = a''_*$$

即

$$\frac{1}{2}\left(\frac{p^3}{a^2} + a''\right) = \frac{1}{2}\left(b + c + \frac{p^3}{a^2} - a\frac{\sigma_3}{p^3}\right)$$

从而（因为 $\sigma_3 = 1$）

$$a'' = b + c - a\frac{\sigma_3}{p^3} = \sigma_1 - a(1 + p^{-3})$$

用类似方法可求出 b'' 与 c''. 于是

$$\begin{cases} a'' = \sigma_1 - (1 + p^{-3})a \\ b'' = \sigma_1 - (1 + p^{-3})b \\ c'' = \sigma_1 - (1 + p^{-3})c \end{cases} \tag{1}$$

从而 $\triangle A''B''C''$ 是由 $\triangle ABC$ 用第 1 种相似变换得出的，即

$$z'' = \sigma_1 - (1 + p^{-3})z \tag{2}$$

因此有向 $\triangle \overrightarrow{ABC} \backsim \triangle \overrightarrow{A''B''C''}$，且有相同定向.

2°. 我们现在证明 $\triangle ABC$ 内接于 $\triangle A''B''C''$. 我们将证明直线 $B''C''$ 通过点

A. 为此例如只要证明

$$\frac{a - b''}{a - c''}$$

是实数即可. 利用公式(1), 我们求出

$$\frac{a - b''}{a - c''} = \frac{a - \sigma_1 + b(1 + p^{-3})}{a - \sigma_1 + c(1 + p^{-3})} = \frac{bp^{-3} - c}{cp^{-3} - b} = u$$

我们有

$$\bar{u} = \frac{\dfrac{1}{b}p^3 - \dfrac{1}{c}}{\dfrac{1}{c}p^3 - \dfrac{1}{b}} = \frac{cp^3 - b}{bp^3 - c} = \frac{bp^{-3} - c}{cp^{-3} - b} = u$$

用类似方法证明就给出, 直线 $C''A''$ 通过点 B, 直线 $A''B''$ 通过点 C.

3°. 点 O 在相似变换(2)下的像是具有附标 σ_1 的点, 即 $\triangle ABC$ 的垂心 H. 在相似变换(2)下, $\triangle ABC$ 变为 $\triangle A''B''C''$, 因此 $\odot(ABC)$ 的圆心 O 变为 $\odot(A''B''C'')$ 的圆心, 即点 H.

4°. $\odot(A''B''C'')$ 的半径 $R'' = |1 + p^{-3}| = |1 + p^3|$, 因此可以作图如下(图 19): 在点 P 处作 $\odot(O)$ 的切线通过单位点 Ω(布坦因点); 作直线 l 平行于此切线; 直线 l 与单位圆的第 2 个交点 Q 有附标 p^2. 通过点 Ω 作直线 $m \parallel PQ$, 直线 m 与单位圆的第 2 个交点 T 有附标 p^3. 作边为 $O\Omega$ 与 OT 的菱形. 它的对角线 $OS = |1 + p^3| = R''$, 其中 R'' 是 $\odot(A''B''C'')$ 的半径.

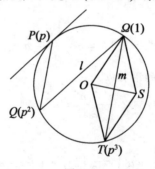

图 19

5°. 令 $p = \cos\varphi + i\sin\varphi$, 则

$$1 + p^3 = 1 + \cos 3\varphi + i\sin 3\varphi$$

因此

$$R'' = |1 + p^3| = \sqrt{(1 + \cos 3\varphi)^2 + \sin^2 3\varphi} = 2\left|\cos\frac{3\varphi}{2}\right|$$

由此得出, 为使 R'' 是最大值($\odot(ABC)$ 的半径 R 的 2 倍), 当且仅当 $\left|\cos\dfrac{3\varphi}{2}\right| = 1$, 从而

$$\frac{3\varphi}{2} = \pm k\pi$$

因此

$$\varphi = \pm \frac{2k\pi}{3}$$

在单位圆上只有 3 个点 T_1, T_3, T_5,例如对应于以下 φ 的值

$$\varphi_1 = 0, \varphi_3 = \frac{2\pi}{3}, \varphi_5 = \frac{4\pi}{3}$$

当 $\varphi_1 = 0$ 时,我们得单位点,即 $\triangle ABC$ 的布坦因点 T_1;T_3 与 T_5 是另两个布坦因点($\triangle T_1 T_3 T_5$ 是 $\odot(ABC)$ 的内接正三角形). 因此,为使 R'' 取最大值 $R'' = 2 = 2R$,当且仅当点 P 与 $\triangle ABC$ 的 3 个布坦因点重合.

6°. 为使点 A'', B'', C'' 与点 H 重合,当且仅当 $p^3 + 1 = 0$,即 $p = \sqrt[3]{-1}$. 3 个点 T_2, T_4, T_6 的附标有辐角

$$\varphi_2 = \frac{\pi}{3}, \varphi_4 = \pi, \varphi_6 = \frac{5\pi}{3}$$

这 3 个点 T_2, T_4, T_6 与 $\triangle ABC$ 的 3 个布坦因点构成 $\odot(ABC)$ 的内接正六边形 $T_1 T_2 T_3 T_4 T_5 T_6$. 因此,为使所有的点 A'', B'', C'' 重合,当且仅当点 P 与 $\odot(ABC)$ 的内接正六边形 3 个顶点 T_2, T_4, T_6 之一重合,它的另外 3 个顶点是 $\triangle ABC$ 的布坦因点 T_1, T_3, T_5.

7°. 在点 P 的 6 个位置上,有

$$\triangle ABC \cong \triangle A''B''C''$$

实际上,为使 $\triangle ABC \cong \triangle A''B''C''$,当且仅当 $|p^3 + 1| = 1$,即

$$2 \left| \cos \frac{3\varphi}{2} \right| = 1$$

从而

$$\cos \frac{3\varphi}{2} = \pm \frac{1}{2}$$

$$\frac{3\varphi}{2} = 2k\pi \pm \frac{\pi}{3}$$

或

$$\frac{3\varphi}{2} = 2k\pi \pm \frac{2\pi}{3}$$

因此

$$\varphi = \frac{4}{3}k\pi \pm \frac{2}{9}\pi, \varphi = \frac{4}{3}k\pi \pm \frac{4}{9}\pi$$

在 $\odot(ABC)$ 上总共有 6 个点有这样的辐角,它们是用半径 $OT_1, OT_3, OT_5(T_1, T_3, T_5$ 是 $\triangle ABC$ 的布坦因点)旋转 $\pm 40°$ 角得出的(半径 OT_1, OT_2, OT_3 旋转 $\pm 80°$ 角得到相同的 6 个点).

8°. 关系式

$$z'' = \sigma_1 - (1 + p^{-3})z \tag{3}$$

确定一个相似变换,把 $\triangle ABC$ 变为 $\triangle A''B''C''$,由此关系式得出,相似变换(3)定点 Ω' 的附标 ω' 是

$$\omega' = \frac{\sigma_1}{2 + p^{-3}}$$

（在关系式(3)中，设 $z'' = z$）.

9°. 从 8° 项所得的关系式推出，若点 P 画出一单位圆，则点 Ω' 画出的 $\odot(\Omega')$ 是由单位圆用以下线性分式变换得出的

$$z' = \frac{\sigma_1}{2 + z}$$

我们现在将证明，$\odot(\Omega')$ 是 $\triangle ABC$ 的正形心圆，即具有直径 GH 的圆. 线段 GH 的中点 K 的附标 k 是

$$k = \frac{1}{2}\left(\frac{\sigma_1}{3} + \sigma_1\right) = \frac{2}{3}\sigma_1$$

此外

$$\begin{aligned}
|z' - k| &= \left|\frac{\sigma_1}{2+z} - \frac{2}{3}\sigma_1\right| = \left|\frac{-\sigma_1 - 2\sigma_1 z}{3(2+z)}\right| \\
&= \frac{|\sigma_1|}{3}\left|\frac{1 + 2z}{2 + z}\right| = \frac{|\sigma_1|}{3}\frac{|z||2 + \bar{z}|}{|2 + z|} \\
&= \frac{|\sigma_1|}{3}
\end{aligned}$$

因此

$$K\Omega' = \frac{OH}{3} = \frac{GH}{2}$$

所以点 Ω' 画出具有直径 GH 的圆.

10°. 为使点 Ω' 与 G 重合，当且仅当

$$\frac{\sigma_1}{2 + p^{-3}} = \frac{\sigma_1}{3}$$

从而

$$p^3 = 1$$

即点 P 与点 T_1, T_3, T_5 之一重合.

11°. 为使点 Ω' 与 H 重合，当且仅当

$$\frac{\sigma_1}{2 + p^{-3}} = \sigma_1$$

从而

$$p^3 = -1$$

即点 P 与点 T_2, T_4, T_6 之一重合.

12°. 在相似变换

$$z'' = \sigma_1 - (1 + p^{-3})z$$

下，$\triangle A''B''C''$ 的重心 G'' 对应于 $\triangle ABC$ 的重心 G，即点 G'' 的附标 g'' 是

$$g'' = \sigma_1 - (1 + p^{-3})\frac{\sigma_1}{3} = \frac{\sigma_1}{3}(2 - p^{-3})$$

由此我们有

$$|g'' - k| = \left|\frac{\sigma_1}{3}(2 - p^{-3}) - \frac{2\sigma_1}{3}\right| = \frac{|\sigma_1|}{3}$$

即,若点 P 画出单位圆,则点 G'' 画出 $\triangle ABC$ 的正形心圆 $\odot(GH)$.

13°. 从以下关系式中消去 p

$$\omega' = \frac{\sigma_1}{2 + p^{-3}}, g'' = \frac{\sigma_1}{3}(2 - p^{-3})$$

我们得

$$2 + p^{-3} = \frac{\sigma_1}{\omega'}, 2 - p^{-3} = \frac{3g''}{\sigma_1}$$

从而

$$3g''\omega' - 4\omega'\sigma_1 + \sigma_1^2 = 0$$

在此关系式中,σ_1 是固定的,于是 g'' 表示为 ω' 的线性分式函数(两点 G'' 与 Ω 有附标 g'' 与 ω',它们在直径为 GH 的圆上),因此这个函数把 $\triangle ABC$ 的正形心圆 $\odot(GH)$ 变为本身. 我们从方程 $3z^2 - 4\sigma_1 z + \sigma_1^2 = 0$ 求出这个变换的定点,从而

$$z = \sigma_1, z = \frac{\sigma_1}{3}$$

是点 H 与 G 的附标.

14°. 点 O 的附标 o_1 是

$$o_1 = \frac{4}{3}\sigma_1$$

直线 GH 的斜率为 $\frac{\sigma_1}{\overline{\sigma}_1}$. 因此通过点 Ω' 且平行于 GH 的直线方程是

$$z - \omega' = \frac{\sigma_1}{\overline{\sigma}_1}(\overline{z} - \overline{\omega}')$$

或

$$z - \frac{\sigma_1}{\overline{\sigma}_1}\overline{z} = \omega' - \frac{\sigma_1}{\overline{\sigma}_1}\overline{\omega}' \qquad (4)$$

线段 GH 的垂线方程为

$$z - \frac{2}{3}\sigma_1 = -\frac{\sigma_1}{\overline{\sigma}_1}\left(\overline{z} - \frac{2}{3}\overline{\sigma}_1\right)$$

或

$$z + \frac{\sigma_1}{\overline{\sigma}_1}\overline{z} = \frac{4}{3}\sigma_1 \qquad (5)$$

把方程 (4) 与 (5) 逐项相加,我们求出点 Ω' 在线段 GH 的中垂线上的投影附标 $z = \pi$,即

$$\pi = \frac{1}{2}\left(\omega' + \frac{4}{3}\sigma_1 - \frac{\sigma_1}{\overline{\sigma}_1}\overline{\omega}'\right)$$

点 Ω^* 的附标 ω^* 可以由以下关系式求出

$$\frac{\omega' + \omega^*}{2} = \pi = \frac{1}{2}\left(\omega' + \frac{4}{3}\sigma_1 - \frac{\sigma_1}{\overline{\sigma}_1}\overline{\omega}'\right)$$

从而

$$\omega^* = \frac{4}{3}\sigma_1 - \frac{\sigma_1}{\overline{\sigma}_1}\overline{\omega}'$$

但是

$$\overline{\omega}' = \frac{\overline{\sigma}_1}{2 + p^{-3}}$$

因此

$$\omega^* = \frac{4}{3}\sigma_1 - \frac{\sigma_1}{2 + \overline{p}^{-3}}$$

我们有

$$\begin{vmatrix} o_1 & \omega^* & g'' \\ \overline{o}_1 & \overline{\omega}^* & \overline{g}'' \\ 1 & 1 & 1 \end{vmatrix} = \begin{vmatrix} \dfrac{4}{3}\sigma_1 & \dfrac{4}{3}\sigma_1 - \dfrac{\sigma_1}{2+\overline{p}^{-3}} & \dfrac{\sigma_1}{3}(2-p^{-3}) \\ \dfrac{4}{3}\overline{\sigma}_1 & \dfrac{4}{3}\overline{\sigma}_1 - \dfrac{\overline{\sigma}_1}{2+p^{-3}} & \dfrac{\overline{\sigma}_1}{3}(2-\overline{p}^{-3}) \\ 1 & 1 & 1 \end{vmatrix}$$

$$= \sigma_1\overline{\sigma}_1 \begin{vmatrix} \dfrac{4}{3} & -\dfrac{1}{2+\overline{p}^{-3}} & \dfrac{1}{3}(2+p^{-3}) \\ \dfrac{4}{3} & -\dfrac{1}{2+p^{-3}} & \dfrac{1}{3}(2+\overline{p}^{-3}) \\ 1 & 0 & 0 \end{vmatrix} = 0$$

例 17 令 P, Q, R 是点 M 在 $\triangle ABC$ 的边 BC, CA, AB 上的正投影；令 A_0, B_0, C_0 是线段 MA, MB, MC 的中点，令 A', B', C' 是由点 A_0, B_0, C_0 作反演圆为 $\odot(PQR)$ 的反演得出的. 求证：$\triangle\ \overrightarrow{A'B'C'}$ 的面积与 $\triangle\ \overrightarrow{PQR}$ 的面积之比等于 $\odot(PQR)$ 的半径的平方与点 M 对此圆的反号幂之比（图 20）.

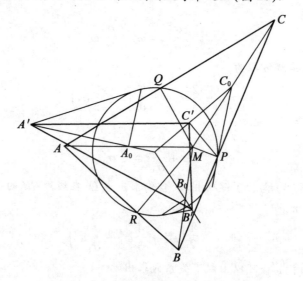

图 20

证明 取 $\odot(PQR)$ 为单位圆. 令 z_1, z_2, z_3, z_0 分别为点 P, Q, R, M 的附标. 因为把 $\odot(PQR)$ 的半径看作 1，所以得出点 M 对 $\odot(PQR)$ 的幂为

$$\sigma = z_0 \bar{z}_0 - 1$$

于是我们来证明

$$\frac{(A'B'C')}{(PQR)} = -\frac{1}{\sigma}$$

直线 MQ 的方程有形式

$$z - z_0 = \frac{z_0 - z_2}{\bar{z}_0 - \bar{z}_2}(\bar{z} - \bar{z}_0)$$

或

$$(\bar{z}_0 - \bar{z}_2)z - (z_0 - z_2)\bar{z} = \bar{z}_0 z_2 - z_0 \bar{z}_2$$

直线 AQ 的斜率为 $-\dfrac{z_0 - z_2}{\bar{z}_0 - \bar{z}_2}$,因此,此直线的方程有形式

$$z - z_2 = -\frac{z_0 - z_2}{\bar{z}_0 - \bar{z}_2}(\bar{z} - \bar{z}_2)$$

或

$$(\bar{z}_0 - \bar{z}_2)z + (z_0 - z_2)\bar{z} = z_2 \bar{z}_0 + \bar{z}_2 z_0 - 2 \tag{1}$$

类似地,我们得出直线 AR 的方程

$$(\bar{z}_0 - \bar{z}_3)z + (z_0 - z_3)\bar{z} = z_3 \bar{z}_0 + \bar{z}_3 z_0 - 2 \tag{2}$$

联立方程 $(1)(2)$,求出点 A 的附标 $z = a$,即

$$a = \frac{\Delta'}{\Delta} = \frac{\begin{vmatrix} z_2 \bar{z}_0 + \bar{z}_2 z_0 - 2 & z_0 - z_2 \\ z_3 \bar{z}_0 + \bar{z}_3 z_0 - 2 & z_0 - z_3 \end{vmatrix}}{\begin{vmatrix} \bar{z}_0 - \bar{z}_2 & z_0 - z_2 \\ \bar{z}_0 - \bar{z}_3 & z_0 - z_3 \end{vmatrix}}$$

我们有

$$\begin{aligned}
\Delta' &= (z_2 \bar{z}_0 + \bar{z}_2 z_0 - 2)(z_0 - z_3) - (z_3 \bar{z}_0 + \bar{z}_3 z_0 - 2)(z_0 - z_2) \\
&= z_2 \bar{z}_0 z_0 + \bar{z}_2 z_0^2 - 2z_0 - z_2 z_3 \bar{z}_0 - z_3 \bar{z}_2 z_0 + 2z_3 - \\
&\quad z_3 z_0 \bar{z}_0 - \bar{z}_3 z_0^2 + 2z_0 + z_2 z_3 \bar{z}_0 + \bar{z}_3 z_2 z_0 - 2z_2 \\
&= (z_2 - z_3)z_0 \bar{z}_0 + z_0^2\left(\frac{1}{z_2} - \frac{1}{z_3}\right) + z_0\left(\frac{z_2}{z_3} - \frac{z_3}{z_2}\right) - 2(z_2 - z_3) \\
&= (z_2 - z_3)\left(z_0 \bar{z}_0 - \frac{z_0^2}{z_2 z_3} + \frac{z_2 + z_3}{z_2 z_3}z_0 - 2\right) \\
&= (z_2 - z_3)\frac{z_0 \bar{z}_0 z_2 z_3 - z_0^2 + (z_2 + z_3)z_0 - 2z_2 z_3}{z_2 z_3}
\end{aligned}$$

$$\begin{aligned}
\Delta &= (\bar{z}_0 - \bar{z}_2)(z_0 - z_3) - (z_0 - z_2)(\bar{z}_0 - \bar{z}_3) \\
&= \bar{z}_0 z_0 - \bar{z}_0 z_3 - \bar{z}_2 z_0 + \bar{z}_2 z_3 - z_0 \bar{z}_0 + z_0 \bar{z}_3 + z_2 \bar{z}_0 - z_2 \bar{z}_3 \\
&= \bar{z}_0(z_2 - z_3) + z_0\left(\frac{1}{z_3} - \frac{1}{z_2}\right) + \frac{z_3}{z_2} - \frac{z_2}{z_3} \\
&= (z_2 - z_3)\frac{z_0 + z_2 z_3 \bar{z}_0 - z_2 - z_3}{z_2 z_3}
\end{aligned}$$

于是

$$a = \frac{-z_0^2 + (z_2 z_3 \bar{z}_0 + z_2 + z_3)z_0 - 2z_2 z_3}{z_0 + z_2 z_3 \bar{z}_0 - z_2 - z_3}$$

线段 AM 的中点 A_0 的附标 a_0 为

$$a_0 = \frac{z_0 + a}{2}$$

$$= \frac{z_0^2 + z_2 z_3 z_0 \bar{z}_0 - z_2 z_0 - z_3 z_0 - z_0^2 + z_2 z_3 z_0 \bar{z}_0 + z_0 z_2 + z_0 z_3 - 2z_2 z_3}{2(z_0 + z_2 z_3 \bar{z}_0 - z_2 - z_3)}$$

$$= \frac{z_2 z_3 (z_0 \bar{z}_0 - 1)}{z_0 + z_2 z_3 \bar{z}_0 - z_2 - z_3}$$

点 A' 的附标 $a' = \dfrac{1}{\bar{a}_0}$，即

$$a' = \frac{\bar{z}_0 + \dfrac{1}{z_2 z_3}z_0 - \dfrac{1}{z_2} - \dfrac{1}{z_3}}{\dfrac{1}{z_2 z_3}(z_0 \bar{z}_0 - 1)}$$

$$= \frac{z_0 + z_2 z_3 \bar{z}_0 - z_2 - z_3}{z_0 \bar{z}_0 - 1}$$

$$= \frac{1}{\sigma}(z_0 + \bar{z}_0 \bar{z}_1 \sigma_3 + z_1 - \sigma_1)$$

我们现在有

$$\bar{a}' = \frac{1}{\sigma}(\bar{z}_0 + z_0 z_1 \bar{\sigma}_3 + \bar{z}_1 - \bar{\sigma}_1)$$

类似地，有

$$b' = \frac{1}{\sigma}(z_0 + \bar{z}_0 \bar{z}_2 \sigma_3 + z_2 - \sigma_1)$$

$$c' = \frac{1}{\sigma}(z_0 + \bar{z}_0 \bar{z}_3 \sigma_3 + z_3 - \sigma_1)$$

$$\bar{b}' = \frac{1}{\sigma}(\bar{z}_0 + z_0 z_2 \bar{\sigma}_3 + \bar{z}_2 - \bar{\sigma}_1)$$

$$\bar{c}' = \frac{1}{\sigma}(\bar{z}_0 + z_0 z_2 \bar{\sigma}_3 + \bar{z}_3 - \bar{\sigma}_1)$$

因此

$$(A'B'C') = \frac{\mathrm{i}}{4}\begin{vmatrix} a' & \bar{a}' & 1 \\ b' & \bar{b}' & 1 \\ c' & \bar{c}' & 1 \end{vmatrix}$$

$$= \frac{\mathrm{i}}{4\sigma^2}\begin{vmatrix} z_0 + \bar{z}_0 \bar{z}_1 \sigma_3 + z_1 - \sigma_1 & \bar{z}_0 + z_0 z_1 \bar{\sigma}_3 + \bar{z}_1 - \bar{\sigma}_1 & 1 \\ z_0 + \bar{z}_0 \bar{z}_2 \sigma_3 + z_2 - \sigma_1 & \bar{z}_0 + z_0 z_2 \bar{\sigma}_3 + \bar{z}_2 - \bar{\sigma}_1 & 1 \\ z_0 + \bar{z}_0 \bar{z}_3 \sigma_3 + z_3 - \sigma_1 & \bar{z}_0 + z_0 z_3 \bar{\sigma}_3 + \bar{z}_3 - \bar{\sigma}_1 & 1 \end{vmatrix}$$

$$= \frac{\mathrm{i}}{4\sigma^2}\begin{vmatrix} \bar{z}_0 \bar{z}_1 \sigma_3 + z_1 & z_0 z_1 \bar{\sigma}_3 + \bar{z}_1 & 1 \\ \bar{z}_0 \bar{z}_2 \sigma_3 + z_2 & z_0 z_2 \bar{\sigma}_3 + \bar{z}_2 & 1 \\ \bar{z}_0 \bar{z}_3 \sigma_3 + z_3 & z_0 z_3 \bar{\sigma}_3 + \bar{z}_3 & 1 \end{vmatrix}$$

$$= \frac{\mathrm{i}}{4\sigma^2}\left[z_0\bar{z}_0\begin{vmatrix}\bar{z}_1 & z_1 & 1\\ \bar{z}_2 & z_2 & 1\\ \bar{z}_3 & z_3 & 1\end{vmatrix} + \begin{vmatrix}z_1 & \bar{z}_1 & 1\\ z_2 & \bar{z}_2 & 1\\ z_3 & \bar{z}_3 & 1\end{vmatrix}\right]$$

$$= -\frac{1}{\sigma}(PQR)$$

从而

$$\frac{(A'B'C')}{(PQR)} = -\frac{1}{\sigma}$$

例 18 $\triangle A_1A_2A_3$ 是任意三角形;P 是任一点. 通过点 P 作出互相垂直的两直线 δ 与 δ'. 令这些直线分别交边 A_2A_3 于点 B_2 与 B_3,交高(从点 A_1 到边 A_2A_3 的高)于点 B'_2 与 B'_3. 用类似方法对边 A_3A_1 作出点 C_3 与 C_1,C'_3 与 C'_1,作出从顶点 A_2 到此边上的高;又对边 A_1A_2 作出点 D_1 与 D_2,D'_1 与 D'_2,作出从顶点 A_3 到边 A_1A_2 上的高. 求证:三组点 B_2,B_3,B'_2,B'_3;C_3,C_1,C'_3,C'_1;D_1,D_2,D'_1,D'_2 在一直线上(对上述所有 12 个点指定相同质量,如图 21).

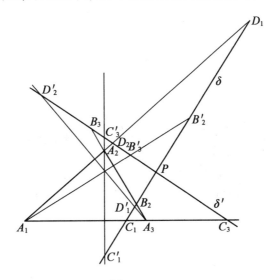

图 21

证明 取 $\odot(A_1A_2A_3)$ 为单位圆. 令 z_1,z_2,z_3,p 为点 A_1,A_2,A_3,P 的附标. 我们写下直线 δ 与 δ' 的方程如下式

$$z - p = \tau(\bar{z} - \bar{p}) \quad 或 \quad z - \tau\bar{z} = p - \tau\bar{p} \tag{1}$$

$$z - p = -\tau(\bar{z} - \bar{p}) \quad 或 \quad z + \tau\bar{z} = p + \tau\bar{p} \tag{2}$$

其中

$$|\tau| = 1$$

直线 A_2A_3 的方程有形式

$$z + z_2z_3\bar{z} = z_2 + z_3 \tag{3}$$

从式(3)逐项减去式(1),我们得出数

$$\bar{z} = \bar{b}_2$$

它与点 B_2 的附标 b_2 共轭,即

$$\bar{b}_2 = \frac{z_2 + z_3 - p + \tau\bar{p}}{z_2 z_3 + \tau} \tag{4}$$

从而

$$b_2 = \frac{\dfrac{1}{z_2} + \dfrac{1}{z_3} - \bar{p} + \dfrac{1}{\tau}p}{\dfrac{1}{z_2 z_3} + \dfrac{1}{\tau}} = \frac{\tau(z_2 + z_3 - z_2 z_3 \bar{p}) + z_2 z_3 p}{z_2 z_3 + \tau} \tag{5}$$

在刚才得出的公式中以 $-\tau$ 代替 τ，我们求出点 B_3 的附标 b_3 与 $\bar{b}_3$，即

$$b_3 = \frac{-\tau(z_2 + z_3 - z_2 z_3 \bar{p}) + z_2 z_3 p}{z_2 z_3 - \tau}$$

$$\bar{b}_3 = \frac{z_2 + z_3 - p - \tau\bar{p}}{z_2 z_3 - \tau}$$

由这些公式求出数 $\bar{b}_{23}$，它与线段 $B_2 B_3$ 的中点 B_{23} 的附标 b_{23} 共轭，即

$$\bar{b}_{23} = \frac{\bar{b}_2 + \bar{b}_3}{2}$$

$$= \frac{1}{2}\left(\frac{z_2 + z_3 - p + \tau\bar{p}}{z_2 z_3 + \tau} + \frac{z_2 + z_3 - p - \tau\bar{p}}{z_2 z_3 - \tau}\right)$$

$$= \frac{z_2 z_3(z_2 + z_3) - p z_2 z_3 - \tau^2 \bar{p}}{z_2^2 z_3^2 - \tau^2}$$

从而

$$b_{23} = \frac{\dfrac{1}{z_2 z_3}\left(\dfrac{1}{z_2} + \dfrac{1}{z_3}\right) - \bar{p}\dfrac{1}{z_2 z_3} - \dfrac{1}{\tau^2}p}{\dfrac{1}{z_2^2 z_3^2} - \dfrac{1}{\tau^2}} = \frac{z_2^2 z_3^2 p + \tau^2 \bar{p} z_2 z_3 - (z_2 + z_3)\tau^2}{z_2^2 z_3^2 - \tau^2}$$

此外，通过点 A_1 且垂直于直线 $A_2 A_3$ 的直线方程有形式

$$z - z_1 = z_2 z_3(\bar{z} - \bar{z}_1)$$

或

$$z - z_2 z_3 \bar{z} = z_1 - \frac{z_2 z_3}{z_1} \tag{6}$$

由式(1)逐项减去式(6)，求出附标，它与点 B'_2 的附标 b'_2 共轭

$$\bar{b}'_2 = \frac{p - \tau\bar{p} - z_1 + \dfrac{z_2 z_3}{z_1}}{z_2 z_3 - \tau}$$

类似地，有

$$\bar{b}'_3 = \frac{p + \tau\bar{p} - z_1 + \dfrac{z_2 z_3}{z_1}}{z_2 z_3 + \tau}$$

数 $\bar{b}'_{23}$ 与线段 $B'_2 B'_3$ 的中点 B'_{23} 的附标 b'_{23} 共轭，$\bar{b}'_{23}$ 是

$$\bar{b}'_{23} = \frac{1}{2}\left(\frac{p - \tau\bar{p} - z_1 + \dfrac{z_2 z_3}{z_1}}{z_2 z_3 - \tau} + \frac{p + \tau\bar{p} - z_1 + \dfrac{z_2 z_3}{z_1}}{z_2 z_3 + \tau}\right)$$

$$= \frac{z_2 z_3 p - \sigma_3 + \frac{z_2^2 z_3^2}{z_1} - \tau^2 \bar{p}}{z_2^2 z_3^2 - \tau^2}$$

从而

$$b_{23}' = \frac{\frac{1}{z_2 z_3}\bar{p} - \frac{1}{\sigma_3} + \frac{z_1}{z_2^2 z_3^2} - \frac{1}{\tau^2}p}{\frac{1}{z_2^2 z_3^2} - \frac{1}{\tau^2}} = \frac{p z_2^2 z_3^2 - z_1 \tau^2 + \frac{z_2 z_3}{z_1}\tau^2 - z_2 z_3 \bar{p}\tau^2}{z_2^2 z_3^2 - \tau^2}$$

点集 B_2, B_3, B'_2, B'_3 的重心的附标 λ 等于线段 $B_{23}B'_{23}$ 的中点的附标,此线段的端点 B_{23} 与 B'_{23} 是线段 $B_2 B_3$ 与 $B'_2 B'_3$ 的中点,即

$$\lambda = \frac{b_{23} + b_{23}'}{2} = \frac{2 z_2^2 z_3^2 p - \tau^2 \left(\sigma_1 - \frac{z_2 z_3}{z_1}\right)}{2(z_3^2 z_3^2 - \tau^2)} \tag{7}$$

我们现在证明,具有附标 λ 的点在直线 δ 上,此直线由以下方程①给出

$$2z\left(2\bar{p} + \frac{\sigma_3}{\tau^2} - \bar{\sigma}_1\right) + 2\bar{z}\left(2p + \frac{\tau^2}{\sigma_3} - \sigma_1\right) = \left(2p + \frac{\tau^2}{\sigma_3}\right)\left(2\bar{p} + \frac{\sigma_3}{\tau^2}\right) - \sigma_1 \bar{\sigma}_1$$

$$\tag{8}$$

我们有

$$\bar{\lambda} = \frac{2\bar{p}\frac{1}{z_2^2 z_3^2} - \frac{1}{\tau^2}\left(\bar{\sigma}_1 - \frac{z_1}{z_2 z_3}\right)}{2\left(\frac{1}{z_2^2 z_3^2} - \frac{1}{\tau^2}\right)} = \frac{\bar{\sigma}_1 z_2^2 z_3^2 - \sigma_3 - 2\bar{p}\tau^2}{2(z_2^2 z_3^2 - \tau^2)} \tag{9}$$

我们计算式 (8) 的左边,设 $z = \lambda$, $\bar{z} = \bar{\lambda}$(分母 $z_2^2 z_3^2 - \tau^2$ 暂时省略),即

$$\left(2p z_2^2 z_3^2 - \tau^2 \sigma_1 + \tau^2 \frac{z_2 z_3}{z_1}\right)\left(2\bar{p} + \frac{\sigma_3}{\tau^2} - \frac{\sigma_2}{\sigma_3}\right) +$$

$$\left(z_2^2 z_3^2 \frac{\sigma_2}{\sigma_3} - \sigma_3 - 2\bar{p}\tau^2\right)\left(2p + \frac{\tau^2}{\sigma_3} - \sigma_1\right)$$

$$= 4p\bar{p} z_2^2 z_3^2 + 2p z_2^2 z_3^2 \frac{\sigma_3}{\tau^2} - 2p \frac{\sigma_2}{\sigma_3} z_2^2 z_3^2 - 2\bar{p}\tau^2 \sigma_1 -$$

$$\sigma_1 \sigma_3 + \frac{\sigma_1 \sigma_2}{\sigma_3}\tau^2 + 2\bar{p}\tau^2 \frac{z_2 z_3}{z_1} +$$

---

① 这条直线的方程可以用确定第 2 点集 C_3, C_1, C'_3, C'_1 的重心附标 μ 的类似方法建立起来,即

$$\mu = \frac{2 z_3^2 z_1^2 p - \tau^2 \left(\sigma_1 - \frac{z_3 z_1}{z_2}\right)}{2(z_3^2 z_1^2 - \tau^2)}$$

也可以用确定点集 D_1, D_2, D'_1, D'_2 的重心附标的类似方法建立起来,可以验证,三点共线的充要条件

$$\begin{vmatrix} \lambda & \bar{\lambda} & 1 \\ \mu & \bar{\mu} & 1 \\ \nu & \bar{\nu} & 1 \end{vmatrix} = 0$$

$$\sigma_3 \frac{z_2 z_3}{z_1} - \frac{\sigma_2}{\sigma_3} \tau^2 \frac{z_2 z_3}{z_1} + 2p z_2^2 z_3^2 \frac{\sigma_2}{\sigma_3} + \tau^2 \frac{\sigma_2}{\sigma_3^2} z_2^2 z_3^2 -$$

$$\frac{\sigma_1 \sigma_2}{\sigma_3} z_2^2 z_3^2 - 2p\sigma_3 - \tau^2 + \sigma_3 \sigma_1 -$$

$$4p\bar{p}\tau^2 - 2\bar{p} \frac{\tau^4}{\sigma_3} + 2\bar{p}\tau^2 \sigma_1$$

$$= 4p\bar{p}(z_3^2 z_3^2 - \tau^2) + z_2^2 z_3^2 - \tau^2 - \frac{\sigma_1 \sigma_2}{\sigma_3}(z_2^2 z_3^2 - \tau^2) +$$

$$2p \frac{\sigma_3}{\tau^2}(z_2^2 z_3^2 - \tau^2) + \frac{2\bar{p}\tau^2}{\sigma_3}(z_2^2 z_3^2 - \tau^2)$$

因此当 $z = \lambda$ 时, 左边等于

$$4p\bar{p} + 1 - \frac{\sigma_1 \sigma_2}{\sigma_3} + 2p \frac{\sigma_3}{\tau^2} + \frac{2\bar{p}\tau^2}{\sigma_3}$$

方程(8) 的右边是

$$4p\bar{p} + \frac{2p\sigma_3}{\tau^2} + 2\bar{p} \frac{\tau^2}{\sigma_3} + 1 - \frac{\sigma_1 \sigma_2}{\sigma_3}$$

它与左边相同. 方程(8) 的对称性证明了这个定理. 同时, 方程(8) 是以下三个点集的三个重心所在的直线方程

$$B_2, B_3, B'_2, B'_3; C_3, C_1, C'_3, C'_1; D_1, D_2, D'_1, D'_2$$

由这个定理推出一个系(德罗兹 - 法尔尼定理(图 22)): 若通过 $\triangle A_1 A_2 A_3$ 的垂心 H 作两条互相垂直的直线, 在边 $A_2 A_3, A_3 A_1, A_1 A_2$ 上截出线段 $B_2 B_3, C_3 C_1, D_1 D_2$, 则线段 $B_2 B_3, C_3 C_1, D_1 D_2$ 的中点在一直线上. 当然, 此定理可以用直接方法证明, 它的证明在技术上不如本例归纳出的德罗兹 - 法尔尼定理那么漂亮. 在这个定理的直接证明中, 我们应当记住, σ_1 是 $\triangle A_1 A_2 A_3$ 的垂心 H 的附标.

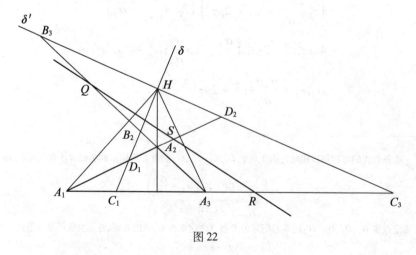

图 22

显然, 德罗兹 - 法尔尼直线是由直线 δ 在位似变换 $(H, \frac{1}{2})$ 下对相同情

形 $P = H$ 作归纳得出的;点 B'_2,B'_3 与点 H 合并了,点集 B_2,B_3,B'_2,B'_3 的重心是线段 HB_{23} 的中点,其中 B_{23} 是线段 B_2B_3 的中点. 对点 C'_3,C'_1 与 D'_1,D'_2 是类似的.

例 19 令 I 是 $\triangle ABC$ 内切圆 $\odot(I)$ 的圆心;令 D,E,F 是 $\odot(I)$ 分别与边 BC,CA,AB 的切点;令 H 是 $\triangle DEF$ 的垂心;令 δ 是 $\odot(I)$ 的某一直径;令 D',E',F' 分别为点 D,E,F 关于直线 δ 的对称点. 求证:若 P_a,P_b,P_c 分别为任一点 P 关于 $\triangle D'E'F'$ 的边 $E'F',F'D',D'E'$ 的对称点,α,β,γ 分别为点 P_a,P_b,P_c 关于 $\triangle ABC$ 的边 BC,CA,AB 的对称点,则 $\odot(\alpha\beta\gamma)$ 的圆心 Q 有性质:点 Q 关于 $\triangle DEF$ 的西姆森直线平行于直线 δ. 求证:若作出有向直线 $\overrightarrow{QN}$ 等价于有向直线 $\dfrac{\overrightarrow{HP^*}}{2}$,其中 P^* 是点 P 关于直线 δ 的对称点,则 $\odot(\alpha\beta\gamma)$ 的半径将等于 $2IN$.

证明 取 $\odot(I) = \odot(DEF)$ 为单位圆,取直径 δ 为实轴. 令 z_1,z_2,z_3,p 是点 D,E,F,P 的附标,则点 B 与 C 的附标 b 与 c 分别为

$$b = \frac{2z_3z_1}{z_3 + z_1}, c = \frac{2z_1z_2}{z_1 + z_2}$$

它们的共轭数为

$$\bar{b} = \frac{2}{z_3 + z_1}, \bar{c} = \frac{2}{z_1 + z_2}$$

我们求点 P_a 的附标 p_a. 点 D',E',F' 的附标为 $\bar{z}_1,\bar{z}_2,\bar{z}_3$. 直线 $E'F'$ 的斜率是

$$\frac{\bar{z}_2 - \bar{z}_3}{z_2 - z_3} = \frac{\dfrac{1}{z_2} - \dfrac{1}{z_3}}{z_2 - z_3} = -\frac{1}{z_2z_3}$$

直线 $E'F'$ 的方程是

$$z - \bar{z}_2 = -\frac{1}{z_2z_3}(\bar{z} - z_2)$$

或

$$z + \bar{z}_2\bar{z}_3\bar{z} = \bar{z}_2 + \bar{z}_3 \tag{1}$$

从点 P 到此直线的垂线方程是

$$z - p = \frac{1}{z_2z_3}(\bar{z} - \bar{p})$$

或

$$z - \bar{z}_2\bar{z}_3\bar{z} = p - \bar{z}_2\bar{z}_3\bar{p} \tag{2}$$

从方程(1)与(2)我们求出点 P 在直线 $E'F'$ 上的投影附标,即

$$p_a^* = \frac{1}{2}(\bar{z}_2 + \bar{z}_3 + p - \bar{z}_2\bar{z}_3\bar{p})$$

与点 P 关于直线 $E'F'$ 对称的点 P_a 的附标 p_a 可以从以下关系式求出

$$\frac{p + p_a}{2} = p_a^* = \frac{1}{2}(\bar{z}_2 + \bar{z}_3 - \bar{z}_2\bar{z}_3\bar{p} + p)$$

从而

$$p_a = \bar{z}_2 + \bar{z}_3 - \bar{z}_2\bar{z}_3\bar{p}$$

直线 ID 的斜率为 $z_1/\bar{z}_1 = z_1^2$，直线 BC 的斜率为 $-z_1^2$. 直线 BC 的方程是

$$z - z_1 = -z_1^2(\bar{z} - \bar{z}_1)$$

或

$$z + z_1^2\bar{z} = 2z_1 \tag{3}$$

从点 P_a 到边 BC 的垂线方程是

$$z - p_a = z_1^2(\bar{z} - \bar{p}_a)$$

或

$$z - z_1^2\bar{z} = p_a - z_1^2\bar{p}_a \tag{4}$$

从方程(3)与(4)我们求出点 P_a 在直线 BC 上的投影附标 $\tilde{p}_a$

$$\tilde{p}_a = \frac{1}{2}(p_a - z_1^2\bar{p}_a + 2z_1)$$

从关系式

$$\frac{\lambda + p_a}{2} = \tilde{p}_a = \frac{1}{2}(p_a - z_1^2\bar{p}_a + 2z_1)$$

我们求出点 α 的附标 λ

$$\begin{aligned}
\lambda &= 2z_1 - z_1^2(z_2 + z_3 - z_2z_3p) \\
&= 2z_1 - z_1(z_1z_2 + z_1z_3 - \sigma_3 p) \\
&= 2z_1 - z_1(\sigma_2 - z_2z_3 - \sigma_3 p) \\
&= \sigma_3 + z_1(2 - \sigma_2 + p\sigma_3)
\end{aligned}$$

点 β 与 γ 的附标 μ 与 ν 有类似的表示式，即

$$\mu = \sigma_3 + z_2(2 - \sigma_2 + p\sigma_3)$$
$$\nu = \sigma_3 + z_3(2 - \sigma_2 + p\sigma_3)$$

于是我们看出点 α, β, γ 在一圆上，此圆圆心的附标为 σ_3，因为 $|\sigma_3| = 1$，所以得出此圆心在 $\odot(DEF)$ 上. $\odot(\alpha\beta\gamma)$ 的半径为

$$\rho = |2 - \sigma_2 + p\sigma_3| = |2 - \bar{\sigma}_2 + \bar{p}\bar{\sigma}_3| = \left| 2 - \frac{\sigma_1}{\sigma_3} + \frac{\bar{p}}{\sigma_3} \right|$$

$$= \frac{|2\sigma_3 - \sigma_1 + \bar{p}|}{|\sigma_3|} = |2\sigma_3 - \sigma_1 + \bar{p}| = 2\left| \sigma_3 + \frac{1}{2}(\bar{p} - \sigma_1) \right|$$

由例 3 推出以下事实：对应于具有附标 σ_3 的点的西姆森直线与实轴平行.

点 P^* 是点 P 关于直线 δ 的对称点，P^* 的附标 p^* 为 $p^* = \bar{p}$. 复数 $p^* - \sigma_1 = \bar{p} - \sigma_1$[①] 对应于有向线段 $\overrightarrow{HP^*}$.

有向线段 $\dfrac{\overrightarrow{HP^*}}{2} \equiv \overrightarrow{QN}$ 与复数 $\dfrac{1}{2}(\bar{p} - \sigma_1) = n - \sigma_3$ 有联系，其中 n 是点 N 的附标. 我们由此有

① 令点 A 与 B 分别有附标 a 与 b. 我们将称有向线段 $\overrightarrow{AB}$ 与复数 $b - a$ 有联系.

$$n = \sigma_3 + \frac{1}{2}(\bar{p} - \sigma_1)$$

因为 n 是点 N 的附标,取 $\odot(I)$ 为单位圆,所以得

$$IN = |n| = \left| \sigma_3 + \frac{1}{2}(\bar{p} - \sigma_1) \right| = \frac{1}{2}\rho$$

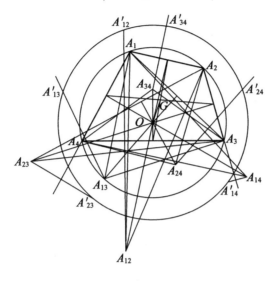

图 23

例 20 在 $\odot(O)$ 上任取四点 A_1, A_2, A_3, A_4,从联结这些点中每两点所成六条线段中取任一条线段,例如线段 A_1A_2,作出顶点 A_{12} 与底 A_1A_2 的等腰 $\triangle A_1A_2A_{12}$,使它的重心与点 O 重合.令 A'_{12} 是与点 A_{12} 关于直线 A_3A_4 对称的点.求证:这样得出的六点 $A'_{12}, A'_{13}, A'_{14}, A'_{23}, A'_{24}, A'_{34}$ 在一 $\odot(S)$ 上,它与 $\odot(O)$ 是同心圆;注意,$\odot(S)$ 的半径是从点 O 到点集 A_1, A_2, A_3, A_4 重心距离的 4 倍.

证明 取 $\odot(O)$ 为单位圆,令 z_1, z_2, z_3, z_4 分别为点 A_1, A_2, A_3, A_4 的附标.线段 A_1A_2 的中点附标 α_{12} 为 $\alpha_{12} = \frac{1}{2}(z_1 + z_2)$;因此当等腰 $\triangle A_1A_2A_{12}(A_1A_{12} = A_2A_{12})$ 的重心与点 O 重合时,顶点 A_{12} 的附标 a_{12} 为

$$a_{12} = -(z_1 + z_2)$$

直线 A_3A_4 的方程为

$$z + z_3z_4\bar{z} = z_3 + z_4 \tag{1}$$

从点 A_{12} 到直线 A_3A_4 的垂线方程为

$$z + z_1 + z_2 = z_3z_4(\bar{z} + \bar{z}_1 + \bar{z}_2)$$

或

$$z - z_3z_4\bar{z} = -z_1 - z_2 + z_3z_4\bar{z}_1 + z_3z_4\bar{z}_2 \tag{2}$$

把方程(1)与(2)逐项相加,我们求出点 A_{12} 在 A_3A_4 上的投影附标 $z = a_{12}^*$,即

$$a_{12}^* = \frac{1}{2}(z_3 + z_4 - z_1 - z_2 + z_3z_4\bar{z}_1 + \bar{z}_3\bar{z}_4\bar{z}_2)$$

点 A'_{12} 的附标 a'_{12} 从以下关系式求出

$$\frac{a_{12} + a'_{12}}{2} = a^*_{12}$$

或

$$\frac{-z_1 - z_2 + a'_{12}}{2} = \frac{1}{2}(z_3 + z_4 - z_1 - z_2 + z_3 z_4 \bar{z}_1 + z_3 z_4 \bar{z}_2)$$

从而

$$\begin{aligned} a'_{12} &= z_3 + z_4 + z_3 z_4 \bar{z}_1 + z_3 z_4 \bar{z}_2 \\ &= z_3 z_4 (\bar{z}_1 + \bar{z}_2 + \bar{z}_3 + \bar{z}_4) \\ &= z_3 z_4 \bar{\sigma}_1 \end{aligned}$$

其中

$$\sigma_1 = z_1 + z_2 + z_3 + z_4$$

由此关系式得

$$OA'_{12} = |a'_{12}| = |\sigma_1| \qquad (|z_3| = |z_4| = 1, |\bar{\sigma}_1| = |\sigma_1|)$$

类似地,有

$$OA'_{13} = OA'_{14} = OA'_{23} = OA'_{24} = OA'_{34} = |\sigma_1|$$

于是,点 $A'_{12}, A'_{13}, A'_{14}, A'_{23}, A'_{24}, A'_{34}$ 在一圆上,其半径为

$$\rho = |\sigma_1| = 4\left|\frac{\sigma_1}{4}\right|$$

但是,$\dfrac{\sigma_1}{4}$ 是点集 A_1, A_2, A_3, A_4 的重心附标;因此

$$\left|\frac{\sigma_1}{4}\right| = OG$$

于是

$$\rho = 4OG$$

例 21　令 D, E, F 是 $\triangle ABC$ 的边 BC, CA, AB 与内切圆的切点. 考虑 $\odot(I) = \odot(DEF)$ 的任一直径 δ. 通过 $\triangle DEF$ 的高与 $\odot(DEF)$ 的交点 D^*, E^*, F^* 作直线平行于直线 δ,令 A', B', C' 是这些直线与 $\odot(I)$ 的第 2 个交点. 以 A^*, B^*, C^* 分别表示点 A', B', C' 关于 $\triangle ABC$ 的边 BC, CA, AB 的对称点. 求证:$\triangle DEF$ 与 $\triangle A^* B^* C^*$ 的重心 G 与 G^* 是直线 δ 对 $\triangle DEF$ 正交极 ω 的对称点(图 24).

证明　取 $\odot(DEF)$ 为单位圆,令直径 δ 是实轴 Ox(点 O 与点 I 重合). 以 z_1, z_2, z_3 分别表示点 D, E, F 的附标. 通过点 D 且垂直于直线 EF 的直线方程为

$$z - z_1 = z_2 z_3 (\bar{z} - \bar{z}_1)$$

解此方程与单位圆方程 $z\bar{z} = 1$,我们求出点 D^* 的附标 $z = d^*$. 实际上

$$z - z_1 = z_2 z_3 \left(\frac{1}{z} - \frac{1}{z_1}\right)$$

或

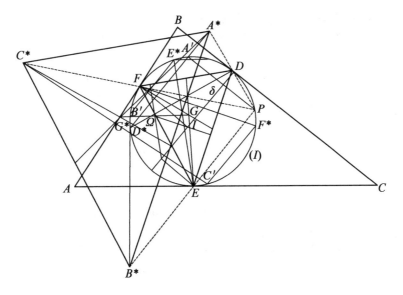

图 24

$$z - z_1 = -\frac{z_2 z_3}{z_1 z}(z - z_1)$$

自然, 此方程的一根为

$$z = z_1 \quad (\text{点 } D \text{ 的附标})$$

另一根为

$$d^* = -\frac{z_2 z_3}{z_1}$$

它是点 D^* 的附标. 类似地, 我们求出点 E^* 与 F^* 的附标, 即

$$e^* = -\frac{z_3 z_1}{z_2}, f^* = -\frac{z_1 z_2}{z_3}$$

例如通过点 D^* 且平行于直线 δ 的直线方程有形式

$$z + \frac{z_2 z_3}{z_1} = \bar{z} + \frac{z_1}{z_2 z_3}$$

解此方程与单位圆方程 $z\bar{z} = 1$, 我们求出点 A' 的附标, 即

$$z + \frac{z_2 z_3}{z_1} = \frac{1}{z} + \frac{z_1}{z_2 z_3}$$

$$\frac{z_1 z + z_2 z_3}{z_1} = \frac{z_1 z + z_2 z_3}{z_2 z_3 z}$$

此方程的一根是点 D^* 的附标 $d^*, z = -\frac{z_2 z_3}{z_1}$, 另一根是点 A' 的附标 a', 即

$$a' = \frac{z_1}{z_2 z_3}$$

类似地, 有

$$b' = \frac{z_2}{z_3 z_1}, c' = \frac{z_3}{z_1 z_2}$$

其中 b' 与 c' 分别为点 B' 与 C' 的附标.

ID 的斜率为 $z_1/\bar{z}_1 = z_1^2$,因此 BC(斜率为 $-z_1^2$)的方程是

$$z - z_1 = -z_1^2(\bar{z} - \bar{z}_1)$$

或

$$z + z_1^2\bar{z} = 2z_1 \tag{1}$$

从点 A' 到直线 BC 的垂线方程为

$$z - \frac{z_1}{z_2z_3} = z_1^2\left(\bar{z} - \frac{z_2z_3}{z_1}\right)$$

或

$$z - z_1^2\bar{z} = \frac{z_1}{z_2z_3} - \sigma_3 \tag{2}$$

从式(1)与(2)我们求出点 A' 在直线 BC 上的投影附标 α

$$\alpha = \frac{1}{2}\left(2z_1 + \frac{z_1}{z_2z_3} - \sigma_3\right)$$

点 A^* 的附标 a^* 由以下关系式求出

$$\frac{a' + a^*}{2} = \alpha$$

或

$$\frac{\dfrac{z_1}{z_2z_3} + a^*}{2} = \frac{1}{2}\left(2z_1 + \frac{z_1}{z_2z_3} - \sigma_3\right)$$

从而

$$a^* = 2z_1 - \sigma_3$$

类似地,有

$$b^* = 2z_2 - \sigma_3, c^* = 2z_3 - \sigma_3$$

其中 b^* 与 c^* 分别为点 B^* 与 C^* 的附标.

由所得关系式推出

$$\frac{a^* - \sigma_3}{z_1 - \sigma_3} = \frac{2z_1 - 2\sigma_3}{z_1 - \sigma_3} = 2$$

类似地,有

$$\frac{b^* - \sigma_3}{z_2 - \sigma_3} = 2, \frac{c^* - \sigma_3}{z_3 - \sigma_3} = 2$$

即附标为 $p = \sigma_3$ 的点 P 是位似变换的中心,此变换把 $\triangle DEF$ 变为 $\triangle A^*B^*C^*$(图 24).

此外,点 G 与 G^* 的附标 g 与 g^* 分别为

$$g = \frac{\sigma_1}{3}, g^* = \frac{2}{3}\sigma_1 - \sigma_3$$

线段 GG^* 的中点 Ω 有附标 $\omega = \dfrac{\sigma_1 - \sigma_3}{2}$,因此与直线 δ(实轴)的正交极重合.

注 我们求与点 A' 关于 DI 对称的点的附标.从点 A' 到直线 DI 的垂线

方程有形式

$$z - \frac{z_1}{z_2 z_3} = -z_1^2 \left(\bar{z} - \frac{z_2 z_3}{z_1} \right)$$

或

$$z + z_1^2 \bar{z} = \frac{z_1}{z_2 z_3} + \sigma_3$$

直线 DI 的方程为

$$z - z_1^2 \bar{z} = 0$$

由此我们求出点 A' 在直线 DI 上的投影附标 $z = \lambda$，即

$$\lambda = \frac{1}{2} \left(\frac{z_1}{z_2 z_3} + \sigma_3 \right)$$

与点 A' 关于直线 DI 对称的点的附标由以下关系式求出

$$\frac{a' + \mu}{2} = \lambda$$

或

$$\frac{\frac{z_1}{z_2 z_3} + \mu}{2} = \frac{1}{2} \left(\frac{z_1}{z_2 z_3} + \sigma_3 \right)$$

从而

$$\mu = \sigma_3 = p$$

因此，与点 A', B', C' 关于直线 DI, EI, FI 对称的所有点与同一点 P 重合，P 是位似变换 $\Gamma = (P, 2)$ 的中心，此变换把 $\triangle DEF$ 变为 $\triangle A^* B^* C^*$。

例 22 把 $\triangle ABC$ 的内切圆 $\odot(DEF) = \odot(I)$ 取为单位圆；D, E, F 分别为直线 BC, CA, AB 与此圆的切点；z_1, z_2, z_3 分别为点 D, E, F 的附标。要求求出：

1°. $\odot(O) = \odot(ABC)$ 的圆心 O 的附标 o；

2°. $\odot(ABC)$ 的半径 R；

3°. $\triangle ABC$ 的欧拉圆半径 ρ；

4°. $\triangle ABC$ 的垂心 H 的附标 h；

5°. $\triangle ABC$ 的欧拉圆 $\odot(O_9)$ 的圆心 O_9 的附标 ε；

6°. 求证：$\triangle ABC$ 的内切圆与对此三角形所作欧拉圆相切于点 Φ_0（称为费尔巴哈点），并求费尔巴哈点 Φ_0 的附标 φ_0；

7°. 求证：三圆 $\odot(I_a), \odot(I_b), \odot(I_c)$（它们为 $\triangle ABC$ 在角 A, B, C 内的旁切圆）也与 $\triangle ABC$ 的欧拉圆相切于点 Φ_1, Φ_2, Φ_3（也称为费尔巴哈点）。求 $\odot(I_a), \odot(I_b), \odot(I_c)$ 的圆心 I_a, I_b, I_c 的附标 τ_a, τ_b, τ_c；求 $\odot(I_a), \odot(I_b), \odot(I_c)$ 与 BC, CA, AB 的切点 T_1, T_2, T_3 的附标 t_1, t_2, t_3；求这些圆的半径（图 25）；求费尔巴哈点 Φ_1, Φ_2, Φ_3 的附标 $\varphi_1, \varphi_2, \varphi_3$。

解 1°. 线段 EF 的中点的附标为 $\frac{z_2 + z_3}{2}$，因为点 A 是由此中点关于单位圆 $\odot(I)$ 作反演得出的，所以推出点 A 的附标 a 为

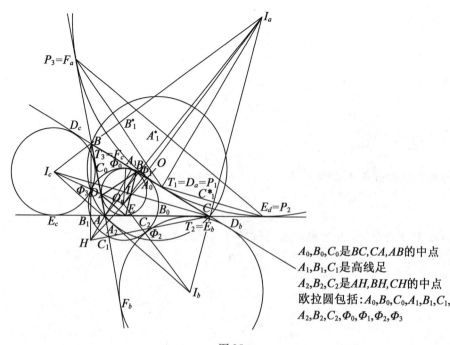

A_0, B_0, C_0是BC, CA, AB的中点
A_1, B_1, C_1是高线足
A_2, B_2, C_2是AH, BH, CH的中点
欧拉圆包括：$A_0, B_0, C_0, A_1, B_1, C_1$,
$A_2, B_2, C_2, \Phi_0, \Phi_1, \Phi_2, \Phi_3$

图 25

$$a = \frac{2}{\bar{z}_2 + \bar{z}_3}$$

类似地，我们可以求出点 B 与 C 的附标 b 与 c，即

$$b = \frac{2}{\bar{z}_3 + \bar{z}_1}, c = \frac{2}{\bar{z}_1 + \bar{z}_2}$$

$\odot(O) = \odot(ABC)$ 的圆心 O 的附标由以下方程组求出

$$(o - a)(\bar{o} - \bar{a}) = (o - b)(\bar{o} - \bar{b})$$
$$(o - b)(\bar{o} - \bar{b}) = (o - c)(\bar{o} - \bar{c})$$

或

$$- o(\bar{a} - \bar{b}) - \bar{o}(a - b) = b\bar{b} - a\bar{a} \tag{1}$$
$$- o(\bar{b} - \bar{c}) - \bar{o}(b - c) = c\bar{c} - b\bar{b} \tag{2}$$

我们有

$$\bar{a} - \bar{b} = \frac{2}{z_2 + z_3} - \frac{2}{z_3 + z_1} = \frac{2(z_1 - z_2)}{(z_2 + z_3)(z_3 + z_1)}$$

$$a - b = \frac{2z_2 z_3}{z_2 + z_3} - \frac{2z_3 z_1}{z_3 + z_1} = \frac{2z_3^2(z_2 - z_1)}{(z_2 + z_3)(z_3 + z_1)}$$

$$b\bar{b} - a\bar{a} = \frac{4z_1 z_3}{(z_3 + z_1)^2} - \frac{4z_3 z_2}{(z_2 + z_3)^2}$$

$$= 4z_3 \frac{z_1(z_2^2 + 2z_2 z_3 + z_3^2) - z_2(z_3^2 + 2z_3 z_1 + z_1^2)}{(z_3 + z_1)^2 (z_2 + z_3)^2}$$

$$= 4z_3 \frac{z_1 z_2^2 + z_1 z_3^2 - z_2 z_3^2 - z_2 z_1^2}{(z_3 + z_1)^2 (z_2 + z_3)^2}$$

$$= \frac{4z_3\left[z_1z_2(z_2 - z_1) - z_3^2(z_2 - z_1)\right]}{(z_3 + z_1)^2(z_2 + z_3)^2}$$

$$= \frac{4z_3(z_2 - z_1)(z_1z_2 - z_3^2)}{(z_3 + z_1)^2(z_2 + z_3)^2}$$

方程(1)取形式

$$o\frac{2(z_2 - z_1)}{(z_2 + z_3)(z_3 + z_1)} - \bar{o}\frac{2z_3^2(z_2 - z_1)}{(z_2 + z_3)(z_3 + z_1)} = \frac{4z_3(z_2 - z_1)(z_1z_2 - z_3^2)}{(z_2 + z_3)^2(z_3 + z_1)^2}$$

或

$$o - z_3^2\bar{o} = \frac{2z_3(z_1z_2 - z_3^2)}{(z_2 + z_3)(z_3 + z_1)} \tag{3}$$

类似地,方程(2)变换如下

$$o - z_1^2\bar{o} = \frac{2z_1(z_2z_3 - z_1^2)}{(z_3 + z_1)(z_1 + z_2)} \tag{4}$$

从式(4)逐项减去式(3),我们求出复数 $\bar{o}$,它是点 O 的附标 o 的共轭复数,即

$$(z_3^2 - z_1^2)\bar{o} = \frac{2z_1(z_2z_3 - z_1^2)}{(z_1 + z_3)(z_1 + z_2)} - \frac{2z_3(z_1z_2 - z_3^2)}{(z_2 + z_3)(z_3 + z_1)}$$

$$= \frac{(z_2 + z_3)(2\sigma_3 - 2z_1^3) - (z_1 + z_2)(2\sigma_3 - 2z_3^3)}{(z_2 + z_3)(z_3 + z_1)(z_1 + z_2)}$$

$$= \frac{2\sigma_3(z_3 - z_1) + 2z_2(z_3^3 - z_1^3) + 2z_3z_1(z_3^2 - z_1^2)}{\sigma_1\sigma_2 - \sigma_3}$$

从而

$$(z_3 + z_1)\bar{o} = \frac{2\sigma_3 + 2z_2(z_3^2 + z_3z_1 + z_1^2) + 2z_3z_1(z_3 + z_1)}{\sigma_1\sigma_2 - \sigma_3}$$

$$= \frac{4\sigma_3 + 2z_2z_3^2 + 2z_2z_1^2 + 2z_1z_3^2 + 2z_3z_1^2}{\sigma_1\sigma_2 - \sigma_3}$$

$$= 2\frac{z_1z_2z_3 + z_1z_2z_3 + z_2z_3^2 + z_2z_1^2 + z_1z_3^2 + z_3z_1^2}{\sigma_1\sigma_2 - \sigma_3}$$

$$= 2\frac{z_2z_3(z_3 + z_1) + z_3z_1(z_3 + z_1) + z_1z_2(z_1 + z_3)}{\sigma_1\sigma_2 - \sigma_3}$$

因此

$$\bar{o} = \frac{2\sigma_2}{\sigma_1\sigma_2 - \sigma_3}$$

由此我们有

$$o = \frac{2\bar{\sigma}_2}{\bar{\sigma}_1\bar{\sigma}_2 - \bar{\sigma}_3} = \frac{2\dfrac{\sigma_1}{\sigma_3}}{\dfrac{\sigma_2\sigma_1}{\sigma_3^2} - \dfrac{1}{\sigma_3}} = \frac{2\sigma_1\sigma_3}{\sigma_1\sigma_2 - \sigma_3}$$

$2°.\quad R^2 = |o - a|^2 = (o - a)(\bar{o} - \bar{a})$

$\quad\quad\quad = o\bar{o} + a\bar{a} - \bar{a}o - \bar{o}a$

$$= \frac{4\sigma_1\sigma_2\sigma_3}{(\sigma_1\sigma_2 - \sigma_3)^2} + \frac{4}{(z_2 + z_3)(\bar{z}_2 + \bar{z}_3)} -$$

$$\frac{4\sigma_1\sigma_3}{\sigma_1\sigma_2 - \sigma_3}\frac{1}{z_2 + z_3} - \frac{4\sigma_2}{\sigma_1\sigma_2 - \sigma_3}\frac{1}{\bar{z}_2 + \bar{z}_3}$$

$$\frac{R^2}{4} = \frac{\sigma_1\sigma_2\sigma_3}{(\sigma_1\sigma_2 - \sigma_3)^2} + \frac{z_2 z_3}{(z_2 + z_3)^2} - \frac{\sigma_1\sigma_3}{(\sigma_1\sigma_2 - \sigma_3)(z_2 + z_3)} -$$

$$\frac{z_2 z_3 \sigma_2}{(z_2 + z_3)(\sigma_1\sigma_2 - \sigma_3)}$$

$$= \frac{\sigma_1\sigma_2\sigma_3}{(\sigma_1\sigma_2 - \sigma_3)^2} +$$

$$\frac{z_2 z_3(\sigma_1\sigma_2 - \sigma_3) - (z_2 + z_3)\sigma_1\sigma_3 - z_2 z_3(z_2 + z_3)\sigma_2}{(z_2 + z_3)^2(\sigma_1\sigma_2 - \sigma_3)}$$

$$= \frac{\sigma_1\sigma_2\sigma_3}{(\sigma_1\sigma_2 - \sigma_3)^2} +$$

$$\frac{z_2 z_3(z_2 + z_3)(z_3 + z_1)(z_1 + z_2) - (z_2 + z_3)\sigma_1\sigma_3 - z_2 z_3(z_2 + z_3)\sigma_2}{(z_2 + z_3)^2(\sigma_1\sigma_2 - \sigma_3)}$$

$$= \frac{\sigma_1\sigma_2\sigma_3}{(\sigma_1\sigma_2 - \sigma_3)^2} + \frac{z_2 z_3(z_1 + z_3)(z_1 + z_2) - \sigma_1\sigma_3 - z_2 z_3 \sigma_2}{(z_2 + z_3)(\sigma_1\sigma_2 - \sigma_3)}$$

$$= \frac{\sigma_1\sigma_2\sigma_3}{(\sigma_1\sigma_2 - \sigma_3)^2} + \frac{z_1\sigma_3 - \sigma_1\sigma_3}{(z_2 + z_3)(\sigma_1\sigma_2 - \sigma_3)}$$

$$= \frac{\sigma_1\sigma_2\sigma_3}{(\sigma_1\sigma_2 - \sigma_3)^2} - \frac{\sigma_3(z_2 + z_3)}{(z_2 + z_3)(\sigma_1\sigma_2 - \sigma_3)}$$

$$= \frac{\sigma_1\sigma_2\sigma_3}{(\sigma_1\sigma_2 - \sigma_3)^2} - \frac{\sigma_3}{\sigma_1\sigma_2 - \sigma_3}$$

$$= \frac{\sigma_3^2}{(\sigma_1\sigma_2 - \sigma_3)^2}$$

于是

$$R^2 = \frac{4\sigma_3^2}{(\sigma_1\sigma_2 - \sigma_3)^2} = \left(\frac{2\sigma_3}{\sigma_3 - \sigma_1\sigma_2}\right)^2$$

我们将证明数

$$\lambda = \frac{\sigma_3}{\sigma_3 - \sigma_1\sigma_2}$$

是正实数,我们有

$$\bar{\lambda} = \frac{\bar{\sigma}_3}{\bar{\sigma}_3 - \bar{\sigma}_1\bar{\sigma}_2} = \frac{\dfrac{1}{\sigma_3}}{\dfrac{1}{\sigma_3} - \dfrac{\sigma_2\sigma_1}{\sigma_3^2}} = \frac{\sigma_3}{\sigma_3 - \sigma_1\sigma_2} = \lambda$$

因此 λ 是实数. 用不同方法计算,我们有

$$\lambda = \frac{\sigma_3}{\sigma_3 - \sigma_1\sigma_2} = \frac{1}{1 - \sigma_1\dfrac{\sigma_2}{\sigma_3}} = \frac{1}{1 - \sigma_1\bar{\sigma}_1} = \frac{1}{1 - |\sigma_1|^2}$$

我们现在证明 $|\sigma_1| < 1$. 实际上, 因为 $\triangle DEF$ 的所有角总是锐角, 所以得出 $\triangle DEF$ 的垂心(它的附标为 σ_1)在 $\triangle DEF$ 内, 因此也在 $\odot(DEF)$ 内. 但是我们设 $\odot(DEF)$ 的半径为 1, 于是 $|\sigma_1| < 1$, 因此 $\lambda > 0$; 现在因为 $R^2 = 4\lambda^2$, 所以得 $R = 2\lambda$, 即

$$R = \frac{2\sigma_3}{\sigma_3 - \sigma_1\sigma_2} = \frac{2}{1 - \sigma_1\bar{\sigma}_1}$$

3°. $\triangle ABC$ 的欧拉圆半径 ρ 为

$$\rho = \frac{R}{2} = \frac{\sigma_3}{\sigma_3 - \sigma_1\sigma_2} = \frac{1}{1 - |\sigma_1|^2} = -\frac{1}{\sigma}$$

其中 σ 是 $\triangle DEF$ 的垂心 H' 对 $\odot(DEF)$ 的幂.

4°. 因为有向线段的和

$$\overrightarrow{OA} + \overrightarrow{OB} + \overrightarrow{OC} = \overrightarrow{OH}$$

其中 O 是 $\odot(O) = \odot(ABC)$ 的圆心, H 是 $\triangle ABC$ 的垂心, 所以得

$$a - o + b - o + c - o = h - o$$

从而

$$h = a + b + c - 2o$$

其中 h 是 H 的附标. 我们有

$$\frac{h}{2} = \frac{z_2 z_3}{z_2 + z_3} + \frac{z_3 z_1}{z_3 + z_1} + \frac{z_1 z_2}{z_1 + z_2} - \frac{2\sigma_1\sigma_3}{\sigma_1\sigma_2 - \sigma_3}$$

$$= \frac{z_2 z_3(z_3 + z_1)(z_1 + z_2) + z_3 z_1(z_1 + z_2)(z_2 + z_3) + z_1 z_2(z_2 + z_3)(z_3 + z_1)}{(z_2 + z_3)(z_3 + z_1)(z_1 + z_2)} -$$

$$\frac{2\sigma_1\sigma_3}{\sigma_1\sigma_2 - \sigma_3}$$

$$= \frac{z_2 z_3(z_1^2 + \sigma_2) + z_3 z_1(z_2^2 + \sigma_2) + z_1 z_2(z_3^2 + \sigma_2)}{(z_2 + z_3)(z_3 + z_1)(z_1 + z_2)} - \frac{2\sigma_1\sigma_3}{\sigma_1\sigma_2 - \sigma_3}$$

$$= \frac{\sigma_1\sigma_3 + \sigma_2^2}{\sigma_1\sigma_2 - \sigma_3} - \frac{2\sigma_1\sigma_3}{\sigma_1\sigma_2 - \sigma_3}$$

$$= \frac{\sigma_2^2 - \sigma_1\sigma_3}{\sigma_1\sigma_2 - \sigma_3}$$

因此

$$h = 2\frac{\sigma_2^2 - \sigma_1\sigma_3}{\sigma_1\sigma_2 - \sigma_3}$$

5°. $\triangle ABC$ 的欧拉圆圆心 O_9 的附标为 $\varepsilon = \dfrac{h + o}{2}$, 因为 O_9 是线段 OH 的中点. 因此

$$\varepsilon = \frac{\sigma_2^2 - \sigma_1\sigma_3 + \sigma_1\sigma_3}{\sigma_1\sigma_2 - \sigma_3} = \frac{\sigma_2^2}{\sigma_1\sigma_2 - \sigma_3}$$

6°. $\odot(DEF)(z\bar{z} - 1 = 0)$ 与欧拉圆

$$(z - \varepsilon)(\bar{z} - \bar{\varepsilon}) - \frac{\sigma_3^2}{(\sigma_3 - \sigma_1\sigma_2)^2} = 0$$

的根轴方程有形式

$$z\bar{z} - 1 - (z - \varepsilon)(\bar{z} - \bar{\varepsilon}) + \frac{\sigma_3^2}{(\sigma_3 - \sigma_1\sigma_2)^2} = 0$$

或

$$-1 + \varepsilon\bar{z} + \bar{\varepsilon}z - \varepsilon\bar{\varepsilon} + \frac{\sigma_3^2}{(\sigma_3 - \sigma_1\sigma_2)^2} = 0$$

解此方程与 $\odot(DEF)$ 的方程 $z\bar{z} = 1$,求出

$$-1 + \frac{\varepsilon}{z} + \bar{\varepsilon}z - \varepsilon\bar{\varepsilon} + \frac{\sigma_3^2}{(\sigma_3 - \sigma_1\sigma_2)^2} = 0 \tag{5}$$

因为

$$\bar{\varepsilon} = \frac{\dfrac{\sigma_1^2}{\sigma_3^2}}{\dfrac{\sigma_1\sigma_2}{\sigma_3^2} - \dfrac{1}{\sigma_3}} = \frac{\sigma_1^2}{\sigma_1\sigma_2 - \sigma_3}$$

所以

$$\varepsilon\bar{\varepsilon} = \frac{\sigma_1^2\sigma_2^2}{(\sigma_3 - \sigma_1\sigma_2)^2}$$

因此

$$-\varepsilon\bar{\varepsilon} + \frac{\sigma_3^2}{(\sigma_3 - \sigma_1\sigma_2)^2} = \frac{\sigma_3^2 - \sigma_1^2\sigma_2^2}{(\sigma_3 - \sigma_1\sigma_2)^2} = \frac{\sigma_3 + \sigma_1\sigma_2}{\sigma_3 - \sigma_1\sigma_2}$$

方程(5) 取形式

$$\frac{\varepsilon}{z} + \bar{\varepsilon}z + \frac{\sigma_3 + \sigma_1\sigma_2}{\sigma_3 - \sigma_1\sigma_2} - 1 = 0$$

或

$$\frac{\varepsilon}{z} + \bar{\varepsilon}z + \frac{2\sigma_1\sigma_2}{\sigma_3 - \sigma_1\sigma_2} = 0$$

或

$$\bar{\varepsilon}z^2 + \frac{2\sigma_1\sigma_2}{\sigma_3 - \sigma_1\sigma_2}z + \varepsilon = 0 \tag{6}$$

此方程的判别式等于 0,即

$$\Delta = \frac{4\sigma_1^2\sigma_2^2}{(\sigma_3 - \sigma_1\sigma_2)^2} - 4\varepsilon\bar{\varepsilon} = \frac{4\sigma_1^2\sigma_2^2}{(\sigma_3 - \sigma_1\sigma_2)^2} - \frac{4\sigma_1^2\sigma_2^2}{(\sigma_3 - \sigma_1\sigma_2)^2} = 0$$

因此方程(6) 有相等的根. 这表示, $\odot(I)$ 与 $\triangle ABC$ 的欧拉圆 $\odot(O_9)$ 的根轴和两圆 $\odot(I)$, $\odot(O_9)$ 有唯一的公共点 Φ_0, 即 $\odot(O_9)$ 与 $\odot(I)$ 相切于点 Φ_0. 切点 Φ_0 的附标 φ_0 由方程(6) 求出,即

$$\varphi_0 = -\frac{\sigma_1\sigma_2}{(\sigma_3 - \sigma_1\sigma_2)\bar{\varepsilon}} = -\frac{\sigma_1\sigma_2}{\sigma_3 - \sigma_1\sigma_2} \cdot \frac{\sigma_1\sigma_2 - \sigma_3}{\sigma_1^2} = \frac{\sigma_2}{\sigma_1}$$

因此我们有

$$\varphi_0 = \frac{\sigma_2}{\sigma_1}$$

注　若我们取 $\triangle DEF$ 的布坦因点为 $\odot(DEF)$ 上的单位点，则 $\sigma_2 = 1$，费尔巴哈点 Φ_0 的附标 φ_0 可以这样写

$$\varphi_0 = \frac{\bar{\sigma}_1}{\sigma_1}$$

7°. 我们求 $\triangle ABC$ 的角 A, B, C 内的旁切圆 $\odot(I_a), \odot(I_b), \odot(I_c)$ 的圆心的附标 τ_a, τ_b, τ_c. 直线 IB 的斜率为 $\dfrac{\bar{b}}{b}$，因此直线 IB 的垂线的斜率为 $-\dfrac{b}{\bar{b}}$，即

$$x = -\frac{b}{\bar{b}} = -\frac{z_1 + z_3}{\bar{z}_1 + \bar{z}_3} = -z_1 z_3$$

外角 B 的平分线方程有形式

$$z - \frac{2z_1 z_3}{z_1 + z_3} = -z_1 z_3 \left(\bar{z} - \frac{2}{z_1 + z_3} \right)$$

或

$$z + z_1 z_2 \bar{z} = \frac{4z_1 z_3}{z_1 + z_3} \tag{7}$$

用类似方法我们可以写下外角 C 的平分线方程

$$z + z_1 z_2 \bar{z} = \frac{4z_1 z_2}{z_1 + z_2} \tag{8}$$

由方程组 (7) 与 (8) 求出点 I_a 的附标 $z = \tau_a$，即

$$(z_3 - z_2) \tau_a = 4\sigma_3 \left(\frac{1}{z_1 + z_2} - \frac{1}{z_1 + z_3} \right)$$

$$(z_3 - z_2) \tau_a = 4\sigma_3 \frac{z_3 - z_2}{(z_1 + z_2)(z_1 + z_3)}$$

从而

$$\tau_a = \frac{4\sigma_3}{(z_1 + z_2)(z_1 + z_3)}$$

类似地

$$\tau_b = \frac{4\sigma_3}{(z_2 + z_1)(z_2 + z_3)}, \tau_c = \frac{4\sigma_3}{(z_3 + z_1)(z_3 + z_2)}$$

因为

$$(z_2 + z_3)(z_3 + z_1)(z_1 + z_2) = \sigma_1 \sigma_2 - \sigma_3$$

所以这些公式可以这样改写

$$\tau_a = \frac{4\sigma_3}{\sigma_1 \sigma_2 - \sigma_3}(z_2 + z_3) = \frac{4\sigma_3}{\sigma_1 \sigma_2 - \sigma_3}(\sigma_1 - z_1)$$

$$\tau_b = \frac{4\sigma_3}{\sigma_1 \sigma_2 - \sigma_3}(z_3 + z_1) = \frac{4\sigma_3}{\sigma_1 \sigma_2 - \sigma_3}(\sigma_1 - z_2)$$

$$\tau_c = \frac{4\sigma_3}{\sigma_1 \sigma_2 - \sigma_3}(z_1 + z_2) = \frac{4\sigma_3}{\sigma_1 \sigma_2 - \sigma_3}(\sigma_1 - z_3)$$

或者（分式的分子与分母同时除以 σ_3，并用 $\bar{\sigma}_1$ 代替 $\dfrac{\sigma_2}{\sigma_3}$）

$$\tau_a = \frac{4}{|\sigma_1|^2 - 1}(z_2 + z_3) = \frac{4}{|\sigma_1|^2 - 1}(\sigma_1 - z_1)$$

$$\tau_b = \frac{4}{|\sigma_1|^2 - 1}(z_3 + z_1) = \frac{4}{|\sigma_1|^2 - 1}(\sigma_1 - z_2)$$

$$\tau_c = \frac{4}{|\sigma_1|^2 - 1}(z_1 + z_2) = \frac{4}{|\sigma_1|^2 - 1}(\sigma_1 - z_3)$$

或者

$$\tau_a = -2R(\sigma_1 - z_1) = -2R\sigma_1 + 2Rz_1$$

$$\tau_b = -2R(\sigma_1 - z_2) = -2R\sigma_1 + 2Rz_2$$

$$\tau_c = -2R(\sigma_1 - z_3) = -2R\sigma_1 + 2Rz_3$$

由此得出 $\odot(I_a I_b I_c)$ 的圆心附标

$$-2R\sigma_1 = \frac{4\sigma_1 \sigma_3}{\sigma_1 \sigma_2 - \sigma_3} = \frac{4\sigma_1}{\sigma_1 \bar{\sigma}_1 - 1}$$

$\odot(I_a I_b I_c)$ 的半径为 $2R$.

我们现在求 $\odot(I_a)$, $\odot(I_b)$, $\odot(I_c)$ 分别与边 BC, CA, AB 的切点 T_1, T_2, T_3 的附标 t_1, t_2, t_3. 因为线段 $T_1 D$ 与 BC 有共同的中点, 所以得

$$t_1 + z_1 = b + c$$

从而

$$t_1 = b + c - z_1$$

$$= \frac{2z_1 z_3}{z_1 + z_3} + \frac{2z_2 z_1}{z_2 + z_1} - z_1$$

$$= z_1 \frac{3z_2 z_3 + z_1 z_3 + z_1 z_2 - z_1^2}{(z_1 + z_3)(z_1 + z_2)}$$

$$= z_1 \frac{2z_2 z_3 + \sigma_2 - z_1^2}{(z_1 + z_2)(z_1 + z_3)}$$

$$= \frac{2\sigma_3 + z_1 \sigma_2 - z_1^3}{(z_1 + z_3)(z_1 + z_2)}$$

类似地

$$t_2 = \frac{2\sigma_3 + z_2 \sigma_2 - z_2^3}{(z_2 + z_1)(z_2 + z_3)}, t_3 = \frac{2\sigma_3 + z_3 \sigma_2 - z_3^3}{(z_3 + z_1)(z_3 + z_2)}$$

我们现在求 $\odot(I_a)$, $\odot(I_b)$, $\odot(I_c)$ 的半径 r_a, r_b, r_c. 首先求出

$$\tau_a - t_1 = \frac{4\sigma_3}{(z_1 + z_2)(z_1 + z_3)} - \frac{2\sigma_3 + z_1 \sigma_2 - z_1^3}{(z_1 + z_2)(z_1 + z_3)}$$

$$= \frac{2z_1 z_2 z_3 - z_1(z_2 z_3 + z_3 z_1 + z_1 z_2) + z_1^3}{(z_1 + z_2)(z_1 + z_3)}$$

$$= \frac{z_2 z_3 - z_1 z_3 - z_1 z_2 + z_1^2}{(z_1 + z_2)(z_1 + z_3)} z_1$$

$$= \frac{z_1(z_1 - z_3) - z_2(z_1 - z_3)}{(z_1 + z_2)(z_1 + z_3)} z_1$$

$$= z_1 \frac{(z_1 - z_2)(z_1 - z_3)}{(z_1 + z_2)(z_1 + z_3)}$$

由此得

$$r_a = \frac{\overrightarrow{T_1 I_a}}{\overrightarrow{ID}} = \frac{\tau_a - t_1}{z_1} = \frac{(z_1 - z_2)(z_1 - z_3)}{(z_1 + z_2)(z_1 + z_3)}$$

类似地,有

$$r_b = \frac{(z_2 - z_1)(z_2 - z_3)}{(z_2 + z_1)(z_2 + z_3)}, r_c = \frac{(z_3 - z_1)(z_3 - z_2)}{(z_3 + z_1)(z_3 + z_2)}$$

若我们取 $\triangle ABC$ 的角 A 的旁切圆 $\odot(I_a) = \odot(D_a E_a F_a)$ 为单位圆(D_a,E_a,F_a 为此 $\odot(I_a)$ 与直线 BC,CA,AB 的切点),则此圆与 $\triangle ABC$ 的欧拉圆相切这一事实的证明,恰好和 $\odot(I)$ 与 $\odot(O_9)$ 相切的证明一样;但是现在必须对点 D_a,D_b,D_c 指定附标 z_1,z_2,z_3,则点 A,B,C 的附标 a,b,c 仍然是

$$a = \frac{2}{\bar{z}_3 + \bar{z}_2}, b = \frac{2}{\bar{z}_3 + \bar{z}_1}, c = \frac{2}{\bar{z}_1 + \bar{z}_2}$$

甚至 $\odot(I_a)$ 与 $\odot(O_9)$ 的切点(费尔巴哈点)Φ_1 的附标是 $\varphi_1 = \frac{\sigma_2}{\sigma_1}$,其中 σ_1 与 σ_2 用点 D_a,E_a,F_a 的附标 z_1,z_2,z_3 表示. 我们用点 D,E,F 的附标 z_1,z_2,z_3 表示 φ_1,φ_2,φ_3. 上述内容简化了本例,因为以上建立的事实:$\odot(I_a)$,$\odot(I_b)$,$\odot(I_c)$ 与 $\odot(O_9)$ 相切将简化计算(见下文).

$\odot(I_a)$ 与 $\odot(O_9)$ 的方程分别为

$$(z - \tau_a)(\bar{z} - \bar{\tau}_a) - r_a^2 = 0$$
$$(z - \varepsilon)(\bar{z} - \bar{\varepsilon}) - \rho^2 = 0$$

由此证明了,这些圆相切于费尔巴哈点 Φ_1,从而它的附标由以下方程求出

$$\frac{r_a^2}{z - \tau_a} + \bar{\tau}_a = \frac{\rho^2}{z - \varepsilon} + \bar{\varepsilon}$$

$$\frac{r_a^2}{z - \tau_a} - \frac{\rho^2}{z - \varepsilon} + \bar{\tau}_a - \bar{\varepsilon} = 0$$

$$r_a^2(z - \varepsilon) - \rho^2(z - \tau_a) + [z^2 - (\tau_a + \varepsilon)z + \tau_a \varepsilon](\bar{\tau}_a - \bar{\varepsilon}) = 0$$

$$(\bar{\tau}_a - \bar{\varepsilon})z^2 + [r_a^2 - \rho^2 - (\tau_a + \varepsilon)(\bar{\tau}_a - \bar{\varepsilon})]z -$$
$$\varepsilon r_a^2 + \tau_a \rho^2 + \tau_a \varepsilon(\bar{\tau}_a - \bar{\varepsilon}) = 0$$

因为 $\odot(I_a)$ 与 $\odot(O_9)$ 只有一个公共点,所以得出此二次方程有相等的根,它是 $\odot(I_a)$ 与 $\odot(O_9)$ 的切点 Φ_1 的附标 φ_1,即

$$\varphi_1 = \frac{r_a^2 - \rho^2 - (\tau_a + \varepsilon)(\bar{\tau}_a - \bar{\varepsilon})}{2(\bar{\varepsilon} - \bar{\tau}_a)} = \frac{r_a^2 - \rho^2}{2(\bar{\varepsilon} - \bar{\tau}_a)} + \frac{\tau_a + \varepsilon}{2}$$

$$= \frac{\dfrac{(z_1 - z_2)^2(z_1 - z_3)^2}{(z_1 + z_2)^2(z_1 + z_3)^2} - \dfrac{z_1^2 z_2^2 z_3^2}{(z_1 + z_2)^2(z_2 + z_3)^2(z_3 + z_1)^2}}{2\left[\dfrac{(z_1 + z_2 + z_3)^2}{(z_1 + z_2)(z_2 + z_3)(z_3 + z_1)} - \dfrac{4z_1(z_2 + z_3)}{(z_1 + z_2)(z_2 + z_3)(z_3 + z_1)}\right]} +$$

$$\frac{1}{2}\left[\frac{4z_1 z_2 z_3}{(z_1 + z_2)(z_1 + z_3)} + \frac{(z_2 z_3 + z_3 z_1 + z_1 z_2)^2}{(z_1 + z_2)(z_2 + z_3)(z_3 + z_1)}\right]$$

$$= \frac{1}{2} \frac{(z_1 - z_2)^2(z_1 - z_3)^2(z_2 + z_3)^2 - z_1^2 z_2^2 z_3^2}{(z_1 + z_2)(z_2 + z_3)(z_3 + z_1)(z_2 + z_3 - z_1)^2} +$$
$$\frac{1}{2} \frac{4z_1 z_2 z_3(z_2 + z_3) + (z_2 z_3 + z_3 z_1 + z_1 z_2)^2}{(z_1 + z_2)(z_2 + z_3)(z_3 + z_1)}$$

此外

$$(z_1 - z_2)(z_1 - z_3)(z_2 + z_3) - z_1 z_2 z_3 = (z_1 - z_2 - z_3)(z_1 z_2 + z_1 z_3 - z_2 z_3)$$
$$(z_1 - z_2)(z_1 - z_3)(z_2 + z_3) + z_1 z_2 z_3$$
$$= (z_1 - z_2 - z_3)(z_1 z_2 + z_1 z_3 - z_2 z_3) + 2\sigma_3$$

因此

$$(z_1 - z_2)^2(z_1 - z_3)^2(z_2 + z_3)^2 - z_1^2 z_2^2 z_3^2$$
$$= (z_2 + z_3 - z_1)^2(z_1 z_2 + z_1 z_3 - z_2 z_3)^2 -$$
$$2z_1 z_2 z_3(z_2 + z_3 - z_1)(z_1 z_2 + z_1 z_3 - z_2 z_3)$$

于是

$$\varphi_1 = \frac{1}{2} \frac{(z_2 + z_3 - z_1)^2(z_1 z_2 + z_1 z_3 - z_2 z_3)^2 - 2z_1 z_2 z_3(z_2 + z_3 - z_1)(z_1 z_2 + z_1 z_3 - z_2 z_3)}{(z_2 + z_3)(z_3 + z_1)(z_1 + z_2)(z_2 + z_3 - z_1)^2} +$$
$$\frac{1}{2} \frac{4z_1 z_2 z_3(z_2 + z_3) + (z_1 z_2 + z_2 z_3 + z_3 z_1)^2}{(z_2 + z_3)(z_3 + z_1)(z_1 + z_2)}$$
$$= \frac{1}{2} \frac{(z_1 z_2 + z_1 z_3 - z_2 z_3)^2}{(z_2 + z_3)(z_3 + z_1)(z_1 + z_2)} + \frac{2z_1 z_2 z_3(z_2 + z_3)}{(z_2 + z_3)(z_3 + z_1)(z_1 + z_2)} -$$
$$\frac{z_1 z_2 z_3(z_1 z_2 + z_1 z_3 - z_2 z_3)}{(z_2 + z_3)(z_3 + z_1)(z_1 + z_2)(z_2 + z_3 - z_1)} + \frac{\sigma_2^2}{2(\sigma_1 \sigma_2 - \sigma_3)}$$
$$= \frac{1}{2} \frac{\sigma_2^2}{\sigma_1 \sigma_2 - \sigma_3} - \frac{\sigma_3}{\sigma_1 \sigma_2 - \sigma_3} \frac{z_1 z_2 + z_1 z_3 - z_2 z_3}{z_2 + z_3 - z_1} + \frac{1}{2} \frac{\sigma_2^2}{\sigma_1 \sigma_2 - \sigma_3}$$
$$= \frac{\sigma_2^2}{\sigma_1 \sigma_2 - \sigma_3} - \frac{\sigma_3}{\sigma_1 \sigma_2 - \sigma_3} \frac{z_1 z_2 + z_1 z_3 - z_2 z_3}{z_2 + z_3 - z_1}$$

用类似方法我们求出

$$\varphi_2 = \frac{\sigma_2^2}{\sigma_1 \sigma_2 - \sigma_3} - \frac{\sigma_3}{\sigma_1 \sigma_2 - \sigma_3} \frac{z_2 z_3 + z_2 z_1 - z_3 z_1}{z_3 + z_1 - z_2}$$

$$\varphi_3 = \frac{\sigma_2^2}{\sigma_1 \sigma_2 - \sigma_3} - \frac{\sigma_3}{\sigma_1 \sigma_2 - \sigma_3} \frac{z_3 z_1 + z_3 z_2 - z_1 z_2}{z_1 + z_2 - z_3}$$

费尔巴哈点的附标公式较好地写成如下形式

$$\varphi_1 = \frac{\sigma_2^2}{\sigma_1 \sigma_2 - \sigma_3} + \frac{\sigma_3}{\sigma_3 - \sigma_1 \sigma_2} \frac{z_1 z_3 + z_1 z_2 - z_2 z_3}{z_2 + z_3 - z_1}$$

$$\varphi_2 = \frac{\sigma_2^2}{\sigma_1 \sigma_2 - \sigma_3} + \frac{\sigma_3}{\sigma_3 - \sigma_1 \sigma_2} \frac{z_2 z_1 + z_2 z_3 - z_1 z_3}{z_3 + z_1 - z_2}$$

$$\varphi_3 = \frac{\sigma_2^2}{\sigma_1 \sigma_2 - \sigma_3} + \frac{\sigma_3}{\sigma_3 - \sigma_1 \sigma_2} \frac{z_3 z_1 + z_3 z_2 - z_1 z_2}{z_1 + z_2 - z_3}$$

或写成

$$\varphi_1 = \varepsilon + \rho \frac{z_1 z_3 + z_1 z_2 - z_2 z_3}{z_2 + z_3 - z_1}$$

$$\varphi_2 = \varepsilon + \rho \frac{z_2 z_1 + z_2 z_3 - z_3 z_1}{z_3 + z_1 - z_2}$$

$$\varphi_3 = \varepsilon + \rho \frac{z_3 z_1 + z_3 z_2 - z_1 z_2}{z_1 + z_2 - z_3}$$

或写成

$$\varphi_1 = \varepsilon + \rho u_1, \varphi_2 = \varepsilon + \rho u_2, \varphi_3 = \varepsilon + \rho u_3$$

其中

$$u_1 = \frac{z_1 z_2 + z_1 z_3 - z_2 z_3}{z_2 + z_3 - z_1}$$

$$u_2 = \frac{z_2 z_1 + z_2 z_3 - z_3 z_1}{z_3 + z_1 - z_2}$$

$$u_3 = \frac{z_3 z_1 + z_3 z_2 - z_1 z_2}{z_1 + z_2 - z_3}$$

注意,ρ 的系数是复数,其绝对值为 1,例如

$$u_1 = \frac{z_1 z_2 + z_1 z_3 - z_2 z_3}{z_2 + z_3 - z_1}$$

$$\bar{u}_1 = \frac{\dfrac{1}{z_1 z_2} + \dfrac{1}{z_1 z_3} - \dfrac{1}{z_2 z_3}}{\dfrac{1}{z_2} + \dfrac{1}{z_3} - \dfrac{1}{z_1}} = \frac{z_2 + z_3 - z_1}{z_1 z_2 + z_1 z_3 - z_2 z_3}$$

因此

$$u_1 \bar{u} = 1$$

这当然马上由事实 $| \varphi_k - \varepsilon | = \rho (k = 1,2,3)$ 推出.

对于奥数大国中国来讲,培训是无死角的,没有任何一个定理或方法没被众人深耕过.比如本书 1.4 节的鸡爪定理,知名奥数教练金磊老师就为此写过专门的著作.再比如第 5 章计算几何、第 7 章重心坐标.这些早在 20 世纪 80 年代笔者讲奥数的时候就已经有很成熟的讲稿了.当时笔者采用的是由吉林省中学数学竞赛辅导中心编写的内部资料,没有正式出版,只是内部印刷了 4 000 册.下面我们转录由当时吉林大学胡成栋、齐东旭和李成章撰写的三份讲义:

一、质量中心及其应用

质量中心是力学概念,我们利用质量中心的概念解决平面几何中的一些问题,往往能使问题变得明显并且容易解答.

1. 质量中心的定义

定义 1 设有一质点组,它们每个具有质量 $m_i (m_i > 0)$,且位于平面上点 P_i 处($i = 1,2,\cdots,n$).在平面上若有点 P,使得

$$m_1 \overrightarrow{PP_1} + \cdots + m_n \overrightarrow{PP_n} \equiv \sum_{i=1}^{n} m_i \overrightarrow{PP_i} = \mathbf{0} \tag{1}$$

则称点 P 为质点组的质量中心.

质量中心的定义 1 应用起来往往不方便,我们再给出质量中心的第二定义.

定义 2 设在平面上有质点组 $\{P_i, m_i\}$ $(i = 1, 2, \cdots, n)$. 若平面上有点 P 及 O,使得

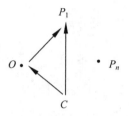

$$M \overrightarrow{OP} = \sum_{i=1}^{n} m_i \overrightarrow{OP_i} \quad (M \equiv m_1 + \cdots + m_n) \tag{2}$$

则称点 P 为质点组的质量中心.

我们指出,定义 2 中点 O 的选取与质量中心无关. 事

图 26

实上,在平面上任取一点 C(图 26),则

$$\sum_{i=1}^{n} m_i \overrightarrow{CP_i} = \sum_{i=1}^{n} m_i (\overrightarrow{CO} + \overrightarrow{OP_i}) = \sum_{i=1}^{n} m_i \overrightarrow{CO} + \sum_{i=1}^{n} m_i \overrightarrow{OP_i}$$
$$= M \overrightarrow{CO} + M \overrightarrow{OP} = M(\overrightarrow{CO} + \overrightarrow{OP}) = M \overrightarrow{CP}$$

因此,定义 2 中"若平面上有点 P 及 O"可改写成"若平面上有点 P 及对任意一点 O".

质量中心有两种说法(定义 1,定义 2),必须证明这两种说法是一致的,即定义 1 与定义 2 等价.

定义 1 $\Rightarrow$ 定义 2.

在平面上任取一点 C,则

$$M \overrightarrow{CO} = \left(\sum_{i=1}^{n} m_i \right) \overrightarrow{CO} = \sum_{i=1}^{n} (m_i \overrightarrow{CO}) \tag{3}$$

式(3)与(2)相加,有

$$M \overrightarrow{CO} + M \overrightarrow{OP} = \sum_{i=1}^{n} (m_i \overrightarrow{CO} + m_i \overrightarrow{OP_i})$$

$$M(\overrightarrow{CO} + \overrightarrow{OP}) = \sum_{i=1}^{n} m_i (\overrightarrow{CO} + \overrightarrow{OP_i})$$

$$M \overrightarrow{CP} = \sum_{i=1}^{n} m_i \overrightarrow{CP_i}$$

定义 2 $\Rightarrow$ 定义 1.

取点 O 就是质量中心 P,有

$$M \overrightarrow{PP} = \sum m_i \overrightarrow{PP_i}$$

即

$$\sum m_i \overrightarrow{PP_i} = \mathbf{0}$$

2. 重要定理

定义 1 或定义 2 没有回答任何一个质点组是否有质量中心? 若有质量中心,则有多少个? 我们有:

定理 1 对于任意质点组,质量中心存在而且唯一.

证明 首先,由定义 2,任意取定一点 O,则有

$$M\overrightarrow{OP} = \sum m_i \overrightarrow{OP_i}$$

$$\overrightarrow{OP} = \frac{1}{M}\sum m_i \overrightarrow{OP_i} \quad (M = m_1 + \cdots + m_n \neq 0)$$

显然,由质点组各质点的位置及其质量大小决定了向量 $\overrightarrow{OP}$. 点 O 已知,$\overrightarrow{OP}$ 已知,于是确定了点 P 的位置,即求得一个质量中心. 其次,再另外任取一点 C,还可确定一个质量中心 P'(图 27),由定义 2,有

$$M\overrightarrow{CP'} = \sum m_i \overrightarrow{CP_i} = \sum m_i(\overrightarrow{CO} + \overrightarrow{OP_i}) = \sum m_i \overrightarrow{OP_i} + M\overrightarrow{CO}$$

$$= M\overrightarrow{OP} + M\overrightarrow{CO} = M(\overrightarrow{CO} + \overrightarrow{OP})$$

即有

$$\overrightarrow{CP'} = \overrightarrow{CO} + \overrightarrow{OP}$$

易见,P' 与 P 是同一点,即证明了唯一性.

将质点组任意分成若干小组,例如:

第 1 组:$\{P_1, m_1\}, \cdots, \{P_k, m_k\}$;

第 2 组:$\{P_{k+1}, m_{k+1}\}, \cdots, \{P_l, m_l\}$;

......

第 α 组:$\{P_{j+1}, m_{j+1}\}, \cdots, \{P_n, m_n\}$.

每一小组又是一个质点组,其质量和为 M_i,质量中心为 $Q_i(i = 1, 2, \cdots, \alpha)$. 我们将 $\{M_1, Q_1\}, \cdots, \{M_\alpha, Q_\alpha\}$ 又看成一个新质点组,它自然也有质量中心. 那么,这个质量中心与原质点组 $\{P_i, m_i\}(i = 1, 2, \cdots, n)$ 的质量中心是否相同? 又有:

定理 2 (分组定理) 将质点组 $\{P_i, m_i\}(i = 1, 2, \cdots, n)$ 任意分成 $\alpha(\alpha \leqslant n)$ 个小组,每个小组有质量中心 $Q_i(i = 1, 2, \cdots, \alpha)$,则又有质点组 $\{Q_i, M_i\}$ $(i = 1, 2, \cdots, \alpha)$,$M_i$ 为每个小组的质点的质量和. 则质点组 $\{Q_i, M_i\}(i = 1, 2, \cdots, \alpha)$ 的质量中心就是原质点组的质量中心.

证明 设点 P 为质点组 $\{P_i, m_i\}(i = 1, 2, \cdots, n)$ 的质量中心,于是

$$M\overrightarrow{OP} = \sum_{i=1}^{n} m_i \overrightarrow{OP_i} = \sum_{i=1}^{k} m_i \overrightarrow{OP_i} + \cdots + \sum_{i=j+1}^{n} m_i \overrightarrow{OP_i}$$

$$= M_1 \overrightarrow{OQ_1} + \cdots + M_\alpha \overrightarrow{OQ_\alpha}$$

$$M = \sum_{i=1}^{n} m_i = \sum_{i=1}^{k} m_i + \cdots + \sum_{i=j+1}^{n} m_i = M_1 + \cdots + M_n$$

于是,定理得证.

定理 3 已知质量为 a, b 的两质点分别位于 A, B 两点,证明两质点的质量中心位于线段 AB 上,且分 AB 为 $b : a$.

证明 取点 A 为点 O,那么有

$$(a + b)\overrightarrow{AP} = b\overrightarrow{AB}$$

因为 $a + b > 0, b > 0$,所以 $\overrightarrow{AP}$ 与 $\overrightarrow{AB}$ 方向相同,且

$$(a + b)AP = bAB$$

$$\frac{AB}{AP} = \frac{a + b}{b}$$

$$(AB - AP) : AP = a : b$$

即

$$AP : PB = b : a$$

最后,我们说明质量中心的力学意义.

由定理 3 可知,质量为 m_1, m_2 的两质点分别位于点 P_1, P_2(图 28),质量中心在 P 处

$$P_1P : PP_2 = m_2 : m_1$$

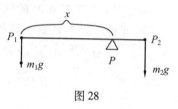

图 28

若将上述两质点用无质量的杠杆连接,置于重力场中,那么支点 P 在何处杠杆才能平衡? 由力矩方程,有

$$m_1gx = m_2g(P_1P_2 - x)$$

$$(m_1 + m_2)x = m_2P_1P_2$$

$$\frac{P_1P_2}{x} = \frac{m_1 + m_2}{m_2}$$

$$\frac{P_1P_2 - x}{x} = \frac{m_1}{m_2}$$

因此支点 P 正是两质点的质量中心. 两个力 m_1g, m_2g 作用在杠杆上,为什么用支点 P 支持杠杆就平衡呢? 可以这样想象:两个力 m_1g, m_2g 作用在杠杆上,就相当于一个力 $m_1g + m_2g$ 作用在杠杆上,力 $m_1g + m_2g$ 正好作用在点 P. 重力 $m_1g + m_2g$ 称为重力 m_1g, m_2g 的合力,点 P 称为合力作用点,亦可称为重心. 对于平面上的多个重力同样可以定义重心. 由此例可以看出,质点组的质量中心,就是质点组的重心(质点组位于重力场中!).

3. 质量中心在平面几何学中的应用

我们通过若干例子说明质量中心在平面几何学中的应用.

例 1 证明三角形中三条中线交于一点,并且交点分中线为 $2 : 1$(图 29).

证明 在 $\triangle ABC$ 的三顶点处分别置 1 个单位质量的质点. 质点 A, B 的质量中心位于 AB 的中点 C_1,且质点 C_1 的质量为 2 个单位. 质点 C_1 与质点 C 的质量中心 O 位于 C_1C 上,且 $C_1O : OC = 1 : 2$. 由分组定理,O 也是质点 A, B, C 的质量中心. 同理可证质量中心 O 必在中线 BB_1,AA_1 上,且分 $BO : OB_1 = AO : OA_1 = 2 : 1$.

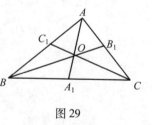

图 29

例 2 已知 K, L, M, N 分别是凸四边形 $ABCD$ 的边 AB, BC, CD, DA 的中点(图 30).

(1) 证明:线段 KM 和 LN 的交点是这两条线段的中点.

(2) 证明:线段 KM 和 LN 的交点是对角线中点连线所成线段的中点.

证明 （1）在顶点 A,B,C,D 处各置 1 个单位质量的质点. 显然,质点 A,B 的质量中心在 AB 的中点 K 处,且质量为 2 个单位. 同理质点 C,D 的质量中心在点 M 处,质量为 2 个单位. 于是质点 K 与 M 的质量中心在 KM 的中点 O 处. 点 O 亦是质点 A,B,C,D 的质量中心.

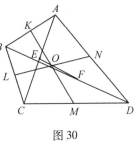

图 30

同理可证,质点 A,B,C,D 的质量中心也在 LN 上且是 LN 的中点. 由质量中心的唯一性,问题的结论正确.

（2）的证明略.

例3 在 $\triangle ABC$ 的边 AB,BC,CA 上分别取点 C_1,A_1,B_1（图31）,证明:三线段 CC_1,AA_1,BB_1 相交于一点的充分必要条件是

$$\frac{AC_1}{C_1B}\cdot\frac{BA_1}{A_1C}\cdot\frac{CB_1}{B_1A}=1$$

证明 设三线段 AA_1,BB_1,CC_1 交于一点 D. 在 A,B,C 处分别置 $1,p,q$ 个单位质量的质点,易证 D 为质量中心,显然

$$\frac{AC_1}{C_1B}=p,\frac{BA_1}{A_1C}=\frac{q}{p},\frac{CB_1}{B_1A}=\frac{1}{q}$$

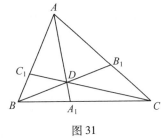

图 31

则有

$$\frac{AC_1}{C_1B}\cdot\frac{BA_1}{A_1C}\cdot\frac{CB_1}{B_1A}=p\cdot\frac{q}{p}\cdot\frac{1}{q}=1$$

反之,设

$$\frac{AC_1}{C_1B}=\frac{p}{1},\frac{BA_1}{A_1C}=\frac{q}{p}$$

则

$$\frac{CB_1}{B_1A}=\frac{1}{q}$$

那么,在 A,B,C 三点处分别置 $1,p,q$ 个单位质量的质点. 于是 C_1,B_1,A_1 正是每相邻两质点的质量中心. 因此,质量中心应在 AA_1,BB_1,CC_1 上. 由质量中心的唯一性,三条线段 AA_1,BB_1,CC_1 必交于一点,此点 D 即是质点组的质量中心.

例4 如图32,在凸四边形 $ABCD$ 的边 AB,BC,CD,DA 上分别取 K,L,M,N,且

$$AK:KB=DM:MC=\alpha$$
$$BL:LC=AN:ND=\beta$$

设点 P 为线段 KM,LN 的交点. 证明

$$NP:PL=\alpha,KP:PM=\beta$$

证明 在点 A,B,C,D 分别置 $\alpha,1,\dfrac{1}{\beta},\dfrac{\alpha}{\beta}$ 个单位质量的质点,于是 N,L 分别是质点 $A(\alpha),D\left(\dfrac{\alpha}{\beta}\right)$ 与 $C\left(\dfrac{1}{\beta}\right),B(1)$ 的质量中心,其质量为 $\alpha+\dfrac{\alpha}{\beta},1+$

$\frac{1}{\beta}$. 因此,质点组 A,B,C,D 的质量中心 P' 位于 NL 上,且

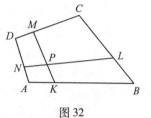

$$\frac{NP'}{P'L} = \frac{1 + \dfrac{1}{\beta}}{\alpha + \dfrac{\alpha}{\beta}} = \frac{1}{\alpha}$$

同理可证,质点组 A,B,C,D 的质量中心 P'' 还位于 MK
上,且 $\dfrac{KP''}{P''M} = \dfrac{1}{\beta}$.

图 32

由质量中心的唯一性,P',P'' 就是 KM,LN 的交点 P. 问题得证.

4. 转动惯量

设平面上分布于点 $P_1,\cdots,P_n$ 的一质点组,质量分别为 $m_1,\cdots,m_n$. 在平面上任取一点 A,则

$$I = \sum_{i=1}^{n} m_i AP_i^2 \tag{1}$$

称为质点组对点 A 的转动惯量.

设点 P 为质点组的质量中心,则

$$\overrightarrow{AP_i} = \overrightarrow{AP} + \overrightarrow{PP_i}$$

$$AP_i^2 = AP^2 + PP_i^2 + 2\,\overrightarrow{AP} \cdot \overrightarrow{PP_i}$$

于是

$$\begin{aligned}
I &= \sum_{i=1}^{n} m_i AP_i^2 = \sum_{i=1}^{n} m_i (AP^2 + PP_i^2 + 2\,\overrightarrow{AP} \cdot \overrightarrow{PP_i}) \\
&= \left(\sum_{i=1}^{n} m_i\right) AP^2 + \sum_{i=1}^{n} m_i PP_i^2 + 2\,\overrightarrow{AP} \cdot \sum_{i=1}^{n} m_i \overrightarrow{PP_i} \\
&= M \cdot AP^2 + \sum_{i=1}^{n} m_i PP_i^2
\end{aligned} \tag{2}$$

因此,质点组对点 A 的转动惯量等于质点组对质量中心的转动惯量,再加上质量为 $M = \sum_{i=1}^{n} m_i$ 且位于质量中心的质点对点 A 的转动惯量.

例 5　设 O 是 $\triangle ABC$ 中线的交点,P 是任意点,证明

$$3OP^2 = AP^2 + BP^2 + CP^2 - \frac{1}{3}(a^2 + b^2 + c^2)$$

证明　在 A,B,C 三点分别置 1 个单位质量的质点. 显然,O 是质量中心. 考虑质点组对点 P 的转动惯量

$$I = AP^2 + BP^2 + CP^2 = AO^2 + BO^2 + CO^2 + 3OP^2$$

用三边长表达中线长

$$m_\alpha^2 = \frac{2b^2 + 2c^2 - a^2}{4}$$

有

416

$$AO^2 = \left(\frac{2}{3}m_\alpha\right)^2 = \frac{2b^2 + 2c^2 - a^2}{9}$$

于是

$$AO^2 + BO^2 + CO^2 = \frac{1}{3}(a^2 + c^2 + b^2)$$

因此

$$3OP^2 = AP^2 + BP^2 + CP^2 - \frac{1}{3}(a^2 + c^2 + b^2)$$

练习题

1. $A_1, B_1, C_1, D_1, E_1, F_1$ 是任意六边形的边 AB, BC, CD, DE, EF, FA 的中点, 证明: $\triangle A_1 C_1 E_1$ 和 $\triangle B_1 D_1 F_1$ 的中线交点重合.

2. 在 $\triangle ABC$ 的边 AB, BC, CA 上分别取点 C_1, A_1, B_1, 使线段 CC_1, AA_1, BB_1 相交于某一点 O, 证明:

(1) $\dfrac{CO}{OC_1} = \dfrac{CA_1}{A_1 B} + \dfrac{CB_1}{B_1 A}$;

(2) $\dfrac{A_1 O}{A_1 A} + \dfrac{B_1 O}{B_1 B} + \dfrac{C_1 O}{C_1 C} = 1.$

提示: 利用例 3 在各顶点放置质点的方法.

3. 在 $\triangle ABC$ 的边 AB, BC 上分别取点 K, L, 设 M 是 AL 与 CK 的交点, N 是 KL 与 BM 的交点, 证明: $\dfrac{AK \cdot BC}{LC \cdot AB} = \dfrac{KN}{NL}$.

提示: 设 $AK : KB = \dfrac{1}{\alpha}, CL : LB = \dfrac{1}{\beta}$. 在 A, B, C 三点分别置 $\alpha, 1 + 1 = 2$, β 个单位质量的质点. 易证, 质点组的质量中心在 KL 上, 又在 MB 上, 即 N 是质量中心.

4. 如图 33, 在 $\triangle ABC$ 内求一点 O, 使之具有性质: 对任意过点 O 的直线与 AB 边交于 K, 与 BC 边交于 L, 满足

$$p\frac{AK}{KB} + q\frac{CL}{LB} = 1$$

式中, p, q 为已知正数.

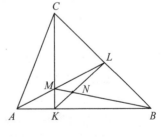

图 33

提示: 在 A, C 处分别放置质量为 p, q 个单位的质点, 在 B 处放置两个质点 x_a, x_c, 使之 $x_a + x_c = 1$ 单位质量. 质点组的质量中心即为所求的点 O.

5. 直线 L 与已知 $\triangle ABC$ 的边 AB, AC 相交, 且从点 A 到 L 的距离等于从点 B 和 C 到 L 的距离之和. 证明所有这样的直线 L 通过同一点.

6. 设 O 是 $\triangle ABC$ 外接圆的圆心, H 是高的交点, 证明: $OH^2 = 9R^2 - (a^2 + b^2 + c^2)$, R 是外接圆的半径.

二、关于面积坐标

坐标非常有用,借助它可以把许多几何对象数量化,从而采用解析方法进行研究. 最常用的是直角坐标和极坐标. 但是,并非对任何问题直角坐标或极坐标都是好用的. 采用什么坐标,要根据研究对象的特点. 这里,我们引入另一种坐标,称之为"面积"坐标. 采用这种坐标,对解决某些问题来说是十分方便的.

1. 面积坐标的定义

取平面上一个三角形 T,顶点为 T_1,T_2,T_3,面积记为 $S_{T_1T_2T_3}$. 它的顶点为 $T_1 \rightarrow T_2 \rightarrow T_3$,反时针方向. 按反时针方向,规定 T 的面积为正;按顺时针方向,规定 T 的面积为负. 如果 $T_1T_2T_3$ 为反时针方向,规定 $\angle T_1T_2T_3$ 为正角. 这就是说,面积和角度都是有正有负的,或叫作有向面积和有向角.

平面上任意给定一点 P,联结 PT_1,PT_2,PT_3,得到三个三角形,其有向面积分别记以 $S_{PT_2T_3}$,$S_{T_1PT_3}$,$S_{T_1T_2P}$(图 34).

由此得到三个数($S_{T_1T_2T_3}$ 简记为 S)

$$u = \frac{S_{PT_2T_3}}{S}$$

$$v = \frac{S_{T_1PT_3}}{S}$$

$$w = \frac{S_{T_1T_2P}}{S}$$

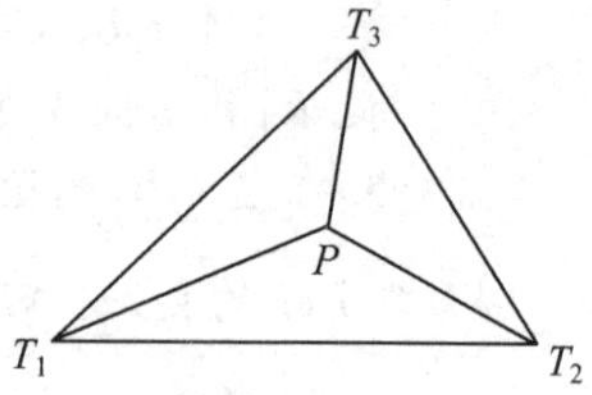

图 34

这时,将数组 (u,v,w) 叫作点 P 关于三角形 T 的面积坐标,T 叫作坐标三角形. 有时把 T_1,T_2,T_3 叫作基准点.

从定义可知

$$u + v + w = 1$$

u,v,w 并不是彼此无关的独立量. 当任意两个值指定时,第三个值就确定了.

当点 P 给定时 u,v,w 唯一确定;当 u,v,w 给定且满足 $u+v+w=1$ 时,则有唯一的一点 P 与这三个数对应. 将这种一对一的关系记成 $P = (u,v,w)$.

注意,大家应熟悉如下简单然而十分重要的事实:

(1)坐标三角形的三个顶点的面积坐标

$$T_1 = (1,0,0), T_2 = (0,1,0), T_3 = (0,0,1)$$

(2)

$$P \in \overline{T_2T_3} \Leftrightarrow u = 0$$

$$P \in \overline{T_1T_3} \Leftrightarrow v = 0$$

$$P \in \overline{T_1T_2} \Leftrightarrow w = 0$$

(3)如果点 P 位于坐标三角形内部,则有 $u > 0, v > 0, w > 0$. 平面上任给一点,它位于图 35 所示的七个区域中的某一区域. 这时不难看出点 P 的面积坐标的符号有图 35 所标出的规律.

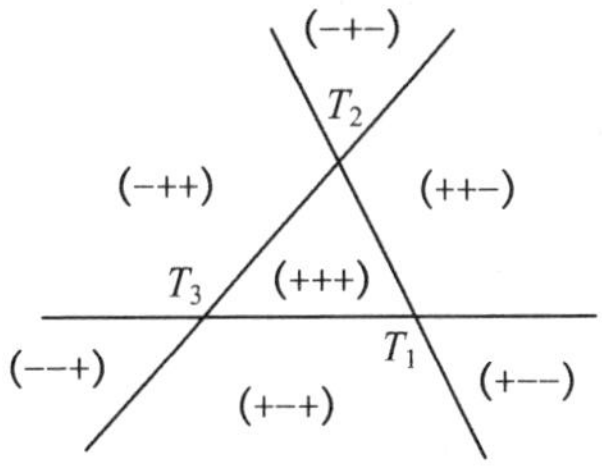

2. 平面直角坐标与面积坐标的关系

设坐标三角形的顶点 T_i 的直角坐标为 (x_i, y_i), $i = 1, 2, 3$.

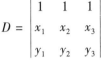

图 35

已知 P 的直角坐标为 (x, y), 我们来讨论怎样由直角坐标的上述数据表示面积坐标. 三角形 T 的面积公式:

$$D = \begin{vmatrix} 1 & 1 & 1 \\ x_1 & x_2 & x_3 \\ y_1 & y_2 & y_3 \end{vmatrix}$$

于是

$$u = \begin{vmatrix} 1 & 1 & 1 \\ x & x_2 & x_3 \\ y & y_2 & y_3 \end{vmatrix} / D$$

$$v = \begin{vmatrix} 1 & 1 & 1 \\ x_1 & x & x_3 \\ y_1 & y & y_3 \end{vmatrix} / D \tag{1}$$

$$w = \begin{vmatrix} 1 & 1 & 1 \\ x_1 & x_2 & x \\ y_1 & y_2 & y \end{vmatrix} / D$$

反之, 从面积坐标也可以求得直角坐标, 容易验证

$$ux_1 + vx_2 + wx_3 = x$$
$$uy_1 + vy_2 + wy_3 = y \tag{2}$$

如果已知三点 P_1, P_2, P_3, 其面积坐标分别为 (u_1, v_1, w_1), (u_2, v_2, w_2), (u_3, v_3, w_3), 那么容易验证

$$S_{P_1 P_2 P_3} = \begin{vmatrix} u_1 & u_2 & u_3 \\ v_1 & v_2 & v_3 \\ w_1 & w_2 & w_3 \end{vmatrix} \cdot D \tag{3}$$

定比分点公式:

设 $P = (u, v, w)$ 在直线 $P_1 P_2$ 上, 且有

$$\overline{P_1 P} : \overline{P P_2} = \lambda$$
$$P_1 = (u_1, v_1, w_1)$$
$$P_2 = (u_2, v_2, w_2)$$

则有

$$u = \frac{1}{1+\lambda}u_1 + \frac{\lambda}{1+\lambda}u_2$$

$$v = \frac{1}{1+\lambda}v_1 + \frac{\lambda}{1+\lambda}v_2 \tag{4}$$

$$w = \frac{1}{1+\lambda}w_1 + \frac{\lambda}{1+\lambda}w_2$$

直线方程：

从上面的定比分点公式得

$$(1+\lambda)u - u_1 - \lambda u_2 = 0$$
$$(1+\lambda)v - v_1 - \lambda v_2 = 0$$
$$(1+\lambda)w - w_1 - \lambda w_2 = 0$$

消去 λ 得

$$\begin{vmatrix} u & u_1 & u_2 \\ v & v_1 & v_2 \\ w & w_1 & w_2 \end{vmatrix} = 0$$

此即两点式直线方程.

两点之间的距离公式：

如图 36 所示，令 P_1, P_2 为平面上任意给定的两点，$P_1 = (u_1, v_1, w_1)$，$P_2 = (u_2, v_2, w_2)$. 坐标三角形各边的长度为

$$\mid \overline{T_1 T_3} \mid = a_2, \mid \overline{T_2 T_3} \mid = a_1, \mid \overline{T_1 T_3} \mid = a_3$$

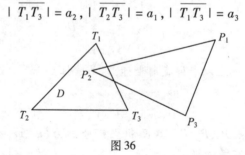

图 36

由余弦定理不难算出

$$\mid \overline{P_1 P_2} \mid^2 = \frac{1}{S}\big[a_2^2(u_1 - u_2)^2 + a_1^2(v_1 - v_2)^2 +$$
$$2a_1 a_2(u_1 - u_2)(v_1 - v_2)\cos T_3 \big]$$

自然也可以写成

$$\mid \overline{P_1 P_2} \mid^2 = \frac{1}{S}\big[a_3^2(v_1 - v_2)^2 + a_2^2(w_1 - w_2)^2 +$$
$$2a_2 a_3(v_1 - v_2)(w_1 - w_2)\cos T_1 \big]$$
$$= \frac{1}{S}\big[a_1^2(w_1 - w_2)^2 + a_3^2(u_1 - u_2)^2 +$$
$$2a_3 a_1(w_1 - w_2)(u_1 - u_2)\cos T_2 \big]$$

化为对称形式，容易得出

$$\mid \overline{P_1 P_2} \mid^2 = a_2 a_3\left(\frac{u_1 - u_2}{S}\right)^2 \cos T_1 + a_3 a_1\left(\frac{v_1 - v_2}{S}\right)^2 \cos T_2 +$$

$$a_1 a_2 \left(\frac{w_1 - w_2}{S} \right)^2 \cos T_3 \qquad\qquad (5)$$

3. 例题

上节中,最基本的公式是(1)和(2),反复利用直角坐标与面积坐标的关系式可以解决许多问题.

例1 给出坐标三角形外接圆在面积坐标之下的方程.

解 适当选取直角坐标系,圆的方程为

$$x^2 + y^2 = R^2$$

又基准点的直角坐标为(x_i, y_i), $i = 1, 2, 3$. 利用式(2) 得

$$(ux_1 + vx_2 + wx_3)^2 + (uy_1 + vy_2 + wy_3)^2 = R^2$$

注意到基准点的面积坐标分别为$(1, 0, 0)$, $(0, 1, 0)$, $(0, 0, 1)$,从上式就得到

$$a_1^2 vw + a_2^2 wu + a_3^2 uv = 0$$

例2 在$\triangle ABC$内任取一点O,证明$S_A \cdot \overrightarrow{OA} + S_B \cdot \overrightarrow{OB} + S_C \cdot \overrightarrow{OC} = \mathbf{0}$,其中$S_A, S_B, S_C$分别为$\triangle BCO, \triangle CAO, \triangle ABO$的面积.

(第十七届苏联数学奥林匹克试题)

证明 点O的面积坐标为

$$\left(\frac{S_A}{S_A + S_B + S_C}, \frac{S_B}{S_A + S_B + S_C}, \frac{S_C}{S_A + S_B + S_C} \right)$$

记为(u, v, w). A, B, C, O的直角坐标分别设为

$$(x_1, y_1), (x_2, y_2), (x_3, y_3), (x, y)$$

注意,$u + v + w = 1$,有

$$u \cdot \overrightarrow{OA} + v \cdot \overrightarrow{OB} + w \cdot \overrightarrow{OC} = u \begin{pmatrix} x_1 - x \\ y_1 - y \end{pmatrix} + v \begin{pmatrix} x_2 - x \\ y_2 - y \end{pmatrix} + w \begin{pmatrix} x_3 - x \\ y_3 - y \end{pmatrix}$$

$$= \begin{pmatrix} ux_1 + vx_2 + wx_3 - (ux + vx + wx) \\ uy_1 + vy_2 + wy_3 - (uy + vy + wy) \end{pmatrix} = \mathbf{0}$$

例3 设$\triangle T_1 T_2 T_3$的面积为1, A, B, C分别为$T_3 T_1, T_1 T_2, T_2 T_3$上的点,且分割所在的边成如下比值

$$T_3 A : A T_1 = \frac{\lambda}{1 - \lambda}, T_1 B : B T_2 = \frac{\mu}{1 - \mu}, T_2 C : C T_3 = \frac{\nu}{1 - \nu}$$

这里$\lambda, \mu, \nu \in (0, 1)$. 求$AT_2, BT_3, CT_1$相交而成的阴影部分(图37)的三角形面积$S$.

解 容易写出各点的面积坐标:

$$T_1 = (1, 0, 0), T_2 = (0, 1, 0), T_3 = (0, 0, 1)$$
$$A = (\lambda, 0, 1 - \lambda)$$
$$B = (1 - \mu, \mu, 0)$$
$$C = (0, 1 - \nu, \nu)$$

直线AT_2和直线BT_3的方程分别为

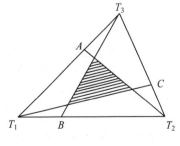

图37

$$\begin{vmatrix} u & \lambda & 0 \\ v & 0 & 1 \\ w & 1-\lambda & 0 \end{vmatrix} = 0, \quad \begin{vmatrix} u & 1-\mu & 0 \\ v & \mu & 0 \\ w & 0 & 1 \end{vmatrix} = 0$$

即 AT_2 与 BT_3 的交点满足方程组

$$\begin{cases} u(1-\lambda) - \lambda w = 0 \\ u\mu - v(1-\mu) = 0 \end{cases}$$

注意 $u + v + w = 1$，得

$$\begin{cases} u + \lambda v = \lambda \\ u\mu - (1-\mu)v = 0 \end{cases}$$

于是交点的面积坐标为

$$\left(\frac{\lambda(1-\mu)}{1-\mu+\lambda\mu}, \frac{\lambda\mu}{1-\mu+\lambda\mu}, \frac{(1-\lambda)(1-\mu)}{1-\mu+\lambda\mu} \right)$$

类似地可得阴影三角形的另两个顶点面积坐标. 从而阴影三角形的有向面积为

$$S = \begin{vmatrix} \dfrac{\lambda(1-\mu)}{1-\mu+\lambda\mu} & \dfrac{(1-\nu)(1-\mu)}{1-\nu+\mu\nu} & \dfrac{\nu\lambda}{1-\lambda+\nu\lambda} \\[3mm] \dfrac{\lambda\mu}{1-\mu+\lambda\mu} & \dfrac{\mu(1-\nu)}{1-\nu+\mu\nu} & \dfrac{(1-\nu)(1-\lambda)}{1-\lambda+\nu\lambda} \\[3mm] \dfrac{(1-\lambda)(1-\mu)}{1-\mu+\lambda\mu} & \dfrac{\mu\nu}{1-\nu+\mu\nu} & \dfrac{\nu(1-\lambda)}{1-\lambda+\nu\lambda} \end{vmatrix}$$

例 4 三条直线 Aa, Bb 和 Cc 把 $\triangle ABC$ 分成七部分，如果 Ab 等于 AC 边的三分之一，而且其他边也是这样分成相等的三段，那么夹在中间的阴影所示的小三角形的面积，等于整个三角形面积的七分之一，证明之.

（史泰因豪斯《数学万花镜》中译本，1953 年，p. 3）

证明 这是例 4 的特殊情形：

$$\lambda = \mu = \nu = \frac{2}{3}$$

于是

$$S = \frac{1}{7}$$

例 5 三角形三条中线相交于一点.

证明 这是例 4 的更特殊的情形：

$$\lambda = \mu = \nu = \frac{1}{2}$$

于是 $S = 0$. 而且阴影三角形顶点的距离为零.

例 6 在四边形 $ABCD$ 中，$\triangle ABD, \triangle BCD, \triangle ABC$ 的面积之比为 $3:4:1$，点 M, N 分别在 AC, CD 上，满足

$$AM:AC = CN:CD(\text{记为 } \lambda)$$

且 B, M, N 三点共线. 求证：M 与 N 分别是 AC 与 CD 的中点（即证明 $\lambda = \dfrac{1}{2}$）.

（1983 年全国省市自治区联合数学竞赛第二试）

证明 写出点的面积坐标:

$$D = (4, -6, 3)$$
$$M = (1 - \lambda, 0, \lambda)$$
$$N = (4\lambda, -6\lambda, 1 + 2\lambda)$$

容易算出

$$S_{NMC} = 6\lambda(1 - \lambda), S_{DBN} = 4(1 - \lambda), S_{MBC} = 1 - \lambda$$

由于

$$S_{DBC} = S_{DBN} + S_{MBC} + S_{NMC}$$

所以 $4 = -6\lambda^2 + \lambda + 5$, 而 $\lambda \in (0,1)$, 故关于 λ 的二次方程有唯一解 $\lambda = \dfrac{1}{2}$.

例 7 如图 38, 设 P 为 $\triangle ABC$ 所在平面上任意一点, $\triangle A'B'C'$ 是 $\triangle ABC$ 关于点 P 的塞瓦(Ceva)三角形(即 AP 与 BC 交于点 A', BP 与 CA 交于点 B', CP 与 AB 交于点 C'). 若 $\triangle A''B''C''$ 的顶点由

$$\overrightarrow{AA'} = \overrightarrow{A'A''}, \overrightarrow{BB'} = \overrightarrow{B'B''}, \overrightarrow{CC'} = \overrightarrow{C'C''}$$

所决定, 证明

$$S_{A''B''C''} = 3S_{ABC} + 4S_{A'B'C'}$$

(1983 年澳大利亚数学竞赛试题)

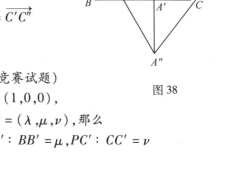

图 38

证明 设 $S_{ABC} = 1$, 且有 $A = (1,0,0)$, $B = (0,1,0)$, $C = (0,0,1)$. 如果 $P = (\lambda, \mu, \nu)$, 那么

$$PA' : AA' = \lambda, PB' : BB' = \mu, PC' : CC' = \nu$$

由定比分点公式得

$$A' = \left(0, \frac{\mu}{1 - \lambda}, \frac{\nu}{1 - \lambda}\right)$$

$$B' = \left(\frac{\lambda}{1 - \mu}, 0, \frac{\nu}{1 - \mu}\right)$$

$$C' = \left(\frac{\lambda}{1 - \nu}, \frac{\mu}{1 - \nu}, 0\right)$$

$$A'' = 2A' - A = \left(-1, \frac{2\mu}{1 - \lambda}, \frac{2\nu}{1 - \lambda}\right)$$

$$B'' = 2B' - B = \left(\frac{2\lambda}{1 - \mu}, -1, \frac{2\nu}{1 - \mu}\right)$$

$$C'' = 2C' - C = \left(\frac{2\lambda}{1 - \nu}, \frac{2\mu}{1 - \nu}, -1\right)$$

按面积公式计算即可验证所要证的等式.

练习题

1. 验证式(2),(3),(4),(5).

2. 用面积坐标证明 Ptolemy 定理:圆内接四边形两双对边的乘积之和等

于两对角线的乘积.

提示:将四边形的某三个顶点作成一个坐标三角形,再利用例 1 的结果.

3. 求证:三角形的外心、重心、垂心三点共线.

提示:考查行列式

$$D = \begin{vmatrix} 1 & 1 & 1 \\ \sin 2A_1 & \sin 2A_2 & \sin 2A_3 \\ \tan 2A_1 & \tan 2A_2 & \tan 2A_3 \end{vmatrix}$$

之值是否等于 0.

4. 从 $\triangle A_1A_2A_3$ 的外接圆上一点 P 作三边 A_2A_3,A_3A_1,A_1A_2 的垂线,设垂足分别为 P_1,P_2,P_3,求证:P_1,P_2,P_3 三点共线(Simson 线).

5. 设 $\triangle A_1A_2A_3$ 外接圆的半径为 R,圆心为 O. 过平面上任意一点 P 作 A_2A_3,A_3A_1,A_1A_2 的垂线,垂足顺次为 P_1,P_2,P_3. 记 $S_{A_1A_2A_3} = s$,$S_{P_1P_2P_3} = \Delta$,求证

$$\overline{OP}^2 = R^2\left(1 - \frac{4\Delta}{s}\right)$$

提示:写出点 P_1,P_2,P_3 的面积坐标,并计算得

$$S_{P_1P_2P_3} = (s_1s_2a_3^2 + s_1s_3a_2^2 + s_2s_3a_1^2)$$

再注意规定点 O 的面积坐标即可得证.

三、解析法在平面几何中的应用

用解析几何方法解决平面几何问题的解析法,在中学教学中常因排不上日程而一带而过,甚至遭到忽略. 近年来,虽然已有不少学校加强了这方面的教学,但总的说来还嫌不够. 众所周知,平面几何中的难题,难就难在不知从何下手去添加辅助线,有时面对难题冥思苦想而不得其要领. 这时,如果试用解析法,往往会别开生面,顺利过关.

解析法的宗旨是通过引入坐标系,将难解的平面几何问题化为代数、三角或二者兼而有之的计算问题来处理. 在解析几何中,我们已经建立了一系列适用于平面几何问题的运算方法:

1. 利用点的坐标及其他参数写出直线方程、圆的方程及其切线方程;

2. 利用线段两个端点的坐标,求线段的长度以及内、外分点的坐标;

3. 利用点的坐标和直线方程,求点到直线的距离;

4. 利用方程,求直线和直线、直线和圆的交点的坐标;

5. 用斜率反映垂直、平行及交角,可以写出直线的垂线、平行线等的方程;

6. 利用坐标、方程和行列式,可以判定三线共点与三点共线以及求三角形的面积.

这些解析几何的牛刀,在杀平面几何中不好对付的公鸡时,大有用武之地. 首先,它可以引导我们在少添或不添辅助线的情况下就顺利地解决问题.

其次,平面几何图形上的点是死的,而一旦引入坐标之后,点就动起来了,这特别有利于解平面几何中的轨迹、极值等运动性问题. 所以,解析法是解平面几何问题的最重要的方法之一. 特别对于准备参加数学竞赛的同学们来说,一定要熟练掌握之.

使用解析法解题,第一步当然是选择坐标系. 这一点并不难,但却也有一定的学问. 恰当地选择坐标系,可以使问题变得明朗、简单,从而顺利解决. 若坐标系选得不好,运算起来式子越来越长,往往会使人丧失信心. 选择坐标系,当然要因题制宜. 但也有一般的原则:

1. 选取图形上的一点(例如三角形的一个顶点或一边中点) 作原点,可以使该点的坐标为 $(0,0)$;选取图形中过该点的一条线为横(纵) 轴,可以使该线上的点的纵(横) 坐标为 0.

2. 如果图形中有一个直角(有多个直角时可选取起主要作用的一个),可以考虑选取直角的角顶为原点,两条边为坐标轴.

3. 当图形的主要部分具有对称中心(例如圆心或正多边形的中心) 时,可以选它作为原点;当图形有对称轴时可选为坐标轴,这样可以使有关点的坐标对称而减少未知数和已知数的数目.

如果题目中只有线段而没有具体的长度数值,在选取坐标系时还可选取适当长度作为单位长(例如在以圆心为原点的坐标系中可取半径为 1),这样可以使随后的运算变得简单.

同许多其他方法一样,解析法也不是万能的. 那么,什么样的平面几何题目宜用解析法呢? 虽然从前面对解析几何运算特点的回顾和对选取坐标系的分析中已可看出一些端倪,但要确切回答这个问题是很难做到的. 原则上说,在引入适当坐标系后,可以用已知量的坐标和参数顺利表达出未知量的坐标或参数的问题都可试用解析法. 尽管我们无法确切回答上述问题,我们仍然可以较详细地介绍解析法的主要应用.

1. 由于利用点的坐标很容易表达线段的长度,所以用解析法证明线段之间的相互关系(相等、不等和倍分等) 以及求线段的长度等问题比较方便.

例1 过圆 O 上任意一点 C 作直径 AB 所在直线的垂线 CD,垂足为 D,过 A 和 C 分别作圆 O 的切线交于 E. 求证:BE 平分 CD.

(1978 年贵阳市、丹东市竞赛题)

证法1 如图 39,取以圆心 O 为原点,直径 AB 所在直线为 x 轴,半径 OB 为单位长的直角坐标系. 于是 A,B 的坐标分别为 $(-1,0)$ 和 $(1,0)$;AE 的直线方程为 $x = -1$.

联结 OC,则 $OC \perp EC$. 因为 C 在圆上,所以可设点 C 的坐标为 $(\cos\theta, \sin\theta)$,其中 $\theta = \angle BOC$. 从而切线 CE 的方程为

$$y = -\cot\theta(x - \cos\theta) + \sin\theta$$

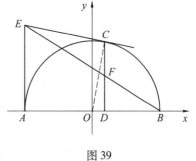

图 39

$$= - x\cot\theta + \frac{1}{\sin\theta}$$

由此及 AE 的方程 $x = -1$ 可得点 E 的纵坐标为

$$y_E = \cot\theta + \frac{1}{\sin\theta} = \frac{1 + \cos\theta}{\sin\theta}$$

于是直线 EB 的方程为

$$-2y = \frac{1 + \cos\theta}{\sin\theta}(x - 1)$$

$$y = \frac{1 + \cos\theta}{2\sin\theta}(1 - x)$$

因为 $CD \perp AB$，所以 F 的横坐标 $x_F = \cos\theta$，代入上面的方程，即得

$$y_F = \frac{1 + \cos\theta}{2\sin\theta}(1 - \cos\theta) = \frac{1}{2}\sin\theta = \frac{1}{2}y_C$$

这就证明了 BE 平分 CD.

证法2　取证法 1 中所取的坐标系，于是像证法 1 一样地有 AE,CE 的直线方程

$$AE:x = -1 \tag{1}$$

$$CE:y = -x\cot\theta + \frac{1}{\sin\theta} \tag{2}$$

设 F' 为 CD 的中点，于是它的坐标为 $(\cos\theta, \frac{1}{2}\sin\theta)$. 从而直线 BF' 的方程为

$$y = \frac{\sin\theta}{2(\cos\theta - 1)}(x - 1) \tag{3}$$

由 $(1) - (3)$ 有

$$\begin{vmatrix} 1 & 0 & 1 \\ \cot\theta & 1 & -\frac{1}{\sin\theta} \\ \frac{\sin\theta}{2(\cos\theta - 1)} & -1 & -\frac{\sin\theta}{2(\cos\theta - 1)} \end{vmatrix}$$

$$= \begin{vmatrix} 1 & -\frac{1}{\sin\theta} \\ -1 & -\frac{\sin\theta}{2(\cos\theta - 1)} \end{vmatrix} + \begin{vmatrix} \cot\theta & 1 \\ \frac{\sin\theta}{2(\cos\theta - 1)} & -1 \end{vmatrix}$$

$$= \frac{\sin\theta}{2(1 - \cos\theta)} - \frac{1}{\sin\theta} - \cot\theta + \frac{\sin\theta}{2(1 - \cos\theta)}$$

$$= \frac{\sin\theta}{1 - \cos\theta} - \frac{1 + \cos\theta}{\sin\theta} = 0$$

这说明 AE,CE 和 BF' 三线共点，即直线 BF' 与 BE 重合. 所以 F 与 F' 重合，即 F 为 CD 的中点.

例2　以正方形 $ABCD$ 的一边 BC 为底边，在正方形 $ABCD$ 内作一个底角等于 $15°$ 的等腰 $\triangle EBC$，联结 AE,DE，则 $\triangle AED$ 为等边三角形.

证明　如图 40，取以 B 为原点，BC 所在直线为 x 轴，边 BC 为单位长的

直角坐标系,于是有
$$A:(0,1),B:(0,0),C:(1,0)$$
因为 $\angle EBC = \angle ECB = 15°$,所以直线 BE,CE 的方程分别为

$$BE:y = x\tan 15°$$

$$CE:y = -\tan 15°(x-1)$$

由此联立解得点 E 的坐标为 $\left(\dfrac{1}{2},\dfrac{1}{2}\tan 15°\right)$. 因为

$$\tan 15° = \tan(60° - 45°) = 2 - \sqrt{3}$$

所以

$$\begin{aligned}AE^2 &= \left(\frac{1}{2}\right)^2 + \left(1 - \frac{1}{2}\tan 15°\right)^2 \\ &= \frac{1}{4} + \left[1 - \frac{1}{2}(2-\sqrt{3})\right]^2 \\ &= \frac{1}{4} + \left(\frac{\sqrt{3}}{2}\right)^2 = 1\end{aligned}$$

从而有

$$AE = 1 = AD$$

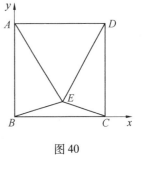

图 40

例 3　已知 A,B,C,D 四点共圆,另一圆的圆心 O 在 AB 上,且与四边形 $ABCD$ 的其余三边相切,求证:$AD + BC = AB$.

（1985 年 IMO 竞赛题）

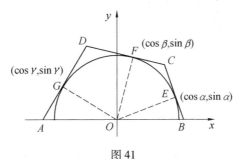

图 41

证明　如图 41,取以 O 为原点,AB 所在直线为 x 轴,圆 O 的半径为单位长的直角坐标系. 记圆 O 与 BC,CD,DA 的切点分别为 E,F,G. 记 $\angle BOE = \alpha$,$\angle BOF = \beta$,$\angle BOG = \gamma$. 于是 E,F,G 三点的坐标分别为

$$E:(\cos \alpha,\sin \alpha),F:(\cos \beta,\sin \beta),G:(\cos \gamma,\sin \gamma)$$

由此可得直线 BC,CD,DA 的方程

$$BC:y = -\cot \alpha(x - \cos \alpha) + \sin \alpha = -\cot \alpha x + \frac{1}{\sin \alpha} \tag{1}$$

$$CD:y = -\cot \beta x + \frac{1}{\sin \beta} \tag{2}$$

$$DA:y = -\cot \gamma x + \frac{1}{\sin \gamma} \tag{3}$$

由(1) - (3) 及 AB 的方程 $y = 0$ 可以解得 A, B, C, D 的坐标分别为

$$A:\left(\frac{1}{\cos \gamma}, 0\right), B:\left(\frac{1}{\cos \alpha}, 0\right)$$

$$C:\left(\frac{\sin \alpha - \sin \beta}{\sin(\alpha - \beta)}, \frac{\cos \beta - \cos \alpha}{\sin(\alpha - \beta)}\right)$$

$$D:\left(\frac{\sin \gamma - \sin \beta}{\sin(\gamma - \beta)}, \frac{\cos \beta - \cos \gamma}{\sin(\gamma - \beta)}\right) \tag{4}$$

因为 A, B, C, D 四点共圆,所以有

$$\beta - \alpha = \angle EOF = 180° - \angle C = \angle A = \gamma - 90°$$

$$\gamma - \beta = \angle FOG = 180° - \angle D = \angle B = 90° - \alpha$$

于是 C, D 的坐标又可写成

$$C:\left(\frac{\sin \alpha - \sin \beta}{\cos \gamma}, \frac{\cos \beta - \cos \alpha}{\cos \gamma}\right)$$

$$D:\left(\frac{\sin \gamma - \sin \beta}{\cos \alpha}, \frac{\cos \beta - \cos \gamma}{\cos \alpha}\right) \tag{5}$$

由(4) 与(5) 可得

$$AB = \frac{1}{\cos \alpha} - \frac{1}{\cos \gamma}$$

$$BC = \left\{\left(\frac{\sin \alpha - \sin \beta}{\cos \gamma} - \frac{1}{\cos \alpha}\right)^2 + \left(\frac{\cos \beta - \cos \alpha}{\cos \gamma}\right)^2\right\}^{\frac{1}{2}}$$

$$= \left\{\left(\frac{\sin \alpha(\cos \alpha - \cos \beta)}{\cos \alpha \cos \gamma}\right)^2 + \left(\frac{\cos \beta - \cos \alpha}{\cos \gamma}\right)^2\right\}^{\frac{1}{2}}$$

$$= \left|\frac{\cos \beta - \cos \alpha}{\cos \alpha \cos \gamma}\right|$$

同理可得

$$AD = \left|\frac{\cos \beta - \cos \gamma}{\cos \alpha \cos \gamma}\right|$$

注意到 $\cos \beta - \cos \alpha < 0, \cos \beta - \cos \gamma > 0$,便有

$$BC + AD = \frac{\cos \beta - \cos \alpha}{\cos \alpha \cos \gamma} + \frac{\cos \gamma - \cos \beta}{\cos \alpha \cos \gamma} = \frac{1}{\cos \alpha} - \frac{1}{\cos \gamma} = AB$$

2. 因为距离的平方是二次多项式,所以用解析法处理含有多个距离平方的问题极为方便.

例 4 设 M 为 $Rt\triangle ABC$ 斜边 BC 的中点,P, Q 分别在 AB, AC 上且使 $PM \perp QM$. 求证:$PQ^2 = PB^2 + QC^2$.

证明 如图 42,取以 A 为原点,AC, AB 所在直线分别为 x 轴和 y 轴的直角坐标系. 于是可设

$$B:(0, b), C:(c, 0), P:(0, p), Q:(q, 0)$$

因为 M 为 BC 的中点,所以点 M 的坐标为 $\left(\frac{1}{2}c, \frac{1}{2}b\right)$.

于是有

$$PQ^2 = p^2 + q^2, PB^2 = (b - p)^2, QC^2 = (c - q)^2 \tag{1}$$

因为 $MP \perp MQ$, 所以

$$-1 = k_{MP} \cdot k_{MQ} = \frac{\frac{b}{2} - p}{\frac{c}{2} - 0} \cdot \frac{\frac{b}{2} - 0}{\frac{c}{2} - q}$$

$$b^2 + c^2 - 2bp - 2cq = 0 \qquad (2)$$

由(1)并利用(2),便有

$$PB^2 + QC^2 = (b - p)^2 + (c - q)^2$$
$$= b^2 - 2bp + p^2 + c^2 - 2cq + q^2$$
$$= p^2 + q^2 = PQ^2$$

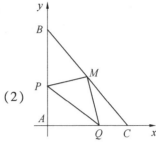

图 42

例 5 已知三角形的三边长为 a,b,c, 面积为 S, 求证: $a^2 + b^2c \geq 4\sqrt{3}S$, 并问等号何时成立?

(1961 年 IMO 竞赛题)

证明 如图 43, 取以 BC 的中点 O 为原点, BC 边所在直线为 x 轴的直角坐标系. 于是有

$$B:\left(\frac{a}{2}, 0\right), \quad C:\left(\frac{a}{2}, 0\right)$$

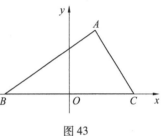

图 43

设点 A 的坐标为 (p,q), 于是

$$b^2 = \left(p - \frac{a}{2}\right)^2 + q^2, \quad c^2 = \left(p + \frac{a}{2}\right)^2 + q^2, \quad S = \frac{1}{2}aq$$

从而有

$$a^2 + b^2 + c^2 = a^2 + \left(p - \frac{a}{2}\right)^2 + q^2 + \left(p + \frac{a}{2}\right)^2 + q^2$$
$$= \frac{3}{2}a^2 + 2p^2 + 2q^2 \geq \frac{3}{2}a^2 + 2p^2$$
$$\geq 2\sqrt{3}ap = 4\sqrt{3}S$$

其中第一个不等号当且仅当 $q = 0$ 时化为等号, 而第二个不等号当且仅当 $3a^2 = 4p^2$ 时成为等号. 结合起来, 即当且仅当 $q = 0, 3a^2 = 4p^2$ 时, 亦即 $\triangle ABC$ 为等边三角形时所论不等式化为等式.

3. 由于用顶点坐标很容易求得三角形的面积, 解析法适宜于解决平面几何中有关面积的问题.

例 6 在 $\triangle ABC$ 的三边 BC, CA, AB 上分别取三点 D, E, F, 使 $BD = \frac{1}{3}BC, CE = \frac{1}{3}CA, AF = \frac{1}{3}AB$. 联结 AD, BE, CF 分别交于 M, N, P, 求证:

$$S_{\triangle MNP} = \frac{1}{7}S_{\triangle ABC}.$$

(1942—1943 年匈牙利竞赛题)

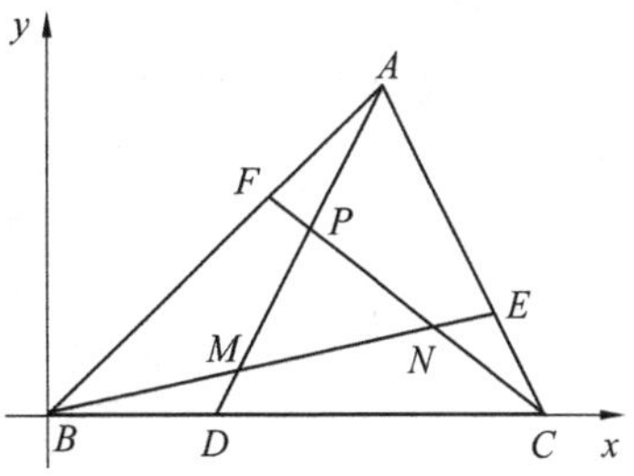

图 44

证法 1 如图 44, 取以 B 为原点, BC 所在直线为 x 轴, BD 为单位长的直角坐标系, 于是

$$B:(0,0),D:(1,0),C:(3,0)$$

设 A 的坐标为 (p,q)，于是可以求得点 E,F 的坐标为

$$E:\left(2+\frac{p}{3},\frac{q}{3}\right),F:\left(\frac{2}{3}p,\frac{2}{3}q\right)$$

从而可得直线方程如下：

$$BE:qx-(p+6)y=0 \tag{1}$$

$$CF:qx+\left(\frac{9}{2}-p\right)y-3q=0 \tag{2}$$

$$AD:qx+(1-p)y-q=0 \tag{3}$$

分别将 (1) 与 (2)，(2) 与 (3)，(3) 与 (1) 联立解得

$$N:\left(\frac{2}{7}(6+p),\frac{2}{7}q\right)$$

$$P:\left(\frac{1}{7}(4p+3),\frac{4}{7}q\right)$$

$$M:\left(\frac{1}{7}(6+p),\frac{1}{7}q\right)$$

由此可得

$$S_{\triangle MNP}=\frac{1}{2}\left|\det\begin{pmatrix}\frac{1}{7}(3+4p) & \frac{4}{7}q & 1 \\ \frac{1}{7}(6+p) & \frac{1}{7}q & 1 \\ \frac{2}{7}(6+p) & \frac{2}{7}q & 1\end{pmatrix}\right|=\frac{3}{14}q=\frac{1}{7}S_{\triangle ABC}$$

上述证明是原原本本地按解析法一算到底，如果考虑到几何量之间的关系，还可以使用解析法给出其他的证明. 例如：

证法 2 取证法 1 中所取的直角坐标系并设 A 的坐标为 (p,q)，于是有

$$C:(3,0),E:\left(2+\frac{p}{3},\frac{q}{3}\right),F:\left(\frac{2}{3}p,\frac{2}{3}q\right)$$

从而可得直线方程如下：

$$BE:qx-(p+6)y=0$$

$$CF:qx+\left(\frac{9}{2}-p\right)y-3q=0$$

将二者联立可以解得 N 的纵坐标为 $y_N=\frac{2}{7}q$. 从而得到

$$S_{\triangle NBC}=\frac{2}{7}q\cdot\frac{3}{2}=\frac{2}{7}S_{\triangle ABC}$$

同理可证

$$S_{\triangle MAB}=S_{\triangle PCA}=\frac{2}{7}S_{\triangle ABC}$$

所以

$$S_{\triangle MNP}=\frac{1}{7}S_{\triangle ABC}$$

4.解析法适宜于用来解决平面几何方法不易解决的轨迹问题和极值问题.

例7 设 A 和 B 是圆 O 上的两个定点,而 XY 为一条动直径.试确定(并证明)直线 AX 与 BY 的交点 M 的轨迹.

(1976 年美国竞赛题)

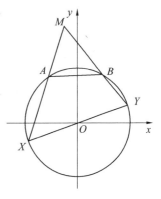

图 45

解 如图 45,取以圆心 O 为原点,以过点 O 且平行于 AB 的直线作为 x 轴,圆 O 的半径为单位长的直角坐标系.于是可设

$$B:(\cos\theta,\sin\theta),A:(-\cos\theta,\sin\theta)$$

其中 θ 为定值.设动点 X 和 Y 的坐标为

$$X:(\cos t,\sin t),Y:(-\cos t,-\sin t)$$

于是直线 AX 与 BY 的方程分别为

$$AX:y=\frac{\sin t-\sin\theta}{\cos t+\cos\theta}(x+\cos\theta)+\sin\theta$$

$$BY:y=\frac{\sin t+\sin\theta}{\cos t+\cos\theta}(x-\cos\theta)+\sin\theta$$

将 AX 与 BY 的方程联立

$$\frac{\sin t-\sin\theta}{\cos t+\cos\theta}(x+\cos\theta)=\frac{\sin t+\sin\theta}{\cos t+\cos\theta}(x-\cos\theta)$$

$$(\sin t-\sin\theta)(x+\cos\theta)=(\sin t+\sin\theta)(x-\cos\theta)$$

由此解得

$$x_M=\cot\theta\cdot\sin t \tag{1}$$

将 x_M 的值代入 BY 的方程,得到

$$y_M=\frac{\sin t+\sin\theta}{\cos t+\cos\theta}(\cot\theta\cdot\sin t-\cos\theta)+\sin\theta$$

$$=\cot\theta\cdot\frac{\sin^2 t-\sin^2\theta}{\cos t+\cos\theta}+\sin\theta$$

$$=\cot\theta\cdot\frac{\cos^2\theta-\cos^2 t}{\cos t+\cos\theta}+\sin\theta$$

$$=-\cot\theta\cdot\cos t+\frac{1}{\sin\theta} \tag{2}$$

于是点 M 的坐标满足方程

$$x^2+\left(y-\frac{1}{\sin\theta}\right)^2=\cot^2\theta \tag{3}$$

显然,它是以 $\left(0,\dfrac{1}{\sin\theta}\right)$ 为圆心,$|\cot\theta|$ 为半径的圆,而且对应关系

$$(\cos t,\sin t)\rightarrow(x_M,y_M)$$

是两圆之间的一一对应.从而方程(3)给出的圆就是所求的点的轨迹.

讨论:当 A,B 为一对对径点时,若直径 XY 不与 AB 重合,则直线 $AX\parallel BY$.这时无轨迹可谈,不予考虑.

例8 设 P 为 $\triangle ABC$ 内任一点,直线 AP,BP,CP 分别交 BC,CA,AB 于点 D,E 和 F. 问 P 为何点时,$\triangle DEF$ 的面积最大?

(1985 年 IMO 预选题)

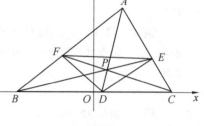

图 46

解 如图 46,取以 BC 的中点 O 为原点,BC 所在直线为 x 轴,OC 为单位长的直角坐标系,于是有

$$B:(-1,0),C:(1,0)$$

设 A,P 的坐标分别为

$$A:(a,b),P:(p,q)$$

于是有直线方程

$$AB:y=\frac{b}{a+1}(x+1)$$

$$AC:y=\frac{b}{a-1}(x-1)$$

$$BC:y=0$$

$$AP:y=\frac{b-q}{a-p}(x-a)+b$$

$$BP:y=\frac{q}{p+1}(x+1)$$

$$CP:y=\frac{q}{p-1}(x-1)$$

利用这些方程,可以解得 D,E,F 三点的坐标

$$D:\left(\frac{bp-aq}{b-q},0\right)$$

$$E:\left(\frac{bp+b-q+aq}{q-aq+bp+b},\frac{2bq}{q-aq+bp+b}\right)$$

$$F:\left(\frac{bp-b+aq+q}{q+aq-bp+b},\frac{2bq}{q+aq-bp+b}\right)$$

从而有

$$S_{\triangle DEF}=\frac{1}{2}\left|\det\begin{pmatrix}\dfrac{bp-aq}{b-q} & 0 & 1\\[2mm] \dfrac{bp+b-q+aq}{q-aq+bp+b} & \dfrac{2bq}{q-aq+bp+b} & 1\\[2mm] \dfrac{bp-b+aq+q}{q+aq-bp+b} & \dfrac{2bq}{q+aq-bp+b} & 1\end{pmatrix}\right|$$

$$=bq\begin{vmatrix}\dfrac{bp+b-q+aq}{q-aq+bp+b}-\dfrac{bp-aq}{b-q} & \dfrac{1}{q-aq+bp+b}\\[2mm] \dfrac{bp-b+q+aq}{q+aq-bp+b}-\dfrac{bp-aq}{b-q} & \dfrac{1}{q+aq-bp+b}\end{vmatrix}$$

$$=\frac{2bq}{b-q}\cdot\frac{(b-q)^2-(bp-aq)^2}{(q+b)^2-(aq-bp)^2}$$

$$= \frac{2bq}{b-q}\left\{1 + \frac{(b-q)^2 - (b+q)^2}{(q+b)^2 - (aq-bp)^2}\right\}$$

$$\leqslant \frac{2bq}{b-q}\left\{1 + \frac{(b-q)^2 - (b+q)^2}{(q+b)^2}\right\}$$

其中等号当且仅当 $aq - bp = 0$ 时成立.

$$S_{\triangle DEF} \leqslant \frac{2bq}{b-q}\frac{(b-q)^2}{(q+b)^2} = \frac{2bq(b-q)}{(q+b)^2}$$

$$= -2b + \frac{6b^2}{q+b} - \frac{4b^3}{(q+b)^2}$$

$$= -2b - 4b^3\left[\left(\frac{1}{q+b} - \frac{3}{4b}\right)^2 - \frac{9}{16b^2}\right]$$

$$\leqslant -2b + \frac{9}{4}b = \frac{b}{4}$$

其中后一个不大于号当且仅当 $q = \dfrac{b}{3}$ 时等号成立. 可见 $\triangle DEF$ 的面积当且仅

当 $q = \dfrac{b}{3}, p = \dfrac{a}{3}$ 时, 即 P 为 $\triangle ABC$ 的重心时取最大值.

5. 解析法易于用来解决三线共点和三点共线之类的平面几何问题.

例 9 已知 AC, CE 是正六边形 $ABCDEF$ 的两条对角线, 点 M, N 分别内分 AC, CE, 使

$$AM : AC = CN : CE = r$$

如果 B, M 和 N 三点共线, 试求 r 的值.

(1982 年 IMO 竞赛题)

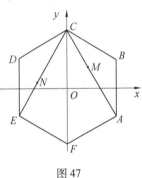

图 47

解 如图 47, 取以正六边形的中心 O 为原点, 以 FC 所在直线为 y 轴, OC 为单位长的直角坐标系, 于是

$$A : \left(\sqrt{3}, -\frac{1}{2}\right), B : \left(\sqrt{3}, \frac{1}{2}\right)$$

$$C : (0, 1), E : \left(-\sqrt{3}, -\frac{1}{2}\right)$$

因为 $AM : AC = CN : CE = r$, 所以点 M 和 N 的坐标分别为

$$M : \left((1-r)\sqrt{3}, \frac{3}{2}r - \frac{1}{2}\right)$$

$$N : \left(-\sqrt{3}r, -\frac{3}{2}r + 1\right)$$

因为已知 B, M 和 N 三点共线, 所以有

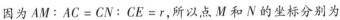

$$0 = \begin{vmatrix} \sqrt{3} & \frac{1}{2} & 1 \\ (1-r)\sqrt{3} & \frac{3}{2}r - \frac{1}{2} & 1 \\ -\sqrt{3}r & -\frac{3}{2}r + 1 & 1 \end{vmatrix} = \begin{vmatrix} \sqrt{3} & \frac{1}{2} & 1 \\ -\sqrt{3}r & \frac{3}{2}r - 1 & 0 \\ -\sqrt{3}(r+1) & -\frac{3}{2}r + \frac{1}{2} & 0 \end{vmatrix}$$

$$=-\sqrt{3}\begin{vmatrix} r & \dfrac{3}{2}r-1 \\ r+1 & -\dfrac{3}{2}r+\dfrac{1}{2} \end{vmatrix}=-\sqrt{3}(-3r^2+1)$$

解方程 $1-3r^2=0$ 得到两个根 $r=\pm\dfrac{\sqrt{3}}{3}$. 负根舍去, 便得问题的唯一解 $r=\dfrac{\sqrt{3}}{3}$.

6. 因为角度可以用斜率来表征, 解析法适宜于用来证明两直线的垂直或平行关系, 并能用来解决某些角度问题.

例10 设 M 是等腰 $\mathrm{Rt}\triangle ABC$ 一腰 AC 的中点, 自顶点 A 引垂直于中线 BM 的直线, 交底边 BC 于 D, 则 $\angle AMB=\angle CMD$.

证法1 如图 48, 取以 M 为原点, CA 所在直线为 x 轴, MA 为单位长的直角坐标系, 于是

$$A:(1,0),B:(1,2)$$
$$C:(-1,0),M:(0,0)$$

直线 MB 的方程为

$$y=2x \tag{1}$$

因为 $AD\perp BM$, 所以直线 AD 的方程为

$$y=-\frac{1}{2}(x-1)=-\frac{x}{2}+\frac{1}{2} \tag{2}$$

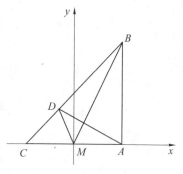

图 48

又因直线 BC 的方程为

$$y=x+1$$

将此与 (2) 联立解得点 D 的坐标为 $\left(-\dfrac{1}{3},\dfrac{2}{3}\right)$, 从而直线 MD 的方程为

$$y=-2x \tag{3}$$

由 (1) 与 (3) 可见, $k_{MB}=2,k_{MD}=-2$. 所以

$$\tan\angle AMB=2=\tan\angle DMC$$

故得 $\angle AMB=\angle CMD$.

证法2 如图 49, 取以 BC 的中点 O 为原点, BC 所在直线为 x 轴, OC 为单位长的直角坐标系, 于是

$$B:(-1,0),A:(0,1)$$
$$C:(1,0),M:\left(\frac{1}{2},\frac{1}{2}\right)$$

从而直线 BM 的方程为

$$y=\frac{1}{3}x+\frac{1}{3}$$

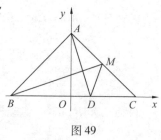

图 49

因为 $AD\perp BM$, 所以 AD 的方程为

$$y=-3x+1$$

由此求得点 D 的横坐标为 $x_D=\dfrac{1}{3}$. 故得

$$BD = \frac{4}{3} = 2DC$$

又因为 $AB = 2MC$，$\angle BAD = 45° = \angle MCD$，所以

$$\triangle ABD \backsim \triangle MCD$$

所以有 $\angle CMD = \angle BAD = \angle AMB$.

注 因为解析法容易证明线段关系而不易证明角度关系，这个证明的思路是扬长避短，将对角相等的证明化为线段关系，用解析法来证明. 这是一个值得重视的思想方法.

例 11 在平面上已知一半径为 R 的圆 O 和圆外一条直线 a，在 a 上取点 M 和 N，使得以 MN 为直径的圆 O' 与圆 O 外切. 证明：在这个平面上存在一点 A，使得所有线段 MN 对 A 的张角都相等.

（1985 年 IMO 预选题）

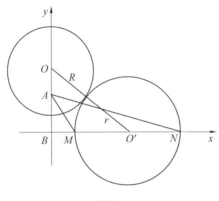

图 50

证明 如图 50，取以直线 a 为 x 轴，以过点 O 垂直于 a 的直线为 y 轴的坐标系. 记 $OB = d$，则 $d > R$. 记以 MN 的中点 O' 为中心的圆的半径为 r，$BO' = x$，于是由勾股定理有

$$x^2 + d^2 = (R + r)^2$$

由对称性知，如果点 A 存在，那么它一定在 y 轴上. 设 $A:(O,h)$. 因为 $M:(x - r, 0)$，$N:(x + r, 0)$，所以 AM 与 AN 的斜率分别为

$$k_{AM} = -\frac{h}{x - r}, \quad k_{AN} = -\frac{h}{x + r}$$

从而由三角公式有

$$\tan \angle MAN = \left(-\frac{h}{x + r} + \frac{h}{x - r} \right) \Big/ \left(1 + \frac{h^2}{x^2 - r^2} \right)$$

$$= \frac{2hr}{x^2 - r^2 + h^2}$$

$$= \frac{2hr}{(R + r)^2 - d^2 - r^2 + h^2}$$

$$= \frac{2hr}{R^2 + 2Rr - d^2 + h^2}$$

当且仅当 $R^2 + h^2 = d^2$ 时上式为常数. 因此满足条件的点 A 存在, 实际上有两点, 其坐标为

$$(0, \pm\sqrt{d^2 - R^2})$$

例 12 在等边 $\triangle ABC$ 的边 BC, CA 上各取一点 D 和 E, 使 $BD = \frac{1}{3}BC, CE = \frac{1}{3}CA, BE$ 与 AD 交于 P, 求证: $AP \perp PC$.

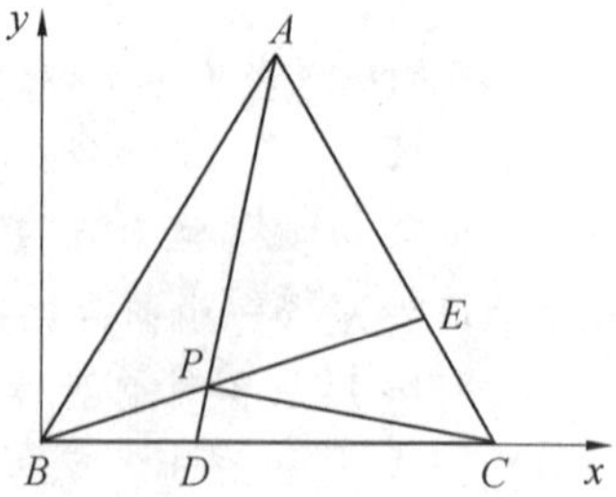

证明 如图 51, 取以 B 为原点, BC 所在直线为 x 轴, BC 长之半为单位长的直角坐标系, 于是

$$C:(2,0), A:(1,\sqrt{3})$$
$$D:\left(\frac{2}{3},0\right), E:\left(\frac{5}{3},\frac{\sqrt{3}}{3}\right)$$

图 51

从而可求得直线 BE, AD 的方程分别为

$$BE: y = \frac{\sqrt{3}}{5}x$$

$$AD: y = 3\sqrt{3}\left(x - \frac{2}{3}\right) = 3\sqrt{3}x - 2\sqrt{3}$$

将二者联立解得点 P 的坐标为 $\left(\frac{5}{7}, \frac{\sqrt{3}}{7}\right)$. 于是直线 CP 的方程为

$$y = -\frac{\sqrt{3}}{9}x + \frac{2\sqrt{3}}{9}$$

可见

$$k_{CP} = -\frac{\sqrt{3}}{9} = -\frac{1}{3\sqrt{3}} = -\frac{1}{k_{AD}}$$

所以 $CP \perp AD$, 即 $AP \perp PC$.

7. 解析法适用范围很广, 还可用来解决各种类型的平面几何难题.

例 13 在凸四边形 $ABCD$ 中, 直线 CD 与以 AB 为直径的圆相切. 求证: 当且仅当直线 $BC // AD$ 时, 直线 AB 与以 CD 为直径的圆相切.

(1984 年 IMO 竞赛题)

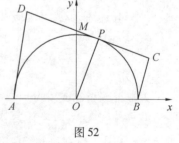

图 52

证明 如图 52, 取以线段 AB 的中点 O 为原点, AB 所在直线为 x 轴, OB 为单位长的直角坐标系, 于是有

$$A:(-1,0), B:(1,0) \qquad (1)$$

设圆 O 与 CD 的切点 P 的坐标为 $(\cos\theta, \sin\theta)$. 于是直线 CD 的方程为

$$y = -\cot\theta(x - \cos\theta) + \sin\theta = -x\cot\theta + \frac{1}{\sin\theta} \qquad (2)$$

利用这个方程, 我们可以设 C 和 D 的坐标分别为

$$C:\left(x_1, -x_1\cot\theta + \frac{1}{\sin\theta}\right), D:\left(x_2, -x_2\cot\theta + \frac{1}{\sin\theta}\right) \qquad (3)$$

于是线段 CD 的长为

$$CD = \left\{ (x_1 - x_2)^2 + [\cot \theta (x_1 - x_2)]^2 \right\}^{\frac{1}{2}} = \frac{x_1 - x_2}{\sin \theta} \tag{4}$$

由(3)可得 CD 中点的坐标为 $\left(\dfrac{x_1 + x_2}{2}, -\dfrac{x_1 + x_2}{2}\cot \theta + \dfrac{1}{\sin \theta} \right)$. 于是以 CD 为直径的圆的方程为

$$\left(x - \frac{x_1 + x_2}{2} \right)^2 + \left(y + \frac{x_1 + x_2}{2}\cot \theta - \frac{1}{\sin \theta} \right)^2 = \frac{(x_1 - x_2)^2}{4\sin^2 \theta} \tag{5}$$

因直线 AB 的方程为 $y = 0$,故圆 M 与 AB 相切,即方程

$$\left(x - \frac{x_1 + x_2}{2} \right)^2 + \left(\frac{x_1 + x_2}{2}\cot \theta - \frac{1}{\sin \theta} \right)^2 = \frac{(x_1 - x_2)^2}{4\sin^2 \theta}$$

恰有一解. 它的充要条件是

$$\left(\frac{x_1 + x_2}{2}\cot \theta - \frac{1}{\sin \theta} \right)^2 = \frac{(x_1 - x_2)^2}{4\sin^2 \theta}$$

$$[(x_1 + x_2)\cos \theta - 2]^2 = (x_1 - x_2)^2$$

$$(x_1 + x_2)\cos \theta - 2 = \pm(x_1 - x_2) \tag{6}$$

注意式(6)左端关于 x_1 和 x_2 对称,当将 x_1 和 x_2 互换,即将 C,D 互换位置时,右端变号. 所以,式(6)中的正负号恰好是一个对应凸四边形 $ABCD$,一个对应凹四边形 $ABDC$.

另一方面,由(1)和(3)可得直线 AD 和 BC 的斜率分别为

$$k_{AD} = \frac{-x_2\cot \theta + \dfrac{1}{\sin \theta}}{x_2 + 1}$$

$$k_{BC} = \frac{-x_1\cot \theta + \dfrac{1}{\sin \theta}}{x_1 - 1}$$

直线 $AD \parallel BC$,当且仅当 $k_{AD} = k_{BC}$,亦即有

$$(x_2 + 1)\left(-x_1\cot \theta + \frac{1}{\sin \theta} \right) = (x_1 - 1)\left(-x_2\cot \theta + \frac{1}{\sin \theta} \right)$$

$$\cot \theta (x_1 + x_2) + \frac{x_1 - 1 - x_2 - 1}{\sin \theta} = 0$$

$$\cos \theta (x_1 + x_2) + (x_1 - x_2) - 2 = 0 \tag{7}$$

将(7)与(6)比较即得所欲证.

例 14 在 $\triangle ABC$ 中,$AB = AC$,有一个圆内切于 $\triangle ABC$ 的外接圆并且与 AB,AC 分别相切于 P 和 Q. 求证:PQ 的中点 H 是 $\triangle ABC$ 的内心.

(1987 年 IMO 竞赛题)

证明 如图 53,取以 BC 的中点 O 为原点,BC 所在直线为 x 轴,OC 为单位长的直角坐标系,于是点 A 在 y 轴上,设 A 的纵坐标为 a. 再设小圆的圆心 E 的坐标为 $(0, \xi)$,并设圆 E 的半径为 r,则圆 E 的方程为

$$x^2 + (y - \xi)^2 = r^2 \tag{1}$$

显然,两圆的切点 D 在 y 轴上,且由相交弦定理知点 D 的坐标为 $\left(0, -\dfrac{1}{a}\right)$. 因点 D 在圆 E 上,故由(1) 得

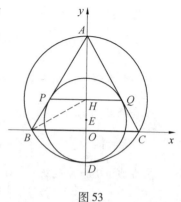

图 53

$$r = \frac{1}{a} + \xi$$

将 r 的值代入(1) 得到圆 E 的方程

$$x^2 + (y - \xi)^2 = \left(\frac{1}{a} + \xi\right)^2$$

$$x^2 + y^2 - 2\xi y - \frac{1}{a^2} - 2\frac{\xi}{a} = 0 \qquad (2)$$

因为圆 E 与 AB 相切,所以当将式(2) 与直线 AB 的方程

$$y = ax + a \qquad (3)$$

联立时恰有一解. 将(3) 代入(2) 得到

$$\left(1 + \frac{1}{a^2}\right) y^2 - 2\left(\frac{1}{a} + \xi\right) y + \left(1 - \frac{1}{a^2} - \frac{2\xi}{a}\right) = 0 \qquad (4)$$

这个二次方程的判别式为零,故有

$$\xi^2 + \left(\frac{4}{a} + \frac{2}{a^3}\right) \xi + \left(\frac{1}{a^2} + \frac{1}{a^4} - 1\right) = 0$$

由此解得

$$\xi = \frac{a^2 - \sqrt{1 + a^2}}{a(\sqrt{1 + a^2} + 1)}$$

将 ξ 的值代入(4),解得点 P 的纵坐标

$$y_P = \frac{\dfrac{1}{a} + \xi}{1 + \dfrac{1}{a^2}} = \frac{a}{1 + \sqrt{1 + a^2}}$$

从而得到

$$HO = \frac{a}{1 + \sqrt{1 + a^2}}$$

$$AH = AO - HO = \frac{a\sqrt{1 + a^2}}{1 + \sqrt{1 + a^2}}$$

所以有

$$AH : HO = \sqrt{1 + a^2} = AB : BO$$

故知 BH 为 $\angle ABO$ 的平分线,从而 H 为内心.

注 若不添加辅助线 BH,也可完成此题的证明.

因为

$$\frac{1}{2} HO(AB + AC + BC) = \frac{\dfrac{1}{2}(2 + 2\sqrt{1 + a^2})a}{1 + \sqrt{1 + a^2}} = a = S_{\triangle ABC}$$

所以 HO 与 $\triangle ABC$ 的内切圆半径相等. 可见 H 为 $\triangle ABC$ 的内心.

此题中, 还可将坐标原点取在 H, D 或 E, 也能完成 H 为内心的证明, 留给读者作为练习.

最后, 我们指出解析法与平面几何方法、三角法或代数法相比, 互有长短. 在解题时, 应将各种方法结合起来, 取长补短. 这样才能寻求捷径, 节省时间, 争取胜利.

练习题

1. 证明: 若圆内接四边形两条对角线互相垂直, 则对角线交点和一边中点的连线与外接圆圆心到这边的对边的距离相等.

(1978 年上海市竞赛题)

2. 分别以 $\triangle ABC$ 的两边 AB, AC 为一边向形外作正方形 $ABDE$ 和 $ACGF$, 设 M 为 EF 的中点, 则 $MA \perp BC$.

3. 过锐角 $\triangle ABC$ 的顶点分别作 $\triangle ABC$ 的外接圆的三条直径 AA', BB' 和 CC', 则 $\triangle ABC$ 的面积等于 $\triangle AB'C$, $\triangle CA'B$ 和 $\triangle BC'A$ 的面积之和.

(1981 年芜湖市竞赛题)

4. 若在直线 AB 上有点 A, B 及此两点间的一点 M, 在 AB 的同侧分别以 AM, MB 为一边作正方形 $AMCD$ 和 $MBEF$. 这两个正方形的外接圆 (分别以 P, Q 为心) 除点 M 外还交于点 N, 直线 AF 与 BC 交于点 N'.

(1) 证明: N 与 N' 重合;

(2) 证明: 不论点 M 怎样选取, 直线 MN 总通过一定点 S;

(3) 当 M 在 A, B 之间变动时, 线段 PQ 中点的轨迹是什么?

(1959 年 IMO 竞赛题)

5. 半径分别为 r_1 和 r_2 的两圆 C_1 与 C_2 内切于点 P 且在点 P 与直线相切. 直线 $q \perp p$ 于 S 且与小圆 C_1 切于 R, 交 C_2 于点 M 和 N, 且 N 在 R, S 之间 (图 54).

(1) 求证: PR 平分 $\angle MPN$.

(2) 若还已知 PN 平分 $\angle RPS$, 求比值 $\dfrac{r_1}{r_2}$.

(1984 年荷兰竞赛题)

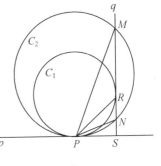

图 54

6. 设四边形 $ABCD$ 中, $AB = CD$, E, F 分别为 BC, AD 的中点, 求证: AB, CD 与 EF 的延长线成等角.

7. 已知圆 O_1 与圆 O_2 交于 A, B 两点, 且圆 O_2 的圆心 O_2 在圆 O_1 上, P 是圆 O_1 上的一点, 过 P 作圆 O_2 的两条切线, C, D 是切点, 求证: AB 平分 CD.

8. 设 P 为等边 $\triangle ABC$ 中一点, 已知 $PA = 5$, $PB = 4$, $PC = 3$, 求 $\triangle ABC$ 的边长.

(1984 年希腊竞赛题)

9. 过 $\square ABCD$ 的一角顶点 A 作圆交 AB, AD 及对角线 AC 于 F, H, G, 求证

$$AB \cdot AF + AD \cdot AH = AC \cdot AG$$

10. 一条直线与 $\triangle ABC$ 的三边(或边的延长线)相交,与 BC,CA,AB 的交点分别为 A_1,B_1,C_1,点 A_2,B_2,C_2 是点 A_1,B_1,C_1 分别关于 BC,CA,AB 之中点的对称点. 求证:A_2,B_2,C_2 三点共线.

(1985 年奥地利竞赛题)

本书的内容具有很强的实战性,对解奥数题的作用比较直接.

奥数名师潘成华指导其学生程千弘(广东省实验中学初二南山班)分别利用本书中的反演变换和密克点性质证明了 2021 年马其顿数学奥林匹克竞赛试题:

如图 55,已知 CD,BE 分别是 $\triangle ABC$ 的边 AB,AC 上的高,过 A 作 $XY /\!\!/ BC$,交圆 MDC 于 X,Y,M 是 BC 的中点,MX 交 DC 于 U,MY 交 DC 于 V,求证:圆 ADE 与圆 MUV 外切.

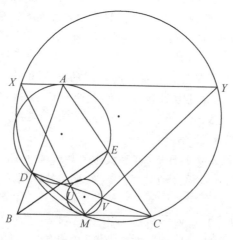

图 55

证法 1(潘成华)   如图 56,设圆 ADE 交圆 ABC 于 T,CD,BE 交于 H,作平行四边形 $BHCP$,显然 H,M,P 共线,A,B,P,C 共圆,AP 是直径,$\angle ATP = 90° = \angle ATH$,所以 T,H,M 共线

$$\angle DXM = \angle DTM = \angle DAH = \angle DCM = \angle MDC$$

所以 DM 是圆 ADE 的切线,易知

$$UM \cdot MX = DM^2 = MH \cdot MT, DM^2 = CM^2 = MV \cdot MY$$

以 (M,MD^2) 作反演变换,圆 UMV 反形 XY,圆 ADE 是自反圆,易知 XY 与圆 DEA 相切,所以圆 ADE 与圆 MUV 外切.

证法 2(广东省实验中学初二南山班程千弘)   如图 57,设圆 ADE 的圆心为 O_1,圆 MUV 的圆心为 O_2,AM 交圆 ADE 于 K,且

$$\angle MYC = \angle MDC = \angle DCM = \angle DAH$$

所以 DM 是圆 ADE 的切线,且

$$MV \cdot MY = MC^2 = DM^2 = MK \cdot MA, MC^2 = MV \cdot MY$$

可知 A,K,V,Y 共圆,且

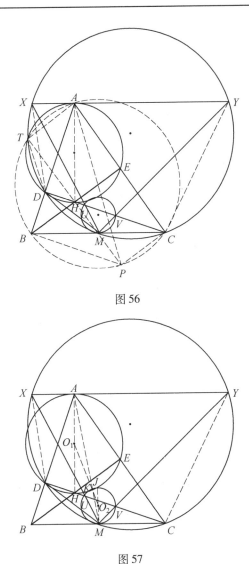

图 56

图 57

$$\angle DXM = \angle DCM = \angle MDC$$

所以

$$MK \cdot MA = DM^2 = MU \cdot MX$$

所以 A, X, U, K 共圆. 考虑 $\triangle MAY$, 根据密克点的性质, K 在圆 MXY 上, 设 DC, BE 交于 H, MJ 是圆 O_2 的直径, $\angle AKH = 90° = \angle MKJ$, 所以 H, K, J 共线, 因为 $AH \perp BC$, 易知 $MU \cdot MX = MY \cdot MV$, 可知 X, Y, V, U 共圆, 得到

$$\angle YMC = \angle XYM = \angle MUV$$

进而 BC 是圆 MUV 的切线, 即 $MJ \perp BC$, 所以 $\triangle AHK \backsim \triangle MJK$, 显然 O_1, K, O_2 共线, 结论得证.

　　平面几何不同于其他的奥数内容, 它既可居庙堂之高, 出没于各种高大上的赛事之中, 又可处江湖之远. 它像中国象棋一样在民间有众多的爱好者和高手, 他们乐此不疲地钻研平面几何,不为别的,就图一乐.这种广泛的群众基础也是图书市场中平面几何图书的销量高于其他教辅书的一个原因.

比如有一位名为余佑官的平面几何爱好者最近在微信公众号中发布了一篇短文 ——"一个简单优美的几何",他写道:"5月13日安徽的梁老师问了我一道题,求解这道题时笔者走了一些弯路,全记录在下文中.也许学习数学的乐趣就在于走弯路后最终收获破解题目后的喜悦吧!"

题目 如图58,在△ABC中,点D在AB上,点E在AC上,DE // BC,BE交△ACD的外接圆于点N,CD交△ABE的外接圆于点M.求证:∠BAM = ∠CAN.

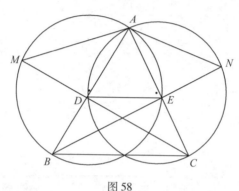

图 58

初看这道题目时,做了如下思考:若∠BAM = ∠CAN,则∠EAM = ∠DAN,于是有

$$\angle MBE = 180° - \angle EAM = 180° - \angle DAN = \angle DCN \Rightarrow MBN = \angle MCN$$

得M,B,C,N四点共圆.如何证明M,B,C,N四点共圆呢?

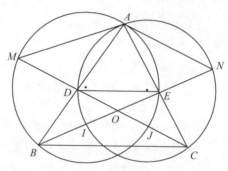

图 59

如图59所示,设BN与CM交于点O,若$BO \cdot ON = CO \cdot OM$,即可得证.设BN与圆ACD交于点I,CM与圆ABE交于点J,则有

$$BO \cdot OE = JO \cdot OM, CO \cdot OD = IO \cdot ON$$

若有$IO \cdot OE = JO \cdot OD$,则可以推出

$$BO \cdot ON = CO \cdot OM, IO \cdot OE = JO \cdot OD$$

即I,J,D,E四点共圆.可惜思考到这一步没有继续下去,因为一时没有找到

办法来证明 D, I, J, E 四点共圆.

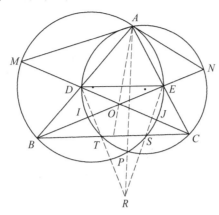

图 60

于是又从另一个方面来思索 $DE \parallel BC$, 由 Ceva 定理, 则 AO 过 BC 的中点.

如图 60, 设圆 ACD 和圆 ABE 交于不同于 A 的点 P 且分别和 BC 交于点 T, S, DT 和 ES 交于点 R, 则有 $\angle BTD = \angle BAC = \angle CSE$, 知四边形 $DTSE$ 为等腰梯形, 所以有 $RT \cdot RD = RS \cdot RE$. 于是点 R 在圆 ACD 和圆 ABE 的根轴上, 于是 A, P, R 三点共线. 同时知道 $\angle RTS = \angle RDE = \angle RED = \angle DAE$, 于是 RD, RE 为 $\triangle ADE$ 外接圆的切线, 则 AR 为 $\triangle ADE$ 的 A - 陪位中线, 又 AO 为 $\triangle ABC$ 的 A - 中线, 它也为 $\triangle ADE$ 的 A - 中线, 于是 $\angle BAO = \angle CAP$. 注意到

$$\angle CAP = \angle EAP = \angle EBP, \quad \angle MAB = \angle MPB$$

于是

$$\angle MAO = \angle MAB + \angle BAO = \angle MPB + \angle EBP$$

如图 61, 设 BN 与 MP 交于点 I, 设 MC 交圆 AEB 于点 J, 则有

$$\angle NIP = \angle EBP + \angle MPB = \angle MAO$$

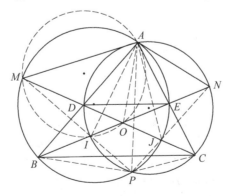

图 61

于是 A, M, I, O 四点共圆, 且

$$\angle PAJ = \angle PMJ = \angle IMO = \angle IAO$$

另一方面
$$\angle AJP = 180° - \angle AMP = 180° - \angle AMI = \angle AOI$$
于是 $\triangle APJ \backsim \triangle AIO$，得 $\angle AIO = \angle APJ$. 而
$$\angle AIO = \angle AIN = \angle APN = \angle APJ$$
于是点 J 在 PN 上，由 $\angle AIN = \angle APN$ 知点 I 在圆 ACD 上. 于是
$$\angle PAN = \angle PIN = \angle MAO$$
所以
$$\angle MAO - \angle BAO = \angle PAN - \angle CAP$$
即 $\angle BAM = \angle CAN$. 得证！

题目是做出来了，但是一个简单优美的几何结构需要如此复杂的证明吗？有些难以让人接受. 于是继续思考如何证明 E, I, J, D 四点共圆.

最初想通过倒角来证明，但倒来倒去发现进了一个"迷茫的逻辑圈"，不管怎么倒角，最终不是需要从 B, C, N, M 四点共圆推出 E, I, J, D 共圆，就是需要从 E, I, J, D 共圆推出 B, C, N, M 共圆. 后来终于想通了，解决这种困境的办法就是同一法：

如图 62 所示，设 $\triangle EJD$ 的外接圆交 BE 于点 I'，则 $\angle EDJ = \angle EI'J = \angle JCB$，于是 J, C, B, I' 四点共圆，$\angle BI'C = \angle BJC$，得 $\angle EI'C = \angle BJD$. 由于 $\angle DJE = \angle DI'E$，于是
$$\angle DJE + \angle BJD = \angle DI'E + \angle EI'C$$
即 $\angle DI'C = \angle BJE$，而
$$\angle BJE + \angle BAE = 180°$$

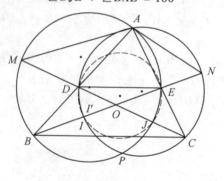

图 62

所以
$$\angle DI'C + \angle BAC = 180°$$
即 A, D, I', C 四点共圆，所以 I 和 I' 重合，即 I, J, D, E 四点共圆.

解决了问题后，做了个反向思考：命题是否是充分必要条件？ 即由 $\angle BAM = \angle CAN$ 能否推出 $DE /\!/ BC$？

事实上，如图 63，由
$$\angle BAM = \angle CAN, \angle AMB = 180° - \angle AEB = \angle AEN$$
于是 $\triangle AMB \backsim \triangle AEN$，同理 $\triangle AMD \backsim \triangle CAN$，得

$$\frac{AE}{AM} = \frac{AN}{AB}, \frac{AD}{AN} = \frac{AM}{AC}$$

相乘便有 $\frac{AE}{AC} = \frac{AD}{AB}$，所以 $DE \parallel BC$.

　　求解过程中陪位中线的思路在解决这道题上确实非常烦琐，但笔者也有意外收获. 下面两道题是看到这道题之前遇到而没有解决的，采用陪位中线的思路，这两道题都顺利解决了.

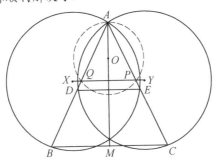

图 63

　　题 1　在 $\triangle ABC$ 中，D,E 分别在 AB,AC 上，X,Y 分别为 $\triangle AEB$，$\triangle ADC$ 的外心，直线 XY 分别交 AB,AC 于 Q,P，O 为 $\triangle APQ$ 的外心，AO 交 BC 于 M. 求证：若 $DE \parallel BC$，则有 $MB = MC$.

　　这个几何结构和本文讨论的结构是相同的. 设 $\triangle ACD$ 的外接圆和 $\triangle ABE$ 的外接圆再次交于点 S，两圆与 BC 分别交于点 T,W，则由前面的解答已经证明了 DT,EW 和 AS 共点于 K（图 64）. AS 为 $\triangle ADE$ 的 A - 陪位中线，设 BE 与 CD 交于点 R，则 AR 为 $\triangle ABC$ 的 A - 中线. 于是 $\angle QAS = \angle PAR$.

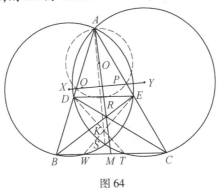

图 64

　　显然 AS 为 $\triangle ADC$ 的外接圆和 $\triangle ABE$ 的外接圆的根轴，所以 $AS \perp PQ$. 由熟知的结论，$\angle QAS = \angle PAO$. 于是 A,O,R 三点共线. 由 Ceva 定理的逆定理知，AR 通过 BC 的中点，命题得证！

　　题 2　如图 65，已知 $\triangle ABC$ 的重心为 G，M,N 分别为 AB,AC 的中点，$\triangle AMN$ 的外接圆在点 M,N 处的切线分别交 BC 于 R,S，点 X 在边 BC 上且满足 $\angle CAG = \angle BAX$. 求证：GX 为圆 BMS 和圆 CNR 的根轴.

（Andrew Wu 模拟几何竞赛题）

445

辅助线及点标示如图 66 所示. 由已知条件 $\angle CAG = \angle BAX$ 知,AX 是 $\triangle ABC$ 的 A – 陪位中线,由前面所证结论有 MR,NS,AX 三线共点于点 T,且 AT 为圆 $AMRC$ 和圆 $ANSB$ 的根轴,而点 X 在 AT 上,于是 $XR \cdot XC = XS \cdot XB$,即点 X 在圆 BMS 和圆 CNR 的根轴上.

另一方面,设 AX 与 MN 交于点 P,MS 与 RN 交于点 O. 由 $MRSN$ 为等腰梯形知,$OR \cdot ON = OS \cdot OM$,即点 O 也在圆 BMS 和圆 CNR 的根轴上,即 XO 为圆 BMS 和圆 CNR 的根轴. 下面证明 G,O,X 三点共线.

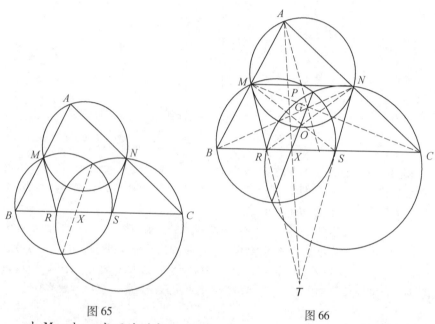

图 65   图 66

由 Menelaus 定理的逆定理,即要

$$\frac{NG}{GB} \cdot \frac{BX}{XR} \cdot \frac{RO}{ON} = 1$$

即要 $\dfrac{BX}{XR} \cdot \dfrac{RO}{ON} = 2$,注意到

$$\frac{RO}{ON} = \frac{RS}{MN}, BC = 2MN$$

即要 $\dfrac{BX}{XR} \cdot \dfrac{RS}{BC} = 1$,由于

$$\frac{BX}{BC} = \frac{MP}{MN}, \frac{RS}{XR} = \frac{MN}{MP}$$

所以

$$\frac{BX}{XR} \cdot \frac{RS}{BC} = \frac{BX}{BC} \cdot \frac{RS}{XR} = \frac{MP}{MN} \cdot \frac{MN}{MP} = 1$$

综上,命题得证!

读者可以发现,他使用了本书中根轴的概念,而这一概念在普通的平面几何图书

中是没有的. 在证明中还用到了所谓 Menelaus 定理的逆定理. 它同 Ceva 定理一样也是竞赛数学的常用定理. 近日, 潘成华老师发布了一道题(摘自"许康华竞赛优学"):

> 如图 67, 已知 D, E 分别在 AB, AC 上, $DE /\!/ BC, CD$ 交圆 AEB 于点 M, BE 交圆 ADC 于点 N, CD, BE 交于点 P, 圆 ADC 与圆 AEB 交于点 Z, 求证: $\triangle MPZ$ 的面积等于 $\triangle PZN$ 的面积.

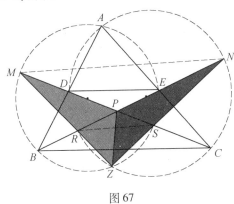

图 67

分析与解答 设 BN 交圆 ADC 于点 R, CM 交圆 AEB 于点 S, 联结 MN, RS.

由前面的证题知道, M, B, C, N 四点共圆, D, E, S, R 四点共圆, 得 $RS /\!/ MN$, 则由 Ceva 定理知 ZP 平分 MN 和 RS.

由 $MN /\!/ RS$ 有 $\triangle MSR$ 的面积等于 $\triangle NRS$ 的面积, 得 $\triangle MPR$ 的面积等于 $\triangle NPS$ 的面积, 由 ZP 平分 RS 知 $\triangle PRZ$ 的面积等于 $\triangle SPZ$ 的面积, 综上: $\triangle MPZ$ 的面积等于 $\triangle PZN$ 的面积.

其实单就平面几何在奥数中的解题技巧训练而言, 早已出现了"内卷"化的倾向. 内容早已固定, 题目越出越难, 所有参赛者都得水涨船高, 训练越来越苦. 这段时间许多人都在分析产生"内卷"的原因, 但笔者认为讲的最到位的是 John Li, 他毕业于美国加州大学数学与物理专业, 后于美国南加州大学物理系量子信息方向 NSF 全奖攻读博士, 自诩为一个非典型数学家.

John 近十年专注研究数学引擎技术, 现在正自主研发中国首个完备的数学引擎 —— 让天下没有难做的数学. 致力于把任何难题抽象成数学问题, 再用数学引擎将其攻克. 相关领域包括但不限于: 用数学引擎做科普, 用数学引擎做教育, 用数学引擎做科研, 用数学引擎做信息技术开发等.

他分析道: 用数学的语言来说, 多元化就是 N, 减少就是降维, 把不同维度上的人降到同一个维度上来比较会同时削弱双方的不可替代性, 继而加重"内卷", 整个轮子就卷起来了, 这就是"内卷"的卷轮.

与此同时还有外部的因素在火上浇油: 政策决策者一刀切的政策形成了内卷函数; 千人一面的教育削弱了我们的多元化; 技能评估的单一化, 用简单的几个考试来定义技能也是一种社会降维; 过时的错误的社会价值观迫使我们比较一些不同维度上的

东西······

　　国人的固有思维是:学这些东西有什么用? 有一位网友曾做了一个数据分析,他分析了学习数学对收入的影响.他的研究表明:2010 年,如果你的数学成绩能在同龄人中前移 5%,那么你的收入就能前移 2% ~ 3%.而今天,同样你的数学成绩在同龄人中前移 5%,那么你的收入水平就只能前移 1% ~ 2%.所以学习数学的收益率明显降低了.

　　当然,本书的阅读者是为了兴趣,绝非是为了收入!

刘培杰

2021 年 9 月 1 日

于哈工大

刘培杰数学工作室
已出版(即将出版)图书目录——初等数学

书　名	出版时间	定　价	编号
新编中学数学解题方法全书(高中版)上卷(第2版)	2018—08	58.00	951
新编中学数学解题方法全书(高中版)中卷(第2版)	2018—08	68.00	952
新编中学数学解题方法全书(高中版)下卷(一)(第2版)	2018—08	58.00	953
新编中学数学解题方法全书(高中版)下卷(二)(第2版)	2018—08	58.00	954
新编中学数学解题方法全书(高中版)下卷(三)(第2版)	2018—08	68.00	955
新编中学数学解题方法全书(初中版)上卷	2008—01	28.00	29
新编中学数学解题方法全书(初中版)中卷	2010—07	38.00	75
新编中学数学解题方法全书(高考复习卷)	2010—01	48.00	67
新编中学数学解题方法全书(高考真题卷)	2010—01	38.00	62
新编中学数学解题方法全书(高考精华卷)	2011—03	68.00	118
新编平面解析几何解题方法全书(专题讲座卷)	2010—01	18.00	61
新编中学数学解题方法全书(自主招生卷)	2013—08	88.00	261
数学奥林匹克与数学文化(第一辑)	2006—05	48.00	4
数学奥林匹克与数学文化(第二辑)(竞赛卷)	2008—01	48.00	19
数学奥林匹克与数学文化(第二辑)(文化卷)	2008—07	58.00	36'
数学奥林匹克与数学文化(第三辑)(竞赛卷)	2010—01	48.00	59
数学奥林匹克与数学文化(第四辑)(竞赛卷)	2011—08	58.00	87
数学奥林匹克与数学文化(第五辑)	2015—06	98.00	370
世界著名平面几何经典著作钩沉——几何作图专题卷(共3卷)	2022—01	198.00	1460
世界著名平面几何经典著作钩沉(民国平面几何老课本)	2011—03	38.00	113
世界著名平面几何经典著作钩沉(建国初期平面三角老课本)	2015—08	38.00	507
世界著名解析几何经典著作钩沉——平面解析几何卷	2014—01	38.00	264
世界著名数论经典著作钩沉(算术卷)	2012—01	28.00	125
世界著名数学经典著作钩沉——立体几何卷	2011—02	28.00	88
世界著名三角学经典著作钩沉(平面三角卷Ⅰ)	2010—06	28.00	69
世界著名三角学经典著作钩沉(平面三角卷Ⅱ)	2011—01	38.00	78
世界著名初等数论经典著作钩沉(理论和实用算术卷)	2011—07	38.00	126
世界著名几何经典著作钩沉(解析几何卷)	2022—10	68.00	1564
发展你的空间想象力(第3版)	2021—01	98.00	1464
空间想象力进阶	2019—05	68.00	1062
走向国际数学奥林匹克的平面几何试题诠释.第1卷	2019—07	88.00	1043
走向国际数学奥林匹克的平面几何试题诠释.第2卷	2019—09	78.00	1044
走向国际数学奥林匹克的平面几何试题诠释.第3卷	2019—03	78.00	1045
走向国际数学奥林匹克的平面几何试题诠释.第4卷	2019—09	98.00	1046
平面几何证明方法全书	2007—08	35.00	1
平面几何证明方法全书习题解答(第2版)	2006—12	18.00	10
平面几何天天练上卷·基础篇(直线型)	2013—01	58.00	208
平面几何天天练中卷·基础篇(涉及圆)	2013—01	28.00	234
平面几何天天练下卷·提高篇	2013—01	58.00	237
平面几何专题研究	2013—07	98.00	258
平面几何解题之道.第1卷	2022—05	38.00	1494
几何学习题集	2020—10	48.00	1217
通过解题学习代数几何	2021—04	88.00	1301
圆锥曲线的奥秘	2022—06	88.00	1541

书　名	出版时间	定　价	编号
最新世界各国数学奥林匹克中的平面几何试题	2007—09	38.00	14
数学竞赛平面几何典型题及新颖解	2010—07	48.00	74
初等数学复习及研究(平面几何)	2008—09	68.00	38
初等数学复习及研究(立体几何)	2010—06	38.00	71
初等数学复习及研究(平面几何)习题解答	2009—01	58.00	42
几何学教程(平面几何卷)	2011—03	68.00	90
几何学教程(立体几何卷)	2011—07	68.00	130
几何变换与几何证题	2010—06	88.00	70
计算方法与几何证题	2011—06	28.00	129
立体几何技巧与方法(第2版)	2022—10	168.00	1572
几何瑰宝——平面几何500名题暨1500条定理(上、下)	2021—07	168.00	1358
三角形的解法与应用	2012—07	18.00	183
近代的三角形几何学	2012—07	48.00	184
一般折线几何学	2015—08	48.00	503
三角形的五心	2009—06	28.00	51
三角形的六心及其应用	2015—10	68.00	542
三角形趣谈	2012—08	28.00	212
解三角形	2014—01	28.00	265
探秘三角形:一次数学旅行	2021—10	68.00	1387
三角学专门教程	2014—09	28.00	387
图天下几何新题试卷.初中(第2版)	2017—11	58.00	855
圆锥曲线习题集(上册)	2013—06	68.00	255
圆锥曲线习题集(中册)	2015—01	78.00	434
圆锥曲线习题集(下册·第1卷)	2016—10	78.00	683
圆锥曲线习题集(下册·第2卷)	2018—01	98.00	853
圆锥曲线习题集(下册·第3卷)	2019—10	128.00	1113
圆锥曲线的思想方法	2021—08	48.00	1379
圆锥曲线的八个主要问题	2021—10	48.00	1415
论九点圆	2015—05	88.00	645
近代欧氏几何学	2012—03	48.00	162
罗巴切夫斯基几何学及几何基础概要	2012—07	28.00	188
罗巴切夫斯基几何学初步	2015—06	28.00	474
用三角、解析几何、复数、向量计算解数学竞赛几何题	2015—03	48.00	455
用解析法研究圆锥曲线的几何理论	2022—05	48.00	1495
美国中学几何教程	2015—04	88.00	458
三线坐标与三角形特征点	2015—04	98.00	460
坐标几何学基础.第1卷,笛卡儿坐标	2021—08	48.00	1398
坐标几何学基础.第2卷,三线坐标	2021—09	28.00	1399
平面解析几何方法与研究(第1卷)	2015—05	18.00	471
平面解析几何方法与研究(第2卷)	2015—06	18.00	472
平面解析几何方法与研究(第3卷)	2015—07	18.00	473
解析几何研究	2015—01	38.00	425
解析几何学教程.上	2016—01	38.00	574
解析几何学教程.下	2016—01	38.00	575
几何学基础	2016—01	58.00	581
初等几何研究	2015—02	58.00	444
十九和二十世纪欧氏几何学中的片段	2017—01	58.00	696
平面几何中考.高考.奥数一本通	2017—07	28.00	820
几何学简史	2017—08	28.00	833
四面体	2018—01	48.00	880
平面几何证明方法思路	2018—12	68.00	913
折纸中的几何练习	2022—09	48.00	1559
中学新几何学(英文)	2022—10	98.00	1562
线性代数与几何	2023—04	68.00	1633

刘培杰数学工作室
已出版(即将出版)图书目录——初等数学

书　名	出版时间	定　价	编号
平面几何图形特性新析.上篇	2019—01	68.00	911
平面几何图形特性新析.下篇	2018—06	88.00	912
平面几何范例多解探究.上篇	2018—04	48.00	910
平面几何范例多解探究.下篇	2018—12	68.00	914
从分析解题过程学解题:竞赛中的几何问题研究	2018—07	68.00	946
从分析解题过程学解题:竞赛中的向量几何与不等式研究(全2册)	2019—06	138.00	1090
从分析解题过程学解题:竞赛中的不等式问题	2021—01	48.00	1249
二维、三维欧氏几何的对偶原理	2018—12	38.00	990
星形大观及闭折线论	2019—03	68.00	1020
立体几何的问题和方法	2019—11	58.00	1127
三角代换论	2021—05	58.00	1313
俄罗斯平面几何问题集	2009—08	88.00	55
俄罗斯立体几何问题集	2014—03	58.00	283
俄罗斯几何大师——沙雷金论数学及其他	2014—01	48.00	271
来自俄罗斯的5000道几何习题及解答	2011—03	58.00	89
俄罗斯初等数学问题集	2012—05	38.00	177
俄罗斯函数问题集	2011—03	38.00	103
俄罗斯组合分析问题集	2011—01	48.00	79
俄罗斯初等数学万题选——三角卷	2012—11	38.00	222
俄罗斯初等数学万题选——代数卷	2013—08	68.00	225
俄罗斯初等数学万题选——几何卷	2014—01	68.00	226
俄罗斯《量子》杂志数学征解问题100题选	2018—08	48.00	969
俄罗斯《量子》杂志数学征解问题又100题选	2018—08	48.00	970
俄罗斯《量子》杂志数学征解问题	2020—05	48.00	1138
463个俄罗斯几何老问题	2012—01	28.00	152
《量子》数学短文精粹	2018—09	38.00	972
用三角、解析几何等计算解来自俄罗斯的几何题	2019—11	88.00	1119
基谢廖夫平面几何	2022—01	48.00	1461
基谢廖夫立体几何	2023—04	48.00	1599
数学:代数、数学分析和几何(10—11年级)	2021—01	48.00	1250
立体几何.10—11年级	2022—01	58.00	1472
直观几何学:5—6年级	2022—01	58.00	1508
平面几何:9—11年级	2022—10	48.00	1571
谈谈素数	2011—03	18.00	91
平方和	2011—03	18.00	92
整数论	2011—05	38.00	120
从整数谈起	2015—10	28.00	538
数与多项式	2016—01	38.00	558
谈谈不定方程	2011—05	28.00	119
质数漫谈	2022—07	68.00	1529
解析不等式新论	2009—06	68.00	48
建立不等式的方法	2011—03	98.00	104
数学奥林匹克不等式研究(第2版)	2020—07	68.00	1181
不等式研究(第二辑)	2012—02	68.00	153
不等式的秘密(第一卷)(第2版)	2014—02	38.00	286
不等式的秘密(第二卷)	2014—01	38.00	268
初等不等式的证明方法	2010—06	38.00	123
初等不等式的证明方法(第二版)	2014—11	38.00	407
不等式·理论·方法(基础卷)	2015—07	38.00	496
不等式·理论·方法(经典不等式卷)	2015—07	38.00	497
不等式·理论·方法(特殊类型不等式卷)	2015—07	48.00	498
不等式探究	2016—03	38.00	582
不等式探秘	2017—01	88.00	689
四面体不等式	2017—01	68.00	715
数学奥林匹克中常见重要不等式	2017—09	38.00	845

刘培杰数学工作室
已出版(即将出版)图书目录——初等数学

书　　名	出版时间	定　价	编号
三正弦不等式	2018—09	98.00	974
函数方程与不等式:解法与稳定性结果	2019—04	68.00	1058
数学不等式.第1卷,对称多项式不等式	2022—05	78.00	1455
数学不等式.第2卷,对称有理不等式与对称无理不等式	2022—05	88.00	1456
数学不等式.第3卷,循环不等式与非循环不等式	2022—05	88.00	1457
数学不等式.第4卷,Jensen不等式的扩展与加细	2022—05	88.00	1458
数学不等式.第5卷,创建不等式与解不等式的其他方法	2022—05	88.00	1459
同余理论	2012—05	38.00	163
[x]与{x}	2015—04	48.00	476
极值与最值.上卷	2015—06	28.00	486
极值与最值.中卷	2015—06	38.00	487
极值与最值.下卷	2015—06	28.00	488
整数的性质	2012—11	38.00	192
完全平方数及其应用	2015—08	78.00	506
多项式理论	2015—10	88.00	541
奇数、偶数、奇偶分析法	2018—01	98.00	876
不定方程及其应用.上	2018—12	58.00	992
不定方程及其应用.中	2019—01	78.00	993
不定方程及其应用.下	2019—02	98.00	994
Nesbitt不等式加强式的研究	2022—06	128.00	1527
最值定理与分析不等式	2023—02	78.00	1567
一类积分不等式	2023—02	88.00	1579
邦费罗尼不等式及概率应用	2023—05	58.00	1637

书　　名	出版时间	定　价	编号
历届美国中学生数学竞赛试题及解答(第一卷)1950—1954	2014—07	18.00	277
历届美国中学生数学竞赛试题及解答(第二卷)1955—1959	2014—04	18.00	278
历届美国中学生数学竞赛试题及解答(第三卷)1960—1964	2014—06	18.00	279
历届美国中学生数学竞赛试题及解答(第四卷)1965—1969	2014—04	28.00	280
历届美国中学生数学竞赛试题及解答(第五卷)1970—1972	2014—06	18.00	281
历届美国中学生数学竞赛试题及解答(第六卷)1973—1980	2017—07	18.00	768
历届美国中学生数学竞赛试题及解答(第七卷)1981—1986	2015—01	18.00	424
历届美国中学生数学竞赛试题及解答(第八卷)1987—1990	2017—05	18.00	769

书　　名	出版时间	定　价	编号
历届中国数学奥林匹克试题集(第3版)	2021—10	58.00	1440
历届加拿大数学奥林匹克试题集	2012—08	38.00	215
历届美国数学奥林匹克试题集:1972～2019	2020—04	88.00	1135
历届波兰数学竞赛试题集.第1卷,1949～1963	2015—03	18.00	453
历届波兰数学竞赛试题集.第2卷,1964～1976	2015—03	18.00	454
历届巴尔干数学奥林匹克试题集	2015—05	38.00	466
保加利亚数学奥林匹克	2014—10	38.00	393
圣彼得堡数学奥林匹克试题集	2015—01	38.00	429
匈牙利奥林匹克数学竞赛题解.第1卷	2016—05	28.00	593
匈牙利奥林匹克数学竞赛题解.第2卷	2016—05	28.00	594
历届美国数学邀请赛试题集(第2版)	2017—10	78.00	851
普林斯顿大学数学竞赛	2016—06	38.00	669
亚太地区数学奥林匹克竞赛题	2015—07	18.00	492
日本历届(初级)广中杯数学竞赛试题及解答.第1卷(2000～2007)	2016—05	28.00	641
日本历届(初级)广中杯数学竞赛试题及解答.第2卷(2008～2015)	2016—05	38.00	642
越南数学奥林匹克题选:1962—2009	2021—07	48.00	1370
360个数学竞赛问题	2016—08	58.00	677
奥数最佳实战题.上卷	2017—06	38.00	760
奥数最佳实战题.下卷	2017—05	58.00	761
哈尔滨市早期中学数学竞赛试题汇编	2016—07	28.00	672
全国高中数学联赛试题及解答:1981—2019(第4版)	2020—07	138.00	1176
2022年全国高中数学联合竞赛模拟题集	2022—06	30.00	1521

刘培杰数学工作室
已出版(即将出版)图书目录——初等数学

刘培杰数学工作室
已出版(即将出版)图书目录——初等数学

书　名	出版时间	定　价	编号
高考物理压轴题全解	2017—04	58.00	746
高中物理经典问题25讲	2017—05	28.00	764
高中物理教学讲义	2018—01	48.00	871
高中物理教学讲义:全模块	2022—03	98.00	1492
高中物理答疑解惑65篇	2021—11	48.00	1462
中学物理基础问题解析	2020—08	48.00	1183
初中数学、高中数学脱节知识补缺教材	2017—06	48.00	766
高考数学小题抢分必练	2017—10	48.00	834
高考数学核心素养解读	2017—09	38.00	839
高考数学客观题解题方法和技巧	2017—10	38.00	847
十年高考数学精品试题审题要津与解法研究	2021—10	98.00	1427
中国历届高考数学试题及解答.1949—1979	2018—01	38.00	877
历届中国高考数学试题及解答.第二卷,1980—1989	2018—10	28.00	975
历届中国高考数学试题及解答.第三卷,1990—1999	2018—10	48.00	976
数学文化与高考研究	2018—03	48.00	882
跟我学解高中数学题	2018—07	58.00	926
中学数学研究的方法及案例	2018—05	58.00	869
高考数学抢分技能	2018—07	68.00	934
高一新生常用数学方法和重要数学思想提升教材	2018—06	38.00	921
2018年高考数学真题研究	2019—01	68.00	1000
2019年高考数学真题研究	2020—05	88.00	1137
高考数学全国卷六道解答题常考题型解题诀窍:理科(全2册)	2019—07	78.00	1101
高考数学全国卷16道选择、填空题常考题型解题诀窍.理科	2018—09	88.00	971
高考数学全国卷16道选择、填空题常考题型解题诀窍.文科	2020—01	88.00	1123
高中数学一题多解	2019—06	58.00	1087
历届中国高考数学试题及解答:1917—1999	2021—08	98.00	1371
2000～2003年全国及各省市高考数学试题及解答	2022—05	88.00	1499
2004年全国及各省市高考数学试题及解答	2022—07	78.00	1500
突破高原:高中数学解题思维探究	2021—08	48.00	1375
高考数学中的"取值范围"	2021—10	48.00	1429
新课程标准高中数学各种题型解法大全.必修一分册	2021—06	58.00	1315
新课程标准高中数学各种题型解法大全.必修二分册	2022—01	68.00	1471
高中数学各种题型解法大全.选择性必修一分册	2022—06	68.00	1525
高中数学各种题型解法大全.选择性必修二分册	2023—01	58.00	1600
高中数学各种题型解法大全.选择性必修三分册	2023—04	48.00	1643
历届全国初中数学竞赛经典试题详解	2023—04	88.00	1624

新编640个世界著名数学智力趣题	2014—01	88.00	242
500个最新世界著名数学智力趣题	2008—06	48.00	3
400个最新世界著名数学最值问题	2008—09	48.00	36
500个世界著名数学征解问题	2009—06	48.00	52
400个中国最佳初等数学征解老问题	2010—01	48.00	60
500个俄罗斯数学经典老题	2011—01	28.00	81
1000个国外中学物理好题	2012—04	48.00	174
300个日本高考数学题	2012—05	38.00	142
700个早期日本高考数学试题	2017—02	88.00	752
500个前苏联早期高考数学试题及解答	2012—05	28.00	185
546个早期俄罗斯大学生数学竞赛题	2014—03	38.00	285
548个来自美苏的数学好问题	2014—11	28.00	396
20所苏联著名大学早期入学试题	2015—02	18.00	452
161道德国工科大学生必做的微分方程习题	2015—05	28.00	469
500个德国工科大学生必做的高数习题	2015—06	28.00	478
360个数学竞赛问题	2016—08	58.00	677
200个趣味数学故事	2018—02	48.00	857
470个数学奥林匹克中的最值问题	2018—10	88.00	985
德国讲义日本考题.微积分卷	2015—04	48.00	456
德国讲义日本考题.微分方程卷	2015—04	38.00	457
二十世纪中叶中、英、美、日、法、俄高考数学试题精选	2017—06	38.00	783

刘培杰数学工作室
已出版(即将出版)图书目录——初等数学

书　名	出版时间	定价	编号
中国初等数学研究　2009卷(第1辑)	2009—05	20.00	45
中国初等数学研究　2010卷(第2辑)	2010—05	30.00	68
中国初等数学研究　2011卷(第3辑)	2011—07	60.00	127
中国初等数学研究　2012卷(第4辑)	2012—07	48.00	190
中国初等数学研究　2014卷(第5辑)	2014—02	48.00	288
中国初等数学研究　2015卷(第6辑)	2015—06	68.00	493
中国初等数学研究　2016卷(第7辑)	2016—04	68.00	609
中国初等数学研究　2017卷(第8辑)	2017—01	98.00	712
初等数学研究在中国.第1辑	2019—03	158.00	1024
初等数学研究在中国.第2辑	2019—10	158.00	1116
初等数学研究在中国.第3辑	2021—05	158.00	1306
初等数学研究在中国.第4辑	2022—06	158.00	1520
几何变换(Ⅰ)	2014—07	28.00	353
几何变换(Ⅱ)	2015—06	28.00	354
几何变换(Ⅲ)	2015—01	38.00	355
几何变换(Ⅳ)	2015—12	38.00	356
初等数论难题集(第一卷)	2009—05	68.00	44
初等数论难题集(第二卷)(上、下)	2011—02	128.00	82,83
数论概貌	2011—03	18.00	93
代数数论(第二版)	2013—08	58.00	94
代数多项式	2014—06	38.00	289
初等数论的知识与问题	2011—02	28.00	95
超越数论基础	2011—03	28.00	96
数论初等教程	2011—03	28.00	97
数论基础	2011—03	18.00	98
数论基础与维诺格拉多夫	2014—03	18.00	292
解析数论基础	2012—08	28.00	216
解析数论基础(第二版)	2014—01	48.00	287
解析数论问题集(第二版)(原版引进)	2014—05	88.00	343
解析数论问题集(第二版)(中译本)	2016—04	88.00	607
解析数论基础(潘承洞,潘承彪著)	2016—07	98.00	673
解析数论导引	2016—07	58.00	674
数论入门	2011—03	38.00	99
代数数论入门	2015—03	38.00	448
数论开篇	2012—07	28.00	194
解析数论引论	2011—03	48.00	100
Barban Davenport Halberstam均值和	2009—01	40.00	33
基础数论	2011—03	28.00	101
初等数论100例	2011—05	18.00	122
初等数论经典例题	2012—07	18.00	204
最新世界各国数学奥林匹克中的初等数论试题(上、下)	2012—01	138.00	144,145
初等数论(Ⅰ)	2012—01	18.00	156
初等数论(Ⅱ)	2012—01	18.00	157
初等数论(Ⅲ)	2012—01	28.00	158

书　名	出版时间	定　价	编号
平面几何与数论中未解决的新老问题	2013—01	68.00	229
代数数论简史	2014—11	28.00	408
代数数论	2015—09	88.00	532
代数、数论及分析习题集	2016—11	98.00	695
数论导引提要及习题解答	2016—01	48.00	559
素数定理的初等证明.第2版	2016—09	48.00	686
数论中的模函数与狄利克雷级数(第二版)	2017—11	78.00	837
数论:数学导引	2018—01	68.00	849
范氏大代数	2019—02	98.00	1016
解析数学讲义.第一卷,导来式及微分、积分、级数	2019—04	88.00	1021
解析数学讲义.第二卷,关于几何的应用	2019—04	68.00	1022
解析数学讲义.第三卷,解析函数论	2019—04	78.00	1023
分析·组合·数论纵横谈	2019—04	58.00	1039
Hall代数:民国时期的中学数学课本:英文	2019—08	88.00	1106
基谢廖夫初等代数	2022—07	38.00	1531
数学精神巡礼	2019—01	58.00	731
数学眼光透视(第2版)	2017—06	78.00	732
数学思想领悟(第2版)	2018—01	68.00	733
数学方法溯源(第2版)	2018—08	68.00	734
数学解题引论	2017—05	58.00	735
数学史话览胜(第2版)	2017—01	48.00	736
数学应用展观(第2版)	2017—08	68.00	737
数学建模尝试	2018—04	48.00	738
数学竞赛采风	2018—01	68.00	739
数学测评探营	2019—05	58.00	740
数学技能操握	2018—03	48.00	741
数学欣赏拾趣	2018—02	48.00	742
从毕达哥拉斯到怀尔斯	2007—10	48.00	9
从迪利克雷到维斯卡尔迪	2008—01	48.00	21
从哥德巴赫到陈景润	2008—05	98.00	35
从庞加莱到佩雷尔曼	2011—08	138.00	136
博弈论精粹	2008—03	58.00	30
博弈论精粹.第二版(精装)	2015—01	88.00	461
数学 我爱你	2008—01	28.00	20
精神的圣徒　别样的人生——60位中国数学家成长的历程	2008—09	48.00	39
数学史概论	2009—06	78.00	50
数学史概论(精装)	2013—03	158.00	272
数学史选讲	2016—01	48.00	544
斐波那契数列	2010—02	28.00	65
数学拼盘和斐波那契魔方	2010—07	38.00	72
斐波那契数列欣赏(第2版)	2018—08	58.00	948
Fibonacci数列中的明珠	2018—06	58.00	928
数学的创造	2011—02	48.00	85
数学美与创造力	2016—01	48.00	595
数海拾贝	2016—01	48.00	590
数学中的美(第2版)	2019—04	68.00	1057
数论中的美学	2014—12	38.00	351

刘培杰数学工作室
已出版(即将出版)图书目录——初等数学

书　名	出版时间	定　价	编号
数学王者　科学巨人——高斯	2015－01	28.00	428
振兴祖国数学的圆梦之旅:中国初等数学研究史话	2015－06	98.00	490
二十世纪中国数学史料研究	2015－10	48.00	536
数字谜、数阵图与棋盘覆盖	2016－01	58.00	298
时间的形状	2016－01	38.00	556
数学发现的艺术:数学探索中的合情推理	2016－07	58.00	671
活跃在数学中的参数	2016－07	48.00	675
数海趣史	2021－05	98.00	1314
数学解题——靠数学思想给力(上)	2011－07	38.00	131
数学解题——靠数学思想给力(中)	2011－07	48.00	132
数学解题——靠数学思想给力(下)	2011－07	38.00	133
我怎样解题	2013－01	48.00	227
数学解题中的物理方法	2011－06	28.00	114
数学解题的特殊方法	2011－06	48.00	115
中学数学计算技巧(第2版)	2020－10	48.00	1220
中学数学证明方法	2012－01	58.00	117
数学趣题巧解	2012－03	28.00	128
高中数学教学通鉴	2015－05	58.00	479
和高中生漫谈:数学与哲学的故事	2014－08	28.00	369
算术问题集	2017－03	38.00	789
张教授讲数学	2018－07	38.00	933
陈永明实话实说数学教学	2020－04	68.00	1132
中学数学学科知识与教学能力	2020－06	58.00	1155
怎样把课讲好:大罕数学教学随笔	2022－03	58.00	1484
中国高考评价体系下高考数学探秘	2022－03	48.00	1487
自主招生考试中的参数方程问题	2015－01	28.00	435
自主招生考试中的极坐标问题	2015－04	28.00	463
近年全国重点大学自主招生数学试题全解及研究.华约卷	2015－02	38.00	441
近年全国重点大学自主招生数学试题全解及研究.北约卷	2016－05	38.00	619
自主招生数学解证宝典	2015－09	48.00	535
中国科学技术大学创新班数学真题解析	2022－03	48.00	1488
中国科学技术大学创新班物理真题解析	2022－03	58.00	1489
格点和面积	2012－07	18.00	191
射影几何趣谈	2012－04	28.00	175
斯潘纳尔引理——从一道加拿大数学奥林匹克试题谈起	2014－01	28.00	228
李普希兹条件——从几道近年高考数学试题谈起	2012－10	18.00	221
拉格朗日中值定理——从一道北京高考试题的解法谈起	2015－10	18.00	197
闵科夫斯基定理——从一道清华大学自主招生试题谈起	2014－01	28.00	198
哈尔测度——从一道冬令营试题的背景谈起	2012－08	28.00	202
切比雪夫逼近问题——从一道中国台北数学奥林匹克试题谈起	2013－04	38.00	238
伯恩斯坦多项式与贝齐尔曲面——从一道全国高中数学联赛试题谈起	2013－03	38.00	236
卡塔兰猜想——从一道普特南竞赛试题谈起	2013－06	18.00	256
麦卡锡函数和阿克曼函数——从一道前南斯拉夫数学奥林匹克试题谈起	2012－08	18.00	201
贝蒂定理与拉姆贝克莫斯尔定理——从一个拣石子游戏谈起	2012－08	18.00	217
皮亚诺曲线和豪斯道夫分球定理——从无限集谈起	2012－08	18.00	211
平面凸图形与凸多面体	2012－10	28.00	218
斯坦因豪斯问题——从一道二十五省市自治区中学数学竞赛试题谈起	2012－07	18.00	196

刘培杰数学工作室
已出版(即将出版)图书目录——初等数学

书　名	出版时间	定　价	编号
纽结理论中的亚历山大多项式与琼斯多项式——从一道北京市高一数学竞赛试题谈起	2012—07	28.00	195
原则与策略——从波利亚"解题表"谈起	2013—04	38.00	244
转化与化归——从三大尺规作图不能问题谈起	2012—08	28.00	214
代数几何中的贝祖定理(第一版)——从一道IMO试题的解法谈起	2013—08	18.00	193
成功连贯理论与约当块理论——从一道比利时数学竞赛试题谈起	2012—04	18.00	180
素数判定与大数分解	2014—08	18.00	199
置换多项式及其应用	2012—10	18.00	220
椭圆函数与模函数——从一道美国加州大学洛杉矶分校(UCLA)博士资格考题谈起	2012—10	28.00	219
差分方程的拉格朗日方法——从一道2011年全国高考理科试题的解法谈起	2012—08	28.00	200
力学在几何中的一些应用	2013—01	38.00	240
从根式解到伽罗华理论	2020—01	48.00	1121
康托洛维奇不等式——从一道全国高中联赛试题谈起	2013—03	28.00	337
西格尔引理——从一道第18届IMO试题的解法谈起	即将出版		
罗斯定理——从一道前苏联数学竞赛试题谈起	即将出版		
拉克斯定理和阿廷定理——从一道IMO试题的解法谈起	2014—01	58.00	246
毕卡大定理——从一道美国大学数学竞赛试题谈起	2014—07	18.00	350
贝齐尔曲线——从一道全国高中联赛试题谈起	即将出版		
拉格朗日乘子定理——从一道2005年全国高中联赛试题的高等数学解法谈起	2015—05	28.00	480
雅可比定理——从一道日本数学奥林匹克试题谈起	2013—04	48.00	249
李天岩—约克定理——从一道波兰数学竞赛试题谈起	2014—06	28.00	349
受控理论与初等不等式:从一道IMO试题的解法谈起	2023—03	48.00	1601
布劳维不动点定理——从一道前苏联数学奥林匹克试题谈起	2014—01	38.00	273
伯恩赛德定理——从一道英国数学奥林匹克试题谈起	即将出版		
布查特—莫斯特定理——从一道上海市初中竞赛试题谈起	即将出版		
数论中的同余数问题——从一道普特南竞赛试题谈起	即将出版		
范·德蒙行列式——从一道美国数学奥林匹克试题谈起	即将出版		
中国剩余定理:总数法构建中国历史年表	2015—01	28.00	430
牛顿程序与方程求根——从一道全国高考试题解法谈起	即将出版		
库默尔定理——从一道IMO预选试题谈起	即将出版		
卢丁定理——从一道冬令营试题的解法谈起	即将出版		
沃斯滕霍姆定理——从一道IMO预选试题谈起	即将出版		
卡尔松不等式——从一道莫斯科数学奥林匹克试题谈起	即将出版		
信息论中的香农熵——从一道近年高考压轴题谈起	即将出版		
约当不等式——从一道希望杯竞赛试题谈起	即将出版		
拉比诺维奇定理	即将出版		
刘维尔定理——从一道《美国数学月刊》征解问题的解法谈起	即将出版		
卡塔兰恒等式与级数求和——从一道IMO试题的解法谈起	即将出版		
勒让德猜想与素数分布——从一道爱尔兰竞赛试题谈起	即将出版		
天平称重与信息论——从一道基辅市数学奥林匹克试题谈起	即将出版		
哈密尔顿—凯莱定理:从一道高中数学联赛试题的解法谈起	2014—09	18.00	376
艾思特曼定理——从一道CMO试题的解法谈起	即将出版		

刘培杰数学工作室
已出版(即将出版)图书目录——初等数学

书　名	出版时间	定　价	编号
阿贝尔恒等式与经典不等式及应用	2018—06	98.00	923
迪利克雷除数问题	2018—07	48.00	930
幻方、幻立方与拉丁方	2019—08	48.00	1092
帕斯卡三角形	2014—03	18.00	294
蒲丰投针问题——从2009年清华大学的一道自主招生试题谈起	2014—01	38.00	295
斯图姆定理——从一道"华约"自主招生试题的解法谈起	2014—01	18.00	296
许瓦兹引理——从一道加利福尼亚大学伯克利分校数学系博士生试题谈起	2014—08	18.00	297
拉姆塞定理——从王诗宬院士的一个问题谈起	2016—04	48.00	299
坐标法	2013—12	28.00	332
数论三角形	2014—04	38.00	341
毕克定理	2014—07	18.00	352
数林掠影	2014—09	48.00	389
我们周围的概率	2014—10	38.00	390
凸函数最值定理:从一道华约自主招生题的解法谈起	2014—10	28.00	391
易学与数学奥林匹克	2014—10	38.00	392
生物数学趣谈	2015—01	18.00	409
反演	2015—01	28.00	420
因式分解与圆锥曲线	2015—01	18.00	426
轨迹	2015—01	28.00	427
面积原理:从常庚哲命的一道CMO试题的积分解法谈起	2015—01	48.00	431
形形色色的不动点定理:从一道28届IMO试题谈起	2015—01	38.00	439
柯西函数方程:从一道上海交大自主招生的试题谈起	2015—02	28.00	440
三角恒等式	2015—02	28.00	442
无理性判定:从一道2014年"北约"自主招生试题谈起	2015—01	38.00	443
数学归纳法	2015—03	18.00	451
极端原理与解题	2015—04	28.00	464
法雷级数	2014—08	18.00	367
摆线族	2015—01	38.00	438
函数方程及其解法	2015—05	38.00	470
含参数的方程和不等式	2012—09	28.00	213
希尔伯特第十问题	2016—01	38.00	543
无穷小量的求和	2016—01	28.00	545
切比雪夫多项式:从一道清华大学金秋营试题谈起	2016—01	38.00	583
泽肯多夫定理	2016—03	38.00	599
代数等式证题法	2016—01	28.00	600
三角等式证题法	2016—01	28.00	601
吴大任教授藏书中的一个因式分解公式:从一道美国数学邀请赛试题的解法谈起	2016—06	28.00	656
易卦——类万物的数学模型	2017—08	68.00	838
"不可思议"的数与数系可持续发展	2018—01	38.00	878
最短线	2018—01	38.00	879
数学在天文、地理、光学、机械力学中的一些应用	2023—03	88.00	1576
从阿基米德三角形谈起	2023—01	28.00	1578
幻方和魔方(第一卷)	2012—05	68.00	173
尘封的经典——初等数学经典文献选读(第一卷)	2012—07	48.00	205
尘封的经典——初等数学经典文献选读(第二卷)	2012—07	38.00	206
初级方程式论	2011—03	28.00	106
初等数学研究(Ⅰ)	2008—09	68.00	37
初等数学研究(Ⅱ)(上、下)	2009—05	118.00	46,47
初等数学专题研究	2022—10	68.00	1568

刘培杰数学工作室
已出版(即将出版)图书目录——初等数学

书　　名	出版时间	定　价	编号
趣味初等方程妙题集锦	2014－09	48.00	388
趣味初等数论选美与欣赏	2015－02	48.00	445
耕读笔记(上卷)：一位农民数学爱好者的初数探索	2015－04	28.00	459
耕读笔记(中卷)：一位农民数学爱好者的初数探索	2015－05	28.00	483
耕读笔记(下卷)：一位农民数学爱好者的初数探索	2015－05	28.00	484
几何不等式研究与欣赏.上卷	2016－01	88.00	547
几何不等式研究与欣赏.下卷	2016－01	48.00	552
初等数列研究与欣赏·上	2016－01	48.00	570
初等数列研究与欣赏·下	2016－01	48.00	571
趣味初等函数研究与欣赏.上	2016－09	48.00	684
趣味初等函数研究与欣赏.下	2018－09	48.00	685
三角不等式研究与欣赏	2020－10	68.00	1197
新编平面解析几何解题方法研究与欣赏	2021－10	78.00	1426
火柴游戏(第2版)	2022－05	38.00	1493
智力解谜.第1卷	2017－07	38.00	613
智力解谜.第2卷	2017－07	38.00	614
故事智力	2016－07	48.00	615
名人们喜欢的智力问题	2020－01	48.00	616
数学大师的发现、创造与失误	2018－01	48.00	617
异曲同工	2018－09	48.00	618
数学的味道	2018－01	58.00	798
数学千字文	2018－10	68.00	977
数贝偶拾——高考数学题研究	2014－04	28.00	274
数贝偶拾——初等数学研究	2014－04	38.00	275
数贝偶拾——奥数题研究	2014－04	48.00	276
钱昌本教你快乐学数学(上)	2011－12	48.00	155
钱昌本教你快乐学数学(下)	2012－03	58.00	171
集合、函数与方程	2014－01	28.00	300
数列与不等式	2014－01	38.00	301
三角与平面向量	2014－01	28.00	302
平面解析几何	2014－01	38.00	303
立体几何与组合	2014－01	28.00	304
极限与导数、数学归纳法	2014－01	38.00	305
趣味数学	2014－03	28.00	306
教材教法	2014－04	68.00	307
自主招生	2014－05	58.00	308
高考压轴题(上)	2015－01	48.00	309
高考压轴题(下)	2014－10	68.00	310
从费马到怀尔斯——费马大定理的历史	2013－10	198.00	I
从庞加莱到佩雷尔曼——庞加莱猜想的历史	2013－10	298.00	II
从切比雪夫到爱尔特希(上)——素数定理的初等证明	2013－07	48.00	III
从切比雪夫到爱尔特希(下)——素数定理100年	2012－12	98.00	III
从高斯到盖尔方特——二次域的高斯猜想	2013－10	198.00	IV
从库默尔到朗兰兹——朗兰兹猜想的历史	2014－01	98.00	V
从比勃巴赫到德布朗斯——比勃巴赫猜想的历史	2014－02	298.00	VI
从麦比乌斯到陈省身——麦比乌斯变换与麦比乌斯带	2014－02	298.00	VII
从布尔到豪斯道夫——布尔方程与格论漫谈	2013－10	198.00	VIII
从开普勒到阿诺德——三体问题的历史	2014－05	298.00	IX
从华林到华罗庚——华林问题的历史	2013－10	298.00	X

刘培杰数学工作室
已出版(即将出版)图书目录——初等数学

书　　名	出版时间	定　价	编号
美国高中数学竞赛五十讲.第1卷(英文)	2014—08	28.00	357
美国高中数学竞赛五十讲.第2卷(英文)	2014—08	28.00	358
美国高中数学竞赛五十讲.第3卷(英文)	2014—09	28.00	359
美国高中数学竞赛五十讲.第4卷(英文)	2014—09	28.00	360
美国高中数学竞赛五十讲.第5卷(英文)	2014—10	28.00	361
美国高中数学竞赛五十讲.第6卷(英文)	2014—11	28.00	362
美国高中数学竞赛五十讲.第7卷(英文)	2014—12	28.00	363
美国高中数学竞赛五十讲.第8卷(英文)	2015—01	28.00	364
美国高中数学竞赛五十讲.第9卷(英文)	2015—01	28.00	365
美国高中数学竞赛五十讲.第10卷(英文)	2015—02	38.00	366
三角函数(第2版)	2017—04	38.00	626
不等式	2014—01	38.00	312
数列	2014—01	38.00	313
方程(第2版)	2017—04	38.00	624
排列和组合	2014—01	28.00	315
极限与导数(第2版)	2016—04	38.00	635
向量(第2版)	2018—08	58.00	627
复数及其应用	2014—08	28.00	318
函数	2014—01	38.00	319
集合	2020—01	48.00	320
直线与平面	2014—01	28.00	321
立体几何(第2版)	2016—04	38.00	629
解三角形	即将出版		323
直线与圆(第2版)	2016—11	38.00	631
圆锥曲线(第2版)	2016—09	48.00	632
解题通法(一)	2014—07	38.00	326
解题通法(二)	2014—07	38.00	327
解题通法(三)	2014—05	38.00	328
概率与统计	2014—01	28.00	329
信息迁移与算法	即将出版		330
IMO 50 年.第1卷(1959—1963)	2014—11	28.00	377
IMO 50 年.第2卷(1964—1968)	2014—11	28.00	378
IMO 50 年.第3卷(1969—1973)	2014—09	28.00	379
IMO 50 年.第4卷(1974—1978)	2016—04	38.00	380
IMO 50 年.第5卷(1979—1984)	2015—04	38.00	381
IMO 50 年.第6卷(1985—1989)	2015—04	58.00	382
IMO 50 年.第7卷(1990—1994)	2016—01	48.00	383
IMO 50 年.第8卷(1995—1999)	2016—06	38.00	384
IMO 50 年.第9卷(2000—2004)	2015—04	58.00	385
IMO 50 年.第10卷(2005—2009)	2016—01	48.00	386
IMO 50 年.第11卷(2010—2015)	2017—03	48.00	646

刘培杰数学工作室
已出版(即将出版)图书目录——初等数学

书　　名	出版时间	定　价	编号
数学反思(2006—2007)	2020—09	88.00	915
数学反思(2008—2009)	2019—01	68.00	917
数学反思(2010—2011)	2018—05	58.00	916
数学反思(2012—2013)	2019—01	58.00	918
数学反思(2014—2015)	2019—03	78.00	919
数学反思(2016—2017)	2021—03	58.00	1286
数学反思(2018—2019)	2023—01	88.00	1593
历届美国大学生数学竞赛试题集.第一卷(1938—1949)	2015—01	28.00	397
历届美国大学生数学竞赛试题集.第二卷(1950—1959)	2015—01	28.00	398
历届美国大学生数学竞赛试题集.第三卷(1960—1969)	2015—01	28.00	399
历届美国大学生数学竞赛试题集.第四卷(1970—1979)	2015—01	18.00	400
历届美国大学生数学竞赛试题集.第五卷(1980—1989)	2015—01	28.00	401
历届美国大学生数学竞赛试题集.第六卷(1990—1999)	2015—01	28.00	402
历届美国大学生数学竞赛试题集.第七卷(2000—2009)	2015—08	18.00	403
历届美国大学生数学竞赛试题集.第八卷(2010—2012)	2015—01	18.00	404
新课标高考数学创新题解题诀窍:总论	2014—09	28.00	372
新课标高考数学创新题解题诀窍:必修1~5分册	2014—08	38.00	373
新课标高考数学创新题解题诀窍:选修2-1,2-2,1-1,1-2分册	2014—09	38.00	374
新课标高考数学创新题解题诀窍:选修2-3,4-4,4-5分册	2014—09	18.00	375
全国重点大学自主招生英文数学试题全攻略:词汇卷	2015—07	48.00	410
全国重点大学自主招生英文数学试题全攻略:概念卷	2015—01	28.00	411
全国重点大学自主招生英文数学试题全攻略:文章选读卷(上)	2016—09	38.00	412
全国重点大学自主招生英文数学试题全攻略:文章选读卷(下)	2017—01	58.00	413
全国重点大学自主招生英文数学试题全攻略:试题卷	2015—07	38.00	414
全国重点大学自主招生英文数学试题全攻略:名著欣赏卷	2017—03	48.00	415
劳埃德数学趣题大全.题目卷.1:英文	2016—01	18.00	516
劳埃德数学趣题大全.题目卷.2:英文	2016—01	18.00	517
劳埃德数学趣题大全.题目卷.3:英文	2016—01	18.00	518
劳埃德数学趣题大全.题目卷.4:英文	2016—01	18.00	519
劳埃德数学趣题大全.题目卷.5:英文	2016—01	18.00	520
劳埃德数学趣题大全.答案卷:英文	2016—01	18.00	521
李成章教练奥数笔记.第1卷	2016—01	48.00	522
李成章教练奥数笔记.第2卷	2016—01	48.00	523
李成章教练奥数笔记.第3卷	2016—01	38.00	524
李成章教练奥数笔记.第4卷	2016—01	38.00	525
李成章教练奥数笔记.第5卷	2016—01	38.00	526
李成章教练奥数笔记.第6卷	2016—01	38.00	527
李成章教练奥数笔记.第7卷	2016—01	38.00	528
李成章教练奥数笔记.第8卷	2016—01	48.00	529
李成章教练奥数笔记.第9卷	2016—01	28.00	530

刘培杰数学工作室
已出版(即将出版)图书目录——初等数学

书　　名	出版时间	定　价	编号
第19～23届"希望杯"全国数学邀请赛试题审题要津详细评注(初一版)	2014—03	28.00	333
第19～23届"希望杯"全国数学邀请赛试题审题要津详细评注(初二、初三版)	2014—03	38.00	334
第19～23届"希望杯"全国数学邀请赛试题审题要津详细评注(高一版)	2014—03	28.00	335
第19～23届"希望杯"全国数学邀请赛试题审题要津详细评注(高二版)	2014—03	38.00	336
第19～25届"希望杯"全国数学邀请赛试题审题要津详细评注(初一版)	2015—01	38.00	416
第19～25届"希望杯"全国数学邀请赛试题审题要津详细评注(初二、初三版)	2015—01	58.00	417
第19～25届"希望杯"全国数学邀请赛试题审题要津详细评注(高一版)	2015—01	48.00	418
第19～25届"希望杯"全国数学邀请赛试题审题要津详细评注(高二版)	2015—01	48.00	419
物理奥林匹克竞赛大题典——力学卷	2014—11	48.00	405
物理奥林匹克竞赛大题典——热学卷	2014—04	28.00	339
物理奥林匹克竞赛大题典——电磁学卷	2015—07	48.00	406
物理奥林匹克竞赛大题典——光学与近代物理卷	2014—06	28.00	345
历届中国东南地区数学奥林匹克试题集(2004～2012)	2014—06	18.00	346
历届中国西部地区数学奥林匹克试题集(2001～2012)	2014—07	18.00	347
历届中国女子数学奥林匹克试题集(2002～2012)	2014—08	18.00	348
数学奥林匹克在中国	2014—06	98.00	344
数学奥林匹克问题集	2014—01	38.00	267
数学奥林匹克不等式散论	2010—06	38.00	124
数学奥林匹克不等式欣赏	2011—09	38.00	138
数学奥林匹克超级题库(初中卷上)	2010—01	58.00	66
数学奥林匹克不等式证明方法和技巧(上、下)	2011—08	158.00	134,135
他们学什么:原民主德国中学数学课本	2016—09	38.00	658
他们学什么:英国中学数学课本	2016—09	38.00	659
他们学什么:法国中学数学课本.1	2016—09	38.00	660
他们学什么:法国中学数学课本.2	2016—09	28.00	661
他们学什么:法国中学数学课本.3	2016—09	38.00	662
他们学什么:苏联中学数学课本	2016—09	28.00	679
高中数学题典——集合与简易逻辑·函数	2016—07	48.00	647
高中数学题典——导数	2016—07	48.00	648
高中数学题典——三角函数·平面向量	2016—07	48.00	649
高中数学题典——数列	2016—07	58.00	650
高中数学题典——不等式·推理与证明	2016—07	38.00	651
高中数学题典——立体几何	2016—07	48.00	652
高中数学题典——平面解析几何	2016—07	78.00	653
高中数学题典——计数原理·统计·概率·复数	2016—07	48.00	654
高中数学题典——算法·平面几何·初等数论·组合数学·其他	2016—07	68.00	655

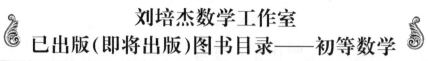

刘培杰数学工作室
已出版(即将出版)图书目录——初等数学

书　名	出版时间	定　价	编号
台湾地区奥林匹克数学竞赛试题.小学一年级	2017—03	38.00	722
台湾地区奥林匹克数学竞赛试题.小学二年级	2017—03	38.00	723
台湾地区奥林匹克数学竞赛试题.小学三年级	2017—03	38.00	724
台湾地区奥林匹克数学竞赛试题.小学四年级	2017—03	38.00	725
台湾地区奥林匹克数学竞赛试题.小学五年级	2017—03	38.00	726
台湾地区奥林匹克数学竞赛试题.小学六年级	2017—03	38.00	727
台湾地区奥林匹克数学竞赛试题.初中一年级	2017—03	38.00	728
台湾地区奥林匹克数学竞赛试题.初中二年级	2017—03	38.00	729
台湾地区奥林匹克数学竞赛试题.初中三年级	2017—03	28.00	730
不等式证题法	2017—04	28.00	747
平面几何培优教程	2019—08	88.00	748
奥数鼎级培优教程.高一分册	2018—09	88.00	749
奥数鼎级培优教程.高二分册.上	2018—04	68.00	750
奥数鼎级培优教程.高二分册.下	2018—04	68.00	751
高中数学竞赛冲刺宝典	2019—04	68.00	883
初中尖子生数学超级题典.实数	2017—07	58.00	792
初中尖子生数学超级题典.式、方程与不等式	2017—08	58.00	793
初中尖子生数学超级题典.圆、面积	2017—08	38.00	794
初中尖子生数学超级题典.函数、逻辑推理	2017—08	48.00	795
初中尖子生数学超级题典.角、线段、三角形与多边形	2017—07	58.00	796
数学王子——高斯	2018—01	48.00	858
坎坷奇星——阿贝尔	2018—01	48.00	859
闪烁奇星——伽罗瓦	2018—01	58.00	860
无穷统帅——康托尔	2018—01	48.00	861
科学公主——柯瓦列夫斯卡娅	2018—01	48.00	862
抽象代数之母——埃米·诺特	2018—01	48.00	863
电脑先驱——图灵	2018—01	58.00	864
昔日神童——维纳	2018—01	48.00	865
数坛怪侠——爱尔特希	2018—01	68.00	866
传奇数学家徐利治	2019—09	88.00	1110
当代世界中的数学.数学思想与数学基础	2019—01	38.00	892
当代世界中的数学.数学问题	2019—01	38.00	893
当代世界中的数学.应用数学与数学应用	2019—01	38.00	894
当代世界中的数学.数学王国的新疆域(一)	2019—01	38.00	895
当代世界中的数学.数学王国的新疆域(二)	2019—01	38.00	896
当代世界中的数学.数林撷英(一)	2019—01	38.00	897
当代世界中的数学.数林撷英(二)	2019—01	48.00	898
当代世界中的数学.数学之路	2019—01	38.00	899

刘培杰数学工作室
已出版(即将出版)图书目录——初等数学

书 名	出版时间	定 价	编号
105 个代数问题:来自 AwesomeMath 夏季课程	2019—02	58.00	956
106 个几何问题:来自 AwesomeMath 夏季课程	2020—07	58.00	957
107 个几何问题:来自 AwesomeMath 全年课程	2020—07	58.00	958
108 个代数问题:来自 AwesomeMath 全年课程	2019—01	68.00	959
109 个不等式:来自 AwesomeMath 夏季课程	2019—04	58.00	960
国际数学奥林匹克中的 110 个几何问题	即将出版		961
111 个代数和数论问题	2019—05	58.00	962
112 个组合问题:来自 AwesomeMath 夏季课程	2019—05	58.00	963
113 个几何不等式:来自 AwesomeMath 夏季课程	2020—08	58.00	964
114 个指数和对数问题:来自 AwesomeMath 夏季课程	2019—09	48.00	965
115 个三角问题:来自 AwesomeMath 夏季课程	2019—09	58.00	966
116 个代数不等式:来自 AwesomeMath 全年课程	2019—04	58.00	967
117 个多项式问题:来自 AwesomeMath 夏季课程	2021—09	58.00	1409
118 个数学竞赛不等式	2022—08	78.00	1526
紫色彗星国际数学竞赛试题	2019—02	58.00	999
数学竞赛中的数学:为数学爱好者、父母、教师和教练准备的丰富资源.第一部	2020—04	58.00	1141
数学竞赛中的数学:为数学爱好者、父母、教师和教练准备的丰富资源.第二部	2020—07	48.00	1142
和与积	2020—10	38.00	1219
数论:概念和问题	2020—12	68.00	1257
初等数学问题研究	2021—03	48.00	1270
数学奥林匹克中的欧几里得几何	2021—10	68.00	1413
数学奥林匹克题解新编	2022—01	58.00	1430
图论入门	2022—09	58.00	1554
澳大利亚中学数学竞赛试题及解答(初级卷)1978~1984	2019—02	28.00	1002
澳大利亚中学数学竞赛试题及解答(初级卷)1985~1991	2019—02	28.00	1003
澳大利亚中学数学竞赛试题及解答(初级卷)1992~1998	2019—02	28.00	1004
澳大利亚中学数学竞赛试题及解答(初级卷)1999~2005	2019—02	28.00	1005
澳大利亚中学数学竞赛试题及解答(中级卷)1978~1984	2019—03	28.00	1006
澳大利亚中学数学竞赛试题及解答(中级卷)1985~1991	2019—03	28.00	1007
澳大利亚中学数学竞赛试题及解答(中级卷)1992~1998	2019—03	28.00	1008
澳大利亚中学数学竞赛试题及解答(中级卷)1999~2005	2019—03	28.00	1009
澳大利亚中学数学竞赛试题及解答(高级卷)1978~1984	2019—05	28.00	1010
澳大利亚中学数学竞赛试题及解答(高级卷)1985~1991	2019—05	28.00	1011
澳大利亚中学数学竞赛试题及解答(高级卷)1992~1998	2019—05	28.00	1012
澳大利亚中学数学竞赛试题及解答(高级卷)1999~2005	2019—05	28.00	1013
天才中小学生智力测验题.第一卷	2019—03	38.00	1026
天才中小学生智力测验题.第二卷	2019—03	38.00	1027
天才中小学生智力测验题.第三卷	2019—03	38.00	1028
天才中小学生智力测验题.第四卷	2019—03	38.00	1029
天才中小学生智力测验题.第五卷	2019—03	38.00	1030
天才中小学生智力测验题.第六卷	2019—03	38.00	1031
天才中小学生智力测验题.第七卷	2019—03	38.00	1032
天才中小学生智力测验题.第八卷	2019—03	38.00	1033
天才中小学生智力测验题.第九卷	2019—03	38.00	1034
天才中小学生智力测验题.第十卷	2019—03	38.00	1035
天才中小学生智力测验题.第十一卷	2019—03	38.00	1036
天才中小学生智力测验题.第十二卷	2019—03	38.00	1037
天才中小学生智力测验题.第十三卷	2019—03	38.00	1038

刘培杰数学工作室
已出版(即将出版)图书目录——初等数学

书　名	出版时间	定　价	编号
重点大学自主招生数学备考全书:函数	2020—05	48.00	1047
重点大学自主招生数学备考全书:导数	2020—08	48.00	1048
重点大学自主招生数学备考全书:数列与不等式	2019—10	78.00	1049
重点大学自主招生数学备考全书:三角函数与平面向量	2020—08	68.00	1050
重点大学自主招生数学备考全书:平面解析几何	2020—07	58.00	1051
重点大学自主招生数学备考全书:立体几何与平面几何	2019—08	48.00	1052
重点大学自主招生数学备考全书:排列组合·概率统计·复数	2019—09	48.00	1053
重点大学自主招生数学备考全书:初等数论与组合数学	2019—08	48.00	1054
重点大学自主招生数学备考全书:重点大学自主招生真题.上	2019—04	68.00	1055
重点大学自主招生数学备考全书:重点大学自主招生真题.下	2019—04	58.00	1056
高中数学竞赛培训教程:平面几何问题的求解方法与策略.上	2018—05	68.00	906
高中数学竞赛培训教程:平面几何问题的求解方法与策略.下	2018—06	78.00	907
高中数学竞赛培训教程:整除与同余以及不定方程	2018—01	88.00	908
高中数学竞赛培训教程:组合计数与组合极值	2018—04	48.00	909
高中数学竞赛培训教程:初等代数	2019—04	78.00	1042
高中数学讲座:数学竞赛基础教程(第一册)	2019—06	48.00	1094
高中数学讲座:数学竞赛基础教程(第二册)	即将出版		1095
高中数学讲座:数学竞赛基础教程(第三册)	即将出版		1096
高中数学讲座:数学竞赛基础教程(第四册)	即将出版		1097
新编中学数学解题方法1000招丛书.实数(初中版)	2022—05	58.00	1291
新编中学数学解题方法1000招丛书.式(初中版)	2022—05	48.00	1292
新编中学数学解题方法1000招丛书.方程与不等式(初中版)	2021—04	58.00	1293
新编中学数学解题方法1000招丛书.函数(初中版)	2022—05	38.00	1294
新编中学数学解题方法1000招丛书.角(初中版)	2022—05	48.00	1295
新编中学数学解题方法1000招丛书.线段(初中版)	2022—05	48.00	1296
新编中学数学解题方法1000招丛书.三角形与多边形(初中版)	2021—04	48.00	1297
新编中学数学解题方法1000招丛书.圆(初中版)	2022—05	48.00	1298
新编中学数学解题方法1000招丛书.面积(初中版)	2021—07	28.00	1299
新编中学数学解题方法1000招丛书.逻辑推理(初中版)	2022—06	48.00	1300
高中数学题典精编.第一辑.函数	2022—01	58.00	1444
高中数学题典精编.第一辑.导数	2022—01	68.00	1445
高中数学题典精编.第一辑.三角函数·平面向量	2022—01	68.00	1446
高中数学题典精编.第一辑.数列	2022—01	58.00	1447
高中数学题典精编.第一辑.不等式·推理与证明	2022—01	58.00	1448
高中数学题典精编.第一辑.立体几何	2022—01	58.00	1449
高中数学题典精编.第一辑.平面解析几何	2022—01	68.00	1450
高中数学题典精编.第一辑.统计·概率·平面几何	2022—01	58.00	1451
高中数学题典精编.第一辑.初等数论·组合数学·数学文化·解题方法	2022—01	58.00	1452
历届全国初中数学竞赛试题分类解析.初等代数	2022—09	98.00	1555
历届全国初中数学竞赛试题分类解析.初等数论	2022—09	48.00	1556
历届全国初中数学竞赛试题分类解析.平面几何	2022—09	38.00	1557
历届全国初中数学竞赛试题分类解析.组合	2022—09	38.00	1558

联系地址:哈尔滨市南岗区复华四道街 10 号　哈尔滨工业大学出版社刘培杰数学工作室
网　　址:http://lpj.hit.edu.cn/
邮　　编:150006
联系电话:0451—86281378　　13904613167
E-mail:lpj1378@163.com